U0183937

普通高等教育公共基础课系列教材·计算机类

现代 C++面向对象程序设计

主编　张　俊　张自力
主审　张彦铎

科学出版社
北　京

内 容 简 介

本书以面向对象程序设计为主线，以现代 C++语言为载体，并基于标准模板库 STL 及 C++11 等新标准，全面系统地讲述 C++语言的概念、语法，以及面向对象程序设计的重要思想、主要方法、指导原则和最佳实践。

全书关于 C++语言的基本体系完整，关于面向对象思想方法的结构论述清晰，关于语言和方法综合应用的设计合理，关于 C++11、C++14、C++17、C++20 等新标准的内容简明扼要。所设计的例题丰富、难易适度，强调重要概念的掌握及程序分析和设计能力的训练。在编排体例上，本书有着鲜明的特色，即强调应用，以内容丰富、难易适度的例题阐述知识点；以现代 C++语言和 STL 为主线贯穿全书，注重反映现代 C++语言的新规范、新技术和新发展。与本书配套的《现代 C++面向对象程序设计实验指导》（张俊、张自力主编，科学出版社出版）提供了实验指导及 STL 学习参考。

本书以培养现代 C++语言和面向对象程序设计、分析能力及计算机综合应用能力为目的，适合作为计算机科学与技术及相关专业的教材，也可供读者自学使用和参考。

图书在版编目（CIP）数据

现代 C++面向对象程序设计/张俊，张自力主编. —北京：科学出版社，2022.3

（普通高等教育公共基础课系列教材 • 计算机类）

ISBN 978-7-03-070996-7

Ⅰ.①现… Ⅱ.①张… ②张… Ⅲ.①C++语言-程序设计-高等学校-教材 Ⅳ.①TP312.8

中国版本图书馆 CIP 数据核字（2021）第 260946 号

责任编辑：戴 薇 袁星星 / 责任校对：王 颖

责任印制：吕春珉 / 封面设计：东方人华平面设计部

科学出版社 出版

北京东黄城根北街 16 号

邮政编码：100717

http://www.sciencep.com

天津翔远印刷有限公司印刷

科学出版社发行 各地新华书店经销

*

2022 年 3 月第 一 版 开本：787×1092 1/16

2022 年 3 月第一次印刷 印张：24 1/4

字数：572 000

定价：69.00 元

（如有印装质量问题，我社负责调换〈翔远〉）

销售部电话 010-62136230 编辑部电话 010-62135927-2047

前　　言

自2011年，国际标准化组织ISO发布C++11新标准以来，C++语言引入了很多崭新的、现代的语言特性，以至于全世界公认可以将C++11看成一种新的语言，这也标志着C++语言进入了“现代C++”阶段。新标准引入的语言特性，如auto类型、统一初始化、基于范围的for、右值引用与转移语义、lambda表达式、变长模板等，深刻地改变了人们对C++语言的使用方式和思考方式，也使传统的C++编程更趋近于现代程序设计的方式。现代C++具有的很多高阶功能，不仅使编程更简单、安全性更高、效率更高，还提供了一套指导原则和最佳实践。技术发展的脚步仍在向前迈进，新的标准C++14、C++17、C++20陆续发布，这给C++的学习和理解带来了新难度，提出了新要求。

编者一直在思考如何在易懂易学的C++98/03标准中较好地融入现代C++的内容，也一直在探索如何以较合适的方式讲解传授C++11、C++14、C++17等新标准的内容。因此，编者在编写本书时，有机融入了现代C++的技术标准。

编者努力以易懂的方式讲述传统C++和现代C++的内容，努力以较少的篇幅恰当地展现现代C++浩瀚的内容，努力保持本书内容体例的一致性。本书的编写具有以下特点：

（1）本书在内容结构方面，较为完整地涵盖了C++的主要内容，包括C++语言基本概念及结构化程序设计，面向对象程序设计的基本思想和方法，类的定义与对象的定义，this、const、new、delete、static、friend等关键字的用法，模板与STL，继承与派生，虚函数与多态性，I/O流，异常处理等。这些内容较为经典，是运用C++的知识基础。在示例设计方面，C++语言的内容庞大繁多，本书尽可能广泛地引入常用技术，力求通过一些简洁的运用示例，开启技术方面的认知。

（2）较多融入了C++新标准的内容和要求。简单举两个例子，第一，按照现代C++的编程方式重新设计了所有的示例程序，如较多运用了auto自动类型推导、“{}”形式的统一初始化语法及基于范围的for等。第二，在对象定义中，按照对象需要支持的复制语义和转移语义的要求，完整地讲述了构造函数和赋值运算符函数等内容，如复制构造函数、转移构造函数、复制赋值运算符函数和转移赋值运算符函数等。需要说明的是，本书并没有像其他书籍称move为“移动”，而是采用了“转移”这个说法。本书较为全面地引入了右值引用和转移语义等概念。

（3）坚持“学以致用，面向实践能力培养”的理念，在编程实践中体会C++语言的强大、自由和优美。为了实现这个目的，本书较多地引入了STL算法和容器的内容，并力图巧妙地与传统知识结合、恰当地与应用场景结合。例如，基于C风格数组的知识，引入C++11等新标准的STL算法及容器array、vector等；基于C风格字符串的知识，引入C++11等新标准的string类与string_view类的用法；基于new/delete等内存动态管理的传统知识，引入C++11等新标准的智能指针等内容。熟练使用这些常见的STL算法和容器，能够极大地提高编程效率和质量性能。

同时，为了弥补不能在主教材中详尽完整地讲述相关知识、扎实训练 STL 运用能力的缺憾，编者编写了《现代 C++与面向对象程序设计实验指导》作为本书的补充和学习辅导用书，一些更为完整详尽的示例运用及 STL 内容会以实验指导和 STL 参考的形式组织在该书中。

需要再次说明的是，使用本书一定要掌握 C/C++语言的基本知识并具有一定的编程能力。C/C++语言的一些基础内容，如基本数据类型及其数据表示，控制结构，C 风格的数组、指针、字符串等内容，本书并没有详细讲解。本书的定位是：达成较高 C++运用能力的一步阶梯。

编者衷心期望通过学习本书内容，读者能提高对 C++语言的认知，能更清晰地体会到 C++编程之美，能够在工程教育中对“问题分析”“设计/开发解决方案”“使用现代工具”等毕业要求的达成起到支撑作用。

本书中的程序均在 Visual C++ 2019（Version 16.4.0，支持到 C++17 和 C++ latest working draft）和 MSYS2（20210726 版，支持到 C++20）等编译环境下运行通过。

本书由张俊、张自力任主编，具体编写分工如下：第 1 章、第 2 章、第 9 章由张俊编写，第 3～8 章由张自力编写。全书由张俊统稿。

感谢张彦铎教授的指导，王海晖教授、吴云韬教授、胡新荣教授等领导的关怀和支持，以及吕涛老师、王邯老师、田红梅老师、鲁统伟老师、赵世平老师等同事的帮助。同时要诚挚地感谢在本书出版过程中做出各种贡献的人！

本书凝结了编者多年来在 C++语言和面向对象程序设计教学实践中的思考，但由于编者水平有限，对 C++新标准的理解难免存在疏漏、对新技术发展的跟进难免存在不足之处，恳请广大读者批评指正。

编　者

2021 年 9 月

目　　录

第 1 章　C++语言基础

现代 C++语言（自 C++11 起）引入了新的语言特性，进行了众多重要的改进和扩展，使程序设计的风格和范式更趋向于现代主流程序设计语言。

本章结合现代 C++的新语言特性，首先概述了 C++语言的主要基础知识，包括数据类型、命名空间、运算符及常用运算、控制结构等，阐述了基于类型计算的基本思想；然后讲解了左值引用和右值引用等概念及其在函数中的应用；最后讨论了数组、指针、字符串和结构类型等的应用，在各部分内容的叙述中，融入了 C++新标准的内容。

通过本章的学习，读者应加深理解数据类型及其计算这一基本思想；掌握引用类型及其在函数中的应用；熟练应用数组、指针、字符串和链表及其 STL（standard template library，标准模板库）类型；学会定义并应用结构类型，理解结构化程序设计思想。

1.1　程序设计基础

1.1.1　数据类型及其运算

1．基于类型计算的基本思想

数据泛指可以用计算机处理、计算的各类信息。C++是一种强类型语言。为了实现数据的计算处理，需要先把复杂数据抽象为计算机可理解的模型，并且用这个模型描述出数据的主要属性。数据类型（data type）就是这样一种模型，它实现了对现实世界各类复杂数据的抽象和模拟，描述了数据内在的属性，提供了数据运算的各种能力。更进一步，复杂数据的描述都会抽象出抽象数据类型（abstract data type，ADT），它从数据元素、数据关系、数据运算 3 个方面归纳了数据的属性和行为，为数据类型的设计提供了重要的依据。C++的类和结构等机制则提供了一种自然的方式来描述现实世界中的事物和概念，是实现 ADT 的重要工具。这是基于类型计算的基本思想的第一点：用 ADT 描述数据。

每个数据类型或 ADT 都会定义各自唯一的类型标识符。例如，为了实现计数功能，并能够对数据进行汇总、比较等运算，C++语言对类似-2、-1、0、1、2 等形式的数据进行抽象，定义了 int 类型来表示这类数据，它对应于数学中整数的概念。此外，类型标识符 float/double 则描述了浮点型数据。更多的类型标识符则是通过自定义数据类型的各种机制建立起来的，如枚举 enum、联合 union、结构 struct、类 class 等。C++是强类型语言，每个标识符都有自己的数据类型，一些数据类型是显式的，另一些标识符则需要通过简化或重定义才能得出显式的类型。这是基于类型计算的基本思想的第二点：唯一地标识类型并实现类型。

数据的功能通过类型的实例（instance）体现出来。基于类型计算的基本思想的第三点是：先有类型，再有变量。有了 int 数据类型，就可以定义整型数据，在内存中进行存储、赋值、初始化等基本运算，并进行加、减、乘、除等算术运算，以及大小比较等关系运算等。不同类型的数据所具有的功能不完全一样，这取决于数据类型定义时所实现的数据运算。

总体来看，数据运算分为两大类，第一大类是各个类型都必须实现的基本运算，这是为了支持类型的实例在内存中进行生成、销毁、复制、赋值等而提供的基本操作；第二大类运算则是各个类型根据各自数据的特点而提供的运算，如算术运算、关系运算、逻辑运算等。这是基于类型计算的基本思想的第四点：在类型中提供运算。

实际上，以上基于类型计算的基本思想的 4 点内容，也是面向对象编程范型的基本模式，即描述数据、实现类型、定义变量、提供运算。后续所有内容的组织和展开，大都围绕这 4 点。依托 C++这个语言工具，我们分析、设计和实现数据及类型这 4 个内容。

此外，数据类型一般具有 3 种作用：①限定数据的取值集合及其表示范围；②规定该类型数据占用内存空间的大小；③定义该数据类型可进行的运算集合或合法操作。数据类型的这 3 种作用与计算机系统及所用的程序语言紧密相关，第一种功能受限于系统所用的字符集，第二种功能则密切相关于系统所用的软件、硬件平台，第三种功能取决于系统所定义或支持的运算。例如，C++中定义的双精度浮点数类型 double 主要用于描述数学中的实数类型，在 32 位平台（这也是本书所有程序的平台）上，double 类型数据占用 8 字节长度的内存空间，因而表示数据的范围也宽至[2.2250738585072014e-308, 1.7976931348623157e+308]，其合法的二元算术运算包括加（+）、减（-）、乘（*）、除（/），而没有取余（%）运算。又如，C++中定义的另外一种数据类型 bool，则只能取两个值 false 和 true，bool 类型数据所占用的内存空间只有 1 字节，它可进行的运算有关系运算、逻辑运算，也包括因为具有整型数据的属性而可以进行的部分算术运算。

除了提供 bool、char、int、float 和 double 等基本数据类型，C++语言还支持数组、指针、字符串等数据类型，也允许通过关键字 typedef、using 定义各种复合数据类型，更支持通过关键字 struct 和 class 定义各种新的数据类型。当定义一种新的数据类型时，需要定义数据的组织方式，还需要定义对数据的操作，或者数据之间的运算，并力求使该自定义数据类型具有与基本数据类型相同的能力。例如，STL 以概念（concept）的形式对数据类型提出了各种需求，典型的有可默认构造（default constructible）、可复制构造（copy constructible）、可转移构造（move constructible）、可赋值（assignable）、可析构（destructible）、可比较相等性（equality comparable）、可序性（ordering）等。可赋值是指该数据类型能够通过赋值运算符“=”或复制构造、转移构造来产生值的副本，副本和原始值的等价性是该概念的必然结果。可默认构造是指该数据类型 T 允许以 T( )方式构造变量或对象，即在构造对象时不指定任何初始值。可比较相等性是指该数据类型能够用运算符“==”比较变量（或对象）的相等性。可序性是指能够通过某种次序（一般是 operator <）给出一种排列。C++所有的基本数据类型都是这些概念的模型。它们为精确实现运算提供了基础。

还需要说明的是，基于类型的计算，很多时候人们的关注点在运行期间数据类型的功能，如键盘输入两个 int 类型的数据实现了加法求和，这是在运行期间完成的计算。自 C++11、C++14、C++17 起，甚至 C++20，C++提供了很多在编译期间进行的计算，如根据条件判断，选择是定义 int 类型的数组还是定义 double 类型的数组，这些内容是 C++的一个研究领域——元编程（metaprogramming）。

2. 基本数据类型与自定义数据类型

基本数据类型是指已经内置于系统中的数据类型，对它们的各种运算和操作已经得到系统“天然的”的支持。C++中的基本数据类型分为 3 类：整型（integral）、浮点型（floating）和 void 类型。

（1）整型泛指可对应于整型数据的数据类型，包括 char、bool、short、int、long 等类型，以及可用 unsigned/signed、short/long 等修饰符限制而产生的数据类型。整型对应于数学中的整数概念。char 型数据因为在 C++中存储为对应的 ASCII 码，因而被认为是整型，bool 类型的两个值 false 和 true 分别对应于 0 和 1，因而也被认为是整型。各种整型类型因其占用系统内存空间的大小不同，所表示数据的范围也不同，对整型的运算包括算术运算、赋值运算、增量/减量运算、关系运算、逻辑运算、位运算等。需要说明的是，自 C++14 起，二进制整型字面常量写为带有前缀 0b 或 0B 的二进制数字 0 或 1 的串，如 0b1010。

（2）浮点型对应于数学中的实数概念，主要包括 float、double 类型，以及用 long 修饰而产生的 long double 数据类型。除某些运算（如取余%、位运算等）外，浮点数可以进行整型数据的大多数运算和操作。

（3）void 类型不能直接用于定义变量（或对象），常用类型标识符 void*定义指针类型，表示通用指针，即该类型指针可以容纳其他任意类型的指针类型数据。该关键字也常用于函数，用于函数参数时，表示空参数列表，即不带任何参数；用于函数的返回类型时，表示该函数不返回任何值。对 void*类型可以施加的运算主要是指针的常用运算。

关键字 const 常用于修饰各数据类型的数据定义。一经定义，该数据只具有只读属性，不可改写。const 和 volatile 称为 cv 修饰符（cv qualifier/specifier），用于指示编译器：当程序中某变量被初始化后，它是否允许被修改。

自 C++20 起，标准头文件<numbers>中提供了常见的数学常量，如 pi、e、sqrt2，对它们的访问形式为 std::numbers::pi、std::numbers::e、std::numbers::sqrt2。

自 C++11 起，为表示个数不定的集合数据类型，如数组的初始化列表 int a[]={1,2,3}，C++11 用 std::initializer_list<int>模板类型表示列表型数据{1,2,3}。

更多的时候，C++程序需要自定义很多复合数据类型来描述更为复杂的事物和概念，提供更为恰当的编程求解方法。函数类型 function（或更广义的可调用 callable 对象，以及函数指针、函数对象、lambda 表达式等）实现了基本过程的封装和复用。数组类型 array 表示相同属性的元素集合。指针类型 pointer 通过获取标识符的地址来访问数据，包括自 C++11 起的空指针类型 nullptr_t。枚举类型 enum 分门别类地描述有限值域的数据类型。联合类型 union 提供了压缩存储具有相似属性的多种类型的方法。结构类型

struct 和类类型 class 是描述具有丰富属性和行为的事物和概念的主要手段。

自 C++11 起，C++标准库在头文件<type_traits>中提供了很多针对数据类型的属性进行计算的工具函数，std::is_fundamental<>是其中的典型之一，std::is_fundamental<T>判断数据类型 T 是否是基本数据类型（算术型，void，nullptr_t），若是，则其常量数据成员 value 值为 true，否则为 false。例如，int、char、float、double、void、nullptr_t、unsigned、short 等是基本数据类型，但指针和引用类型不是。需要说明的是，std::is_fundamental<T>::value 是 C++11 的用法，C++17 则提供了更为简单的用法 std::is_fundamental_v<T>。

其他进行数据类型判断的工具函数有 is_integral<>（是否整型）、is_floating_point<>（是否浮点型）、is_arithmetic<>（是否算术型，如整型或浮点型）、is_void<>（是否 void 类型）、is_function<>（是否函数类型）、is_array<>（是否数组类型）、is_pointer<>（是否指针类型）、is_class<>（是否类类型）、is_scalar<>（是否标量）、is_const<>（是否有 const 修饰）、is_compound<>（是否复合型，如数组、函数、对象指针、函数指数、引用、枚举、联合、类等）等。注意 C++11 和 C++17 提供的两种不同用法。关于此类函数更多的用法示例详见与本书配套的辅教材。

3. auto 与 decltype

作为现代 C++的一个显著特征，用关键字 auto 和 decltype 声明数据类型，实现自动类型推断，能够给程序带来极大的方便。自 C++11 起，auto 多用于声明局部变量的类型、函数的返回类型、lambda 表达式的类型等。按照 Andrei Alexandrescu 和 Herb Sutter 的建议，almost always auto（AAA，3A 原则）尽可能多地使用 auto。

声明局部变量，以 literal 常量的值推断变量的类型：

```
auto n = 10;                          //int
auto d = 3.14;                        //double
auto s = "Hello";                     //char const *
auto v = { 1, 2 };                    //std::initializer_list<int>
```

声明局部变量，以对象初始化表达式的值推断变量的类型：

```
auto a = new char[10]{65, 66, 67, 0 }; //char*, "abc"
auto str = std::string{ "Hello" };     //std::string
auto vn = std::vector<int>{ 1, 2, 3 }; //std::vector<int>
auto pr = std::make_pair(10, true);    //struct std::pair<int, bool>
```

声明具名 lambda 函数，表示函数类型：

```
auto inc = [](int& n) { ++n; };
```

声明 lambda 函数的参数和返回类型：

```
auto add = [](auto a, auto b) {return a + b; };    //add(2, 3.14)
```

在上述各种用法中，auto 是实际类型的占位符，编译器根据表达式的类型自动推断实际类型。“总是使用 auto，而不是指定实际类型”的优点体现在：①不会让变量处于未初始化的状态，否则编译器会提示错误；②总是能够使用最恰当的数据类型而避免隐式转换，如上述 auto d=3.14;，d 是 double 类型，而不是 float 类型；③在用作函数参数时，auto 类型能够接纳不同类型的实参，从而达到通用化的目的，如上述 lambda 函数 add 的两个形参类型都是 auto，但是对它的调用 add(2, 3.14)传入了两个类型不同的实参；

④在使用 STL 中的某些类型时，如容器的迭代器类型，会使表达式变得非常简洁。

C++11 引入关键字 decltype 根据表达式的值推导数据类型，类似“typeof”的作用，它主要实现编译期类型推导。auto 从初始化表达式中推导变量的类型，而 decltype 用于推导表达式的类型，用法如 decltype(expr)，但是它并不真正计算表达式的值。

```
int a = 0;
decltype(a) b = 1;                          //b: int
decltype(a + b) c = a + b;                  //c: int

const int& d = a;
decltype(d) e = b;                          //d: const int&

const decltype(c)* p = &c;                  //p: const int*
decltype(c)* pi = &c;                       //pi: int*
decltype(pi)* pp = &pi;                     //pp: int**

const int& g = a;
decltype(g) h = a;                          //h: const int&

double f();
decltype(f()) ff = 1.0;                     //ff: double
```

可以看出，相比于 auto，decltype 会保留 const 和引用类型。关键字 decltype 也常用于函数中根据返回值声明返回类型，常用于元编程，或传递 lambda 表达式的类型。

4. typedef 与类型标识符

任何数据都有所属类型。任何类型也需要一个唯一的类型标识符来进行“称呼”。例如，类型标识符 char 是对字符型数据的一种表示，看到这个“名称”就想起字符数据及其属性。类型标识符 int 则是对整型数据的“称呼”，有了这个标识符就可以定义该类型的变量，从而进行一些计算。所有基本数据类型都由系统定义并提供类型标识符。

但是一些在基本数据类型的基础上复合而成的数据类型，如数组、指针、字符串、引用、函数等则没有提供统一的标识符，那是因为它们可以任意定义而无法由系统提供显式的名称。以 int 类型数组为例，int a[1]、int b[2]、int c[3]都是不同类型的数据，变量 a、b、c 的类型无法由系统提供。同样对于枚举、联合、结构、类等机制来说，在定义时，都只能由用户自定义一个类型标识符。

对于复合数据类型来说，关键字 typedef 提供了定义类型标识符的能力。对语句 int a[1];来说，它只是定义了一个变量 a，但是 a 所属的类型则没有显式地提供。若写成如下两个语句：

```
typedef int A[1];               //定义类型 A,它是只有一个 int 元素的数组类型
A a;                            //定义变量 a,它是 A 类型的变量
```

则非常符合我们的习惯了：先有类型，再有变量。同样对于指针变量 p 的定义：char **p;，则没能显式地给出变量 p 所属的类型，但若写成如下形式，则类型和变量的概念就非常清晰了：

```
typedef char** P;             //定义类型P,它是指向二级char指针的指针类型
P p;                          //定义变量p,它是P类型的变量
```

使用同样的方法来思考函数原型void f(int);，标识符f只是一个函数类型的变量，至于它的类型，则可以用下列语句说明：

```
typedef void F (int);    //定义类型F,它是带有一个int参数、无返回值的函数类型
F f;                     //定义变量f,它是F类型的变量
```

因此，函数也有类型，通常我们只是定义了函数（函数类型的变量），而忽略了对其类型的分析，这一点在学习函数指针时尤为重要。

阅读本节后，请读者要形成一个习惯：时常分析并分辨“C/C++语言中标识符表示的是类型还是变量？”，并考虑“若只是变量定义，则它的类型是什么？”。总之，本书想重点强调“先有类型，再有变量”，这一“类型为本”的思想方法是非常重要的。C++本身是一个强类型语言，面向对象方法更加强化了C++的类型系统。所有要处理的数据都必须归为一类，通过在该类型中定义主要属性和各种运算，从而达到处理该类数据的目的。从这个角度来说，本书正是围绕“类型及其计算”而展开的：定义一种类型，提供计算能力（包括基本运算和自定义运算）。在学习一种新的数据类型、定义一种新的数据类型时，都必须要牢记“类型-变量-计算”这一中心思想。在实践中，我们认识问题、处理问题都必须遵从这一方法，并养成“类型为本”的思维习惯。

5. 使用using创建数据类型的别名

除上述使用typedef定义数据类型的别名（aliases）外，现代C++更多地使用using定义类型的别名，特别是在模板中简化名称。

```
using byte = unsigned char;     //定义无符号字符类型

using array_t = double[10];     //定义数组类型：长度为10,类型为double
array_t a;                      //定义数组类型的变量,即长度为10的数组变量
a[0] = 1;                       //如同普通数组一样运用

using func_t = double(double); //定义函数类型：返回类型和参数类型都为double
func_t* f = sin;                //定义该类型的指针,并用数学库函数初始化
std::cout << f(3.1415926 / 4); //计算sin(PI/4)
```

C++标准库在头文件<type_traits>中提供了工具函数is_same<T, U>::value（C++11的用法）判断两个类型T和U是否相同，C++17的用法为is_same_v<T, U>。C++20则以概念concept的形式提供same_as<T, U>，判断类型T和U是否为同一类型。

6. 基本运算

数据类型能够进行的运算，必须通过该类型的变量（或对象）体现出来。通过定义该数据类型的变量（或对象），并对该变量（或对象）施加该数据类型所允许的操作，从而体现出该数据类型的作用及其价值。所有数据类型都应该能够进行诸如定义（define）、赋值（assign）、初始化（initialize）等基本运算，同时还应包括诸如输入、输出的自定义运算。

为构造变量（或对象），并让该变量（或对象）存活且具有明确的值，需要用到定

义、赋值、初始化等运算。

（1）定义：生成数据类型的一个实例。定义某类型的变量（或对象）时，会根据该数据类型要求的内存组织方式给该变量（或对象）分配内存，一个拥有了内存的变量（或对象）即开始“存活”，可以进行后续运算。用符号 T 表示某一基本数据类型，则定义其变量（或对象）的语法格式如下：

```
T t;
```

定义变量（或对象）需要为其分配内存，并进行构造。

（2）赋值：为了让已经定义好的 T 类型的变量（或对象）t 具有同类型数值 val，可以采用赋值运算来完成。为变量（或对象）赋值的语法格式如下：

```
t = val;
```

赋值运算是二元运算，要求右操作数是与左操作数同类型的常量、变量或表达式。赋值运算需要该数据类型定义赋值运算符（“=”）。

（3）初始化：如果在定义变量（或对象）的同时给定初始值，则称对该变量（或对象）初始化。在 C++98/03 中，初始化的方式可以用两种形式进行，它们之间醒目的区别是所用的运算符：赋值运算符“=”和函数调用运算符“( )”，以“=”完成的初始化称为复制初始化，以“( )”完成的初始化称为直接初始化。

const 数据在定义的同时需要进行初始化，否则后续无法给定初始值。

自 C++11 起，统一初始化语法（uniform initialization）广泛用于现代 C++。无论什么数据类型，如基本数据类型、聚集（aggregate）或非聚集（non-aggregate）、数据和容器等，都统一用“{}”（curly brace initialization）形式的列表初始化（list initialization）进行初始化。例如：

```
int n{ 10 };                          //初始化基本数据类型
double d{ 3.14 };                     //初始化基本数据类型
int a[10]{ 1, 2, 3 };                 //初始化数组
```

从形式上看，这种语法有两种形式：T t{other};和 T t={other};，前者称为直接列表初始化，后者称为复制列表初始化。

【例 1.1】变量的定义、赋值和初始化。

```
#01     int main() {
#02         int x, y;                     //定义两个变量
#03         x = 1; y = x;                 //变量赋值
#04
#05         int a = 2, b = x;             //复制初始化
#06         int c(3), d(a);               //直接初始化
#07
#08         const double PI{ 3.14 };      //C++11 的统一初始化
#09         const int z = { x };          //C++11 的统一初始化
#10     }
```

变量 a 和 b 以复制初始化的方式分别初始化为 int 常量 2 和变量 x; 变量 c 和 d 则以直接初始化的方式分别初始化为 int 常量 3 和变量 a；变量 PI 和 z 用 C++11 的统一初始化语法（或列表初始化）进行了初始化。

需要注意的是，对于上述变量（或对象）的初始化方式：

第一，比较复制初始化和直接初始化，以“( )”实现的直接初始化方式更能说明初始化是对变量（或对象）的“构造”行为，这种“构造”是通过函数调用的方式实现的，因为“( )”是函数调用运算符，是函数调用的标志。当构造变量（或对象），调用函数所需要的参数不止一个时（如 T t(2,3)），这种方式更适合对象的初始化过程。

第二，复制初始化“=”容易给人一种错觉：这是赋值行为。例如，对变量 a 和 b 的初始化，虽然形式上是通过“=”完成的，但一定不要认为它们是“赋值”行为，这两者是差异很大的行为。

第三，赋值和复制初始化的相同点在于，两者的结果都会使赋值运算符的左操作数具有与右操作数相同的值。两者的区别在于，赋值时，变量（或对象）已经存在，而复制初始化时变量（或对象）正在生成。在本书第 2 章讲到构造函数时，会更加清晰地揭示两者的差别：赋值和初始化是通过完全不同的函数实现的。但是在实现过程中，这两个函数的相同点会使它们具有相似的功能及程序代码，两者的不同点会使它们在处理内存资源时具有不同的操作。

第四，C++11 的列表初始化（或统一初始化）是自 C++11 标准起盛行于 C++程序的初始化方式。列表初始化的一个最大优点是可以防止类型窄化（narrowing）。类型窄化一般是指使数据精度丢失的隐式类型转换，如 double 型浮点数转换为 int 型整数。因此，自 C++11 起，类似 int n{3.14};的初始化会引发编译错误。事实上，C++11 的列表初始化是唯一可以防止类型窄化的初始化方式，这加强了类型安全性。

（4）声明：关于变量（或对象），还有一个重要的概念——声明，需要注意如下几点。

① 声明是为了使用，所有变量（或对象，甚至标识符）必须先声明，然后才能使用。注意不是“先定义再使用”。

② 声明只需表明变量（或对象）的类型和名称，其目的是宣告该变量（或对象）的存在，而不是如定义一样，是使该变量（或对象）开始“存活”。

③ 声明不一定是定义，两者的区别在于：声明可以多次，但定义只能一次；定义时会分配存储空间，而声明时不会。如果声明同时也是定义，才可以对变量（或对象）初始化。

④ 声明可以采用两种方式进行：定义性声明和以 extern 实现的声明。所谓定义性声明，大多数情况下，定义完一个变量（或对象），就意味着已经声明了该变量（或对象）。所谓以 extern 实现的声明，当需用引用定义在文件作用域中的变量（或对象）时，则在引用之前，要以 extern 声明该变量（或对象）。例如，当变量 a 定义在文件 file1 中时，在另外一个文件 file2 中需要引用变量 a，则在引用点之前需要以 extern 语句声明变量 a 的类型和名称。

除了上述基本运算，C++基本数据类型的一些属性也可以简单地得出。C++基本类型所占系统内存空间的大小也可以通过 sizeof 运算符求得，它们所能表示数据的范围也有多种方式可以获得。

【例 1.2】基本数据类型数据的输入/输出（input/output，I/O）、大小、表示范围等操作的应用示例。

```
#01     #include <limits>
#02     #include "xr.hpp"
#03
#04     int main() {
#05         int n;      std::cin >> n;  std::cout << n;     //基本输入和输出
#06         double d;   std::cin >> d;  std::cout << d;     //基本输入和输出
#07
#08         xr(sizeof(int));                                //4
#09         xr(sizeof(double));                             //8
#10
#11         xr(std::numeric_limits<int>::max());            //2147483647
#12         xr(std::numeric_limits<int>::min());            //-2147483648
#13         xr(std::numeric_limits<int>::is_integer);       //true
#14         xr(std::numeric_limits<int>::is_bounded);       //true
#15         xr(std::numeric_limits<int>::is_signed);        //true
#16         xr(std::numeric_limits<int>::is_exact);         //true
#17     }
```

对所有基本类型数据的 I/O 操作（或流提取/流插入运算），都能通过标准输入流对象 cin 和流提取运算符>>、标准输出流对象 cout 和流插入运算符<<配合完成，它们都已经定义在 C++的 I/O 流库中，只要包含 C++标准头文件<iostream>（已包含在头文件“xr.hpp”中），程序就可以得到 I/O 操作的能力。运算符 sizeof 用于计算标识符所代表数据类型或数据所占用内存字节的大小。

C++ STL 中的类模板 numeric_limits<T>为数据类型 T 定义了各种数值属性，其中函数 max( )和 min( )分别返回数据类型 T 的最大值和最小值，其他典型的属性包括：is_integer 是否是整数，is_bounded 是否有界，is_signed 是否有符号，is_exact 是否精确。为了使用该类模板，需要包含 C++标准头文件<limits>。

1.1.2　命名空间

当多个程序员合作完成同一个项目时，可能会发生标识符之间的命名冲突问题。例如，程序员 A 在文件作用域定义了函数 f( )，程序员 B 在文件作用域也定义了同样的函数 f( )，则这两个标识符会发生冲突，导致程序错误。

C++中的命名空间（namespace）正是解决标识符命名冲突问题的有力工具。关键字 namespace 可用于定义一个具名空间或匿名空间，并可以在该空间中定义变量、函数甚至结构或类等标识符。命名空间不同，定义于其中的标识符即使拥有相同的名称也不会造成二义性。当需要访问该空间中的某个标识符时，需要同时用到该空间的名称和二元作用域运算符（::）。匿名空间类似于全局空间，可以直接访问其中的标识符。

【例 1.3】命名空间的定义及其成员的访问。

```
#01     #include <iostream>
#02     #include "xr.hpp"
#03     using namespace std;                //引入空间 std
#04
#05     namespace TomSpace {                //定义命名空间 TomSpace
#06         int x{ 2 };                     //在空间 TomSpace 中定义变量
```

```
#07        void f() {                          //在空间 TomSpace 中定义函数
#08            cout << x << endl;              //访问同一空间中的标识符
#09        }
#10    }                                       //结束 TomSpace 的定义
#11
#12    int main() {
#13        xr(TomSpace::x);                    //2: 访问空间中的变量 x
#14        xrv(TomSpace::f());                 //2: 访问空间中的函数 f()
#15
#16        using namespace TomSpace;           //引入空间 TomSpace
#17        x = 3;                              //访问空间中的变量 x
#18        xrv(f());                           //3: 访问空间中的函数 f()
#19    }
```

命名空间的定义体不需要以分号结束。当需要访问定义在命名空间中的标识符时，一般需要在该标识符之前加上空间名称和二元作用域运算符进行解析，如 main( )函数中的表达式 TomSpace::x、TomSpace::f( )所示，但这会使对成员的访问变得麻烦。但若标识符的定义和访问在同一个空间，则可以直接访问而无须指明其所属命名空间，如命名空间 TomSpace 的函数 f( )中对变量 x 的访问。

关键字 using 的使用会简化对命名空间中成员的访问。在访问成员之前，用 using namespace 声明需要访问的命名空间，则向该行之后引入了该空间中的所有标识符，从而可以直接访问这些标识符，如 main( )函数中的指令 using namespace TomSpace;所示。语句 using namespace std;是一个典型的命名空间引入指令，当程序需要用到 C++的 I/O 时，会用到定义在标准命名空间 std 中的流对象 cout、cin，因此，通常在程序的开始位置通过该指令来引入 std 空间，随后对 cout、cin、endl 的访问就不需要指明其所属的 std 空间了。但有时候，这种引入整个空间的做法会得到批评，因为它引入了额外的、本程序不需要访问的标识符。

本书大多数程序并没有使用 using 引入整个 std 空间，而是在需要的时候就直接用标准空间 std 和二元作用域运算符访问所要用到的标识符，这意味着对 cout、cin、endl 的访问经常书写为 std::cout、std::cin、std::endl。这种做法虽然麻烦一点，但有时能够很清楚地表达标识符与命名空间的所属关系，特别是当程序中用到多个命名空间时，如同时用到了 STL 和 boost 库，它们分别定义在 std 空间和 boost 空间，这种做法的优点就显现出来了。

与标识符 xr 类似但略有不同，标识符 xrv 是专用于观察和分析不产生任何值的函数调用表达式的宏，字符 v 来自 void。该宏首先输出函数调用表达式所在的行号，然后输出该表达式，最后输出该函数调用中产生的输出。该宏也定义在头文件“xr.hpp”中，关于该文件的具体内容，请参见与本书配套辅教材的附录部分。

1.1.3 常用运算及其运算符

除定义、初始化、I/O 等基本运算外，C++的变量（或对象）还可以进行大量丰富的运算，常用的有算术运算、赋值运算、增量/减量运算、关系运算、逻辑运算、下标运算、函数调用运算、类型转换运算等。本节以函数的思想来讨论如何实现这些运算过程，而不打算详细讨论各类表达式的求值过程及运算符的优先级和结合性等。在讨论常用运算之前，先讨论左值/右值的概念。

1. *左值与右值*

左值/右值首先是C++的表达式，左/右则是该表达式相对于赋值运算符的位置。左值（left value，lvalue，发音ell-value）是指能够出现在赋值运算符左边的表达式，右值（right value，rvalue，发音are-value）是指只能出现在赋值运算符右边的表达式。需要注意的是，这两个概念所强调的语气是不同的：左值表达式“能够”出现在赋值运算符左边，也“能够”出现在赋值运算符右边；而右值表达式“只能”出现在赋值运算符右边，但是“不能”出现在赋值运算符左边。也有被广泛认同的说法，那就是可以取地址的、有名称的（具名）就是左值。反之，不能取地址、匿名（或不具名）的就是右值。

这两个概念，在不同的场合有不同的表现形式。对于常量和变量而言，它们与左值/右值的关系是显然的，总结为：①变量可以用作左值，也可以用作右值，但是常量只能够用作右值，不能用作左值。②当变量用作左值时，可以容纳数据，其保存的数据可以被修改；用作右值时，则可以为其他表达式提供值。③常量只能用作右值，不允许被修改，因而只能为其他表达式提供值。

【例1.4】变量/常量与左值/右值。

```
#01     int main() {
#02         int a, b;
#03         a = 1;                              //变量a用作左值
#04         b = a;                              //变量a用作右值,b用作左值
#05         //? 2 = b;                          //error:常量2不能用作左值
#06     }
```

在上述程序中，变量a在表达式a = 1中用作左值，在表达式b = a中用作右值。变量b在表达式b = a中用作左值。常量只能用作右值，因此在表达式2 = b中常量2用作左值就会出错。

更进一步，在C++11中，右值分为将亡值（xvalue，expiring value）和纯右值（prvalue，pure rvalue）。其中，纯右值就是C++98中的右值概念，如字面常量1、'a'、false等，以及后面将会述及的算术表达式的值、类型转换函数的返回值、lambda表达式等。将亡值则是C++11新增的与右值引用相关的表达式，如返回右值引用T&&的函数返回值、工具函数std::move( )的返回值等。在C++11中，所有的值属于左值、将亡值、纯右值三者之一。

2. *算术运算*

算术运算中的加、减、乘、除、取余运算都是二元运算，对应的运算符分别为+、-、*、/、%。作为二元运算，算术运算函数需要两个参数，在对这两个参数执行相关运算后，运算过程会返回它们的和、差、积、商、余数。以函数形式实现算术运算过程时，该函数的伪代码如下：

```
    T operator # (T left, T right) {    //二元算术运算:两个操作数
        T result{ left # right };       //按某规则计算结果
```

```
    return result;                    //以值形式返回结果
}
```

上述伪代码表示算术运算的实现过程。注意：#并不是 C++的运算符，只是用来代表二元运算符+、-、*、/、%。operator 是 C++的关键字，表明该函数的性质是运算符函数。T 是操作数的数据类型。该运算过程定义临时变量 result 存放运算结果，并返回该值。由于返回值是临时变量，算术运算表达式不能作为左值表达式，而只能用作右值。

运算符+、-也可以用作一元算术运算符，分别返回操作数、操作数的相反数，其表达式也只能用作右值。

为更灵活地应用算术运算，STL 对上述 5 种算术运算都定义了相应的函数对象（functor），如表 1-1所示。

表 1-1 算术运算类函数对象

函数对象	应用示例	结果
plus<T>( )	plus<T>( )(a,b);	a + b
minus<T>( )	minus<T>( )(a,b);	a - b
multiplies<T>( )	multiplies<T>( )(a,b);	a * b
divides<T>( )	divides<T>( )(a,b);	a / b
modulus<T>( )	modulus<T>( )(a,b);	a % b
negate<T>( )	negate<T>( )(a);	-a

注：T 表示任意数据类型，a 和 b 是 T 的变量（或对象）。

以表达式 plus<T>( )(a, b)为例简要说明：表达式 plus<T>( )是对 T 类型的操作数执行算术加运算的函数对象，参数列表(a, b)表示两个操作数，它们都是 T 类型的变量。整个表达式 plus<T>( )(a, b)的结果与 a + b 相同。关于函数对象的详细讨论，请参见本书第 6 章相关内容。为了使用上述函数对象，需要包含 C++标准头文件<functional>。

【例 1.5】算术运算类函数对象的应用示例。

```
#01     #include <functional>
#02     #include "xr.hpp"
#03
#04     int main() {
#05         xr(std::plus<int>()(5, 3));         //5+3, 结果为 8
#06         xr(std::minus<int>()(5, 3));        //5-3, 结果为 2
#07         xr(std::multiplies<int>()(5, 3));   //5*3, 结果为 15
#08         xr(std::divides<int>()(5, 3));      //5/3, 结果为 1
#09         xr(std::modulus<int>()(5, 3));      //5%3, 结果为 2
#10         xr(std::negate<int>()(5));          //-5, 结果为-5
#11     }
```

3. 赋值运算

赋值运算（assignment）是重要的运算之一，其运算符是“=”，执行赋值运算的目的是用右操作数的值改写左操作数，这要求左操作数必须是左值，同时左操作数的值作为赋值表达式的值。赋值运算是具有副作用的运算之一：除了作为表达式提供一个值，它还会修改左操作数的值。

作为二元运算，赋值运算需要两个参数：左操作数和右操作数，但是与其他函数不同的是，实现赋值运算的函数通常只带一个参数，即右操作数，而左操作数作为函数的隐含参数，以一种特殊的方式传递给赋值运算副函数。赋值运算的结果是返回左操作数，作为整个表达式的值。以函数形式实现赋值运算时，该函数的伪代码如下：

```
T& operator = (T* this, T right) {       //二元运算:*this = right
    复制 right 到 this 所指对象中;           //把右操作数复制到左操作数
    return *this;                          //返回左操作数
}
```

上述伪代码中，this 是 C++的关键字，它表示一个指针，指向待赋值的对象。该关键字的详细用法见第 3 章。赋值运算的过程是把右操作数 right 的值复制到待赋值对象 *this 中。该函数返回左操作数，对应的返回类型为 T&（即返回引用），这使赋值表达式是左值表达式，并且赋值运算能够连续进行。下面的程序段证明了这一点。

```
int a, b, c { 1 };
b = a = c;                  //连续赋值:三者的值都为 1
a = 2;                      //重新赋值为 2
(b = a) = c;                //赋值表达式用作左值: a 的值为 2,b 和 c 的值为 1
```

关于引用的详细讨论，请参见本章后续相关内容。

4. 增量/减量运算

增量/减量运算（increment/decrement）是重要而又容易被“误算”的运算之一。之所以被“误算”，不是因为结果常常算错，而是因为其计算过程常常没有被正确地理解。增量运算的运算符为“++”，其功能是把操作数加 1，减量运算的运算符为“--”，其功能是把操作数减 1。如同赋值运算，增量/减量运算也是具有副作用的运算之一，除了作为表达式提供一个值，它们会隐式地对操作数执行赋值运算，从而修改操作数。

增量/减量运算符可以前置于操作数，也可以后置于操作数。前置增量运算（prefix increment）的计算过程如同前置减量运算（prefix decrement）的计算过程，后置增量运算（postfix increment）的计算过程如同后置减量运算（postfix decrement）的计算过程，不同的只是增减的操作。因此，后面的讨论以增量运算为例，不再专门讨论减量运算。

作为一元运算，增量运算需要一个操作数。前置增量的运算过程分为两步：首先把操作数自增 1，然后返回增加之后的操作数作为表达式的值。以函数形式实现前置增量运算时，该函数的伪代码如下：

```
T& operator ++ (T& operand) {           //一元操作:++operand
    把 operand 增 1;                     //按某规则自增操作数
    return operand;                      //返回操作数作为表达式的值
}
```

上述伪代码中，函数 operator ++( )严格实现前置增量运算的两步。参数 T& operand 表示以引用的方式传递实参，返回类型 T&对应于操作数，这两处引用确保在整个运算过程中，运算的对象始终就是操作数本身。由于前置运算返回操作数本身，因此前置增量/减量表达式是左值表达式。下面的程序段证明了这一点。

```
int a { 1 };
int b { ++a };          //表达式++a 用作右值: a 值变为 2, 表达式的值(即 b)为 2
```

```
( ++a ) = 100;          //表达式++a用作左值：a值为100
(++ (++ (++ a)));       //前置增量运算保持左值特性：a值为103
```

后置增量的运算过程分为3步：首先把操作数的初始值保存在一个临时变量中，然后把操作数自增1，最后返回临时变量作为表达式的值。以函数形式实现后置增量运算时，该函数的伪代码如下：

```
T operator ++ (T& operand, int) {       //一元操作:operand++
    T temp{ operand };                  //生成临时变量保存值
    把operand增1;                        //重用++operand
    return temp;                        //返回临时变量作为表达式的值
}
```

相比前置增量运算，后置增量运算有两点不同：①函数参数不同。为从形式上区别于前置增量运算符函数，C++给后置增量运算符函数增加了第二个参数int，该参数仅仅是一个标志，对应的实参会被设置为0，因此是一个伪值，这个int参数的设置不会改变"后置增量运算符是一元运算符"的事实。②返回类型不同。这是由计算过程决定的。后置增量的运算过程比前置增量的过程显得"曲折"。前置增量因返回操作数本身而设置返回类型为T&，而后置增量返回临时变量（或对象）temp（其值与增加之前操作数的值相同），因而后置增量表达式不能返回引用而用作左值表达式，只能用作右值表达式。下面的程序段证明了这一点。

```
int a{ 1 };
int b{ a++ };          //表达式a++用作右值：a的值变为2，表达式的值(即b)仍为1
//? ( a++ ) = 100;     //错误：后置增量表达式a++不能用作左值
//? (a++) ++;          //错误：后置增量运算失去左值特性，不能再次后增
//? ++ (a++);          //错误：后置增量运算失去左值特性，不能再次前增
```

5. 关系运算

关系运算（relational）用于测试数据之间的大小、相等关系，其运算符有6个：>、>=、<、<=、==、!=，分别测试大于、大于或等于、小于、小于或等于、等于、不等于关系。

作为二元运算，关系运算需要两个参数作为关系运算的操作数。其运算过程为：对这两个参数的取值进行关系测试；根据测试结果，返回bool类型的值。以函数形式实现关系运算时，该函数的伪代码如下：

```
bool operator # (T left, T right) {     //二元运算:两个操作数
    bool result{ left # right };        //按某规则比较大小或相等性
    return result;                      //返回比较结果
}
```

上述伪代码对关系运算实现过程的描述是直观的，主要过程在于对两个操作数进行的关系运算。实际上，这6个运算符中只有<和==是基本的，其他4个运算符都可以依赖于它俩而实现，如表1-2所示。

表1-2 关系运算之间的等价形式

表达式	a != b	a > b	a <= b	a >= b
等价形式	!(a == b)	b < a	!(b < a)	!(a < b)

注：已定义运算符<和==。

为了更灵活地应用关系运算，STL 对上述 6 种关系运算也都定义了相应的函数对象，如表 1-3所示。为了使用关系运算类函数对象，需要包含 C++标准头文件<functional>。

表 1-3　关系运算类函数对象

函数对象	应用示例	结果
greater<T>( )	greater<T>( )(a,b);	a>b
greater_equal<T>( )	greater_equal<T>( )(a,b);	a>=b
less<T>( )	less<T>( )(a,b);	a<b
less_equal<T>( )	less_equal<T>( )(a,b);	a<=b
equal_to<T>( )	equal_to<T>( )(a,b);	a==b
not_equal_to<T>( )	not_equal_to<T>( )(a,b);	a!=b

注：T 表示数据类型，a 和 b 是 T 的变量（或对象）。

【例 1.6】关系运算类函数对象的应用示例。

```
#01     #include <functional>
#02     #include "xr.hpp"
#03
#04     int main() {
#05         xr(std::greater<int>()(5, 3));          //5 > 3, 结果为 true
#06         xr(std::greater_equal<int>()(5, 3));    //5 >= 3, 结果为 true
#07         xr(std::less<int>()(5, 3));             //5 < 3, 结果为 false
#08         xr(std::less_equal<int>()(5, 3));       //5 <= 3, 结果为 false
#09         xr(std::equal_to<int>()(5, 3));         //5 == 3, 结果为 false
#10         xr(std::not_equal_to<int>()(5, 3));     //5 != 3, 结果为 true
#11     }
```

6. 逻辑运算

逻辑运算（logical）用于对条件表达式执行与、或、非运算，对应的运算符分别为&&、||、!。逻辑运算符中的!常用于判断操作数是否为空，以函数形式实现逻辑非运算时，该函数的伪代码如下：

```
bool operator ! (T operand) {          //一元运算:!operand
    判断操作数的状态;                    //按某规则判断操作数状态
    返回 bool 类型的判断结果;            //返回判断结果
}
```

为了更灵活地应用逻辑运算，STL 对上述 3 种逻辑运算也都定义了相应的函数对象，如表 1-4所示。为了使用逻辑运算类函数对象，需要包含 C++标准头文件<functional>。

表 1-4　逻辑运算类函数对象

<table>
<tr><th>函数对象</th><th>应用示例</th><th>结果</th></tr>
<tr><td>logical_not<T>( )</td><td>logical_not<T>( )(a);</td><td>!a</td></tr>
<tr><td>logical_and<T>( )</td><td>logical_and<T>( )(a,b);</td><td>a && b</td></tr>
<tr><td>logical_or<T>( )</td><td>logical_or<T>( )(a,b);</td><td>a || b</td></tr>
</table>

注：T 表示数据类型，a 和 b 是 T 的变量（或对象）。

【例 1.7】逻辑运算类函数对象的应用示例。

```
#01     #include <functional>
```

```
#02     #include "xr.hpp"
#03
#04     int main() {
#05         xr(std::logical_not<int>()(5 < 3));                    //true
#06         xr(std::logical_and<int>()(5 > 3, 3 != 5));            //true
#07         xr(std::logical_or<int>()(5 == 3, 3 != 5));            //true
#08     }
```

7. 下标运算

下标运算（subscript）根据给定的索引值求其所对应的数据元素，其运算符为“[]”。作为二元运算，下标运算需要两个操作数，下标运算表达式的应用形式为a[b]，对于表达式a和b的要求是：只要其中一个是指针类型，另一个是整型（包括枚举类型）即可，至于各自在下标运算表达式中处于什么位置，没有严格规定。以函数形式实现下标运算时，该函数的伪代码如下：

```
T& operator [] (T* this, int index) {        //二元运算:类似a[index]
    assert(下标在合法的范围);                    //确保下标有效
    return *(this + index);                  //返回下标对应的元素
}
```

上述伪代码中，关键字this是指向具有索引功能的数据结构（如数组、字符串等）的指针。为弥补C++数组缺乏下标检查机制的缺陷，常用断言宏ssert对下标index进行合法性检查。若检查合法，则返回相应下标的数据元素。由于该函数常返回引用类型，因此下标运算表达式常用作左值。

8. 函数调用运算

函数调用运算（function call）是用途较为广泛、地位较为重要的运算之一，其运算符是“()”，它在STL中占有极为重要的地位，因为它是定义函数对象的基础。以函数形式实现函数调用运算时，该函数的伪代码如下：

```
ReturnType operator () (T* this, PT1 param1, ...) {    //多元运算
    根据给定的参数计算函数值;
    return 函数值;
}
```

根据函数对象实现一元运算或二元运算的不同，该运算符函数带有一个参数或两个参数。

9. 类型转换运算

类型转换运算常用于在不同类型的数据之间实行不同方向的转换。C++支持3种形式的类型转换。

```
(DestinationType)sourceData;
DestinationType(sourceData);
static_cast<DestinationType>(sourceData);
```

其中，DestinationType是目标类型，sourceData为待转换的数据，static_cast<>是C++的运算符。

1.1.4 语句与控制结构

程序执行的流程总体来说是按照书写的顺序、从前往后逐条执行的，但是有时候也需要在这些按照顺序排列的程序代码之间，根据需要切换执行顺序。结构化程序设计方法的出现，使对于程序的控制更加灵活、更加理性（而不是如 goto 般任意）。

按照结构化程序设计的思想，所有的程序都可以实现为 3 种控制结构：顺序结构、选择结构、循环结构。其中，对顺序结构的支持是天然的，C++会按照语句（或语句块）的前后顺序依次执行。除了这 3 种控制结构，C++还支持转向语句，这类语句常用于选择结构和循环结构，辅助程序流程的跳转。

1. 语句及其类型

控制结构的实现依赖于程序语言所支持的语句。C 语言的语句与 C++语言的语句大部分是相同的，主要的区别在于声明语句。C 语言只允许在块语句的开始部分进行标识符声明，而 C++专门增加了声明语句，使变量可以在任何需要的时候声明。

C++语言中提供的语句有以下几类。

（1）空语句：仅由一个分号组成。常用于在语法上需要一个语句，但是该语句无须执行具体的动作的场合，如在循环结构中用作占位符。

（2）表达式语句：由表达式和分号组成。常用于对表达式求值，赋值语句和函数调用语句是最常用的表达式语句。

（3）复合语句：以花括号{}封闭的零条或多条语句。

（4）声明语句：向程序的当前作用域引入一个标识符，或指定编译器对标识符解释的方式。声明的目的有很多，如声明变量（或对象）、函数的存储类、类型说明符和连接性；声明内联函数或虚函数；声明 const/volatile 属性；用枚举定义把标识符声明为常量；声明类、结构、枚举、联合类型；用 typedef 声明某类型的别名；声明命名空间等。

（5）选择语句：根据条件判断的真假，分别执行不同的动作。C++支持的选择语句有 if 语句和 switch 语句。if 语句表现为两种形式，一种带有 else 子句，而另外一种没有。switch 语句则根据整型表达式的值进行多种不同的选择。

（6）循环语句：根据不同的循环终止条件，执行零次或多次语句块。C++支持的循环语句有 while 语句、do/while 语句和 for 语句。

（7）跳转语句：用于转移程序的控制权。C++支持的跳转语句有 break 语句、continue 语句、return 语句和 goto 语句。

（8）标号语句：以冒号隔开的标号和语句。标号语句有 3 种，即用于 goto 语句的标号语句、switch 语句中的 case 语句和 default 语句。

2. 3 种控制结构

对于顺序结构、选择结构、循环结构这 3 种控制结构，它们的特征和应用场合分别如下。

1）顺序结构

典型的顺序结构由多个先后排列的表达式语句组成，它们从前到后、按照排列的先后顺序依次执行，无须转移控制权，因此对顺序结构的分析较为简单，无须赘述。

2）选择结构

选择结构常用于“根据不同的条件，执行不同的动作”，C++提供 if 语句和 switch 语句实现选择判断。if 语句又分为两种：不带 else 子句的 if 语句和带有 else 子句的 if 语句。带有 else 子句时，if/else 结构又可多次嵌套。在应用中，这些选择结构可以根据需要适当嵌套。

（1）不带 else 子句的 if 语句：即单一的 if 语句，类似于过滤器或选择器。当需要对数据集合或处理对象中具有某类特殊性质的子集进行选择性处理时，可以选择单一的 if 语句。例如，对于从键盘上输入的边长数据中，只对满足三角形构成条件的边长值，进行求面积计算。又如，对数组的所有元素遍历一遍，只选择其中的偶数进行累加求和。

（2）带有一个 else 子句的 if 语句：即 if/else 结构。该结构常用于表达“非此即彼”式的选择判断，涵盖所要处理对象的全部范围，if 语句对部分情况判断，所有其他情况则由 else 子句处理。例如，在求取两个数 a 和 b 中的大者时，对 a>b 进行判断，若结果为真，则选择 a，否则，选择 b。

（3）多个 if/else 结构的嵌套：即 if/else if 形式。当处理对象由多个不交叉的子集组成时，即这些子集之间没有公共元素，宜表达为具有“相互排斥性”的 if/else if 结构。典型的例子如数学中的分段函数的计算，一元二次方程求根情况的判断。或者对处理对象多种形态中的某几种进行选择性处理，如只选取 7 种颜色中的 3 种基本色进行处理，应该使用 if/else if 表达这 3 种情况。

对这种结构需要说明两点：①若所列举条件没有穷尽全部范围，则最后一个子句应表示为 else if 子句；否则，用 else 子句（switch 结构中则使用 default 子句）处理剩余所有情况。②若将这些 else if 子句表达为多个单一的 if 语句，则前者的执行速度更快，原因是当它成功匹配到某个条件后，就会退出整个选择结构而跳过后面的条件。但对于这多个单一的 if 语句结构，则会从头到尾逐一判断执行每个条件表达式，即使中间曾经满足某个条件也不会从此跳出，而要检测完所有的条件。

（4）switch 结构：与 if/else if 结构类似，两者都可以用于表达多个不交叉的子集。不同的是，switch 结构常用于可数、离散点集的选择判断，而 if/else if 结构可以对连续区间式的多个范围进行选择判断。例如，要对每周的 5 个工作日进行不同的工作安排，则宜选择 switch 结构表达每个离散的工作日。要对分段函数的不同区间进行计算，则宜选择 if/else if 结构表达每个连续的区间。当要处理的对象是 26 个英文字母时，可以把它们单独处理而选择 switch 结构，也可以作为一个连续的区间使用 if/else if 进行处理。

3）循环结构

循环结构常用于“根据适当条件，重复执行动作多遍”，C++中的循环结构分为 3 种：while 结构、do/while 结构、for 结构。三者各有特点，大多数时候可以互换，也可以相互嵌套。

（1）while 结构强调循环执行的条件，只有当满足该条件时，才执行某动作（即循环体语句)。

（2）do/while 结构侧重于要执行的动作，先执行一遍循环体语句，然后判断条件是否为真，为真则继续，否则退出循环。

（3）for 结构侧重于表达具有“明确的起始/终止条件、指定的循环次数”的循环动作。除循环体语句外，for 语句由 3 个表达式组成：初始化表达式（init-expression）、条件表达式（cond-expression）、循环表达式（loop-expression）。初始化表达式只执行一次，常用于初始化循环变量。条件表达式常用于表达循环终止条件，若为真，则执行循环体，否则退出循环。在每次执行完循环体语句后，紧接着执行循环表达式，然后计算条件表达式，决定是否继续循环。常在循环表达式部分增减循环变量。

3. 允许变量初始化的 if 和 switch 语句

在 C++17 之前，if 和 switch 语句中用到的变量都要提前定义，这就不必要地增加了它们的作用域。切记：尽可能地限制变量的作用域是一个很好的编程实践。C++17 引入了新的语言特性——“允许变量初始化的 if 语句（if with initialization）”及“允许变量初始化的 switch 语句（switch with initialization）”。这些语言特性有利于限制变量的作用域。

例如，下列 if 语句中定义了变量 x，然后对其值进行判断。变量 x 的作用域仅限于该语句块。

```
#01     if (auto x{ std::cin.get() }; x >= 48 && x <= 57) {
#02         std::cout << x << " is a digit." << std::endl;
#03     }
#04     else {
#05         std::cout << x << " is not a digit." << std::endl;
#06     }
```

类似的，下列 switch 语句中，变量 x 的作用域也仅限于该语句块。

```
#01     switch (auto x{ std::cin.get() }; x) {
#02         case 'a': go_left();        break;
#03         case 's': go_backward();    break;
#04         case 'w': go_forward();     break;
#05         case 'd': go_right();       break;
#06         case 'q': quit();           break;
#07     }
```

此外，if 语句中可以进行多个声明且初始化是可选的。

```
#01     if (auto x{ getchar() }, y{ getchar() }; x == y)
#02             std::cout << "equal" << std::endl;
```

4. 基于范围的 for 语句

C++11 引入的新语言特性——“基于范围的 for 语句（range-based for）”极大地简化了传统 for 循环语句的用法。下列程序通过循环变量 n 对数组元素进行了写和读两种操作。

【例 1.8】基于范围的 for 语句的应用示例。

```
#01     #include <iostream>
#02     #include <initializer_list>
```

```
#03
#04     int main() {
#05         int a[]{ 1, 2, 3, 4, 5, 6 };
#06
#07         for (auto& n : a)                           //通过引用实现写操作
#08             n *= 10;
#09
#10         for (auto n : a)                            //通过值语义实现读操作
#11             std::cout << n << "\t";
#12         std::cout << std::endl;
#13
#14         for (auto n : {12, 25, 67, 43, 89, 54})     //直接访问列表
#15             std::cout << n << "\t";
#16         std::cout << std::endl;
#17     }
```

相比于传统的 for 循环，基于范围的 for 语句更加简洁，尤其搭配 auto 声明循环变量的做法，使整个循环的表达更加清晰简明。如果想通过循环变量对范围中的元素执行写操作，可以把循环变量声明为引用形式。如果只想对范围中的元素执行读操作，可以把循环变量声明为值形式。也可以在 for 循环中直接指定列表范围。

5. 常用转向语句

为了更好地控制程序的跳转，C++提供了 4 种转向语句：break、continue、return、goto。

（1）break 语句终止它所在的、最近的循环和条件语句，并把程序的控制权转移到所终止语句的下一个语句（或语句块）。对 break 语句的两种用法简述如下：①当用于 switch 语句时，break 语句使程序退出 switch 结构，转而执行该结构后的语句。若没有 break 语句，则程序从匹配的 case 标号开始，一直执行到 switch 结构的结束处，包括其中的 default 语句。只有当 if 语句出现在 switch 结构和循环结构中，才能够应用 break。②当用于循环语句时，break 终止其所在的、最近的循环语句，换言之，若 break 出现在多重循环中，则程序只能退出 break 所在的循环。

（2）continue 语句提前结束本次循环，所在循环中剩下的语句都不再执行，继而执行下一轮循环。当用于 while 语句时，continue 语句使下一轮循环的动作开始于对条件表达式的重新计算。当用于 do/while 语句时，continue 语句“剥夺”了其后续语句在本轮循环中执行的机会，而重新开始下轮循环。当用于 for 语句中时，下一轮循环开始于对循环表达式的执行，然后执行条件表达式，并决定是否继续循环。

（3）return 语句主要用于函数，结束函数的执行，并向调用函数（calling function）转交控制权。对于 main( )函数，则把控制权转交给操作系统。

（4）goto 语句无条件转移控制权到一个带有标号的语句，该标号必须在当前函数中。break 语句只能使循环逐层退出，但是 goto 语句可以从一个嵌套很深的循环中退出。作为一个具有好的编程习惯的程序员，应该在需用 goto 语句的地方，尽量应用 break 语句、continue 语句和 return 语句。

1.2 函数与引用

1.2.1 函数的基本概念

函数是模块化程序设计的重要单元。为了提高程序模块的可复用性，对于经常使用、功能独立的程序模块可以封装为函数。下面以一个具体的例子，简要讨论函数原型（prototype）、函数定义（definition）、函数调用（call）等概念。

【例 1.9】使用迭代法计算平方根。

计算一个数的平方根是程序经常需要完成的，因此有必要把它实现为一个函数以便复用。迭代法是数学和计算机中常用的一种计算方法，它根据迭代公式依次计算出数值序列，该序列逐渐收敛于最终结果。如下为满足要求的程序。

```
#01     #include <iostream>
#02     #include <iomanip>                        //for setprecision
#03     #include <cmath>                          //for fabs
#04
#05     double my_sqrt(double x);                 //函数原型
#06
#07     int main() {
#08         std::cout << "entering " << __func__ << std::endl;
#09         double a{ 2 };                        //待开方的数
#10         std::cout << std::setprecision(8)     //设置输出精度
#11             << my_sqrt(a) << std::endl;       //函数调用
#12     }
#13
#14     double my_sqrt(double x) {                //函数定义
#15         std::cout << "entering " << __func__ << std::cndl;
#16         double xnew, xold{ x / 2.0 };         //定义迭代变量并赋初值
#17         for (; ;) {                           //无限循环
#18             xnew = (xold + x / xold) / 2.0;//牛顿迭代公式
#19             if (fabs(xnew - xold) < 1e-8)     //若先后两次结果达到计算精度
#20                 break;                        //则退出循环
#21             xold = xnew;                      //否则，替换变量继续计算
#22         }
#23         return xnew;                          //返回所求平方根
#24     }
```

程序输出结果如下：

```
entering main
entering my_sqrt
1.4142136
```

在自定义一个函数时，首先需要对函数原型进行声明，该声明告知用户关于该函数的所有信息（函数名称、函数参数以及返回类型），如函数 my_sqrt( )的原型为 double my_sqrt(double x);。有了该函数原型后，用户可以在程序中调用该函数以辅助计算，如 main( )函数中的表达式 my_sqrt(a)。在计算该函数调用表达式的过程中，需要按照函数

定义实现计算，如本程序的后面部分。在简单的程序结构中，函数原型可以按照一定的顺序放置在main( )函数之前，函数定义则集中放置在main( )函数之后。

一般而言，函数原型、函数定义和函数调用具有如下特点。

（1）函数原型是C++重要的类型安全机制之一，其作用体现为3点：①在编译期间，系统根据函数原型检查函数调用是否正确，主要检查的内容包括函数名称、函数的返回类型、函数参数的个数、数据类型和顺序。②若发现有实参与函数原型要求的数据类型不符，则强制转换参数类型，一般把实参转换成形参的类型。若实参类型和形参类型相差过大，不能通过强制类型转换，则会产生编译错误。③一个注解详细的函数原型有利于用户对该函数的正确调用，因此函数原型也常以注释的形式为用户提供足够的使用信息。

（2）函数定义提供了函数完整的实现过程。在发生函数调用后，系统会关联到函数定义，若不能正确关联，则会发生连接错误，这一般是因为函数原型和函数定义不太一致。当函数定义出现在函数调用之前时，函数定义也起到声明函数原型的作用，此时不需要另行声明函数原型。函数定义不能嵌套，即一个函数不能定义在另一个函数内部。

顺便提一下，在所有函数的定义体中，编译器预先定义有函数作用域的变量__func__记录函数名，它的定义大致为static const char __func__ []="function-name";，该变量常用于函数调试中输出函数信息、追踪调用过程。

（3）函数调用是对函数功能的体现，函数调用通过函数调用运算符“()”实现，函数调用运算符的操作数包括函数名和参数列表。函数调用时，首先用实参初始化形参，其中的初始化过程取决于函数设置的形参类型，或实参与形参之间的参数传递方式；然后将控制权转移到被调用函数；执行完被调用函数后，控制权转回到主调函数的调用点。函数之间可以相互调用。函数调用分为嵌套调用和递归调用两种情况，无论哪种形式，程序都需要通过函数调用堆栈实现调用过程中的各种状态数据的记录。L. Peter Deutsch说“To iterate is human,to recurse divine.”（迭代是人，递归是神）。对于大多数回溯性质的搜索问题（如Hanoi Tower问题，N-Queens问题），递归方法提供了一种优雅的求解方法。在编程实践中无论选择迭代还是递归，都应以问题求解为目的。

【例1.10】定义函数，计算任意多个数据之和。

```
#01     #include <iostream>
#02     #include <initializer_list>
#03
#04     double sum(std::initializer_list<double> ld) { //参数为初始化值列表
#05         double s { 0 };                             //累加器清零
#06         for (auto i : ld)                           //基于范围的for语句
#07             s += i;                                 //累加求和
#08         return s;                                   //返回结果
#09     }
#10
#11     int main() {
#12         std::cout << sum({ 1, 2, 3 }) << std::endl;       //6
#13         std::cout << sum({ 1, 2, 3, 4, 5 }) << std::endl; //15
#14     }
```

为了使函数能够接收任意多个数据，考虑使用初始化值列表的形式传递参数，如 main( )函数中 sum( )调用的实参。C++11 在头文件<initializer_list>中提供了类模板 initializer_list<>支持初始化列表。定义函数 sum( )时，以 std::initializer_list<double>为形参，这意味着该函数可以接收若干个类型为 double 的数据。在实现求和的过程中，需要对参数列表中的数据元素进行访问，程序运用了基于范围的 for 循环和 auto 类型的循环变量，这使计算过程尤为简洁。

1.2.2 C++新增的函数机制

1. 内联函数

内联函数（inline functions）的提出是为了提高某些频繁调用、代码体积较小函数的调用效率。对于这类函数，频繁调用中时间和空间的开销，如不断分配、撤销栈空间及转移控制权所耗费的内存空间和 CPU 时间，远比执行函数所需的正当开销多。

内联函数声明的语法是把关键字 inline 放在函数原型的前面。需要说明的是：①关键字 inline 只是“建议”编译器将此函数内联处理，若该函数内部结构过于复杂，如有递归结构，则编译器不会把该函数作为内联函数。②内联函数一般定义在头文件中，此时能够保证在函数调用处，该函数的定义对编译器是可见的。

与带参数的宏运行的机制类似，内联函数也是通过文本替换的方式处理函数调用的，不同的是，内联函数能够更好地执行类型安全检查。由于插入了函数的副本，内联函数处理的结果是程序的体积增大。

【例 1.11】统计字符个数。

对从键盘输入的一行字符，统计其中的大写字母、小写字母、数字的个数。

```
#01    #include <string>                      //for string
#02    #include "xr.hpp"
#03                                           //以下 3 个函数判断字符类型
#04    inline bool isLowerCase(char c) { return c >= 'a' && c <= 'z'; }
#05    inline bool isUpperCase(char c) { return c >= 'A' && c <= 'Z'; }
#06    inline bool isNumber(char c) { return c >= '0' && c <= '9'; }
#07
#08    int main() {
#09        std::string s;
#10        std::cout << "Please enter a sentence: ";
#11        std::getline(std::cin, s);         //从键盘读入字符串对象
#12
#13        int nLowerCase{}, nUpperCase{}, nNumber{}; //设置计数器
#14        for (size_t i{}; i < s.size(); ++i) {  //依次判断每个字符的类型
#15            if (isLowerCase(s[i])) ++nLowerCase;    //小写字符,增加计数
#16            else if (isUpperCase(s[i])) ++nUpperCase;//大写字符,增加计数
#17            else if (isNumber(s[i])) ++nNumber;     //数字字符,增加计数
#18        }
#19        xr(nLowerCase); xr(nUpperCase); xr(nNumber);//输出计数结果
#20    }
```

上述程序分别定义了内联函数 isLowerCase( )用于判断字符 c 是否是小写字母，内联函数 isUpperCase( )用于判断字符 c 是否是大写字母，内联函数 isNumber( )用于判断字符 c 是否是数字。main( )函数中对这 3 个函数的调用是以内联的方式处理的，即把函数调用分别进行文本替换，结果如下：

```
if (s[i] >= 'a' && s[i] <= 'z') ++nLowerCase;
else if (s[i] >= 'A' && s[i] <= 'Z') ++nUpperCase;
else if (s[i] >= '0' && s[i] <= '9') ++nNumber;
```

程序的执行结果如下：

```
Please enter a sentence: Hello, 2008! Welcome to Beijing!
#19: nLowerCase ==>18
#19: nUpperCase ==>3
#19: nNumber    ==>4
```

数据类型 string 是 STL 提供的用于字符串处理的类，它定义于 C++标准头文件 <string>中，同时定义于该头文件中的全局函数 getline( )专用于读取 string 对象，该函数的第一个参数表示读取字符串对象的来源（cin 表示从键盘得到的标准输入），第二个参数则表示存放读取内容的字符串对象。成员函数 size( )返回 string 对象中字符的个数，对字符元素的访问可以通过下标方式实现（如同表达式 s[i]）。

需要说明的是，C++17 赋予了 inline 另一种功能，声明 inline 变量。这个话题涉及 C++的编译技术。通常类的声明都完整包含在头文件中，自 C++17 开始，全局变量和对象也被允许以 inline 变量的方式存在于头文件中；并且如果这个定义被多个编译单元所引用，它们也只是引用到同一个且唯一的变量。

2. 函数的默认参数

当函数的某些参数大多数时候取某一特定值时，为了简化函数调用，可以在函数原型中给该参数提供一个默认值，这称为函数的默认参数（default parameter），这样在调用该函数时，可以省略对应的实参，而直接采用所提供的默认值作为实参，也可以自行提供实参。

函数参数的默认值只能在函数原型中提供，而不能同时提供于函数定义中。在为函数参数设置默认值时，必须严格地从右向左给形参提供默认值，而调用函数时，所提供的实参严格地从左向右逐渐匹配形参。默认参数值可以是常量、全局变量或函数调用。

【例 1.12】对参数求和。

分别给函数的参数提供不同的默认值，并对参数的值累加求和。

```
#01     #include "xr.hpp"
#02
#03     double add(double = 1, double = 2, double = 3, double = 4);
#04
#05     int main() {
#06         xr(add());                //a为1, b为2, c为3, d为4, 结果为10
#07         xr(add(10));              //a为10, b为2, c为3, d为4, 结果为19
#08         xr(add(10, 20));          //a为10, b为20, c为3, d为4, 结果为37
#09         xr(add(10, 20, 30));      //a为10, b为20, c为30, d为4, 结果为64
#10         xr(add(10, 20, 30, 40));//a为10, b为20,c为30,d为40,结果为100
```

```
#11     }
#12
#13     double add(double a, double b, double c, double d) {
#14         return a + b + c + d;
#15     }
```

3. 函数重载

函数重载（function overloading）使在同一作用域中的多个函数具有相同的名称，只是这些函数具有不同的形参列表，这样就提高了程序的可读性。函数重载最典型的例子莫过于加法运算符“+”，无论是同为int类型的两个整数相加，如1+2，还是同为double类型的两个浮点数相加，如1.0+2.0，它们都能够以相同的运算符实现求和计算。因此，函数重载使不同类型的参数能够调用同名函数实现类似的功能。

在定义重载函数时，必须在形参上有所区别，如参数的个数、类型或顺序各有不同，这样才是一组合法的重载函数。需要注意的是，函数重载与函数的返回类型无关。这是由于编译器在产生函数签名时并没有包含返回类型的相关信息，而只是包含了函数名称和参数信息。

函数调用时会根据实参类型对重载函数进行最佳匹配（其间可能会发生参数类型转换），否则会产生编译错误。在应用中，尤其要注意给某个重载函数提供了默认参数值后，不要使两个函数能够以相同的实参进行调用，即不要产生函数匹配时的二义性。

【例1.13】计算两个数的最大值。

对同类型的两个数a和b，编写函数判断a是否大于b。为判断分别属于char、int、char*类型的两个数的大小关系，需要分别定义函数，由于这些函数功能近似，参数类型不同，因此可以定义为重载函数。

```
#01     #include <cstring>              //for strcmp
#02     #include "xr.hpp"
#03
#04     char  my_max (char a, char b)       {return a > b ? a : b;}
#05     char* my_max (char* a, char* b)     {return strcmp(a, b) > 0 ? a : b;}
#06     int my_max (int a, int b)           {return a > b ? a : b;}
#07     int my_max (int a, int b, int c) {
#08         int t = my_max(a, b);       //匹配 int my_max (int, int);
#09         return my_max(t, c);        //匹配 int my_max (int, int);
#10     }
#11
#12     int main() {
#13         xr(my_max('a', 'b'));   //'b': 匹配 char  my_max (char, char);
#14         xr(my_max("ab", "a")); //"ab": 匹配 char* my_max (char*, char*);
#15         xr(my_max(20, 10));     //20: 匹配 int my_max (int, int);
#16         xr(my_max(20, 10, 30)); //30: 匹配 int my_max (int, int, int);
#17     }
```

定义一组合法的重载函数，一般从两方面加以区别：或者是函数参数的类型不同，如第4～6行的3个重载函数；或者是函数参数的个数不同，如第6、7行的重载函数。

注意：计算两个字符串的最大值时不能再采用关系运算符“>”直接比较，而需要调用 strcmp( )函数比较字符串内容的大小关系（即按照字典顺序的前后关系）。

程序的输出结果如下（每行前的编号只是为了分析的方便，不是输出结果的一部分）：

```
#14: my_max('a', 'b')   ==>b
#15: my_max("ab", "a")  ==>ab
#16: my_max(20, 10)     ==>20
#17: my_max(20, 10, 30) ==>30
```

4. 函数模板

考虑例 1.13 中定义的一组重载函数，仅仅是因为各自所处理数据的类型不同，而需要重复书写结构相同、功能相似、代码近乎相同的重载函数。有没有一种方法，既能够节省上面的重复工作，又能够自动处理那些为数众多、尚未出现的数据类型呢？

函数模板的出现完美地解决了这一问题，用户只需要按照需求编写一个函数模板，系统就能够针对不同类型的实参数据，自动为该类型产生对应的模板函数，这些模板函数如同上例中用户自定义的函数，并执行这些模板函数完成实参调用。用户所做的工作仅仅是定义函数模板，然后提供实参调用即可，至于中间过程，如推断模板形参、产生模板函数、匹配并调用模板函数等，都是系统自动完成的无须用户的参与。

函数模板实现了数据类型的参数化，即使这些数据类型是目前还不知道、将来可能产生的，只要这些数据类型满足函数模板所定义的需求（如在该数据类型中定义了相应的函数或提供了相应的运算符），都可以把这些类型的数据作为实参来调用函数模板。

函数模板的定义由关键字 template 开始，其后用尖括号表明函数模板的模板形参列表，随后紧跟与普通函数一样的函数定义。模板形参列表中的每个模板参数以关键字 class 或 typename 为前导，多个模板参数之间用逗号隔开。当模板参数既包括基本数据类型，又代表用户自定义数据类型时，多用 typename 关键字。函数形参列表说明了函数调用时可以被实际变量（即实参）替换的形式变量（即形参），与此类似，模板形参列表则说明了可以被实际类型（即模板实参）替换的形式类型（即模板形参）。

【例 1.14】使用函数模板计算两个数的最小值和最大值。

```
#01     #include <utility>                  //for pair
#02     #include <typeinfo>                 //for RTTI
#03     #include "xr.hpp"
#04
#05     template <typename T>
#06     T my_min(T a, T b) { return a < b ? a : b; }        //求两个数的最小值
#07
#08     template <typename T>
#09     T my_max(T a, T b) { return a < b ? b : a; }        //求两个数的最大值
#10
#11     template <typename T>
#12     std::pair<T, T> my_min_max(T a, T b) {
#13         T tn = my_min(a, b);            //调用 my_min 求最小值
#14         T tm = my_max(a, b);            //调用 my_max 求最大值
#15         return std::make_pair(tn, tm); //把两个数封装成一个 pair
```

```
#16     }
#17
#18     template <typename T>
#19     void print(std::pair<T, T> p) {
#20         std::cout << typeid(T).name() << ": \t";    //输出 T 的类型
#21         std::cout << "(min: " << p.first            //输出第一个数
#22             << ", max: " << p.second << ")\n";      //输出第二个数
#23     }
#24
#25     int main() {
#26         xrv(print(my_min_max('a', 'b'))); //char:(min: a, max: b)
#27         xrv(print(my_min_max(20, 10)));   //int: (min: 10, max: 20)
#28         xrv(print(my_min_max(1.5, 2.5))); //double:(min: 1.5, max: 2.5)
#29     }
```

函数模板 my_min( )、my_max( )分别计算两个数的最小值和最大值，my_min_max( )同时计算返回两个数的最小值和最大值。对比例 1.13中的重载函数，函数模板 my_max( )以简洁的形式完成了大部分功能，只要类型为 T 的数据能够应用“<”比较大小，就能够应用这个函数模板计算两数的最大值。自 C++11 起，标准库提供了算法 minmax( )以 std::pair<>的形式返回两个数中的最小值和最大值，它们分别封装为 first、second 成员。算法 min( )、max( )、minmax( )定义在头文件<algorithm>中。main( )函数分别以 char、int、double 类型的 3 组数据测试了该函数模板。

为了同时从函数中返回两个值，本例应用了 STL 中的 pair<>模板，该模板能够把任意类型的两个数封装在一起，成为一个 pair<>对象，封装的工具就是函数 make_pair( )，其应用形式为 make_pair(t1, t2)，对应该 pair 的类型为 pair<T1, T2>，其中 T1 和 T2 分别是 t1 和 t2 的类型。为访问 pair 对象 p 中的两个值，分别调用 p.first 和 p.second。为应用 pair，需要包含 C++标准头文件<utility>。

函数模板 print( )输出了模板形参 T 实例化后的类型，其中用到 C++的运行时刻类型识别（RTTI）机制，为此需要再包含头文件<typeinfo>。typeid(a)以 a 为参数构造一个 type_info 对象引用，表达式 typeid(a).name( )输出 a 所属类型的名称（即类型标识符）。

定义了函数模板后，用户只需要填以合法的实参就可以应用该函数模板。但由于函数模板只是一个虚的代码，不能被实际调用，因此编译器还要在幕后做大量的工作，如推断模板形参、产生模板函数、匹配实参并调用等，而这些工作都是系统自动完成的。以函数调用 my_max('a', 'b')为例，编译器首先根据实参'a'和'b'推断出模板形参 T 所表示的实际类型应该为 char，然后对形参 T 进行替换得到如下函数：

```
char my_max (char a, char b) {
    return a < b ? b : a;
}
```

这一步称为函数模板的实例化（把模板形参替换为模板实参），所得函数称为模板函数，这是一个真实存在的函数。最后如同普通函数调用一样，把形参 a 和 b 分别替换为实参'a'和'b'，调用函数并计算出最终结果。

5. lambda 函数

lambda 函数是函数式编程的基础。自 C++11 起，lambda 函数得到广泛运用，并在 STL 编程等场合发挥出重要的作用。

【例 1.15】一个简单的 lambda 函数示例。

```
#01     #include "xr.hpp"
#02
#03     int add(int x, int y) {return x + y;}         //普通的全局函数
#04
#05     int main() {
#06         int a{ 1 }, b{ 2 };
#07         xr(add(a, b));                            //输出：3
#08
#09         auto f{ [](int x, int y) {return x+y;} };//实现加法的 lambda 函数
#10         xr(f(a, b));                                //输出：3
#11
#12         auto f2{ [=]() {return a + b; } };        //实现加法的 lambda 函数
#13         xr(f2());                                 //输出：3
#14
#15         auto f3{ [&](int x) {a *= x; b *= x; } };//引用方式捕捉变量
#16         f3(10);
#17         xr(a); xr(b);                               //输出：10 20
#18     }
```

上述程序中，定义在全局作用域的 add( )是一个函数，定义在局部作用域的 f( )则是一个 lambda 函数，它们执行了相同的计算。auto 表示 lambda 函数的类型，f 只是该类型的一个函数对象（有时也称为 lambda 闭包 closure）。定义 lambda 函数，总是以方括号“[]”开始，称为 lambda introducer。方括号后跟函数参数列表及函数体（实现过程）。lambda 函数不需要指定返回类型，也没有函数名称（其实是一个匿名对象）。

方括号“[]”表示捕捉列表 capture，它指定以什么方式访问在父作用域中的标识符，如以值传递的方式还是引用传递的方式。常用的捕捉列表有如下几种形式。

（1）[x]：以值传递的方式捕捉变量 x。

（2）[=]：以值传递的方式捕捉父作用域中的所有变量。

（3）[&x]：以引用传递的方式捕捉变量 x。

（4）[&]：以引用传递的方式捕捉父作用域中的所有变量。

（5）[=,&x,&y]：以引用传递的方式捕捉变量 x 和 y，以值传递的方式捕捉其余变量。

（6）[&,x]：以值传递的方式捕捉变量 x，以引用传递的方式捕捉其余变量。

上述程序中，lambda 函数 f2( )的捕捉列表是“[=]”，表明以值传递的方式访问父作用域中的变量 a 和 b，从而其函数参数列表就可以为空。lambda 函数 f3( )的捕捉列表是“[&]”，表明以引用传递的方式访问父作用域中的变量 a 和 b，从而可以修改变量 a 和 b 的值，如扩大 x 倍。

1.2.3 引用及其应用

作为C++新增的机制，引用（reference）主要用于传递函数参数和作为返回类型。相比函数调用的传值调用和指针调用两种方式，使用引用传递函数参数，既具有传值调用语法简单直接、指针调用效率高的优点，又能够克服两者的不足，如传值调用效率较低，指针调用语法复杂、易出错，因此是一种广为使用的参数传递机制。此外，引用还可以用作函数的返回类型，正确返回引用的函数具有左值或右值的性质，因此也具有重要的应用。由于表达式有左值和右值之分，引用也有左值引用和右值引用之分。不同类型的引用都有着重要的用途，这部分内容的学习和运用实为现代C++的重点和难点。

1. 左值引用

“reference”的本意是指参考文献，是被某文献参考、引用的对象，即一篇文献引用另一篇文献。在C++程序设计中，“引用”（名词）用于描述“一个对象引用（动词）另一个对象”的现象。

引用是被引用变量（或对象）的别名，即两者本质是同一个对象，只是分别显现为不同的名称和类型。定义引用的语法如下：

```
T& r = t;
```

其中，T代表数据类型，&是引用语法所需的运算符，r是所建立引用的名称，t是T类型的变量（或对象，或左值表达式）。需要强调的有两点：①t不能是常量或右值表达式，t的数据类型必须是T。②在定义引用r的同时，必须对r进行初始化，即不能以下列形式代替：

```
T& r;                    //错误：定义引用的必须同时初始化
r = t;
```

第二点性质使引用自从建立时起，一直具有明确的值（即被引用的对象），不会因为无初始值而引发各种错误。这一点与指针有着很大的差别，虽然指针与引用都是通过地址间接访问数据，但是允许先定义指针而不初始化，可以随后再赋值，或不赋值。这样就会在应用中出现指针悬挂现象而引发各类错误，因此在使用指针之前，常需要检查指针是否悬空。

引用不能独立存在，它不占有内存空间，而必须“依附于”被引用的变量（或对象）。如果引用的是具名变量，这样的引用在C++98中称为左值引用。

【例1.16】左值引用的定义。

```
#01     #include "xr.hpp"
#02
#03     int main() {
#04         int n{ 3 };
#05         int& r{ n };            //定义左值引用
#06         xr(n);  xr(r);          //n为3,r为3
#07         xr(&n); xr(&r);         //n的地址为0012FF60,r的地址也为0012FF60
#08
#09         int m{ 5 };
#10         r = m;                  //对引用重新赋值
```

```
#11         xr(n); xr(r); xr(m);     //全部为 5
#12         xr(&n); xr(&r); xr(&m); //n 和 r 的地址不变, m 的地址为 0012FF48
#13     }
```

程序输出结果已经注释在程序中，注意上述地址值在不同的机器上可能会不同。

从上述输出结果可以看出：

① 左值引用 r 的值和被引用变量 n 的值相同，而且它们的存放地址也相同，这说明左值引用 r 与被引用变量 n 本是同一个变量，左值引用 r“依附于”变量 n，因为 r 没有被分配另外的内存单元以存储。这一点与指针是不同的，指针与被指变量分别存储于不同的地址空间。

② 当对左值引用重新赋值后，左值引用 r、被引用变量 n 的取值全部被修改为 m 的值，但是被引用对象仍然是 n，而没有改成 m，而且引用的地址仍然保持与被引用变量的地址相同。这一点与指针也是不同的，对指针重新赋值后，指针所指地址发生变化，与先前所指变量的地址不同。

由此可见，自从被初始化为某个变量起，左值引用就与被引用的变量永远绑定到一起，两者“同生共死，永不分离”。任何“通过对左值引用进行赋值运算以改变它所引用对象”的企图，都不会成功，即左值引用始终不会改变它所引用的变量。虽然本质如同指针，左值引用也是通过地址间接访问数据，但是对指针的重新赋值使指针指向其他变量，而对左值引用的重新赋值却不能改变它所引用的对象，只是修改了被引用对象的数据值。

由于左值引用只是被引用变量的别名，因此所有对左值引用的操作，都被“转嫁”到被引用变量本身，实质上都是对被引用变量的操作。

【例 1.17】对左值引用的操作。

```
#01     #include "xr.hpp"
#02
#03     int main() {
#04         int m{ 3 }, & r{ m };               //定义左值引用
#05
#06         int a{ (++r - m) };                 //通过引用 r 改变变量 m
#07         xr(a); xr(m);                       //a 为 0, m 为 4
#08         int b{ (++m, ++r, m + r) };         //同时改变引用 r 和变量 m
#09         xr(b); xr(m);                       //b 为 12, m 为 6
#10         int c{ (m *= 2, r + 10) };          //通过变量 m 改变引用 r
#11         xr(c); xr(m);                       //c 为 22, m 为 12
#12     }
```

无论是对左值引用进行操作，还是对被引用的变量进行操作，两者总是“同呼吸”、“共命运”、同时变化。在计算变量 a 时，表达式++r − m 先计算++r，使 r 自增至 4，实际上也是使 m 自增为 4，因此相减结果为 0。在计算变量 b 时，逗号表达式++m, ++r, m+r 从左向右依次计算 3 个子表达式，++m 使 m 和 r 同时增为 5，++r 使 m 和 r 同时再次增为 6，最后相加结果为 12。在计算变量 c 时，逗号表达式 m *= 2, r + 10 首先计算 m *= 2 使 m 和 r 同时变为 12，再计算 r + 10，得到 22。

表达式的值已经注释在程序中，限于篇幅，此处不列出程序的输出结果。

关于建立引用的语法，下面是一些补充说明。

（1）只要是变量，就可以建立对它的引用。指针也是变量，如下是建立对指针的引用。

```
int m{ 3 };
int* p{ &m };
int*& rp{ p };                        //建立对指针的引用
```

p是指向m的指针，rp则是对指针变量p的引用。

由于引用没有存储地址，严格来讲，引用不是变量，因此不能建立对引用的引用，如下建立引用的语句会引发编译错误。

```
int m{ 3 };
int& r{ m };
//? int&& rr{ r };                    //不能建立指向引用的指针
```

r是对m的引用，试图再建立对r的引用rr，则会出现编译错误。

由于引用不是变量，也不能建立指向引用的指针，如下定义指针的语句也会引发编译错误。

```
int m{ 3 };
int& r{ m };
//? int&* pr{ &r };                   //不能建立指向引用的指针
```

r是对m的引用，试图建立指向r的指针pr，则会引发编译错误：指向引用的指针是非法的。

（2）可以定义void类型的指针，但是不能定义void类型的引用。可以建立空指针，即可以把指针初始化或赋值为nullptr，但是不能用nullptr初始化引用。

```
int m{ 3 };
void* p{ &m };                        //可以定义void指针
p = nullptr;
//? void& r{ m };                     //不能定义void引用
//? int& r0{ nullptr };               //不能用nullptr初始化引用
```

void类型的指针p可以指向int类型的变量m，也可以把p赋值为nullptr。但是不能建立void类型的引用r，也不能用nullptr初始化引用。

（3）不能建立引用数组（array of reference）。

```
int a[10];
//? int& ra[10]{ a };                 //非法的array of reference
```

ra是数组，其元素类型为int&，即ra是引用数组，该语句会引发编译错误：引用数组是非法的。

（4）常量左值引用const T&。常量左值引用是一个“万能”的引用类型，对它的初始化，可以是左值、常量左值、右值。

```
#01      int x{ 1 };                  //变量，左值
#02      const int N{ 10 };           //常量，右值
#03      //? int& rn { N };           //左值引用：不能引用常量
#04
#05      const int& rX{ x };          //常量左值引用：引用非常量左值
#06      const int& rN{ N };          //常量左值引用：引用常量左值
#07      const bool& rB{ true };      //常量左值引用：引用右值字面常量
```

在使用右值对常量左值引用进行初始化时，实际上延长了右值的生命期。

常量左值引用经常用作函数形参，此时不能通过该引用在函数体内修改对应的实参，从而达到保护实参的目的。能够作为实参传递给常量左值引用形参的有常量（字面常量、常量左值）、右值、变量及左值表达式等。

2. *右值引用、move( )函数与转移语义*

自C++11起，右值也可以进行引用。实际上，右值通常是匿名的（即没有显式的名称），如表达式的值、函数的返回值，也只能通过右值引用表示右值的存在。右值引用的显著特征是符号“&&”的存在。

【例1.18】右值引用的定义。

```
#01     int f(int x) { return x * x; }
#02
#03     int main() {
#04         int x{ 1 }, y{ 2 };              //变量，左值
#05         const int N{ 10 };               //常量
#06
#07         bool&& rB{ true };               //右值引用：引用右值字面常量
#08         int&& rN { 10 };                 //右值引用：引用右值字面常量
#09
#10         //? int&& rN2 { N };             //右值引用：不能引用常量左值
#11         //? int&& rX { x };              //右值引用：不能引用非常量左值
#12
#13         int&& rXY{ x + y };              //右值引用：引用右值表达式
#14         int&& rf{ f(10) };               //右值引用：引用右值表达式
#15     }
```

通过上述程序，可以清晰地知道，右值引用可以引用纯右值（第7、8行），也可以引用右值表达式（第13行）、函数的返回值（第14行）。但是不能把非常量左值绑定到右值引用（第11行），这是显而易见的。常量左值（很多时候具有右值的性质）竟然也是不能绑定到右值引用上（第10行）。

如果一定要把非常量左值绑定到右值引用，则可以借助C++11工具函数std::move( )（包含头文件<utility>后可用），上述第11行可以实现为：int&& rX { std::move(x) };，工具函数 std::move( )将左值 x 强制转换为右值引用，其实现过程类似于强制类型转换static_cast<T&&>(x)。

前面讨论过，右值引用所绑定的经常是临时变量，在临时变量结束生存期之前，希望将该变量所关联的内存资源转移到一个有用的、生存期更长久的变量中，因此右值引用与“转移语义”紧密相联。所谓转移语义（move semantics），有的书上也称为“移动语义”，是指将“行将消亡”的临时变量中的资源（如堆内存与文件句柄等）转移到另外一个变量中的做法，它是自C++11起提高程序运行效率的一种手段。与转移语义相对的是自C++98起的复制语义（copy semantics），它对无论处于什么场合下的变量（和对象）都实施资源复制操作，哪怕在给该变量复制资源后它马上消亡。显然对于右值来说，复制不是一种明智的操作。复制copy与转移move是后续类定义时要重点实现的两类操作。

为了准确判断某个类型是否引用类型，或者更进一步，是左值引用还是右值引用，C++标准库在头文件<type_traits>中提供了 3 个类模板，即 is_rvalue_reference<>、is_lvalue_reference<>、is_reference<>来辅助程序判断。C++11 的用法为 is_rvalue_reference<T>::value、is_lvalue_reference<T>::value、is_reference<T>::value，C++17 的用法为 is_rvalue_reference_v<T>、is_lvalue_reference_v<T>、is_reference_v<T>。

3. *左值引用和右值引用作为函数参数*

引用最引人注目的用法在于把它用作函数参数。当函数调用以引用传递参数时，引用调用既具有传值调用的语法间接的优点，又具有指针调用的高效率的优点。如同指针调用，引用调用也是通过地址间接访问数据的，它也不需要生成实参的副本。形参是对实参的引用，所有对形参的操作都是对被引用变量（即实参）的操作，从而通过形参可以间接改变实参。

【例 1.19】函数调用的 3 种方式及其比较。

编写函数，将变量的取值置零，使用不同的参数传递方式，并比较各自的结果。

```
#01     #include "xr.hpp"
#02
#03     void set_zero_by_val(int n) { n = 0; }              //值传递
#04     void set_zero_by_ptr(int* pn) { *pn = 0; }          //指针传递
#05     void set_zero_by_ref(int& n) { n = 0; }             //引用传递
#06
#07     int main() {
#08         int m{ 1 };
#09         set_zero_by_val(m);    xr(m);         //参数值没有改变，m仍为1
#10         m = 1;
#11         set_zero_by_ptr(&m);   xr(m);         //参数值发生改变，m变为0
#12         m = 1;
#13         set_zero_by_ref(m);    xr(m);         //参数值发生改变，m变为0
#14     }
```

通过值传递函数参数（pass by value），会生成实参的副本，对该副本的所有修改都不会传递到实参，这种影响是单向的，实参只能传递给形参，形参不能影响实参。通过指针传递函数参数（pass by pointer），无须生成实参的副本，由于形参是指向实参的指针，所有对形参的修改都会传递到实参，这种影响是双向的，实参能够传递给形参，形参也能影响实参。通过左值引用传递函数参数（pass by reference），也无须生成实参的副本，由于形参是对实参的左值引用，所有对左值引用（即形参）的操作都会转嫁到被引用变量（即实参），因此所有对形参的修改都会传递到实参，这种影响也是双向的，实参能够传递给形参，形参也能影响实参。

对于上述程序中的 3 个函数，只有函数 set_zero_by_val( )不能把实参设置为零，其他两个函数都能够达到目的。请从形式上比较这 3 个函数在定义、调用时的差异：由于各自的语法不同，这 3 个函数在访问形参、填入实参时形式略有不同，其中引用调用与传值调用的语法较为相似，同样简单。

下面简要比较这 3 种传递参数的方式及各自的特点，如表 1-5所示。

表 1-5 参数传递的 3 种方式及其比较

参数传递方式	实现机制	优点	缺点
传值调用	①形参是实参的副本； ②形参的改变不影响实参	①语法简单、直接； ②适合传递小对象； ③保护实参不被修改	①生成副本，浪费时间和空间，传递效率低； ②不宜传递大对象和需要被改变的实参
指针调用	①形参是指向实参的指针； ②通过形参间接修改实参	①不生成实参的副本，传递效率高； ②适宜传递大对象及输出参数	①语法复杂、易出错； ②忽略检查悬空指针而引发运行时错误
引用调用	①形参是对实参的左值引用； ②通过形参间接修改实参	①语法简单，易使用； ②不生成实参的副本，传递效率高； ③适宜传递大对象及输出参数； ④常量左值引用保护实参不被修改； ⑤无须检查所引用对象是否为空	—

函数参数从功能上来说可以分为两类：输入参数和输出参数。仅仅是向函数内部传递已知信息的参数是输入参数，把函数内部的信息传递到函数外部给调用者的参数是输出参数。有些参数既是输入参数也是输出参数，它们首先需要把已知数据传递给函数，然后把对这些数据的修改传递出来。

设置输入参数需要考虑参数传递的效率，如果参数仅是基本类型的数据，可以考虑选用值传递方式，因为对基本类型数据的复制具有较高的效率；如果参数是体积较大的对象（如结构变量或类对象），一般选用引用传递方式，因为这种方式无须复制实参而具有较高的效率。当然也可以选用指针传递方式，只是这种方式的语法比较麻烦。设置输出参数则一般选用引用传递方式，它具有值传递的语法简洁的优点。

需要说明的是，在现代 C++中，一般应该首选返回值，而不是使用输出参数，输出参数会让函数调用及函数签名不容易阅读，返回值会使函数能够以简洁的形式连续调用。使用实参进行输入，然后返回所有输出，这种机制是通过转移语义来支持的。

左值引用作为函数参数，主要有 3 个用途：①作为输出参数，返回多个值。②作为输入参数，同时也作为输出参数，保留函数内部对参数的修改。③作为输入参数，传递大对象（如结构变量），提高参数传递的效率，此时，为了防止对输入参数的修改，经常把输入形参的类型设置为常量引用。如下是对前两种用途的示例。

【例 1.20】左值引用传递输出参数。

```
#01     #include "xr.hpp"
#02
#03     void calc(int a, int b, int& c, int& d) {   //c 和 d 作为输出参数
#04         c = a + b;
#05         d = a - b;
#06     }
#07
#08     int main() {
#09         int m{ 5 }, n{ 3 }, x, y;
#10
```

```
#11         calc(m, n, x, y);                        //x和y保留计算结果
#12         xr(x); xr(y);                            //x为8, y为2
#13     }
```

函数calc( )根据前两个参数计算后两个参数，参数a和b作为输入参数传递需要计算的对象，参数c和d则保留计算结果，并从函数内部传递出去。对于实参x和y来说，只需要把它们填充在对应形参c和d的位置，引用c和d就能够把结果保存在这两个变量中，函数调用结束后，实参x和y就得到计算结果。对于函数调用calc(m, n, x, y)来说，虽然后两个形参的类型与前两个形参的类型不同，但是它们对应的实参却具有一样的形式，这正是引用传递函数参数所具有的与值传递一样简单直接的优点。

【例1.21】转移语义实现高效率交换。

```
#01     #include <iostream>
#02
#03     template <typename T>            #03     template <typename T>
#04     void my_swap(T& a, T& b) {       #04     void my_swap(T& a, T& b) {
#05         T t{std::move(a)};           #05         T t(a);
#06         a = std::move(b);            #06         a = b;
#07         b = std::move(t);            #07         b = t;
#08     }                                #08     }
#09
#10     int main() {
#11         int m = 5, n = 3;
#12         my_swap(m, n);                                 //m和n的值被交换
#13         std::cout << m << "\t" << n << std::endl;   //m为3, n为5
#14     }
```

本程序实际上实现了C++标准库函数swap( )，该函数在标准库中被广泛采用。函数模板my_swap( )交换两个数据，它采用引用的方式传递参数，这使函数定义和调用具有非常简洁的形式。形参a和b通过左值引用绑定到实参m和n，既是输入参数，也是输出参数。函数模板my_swap( )借助标准库函数std::move( )实现交换（第5～7行），若数据类型T支持转移语义，则采用3个转移操作实现循环交换（如左边所示的过程），a的值转移给t，b的值转移给a，t的值转移给b。整个过程不会发生资源的多次申请与释放。若数据类型T不支持转移语义但支持复制语义，则交换操作“沦为”常规的循环复制操作（如右边所示的过程），a的值复制给t，b的值复制给a，t的值复制给b。当然，对于一些不包含任何资源的简单变量来说（如本例main中的int类型变量m和n），转移就是复制，复制就是转移。总之，有了转移语义，函数模板my_swap( )会根据数据类型T所支持的语义实现高效率交换。

自C++11引入转移语义，标准库函数swap( )的实现过程也从传统的复制操作优化为现代的转移操作，复制操作会发生内存资源的复制和释放，但转移操作只会转移资源；如果有些类型不支持转移，则退化为复制。这都会极大地提高程序运行效率。还需要说明的是，C++11标准库也以函数重载的方式提供了数组之间的交换，实现过程大致如下：

```
#01     template <class T, size_t N>
#02     void swap(T (&a)[N], T (&b)[N]) {                  //交换两个数组
#03         if (&a != &b) {                                //检查并避免自身交换
#04             T *first1 = a, *last1 = first1 + N;//第一个数组对应的区间
```

```
#05             T* first2 = b;                   //第二个数组对应区间的起点
#06             for (; first1 != last1; ++first1, ++first2) {
#07                 std::swap(*first1, *first2);   //逐个元素交换
#08             }
#09         }
#10     }
```

工具函数 swap( )在后续实现类的复制语义和转移语义时会被大量使用，请熟练运用。

【例 1.22】右值引用实现完美转发。

在函数模板编程中，通常需要将一个函数模板（如 f( )，称为转发函数）的模板参数 T 转发（或传递）给所调用的另外一个函数模板（如 g( )，称为目标函数），在此过程中，如果能够保持 T 的类型不变，则称为完美转发（perfect forwarding），即传入 f( )的是左值，g( )得到的也是左值；传入 f( )的是右值，g( )得到的也是右值。给出如下实现示例：

```
#01     #include "xr.hpp"
#02
#03     void g(int& x) { std::cout << "g(int& x)" << std::endl; }
#04     void g(const int& x) { std::cout << "g(const int& x)" << std::endl; }
#05     void g(int&& x) { std::cout << "g(int&& x)" << std::endl; }
#06     void g(const int&& x) { std::cout << "g(const int&& x)" << std::endl; }
#07
#08     template <typename T>
#09     void f(T&& t) {g(std::forward<T>(t)); }
#10
#11     int main() {
#12         int a, b;
#13         const int c{ 1 };
#14         const int d{ 0 };
#15
#16         xrv(f(a));                        //输出: g(int& x)
#17         xrv(f(std::move(b)));             //输出: g(int&& x)
#18         xrv(f(c));                        //输出: g(const int& x)
#19         xrv(f(std::move(d)));             //输出: g(const int&& x)
#20     }
```

实现模板参数 T 的完美转发，要点有两个：如第 9 行所示，在转发函数 f( )中将模板参数 T 设为右值引用 T&&，在目标函数 g( )中通过工具函数 std::forward( )接收右值引用对象。std::forward( )定义在头文件<utility>中，与 std::move( )类似，它实际上通过 static_cast( )实现了类型转换。完美转发的实现，运用了模板推导规则和 C++11 中的引用折叠规则。

讨论此内容的必要性在于，自 C++11 起，标准库中大量使用了完美转发，如常用的工具函数 make_pair( )。之所以称为“完美”，是因为减少了函数重载的版本，如例 1.22 中不同的引用类型和 const 与非 const 的 4 个函数，同时充分利用转移语义，实现了简化书写形式和提升运行效率的双重目的，确实堪称完美。

4. 函数返回左值引用和右值引用

引用类型也可以用作函数的返回类型，以左值引用和右值引用方式返回数据时，不

需要生成数据的副本，而直接返回该数据对象，因而效率较值返回的方式要高。

若函数返回的引用所绑定对象是全局变量、局部静态变量、堆变量、函数的引用参数或指针参数等生存期较长的变量或对象，则可以以左值引用的形式返回。由于全局变量和局部静态变量都是静态存储类，因此，能够返回对它们的引用。在应用中，应谨慎使用对堆变量的引用，因为可能会造成内存泄露。返回对引用参数或指针参数的引用，是常见的应用形式。

【例 1.23】正确地返回左值引用。

```
#01     #include "xr.hpp"
#02
#03     int g{ 1 };
#04     int& ref_global() { return g; }
#05     int& ref_static() { static int s = 2; return s; }
#06     int& ref_heap() { int* h = new int(3); return *h; }
#07     int& my_max(int& a, int& b) { return a > b ? a : b; }
#08
#09     int main() {
#10         int& ret_g{ ref_global() };      //引用全局变量 g
#11         ret_g = 10;  xr(g);              //g 为 10
#12
#13         int& ret_s{ ref_static() };      //引用局部静态变量 s
#14         ret_s = 20; xr(ref_static());    //ref_static()为 20
#15
#16         int& ret_h{ ref_heap() };        //引用堆变量 h
#17         xr(ret_h);  delete& ret_h;       //ret_h 为 3, 释放内存
#18
#19         int x{ 15 }, y{ 25 };
#20         int& m{ my_max(x, y) };          //引用大者 y
#21         m *= 10;                         //修改 y
#22         xr(x); xr(y);                    //x 为 15, y 为 250
#23     }
```

函数 ref_global( )返回对全局变量 g 的左值引用，函数 ref_static( )返回对局部静态变量 s 的左值引用，它们都具有静态存储类，因此对它们的左值引用是正确的。函数 my_max( )返回实参 x 和 y 中的一个，对它的左值引用也是正确的。

从上面的程序还可以看出，正确返回左值引用的函数能够用作左值，即可以把函数调用表达式放在赋值运算符的左边。例如，对于例 1.23 中的 main( )函数，可以直接写成如下形式：

```
ref_global() = 10;                    //返回引用的函数用作左值
ref_static() = 20;                    //返回引用的函数用作左值
ref_heap() = 30;                      //返回引用的函数用作左值
my_max(x, y) *= 10;                   //返回引用的函数用作左值
```

上述 4 行中被赋值的对象分别是全局变量 g、局部静态变量 s、堆变量 h、x 和 y 中的大者。

若函数需要以引用形式返回临时变量等生存期较短的对象，则应以右值引用的形式返回。所返回的值可以绑定到右值引用上继续使用。切记不要把这类返回值以左值引用

的形式返回，原因在于：当临时变量（或对象）消亡后，该左值引用所指向的内存是不确定的，对该内存的修改操作是有危险的。

【例 1.24】正确地返回右值引用。

```
#01     int f() { int m{ 1 }; return m; }
#02     //? int& f2(int n) {int m{ n }; return m;}//不能返回局部变量的左值引用
#03     //? int&& f3(int n) {int m{ n }; return m;}//不能返回左值的右值引用
#04     int&& f4(int n) { return n * f(); }     //可行:返回临时变量的右值引用
#05
#06     //? int&  g(int n) { return n * n; }    //不妥: 返回临时变量的左值引用
#07     int&& g2(int n) { return n * n; }       //可行: 返回临时变量的右值引用
#08
#09     int main() {
#10         int x{ 10 };
#11
#12         //? int& rf { f() };               //不妥: 左值引用绑定到临时变量
#13         int&& rf2{ f4(x) };                //可行: 右值引用绑定到临时变量
#14
#15         //? int& rg { g2(x)};              //不妥: 左值引用绑定到临时变量
#16         int&& rg2{ g2(x) };                //可行: 右值引用绑定到临时变量
#17     }
```

函数 f( )以值的形式返回局部变量 m（第 1 行）。函数 f2( )企图以左值引用的形式返回局部变量 m（第 2 行），因为 m 的生存期较为短暂（仅局限于函数 f2( )的定义体内），所以不能绑定到左值引用中。函数 f3( )企图以右值引用的形式返回局部变量 m(第 3 行)，但 m 毕竟是左值，不能绑定到右值引用中。函数 f4( )以右值引用的形式返回表达式 n * f( )的临时值（第 4 行），是可行的。函数 g( )企图以左值引用的形式返回表达式 n * n 的临时值（第 6 行），是不妥的。函数 g2( )以右值引用的形式返回表达式 n * n 的临时值（第 7 行），是可行的。

在 main( )函数中，左值引用 rf 企图绑定到函数 f( )返回的临时值（第 12 行），因为临时值的生存期短暂，是不妥的。右值引用 rf2 绑定到函数 f4( )返回的右值引用（第 13 行），是可行的。左值引用 rg 企图绑定到函数 g2( )返回的右值引用（第 15 行），是不妥的。右值引用 rg2 绑定到函数 g2( )返回的右值引用（第 16 行），是可行的。

表 1-6 总结了函数形参设置为不同类型时，允许传入的实参类型。该表同时总结了函数返回类型设置为不同类型时，允许通过 return 语句返回的值的类型。

表 1-6　不同的函数形参类型和返回类型所对应的实参和返回值

不同类型的函数形参	允许传入的实参类型
void f(T);	左值和右值都可以传入
void f(T&);	只能传入左值
void f(const T&);	左值和右值都可以传入
void f(T&&);	只能传入右值
不同的函数返回类型	允许通过 return 返回的值的类型
T f( );	可以返回[const]T、[const]T&、[const]T&&
T& f( );	可以返回 non-const T 或 T&
T&& f( );	可以返回字面常量或右值引用

注：T 表示任意数据类型。

1.2.4 综合应用举例

【例 1.25】一元二次方程求根。

```
#01     #include <iostream>
#02     #include <cmath>
#03     #include <tuple>
#04
#05     enum Status{ TwoReals, SingleReal, TwoComplex };   //定义状态常量
#06
#07     using ResultType = std::tuple<Status, double, double>;//定义结果类型
#08
#09     auto solve(double a, double b, double c) {
#10         double x1, x2;
#11         auto delta{ b * b - 4 * a * c };
#12         if (delta > 0) {
#13             x1 = (-b + sqrt(delta)) / (2 * a);          //保存第一个根
#14             x2 = (-b - sqrt(delta)) / (2 * a);          //保存第二个根
#15             return std::make_tuple(TwoReals, x1, x2);  //返回结果
#16         }
#17         else if (delta == 0) {
#18             x1 = x2 = -b / (2 * a);                    //保存相同的两个根
#19             return std::make_tuple(SingleReal, x1, x2);//返回结果
#20         }
#21         else {
#22             x1 = -b / (2 * a);                         //保存实部
#23             x2 = sqrt(-delta) / (2 * a);               //保存虚部
#24             return std::make_tuple(TwoComplex, x1, x2);//返回结果
#25         }
#26     }
#27
#28     void print(const ResultType& ret) {
#29         auto [t, x, y] {ret};                          //结构化解绑
#30         if (t == TwoReals) {                           //两个实根
#31             std::cout << "TwoReals: \t" << x
#32                 << ", " << y << std::endl;
#33         }
#34         else if (t == SingleReal) {                    //单个实根
#35             std::cout << "SingleReal: \t" << x << std::endl;
#36         }
#37         else if (t == TwoComplex) {                    //两个复根
#38             std::cout << "TwoComplex: \t"
#39                 << x << "+" << y << "i, "
#40                 << x << "-" << y << "i" << std::endl;
#41         }
#42     }
#43
#44     int main() {
#45         print(solve(1, -3, 2)); //TwoReals: 2, 1
#46         print(solve(1, -4, 4)); //SingleReal: 2
#47         print(solve(1, -3, 20));//TwoComplex: 1.5+4.21307i, 1.5-4.21307i
#48     }
```

上述程序求解一元二次方程 $ax^2+bx+c=0$ 的根，整个程序的逻辑是清晰的，由求解和输出两个函数构成。函数 solve( )求解系数为 a、b、c 的一元二次方程的根，并将不同情况下的结果封装为 std::tuple<>对象返回。函数 print( )解析返回的结果，输出相应信息。

上述程序同时定义了两个类型。为表示方程根的 3 种可能的情况（有两个实根、单个实根、两个复根），定义枚举类型 Status，它的 3 个枚举常量（TwoReals、 SingleReal、TwoComplex）分别描述这 3 种情况。函数 solve( )试图将每种情况下的 3 个数据（根的情况，两个数据）都返回给调用函数，因此选择了 C++标准库容器 std::tuple<>封装这 3 个数据为一体，这个数据对应的类型为 std::tuple<Status, double, double>，为简化对它的书写，运用 using 指令定义了一个别名 ResultType 指称该容器类型。

在函数 solve( )中，每当判断求解出各种情况下的根，就运用工具函数 std::make_tuple( )将 3 个数据封装起来，函数 solve( )将返回类型设定为 auto 由编译器自动推断设置，以简化编码。函数 print( )以常量左值引用得到 std::tuple<>类型返回值后，对它封装的 3 个值分别判断输出。为了提取出这 3 个值，运用到了 C++17 中的结构化绑定技术（structured binding），表达式 auto [t, x, y] {ret}非常简洁地将 3 个值对应到 3 个别名，变量 t 对应于 3 种情况下的枚举常量值，变量 x 对应于第一个根或复数的实部，变量 y 对应于第二个根（若有）或复数的虚部。

C++11 引入的容器 std::tuple<>可以封装任意数量、任意类型的数据为一体，它实现了异质容器（允许不同类型的数据共存于同一个容器中）。注意：总是通过它的工具函数 std::make_tuple( )来封装数据。

上述程序运用了 C++17 引入的结构化绑定技术提取封装的各个数据，使程序简洁清晰。如果不采用这个技术，就需要运用 std::tuple<>提供的访问函数 get( )按照下标来访问，如 std::get<0>(ret)、std::get<1>(ret)、std::get<2>(ret)分别访问 std::tuple<>容器对象 ret 中封装的 3 个数据。C++标准容器类 std::tuple<>定义在头文件<tuple>中。

1.3 数组、指针与字符串

1.3.1 数组及其应用

作为应用最为广泛的数据结构，C++中的内置数组具有无可比拟的优点：静态分配内存，无须担心内存泄露，存储效率高；元素连续存储，逻辑位置与物理位置一致；能够随机访问，查找、排序方便。但是也有着令人沮丧的缺点：不能动态设定长度并动态增减；不能作为整体复制、赋值、输入/输出和从函数返回；作为参数传递，易退化为指针，不具有数组长度信息；缺乏下标检查的安全机制。无论如何，只要正确理解并恰当应用，使用数组过程中的方便、简洁，会留给用户愉快的记忆。

1. 内置数组的基本运算

（1）C 风格数组类型和数组变量的定义：先指明数组元素的类型，再指明数组的名称，最后在方括号中以编译期常量指定数组的长度（或元素的个数），这样就定义出 C

风格的静态数组。例如，语句 int a[10];定义出一个数组 a（严格地说是数组变量）。这种定义数组的常规方式更加注重数组变量的定义，而忽略了对数组类型的认识。也可以如下定义数组：

```
typedef int Array[10];          //定义数组类型，Array 是类型标识符
Array a;                        //由数组类型定义数组变量 a
Array b {1, 2, 3};              //由数组类型定义数组变量 b
```

在这种定义方式中，数组类型及数组变量这两个概念得以清晰地展现。

也可以在运行期间根据可变的取值来确定数组的长度，这样定义出来的是动态数组。在定义数组时，一般需要指明所有维的长度。定义数组后，数组名称表示一个常量指针，它指向第一个元素。一维数组的名称表示一级指针，二维数组的名称表示二级指针。

（2）数组初始化和赋值：为了给数组中的每个元素指定确定的数值，有两种方法：①在定义数组的同时，以初始化值列表的方式对数组进行初始化，此时可以省略数组第一维的长度，这省略的长度可以应用表达式 sizeof(a)/sizeof(*a)来计算（自 C++11 起，可直接用 size(a)计算），其中 a 为数组名。②先定义数组，然后对每个元素赋值。

（3）访问元素：为了访问数组中的元素，需要调用下标运算符“[]”，该二元运算符需要用户提供两个参数：数组名称和合法的下标，至于这两个参数的位置没有限定。在访问元素时，数组是几维的，就需要提供几个下标。需要注意的是，数组下标的正确类型应该是 size_t（如同 unsigned int），很多程序用 int 类型，但是并不恰当。

（4）数组的区间（range）形式：若数组 a 有 n 个元素，则合法的下标是[0, n−1]，也可记为[0, n)，注意下标 n 是不可达的，但可以访问。这种表示方法不方便访问数组元素，一种更常用的表示数组的方法是其区间形式[a, a+n)，其中数组名 a 代表首元素的存放地址，a+n 则代表最后一个元素存放位置的后一个位置，即下标为 n 的元素的存放地址，因此是不可达的。采用这种半开半闭区间[0, n)或[a, a+n)的记法，有至少两个优点：①直接得出数组元素的个数为 n−0（即区间的终点直接减起点），而不是区间[0, n−1]的 n−1−0+1（终点减去起点再加 1）。②相应的循环条件写为 i != n（其中 i 为循环变量），而不是 i <= n−1，这是因为!=运算是大多数指针类型能够支持的，这种判断条件符合 STL 的习惯。

（5）std::initializer_list<T>：C++11 引入的初始化值列表以一种非常灵活的方式组合任意数量的数据集合，它提供了对类型为 const T 数组的轻量级代理访问方式。它的用途包括：初始化数组；构造在基于范围的 for 循环中通过 auto 所绑定到的列表；构造设置了 std::initializer_list<T>类型的形参（包括实现“=”的赋值运算符函数）的函数实参。在用初始化值列表初始化数组时，用法非常简单，这是结合了统一初始化语法的示例：int a[]{1,2,3,4,5};。类模板 std::initializer_list<T>提供了成员函数 size( )返回列表中元素的数量，迭代器 begin( )/end( )返回迭代器区间的首尾元素，此外 C++17 引入函数 empty( )判断列表是否为空，函数 data( )获取底层数组。为运用该类模板，需要包含头文件<initializer_list>。

（6）数组运算的缺点：在对数组的运算中，不能用一个数组整体初始化另一个数组，不能把一个数组整体复制给另一个数组，也不能把一个数组整体赋值给另一个数组，这些运算都需要通过一个循环逐元素地进行。此外，也不能整体输入、输出数组，从函数整体返回数组。但是这些都可以通过自定义数据类型来实现改进。

【例 1.26】数组的基本用法。

本程序意在展示数组元素访问的多种形式：下标形式访问或指针形式访问；ranged-for 形式。

```
#01     #include <iostream>
#02
#03     template <typename T>
#04     void inputArray(T a[], size_t n) { //输入数组元素
#05         for (T* p = a; p != a + n; ++p)//区间形式访问数组元素
#06             std::cin >> *p;
#07     }
#08
#09     template <typename T, size_t N>
#10     void printArray(T(&a)[N]) {         //输出数组元素
#11         for (auto i : a)                //ranged-for
#12             std::cout << i << "\t";
#13         std::cout << std::endl;
#14     }
#15
#16     int main() {
#17         const size_t N{ 5 };
#18         int a[N];
#19         std::cout << "Input with inputArray: " << std::endl;
#20         inputArray(a, N);
#21         std::cout << "Output with outputArray: " << std::endl;
#22         printArray(a);
#23     }
```

函数模板 inputArray( )输入数组 a 的前 n 个元素，它将数组元素类型 T 设为模板参数，在实现过程中应用了数组的区间形式，通过指针形式访问各个数组元素。调用这个函数时，分别传入数组首地址 a 和元素个数 N。函数模板 printArray( )输出数组 a 的前 N 个元素，它将数组元素类型 T 和长度 N 都设为模板参数，在实现过程中应用了基于范围的 for 循环，以值形式访问各个数组元素。调用这个函数时，只需要传入数组首地址。

程序的执行结果如下：

```
Input with inputArray:
1   2   3   4   5
Output with outputArray:
1   2   3   4   5
```

自 C++11 起，STL 为任意类型的数组和容器提供了统一的迭代器式访问函数，主要有 begin( )/end( )、cbegin( )/cend( )、rbegin( )/rend( )、crbegin( )/crend( )，begin( )获取指向容器中首元素的迭代器（或存储地址，即 one past the end），end( )获取指向容器中末元素的再下一个位置的迭代器（或存储地址），其余各对则根据需要获取 const 迭代器、

reverse 迭代器、const reverse 迭代器。还有 size( )获取元素个数，empty( )判断是否为空，data( )获取指向数据块的指针。这些函数在大多数 STL 容器类头文件中有定义，因此不需要特别包含头文件。若必须，可包含头文件<iterator>。以数组为例（其他标准 STL 容器类也相同），数组元素的访问方式有如下 3 种：

```
#01     int a[] {1, 2, 3, 4, 5, 6};
#02     for (auto x : a)                                //第一种：ranged for
#03         cout << x << "\t";
#04     cout << endl;
#05     for (auto i = 0; i != size(a); ++i)             //第二种：下标方式
#06         cout << a[i] << "\t";
#07     cout << endl;
#08     for (auto it = begin(a); it != end(a); ++it)    //第三种：迭代器方式
#09         cout << *it << "\t";
#10     cout << endl;
```

借助于 STL 中提供的算法 for_each( )和 copy( )，也可以实现数组元素的输入和输出。为了应用这些算法（包括本节后面将讨论的数组操作算法），需要包括 C++标准头文件<algorithm>。

算法 for_each( )的应用形式为 for_each(First, Last, Func);。该函数对区间[First, Last)中的每个元素依次施行函数 Func( )所表示的动作。函数 Func( )可以定义为带一个参数（类型 T 与数组元素类型相同）的函数（有无返回值都可），例如：

```
void f(T) ;            //函数 f 对元素执行读取操作
void g(T&);            //函数 f 对元素执行修改操作
```

函数 f( )或 g( )填作 for_each 的第三个实参。若需要修改数组元素，则应把函数 g( )的参数设为引用。

算法 copy( )是一个用法极为灵活的函数，其应用形式为 p=copy(First, Last, DestBeg);。该函数把源区间[First, Last)元素复制到以 DestBeg 为起点的目标区间，区间终点为返回值 p。

【例 1.27】运用 STL 算法实现数组的输入和输出。

```
#01     #include <iostream>
#02     #include <algorithm>
#03     #include <iterator>
#04
#05     void input(int& n) { std::cin >> n; }  //参数类型必须为引用
#06     void output(int n) { std::cout << n << "\t"; }
#07
#08     int main() {
#09         int a[] { 1, 2, 3, 4, 5 };
#10         auto n{ sizeof(a) / sizeof(*a) };
#11
#12         std::cout << "Output with for_each: ";
#13         std::for_each(a, a + n, output);    //对每个元素应用函数 input
#14         std::cout << std::endl;
#15
#16         std::cout << "Input with for_each: ";
```

```
#17         std::for_each(a, a + n, input);     //对每个元素应用函数output
#18         std::cout << std::endl;
#19
#20         std::cout << "Output with copy: ";      //以下定义输出流迭代器
#21         std::ostream_iterator<int> screen(std::cout, "\t");
#22         std::copy(a, a + n, screen);//把数组元素复制到以screen为起点的区间
#23         std::cout << std::endl;
#24
#25         std::cout << "Input with copy: ";       //以下定义输入流迭代器
#26         std::istream_iterator<int> keyboardIn(std::cin),
#27                                    endOfKeyboardIn;
#28         //把区间复制到以a为起点的区间，区间终点保存在指针p中
#29         int* p = std::copy(keyboardIn, endOfKeyboardIn, a);
#30
#31         std::cout << "Output with copy: ";
#32         std::copy(a, p, screen);                //把输入的元素显示在屏幕上
#33         std::cout << std::endl;
#34     }
```

上述程序分别以两种不同的方式实现数组元素的输出。输出元素的第一种方式，运用STL算法for_each( )。为了应用该函数，需要定义函数output( )作为for_each( )的第三个参数，该函数所带参数对应每次要输出的对象，其类型应与元素类型相同。也可以定义lambda函数描述输出操作，for_each(a, a + n, [](int n){ std::cout << n << "\t"; })。输出元素的第二种方式，运用STL算法copy( )。该函数的第三个参数screen是输出流迭代器ostream_iterator<int>的对象，尖括号中的int表示输出流中的元素类型，构造该对象需要两个参数，第一个参数表示输出方向，cout意味着向屏幕输出数据，第二个参数"\t"是输出元素时的间隔符。对象screen表示输出流迭代器的起点，输出流迭代器是没有终点的。

上述程序也分别以两种不同的方式实现数组元素的输入。输入元素的第一种方式，运用STL算法for_each( )。该函数的第三个参数是定义的函数input( )，函数input( )以引用传递参数，该参数对应每次要输入的对象，其类型应与元素类型相同。也可以定义lambda函数描述输入操作，for_each(a, a + n, [](int n){ std::cin >> n; })。输入元素的第二种方式，运用STL算法copy( )。调用该函数实现输入时，参数keyboardIn和endOfKeyboardIn表示源区间，它们都是输入流迭代器istream_iterator<int>的对象，尖括号中的int表示输入流中的元素类型。构造输入流迭代器对象需要一个参数表示输入的来源，对象keyboardIn以cin作为参数，表示从键盘提取数据，该对象作为输入流的起点，而对象endOfKeyboardIn没有带参数构造，表示输入流的终点。运用函数copy( )输入时，先输入不超过数组a长度的元素，然后以Ctrl+z结束输入，则返回值p表示输入数据的结尾（注意是最后一个数据的下一个位置）。

程序的输出结果如下：

```
Output with for_each:  1    2    3    4    5
Input with for_each:   2    3    4    5    6
Output with copy:      2    3    4    5    6
Input with copy:       20   30   40   [Ctrl+z]
```

```
Output with copy:       20  30  40
```

若把键盘输入直接显示在屏幕上，也可以采用如下方式:

```
copy(keyboardIn,endOfKeyboardIn,screen);
```

其中，输入流迭代器对象 keyboardIn、endOfKeyboardIn 和输出流迭代器对象 screen 的定义见上述程序。为了运用输入流迭代器 std::istream_iterator<>和输出流迭代器 std::ostream_iterator<>，需要包含头文件<iterator>。

另外，C++17 的 STL 增加了 for_each_n 和 copy_if 两个算法。算法 for_each_n( )可以将某个操作运用到区间的前 n 个元素，算法 copy_if( )在执行区间复制时，仅复制那些满足某个条件的元素。

2. 数组与函数

数组经常用作函数参数，它可以实现指针形式或左值引用形式的元素访问，从而可以通过数组形参对实参进行读写双向操作。内置数组（C 风格数组）作为函数参数时，最大的问题是它容易退化（decay）为指针形式。例如，经常有程序写出 void f(int a[10]); 形式，但编译器会把形参数组名 a 退化为一个常量性质的指针 int*const a;，因此根据这个语法形式，很难判断 a 是一个长度为 10 的数组，还是一个指向某个 int 变量的指针。换而言之，即使在形参数组类型中注明了该数组的长度，编译器也不会得到关于数组元素的长度信息。例如，下列定义（按照这个处理方法）是等效的：

```
void f(int a[10]);          //长度 10 不会被编译器得知
void f(int a[]);            //传递数组首地址
void f(int* a);             //传递数组首地址
```

C++函数的这种特性（自动把数组退化为指针类型，并在函数中复制该指针，实际是该指针的值形式传递），会使“即使把指向普通变量的指针作为实参传递给数组形参也不会出错”，这样就为程序安全（非法访问数据）埋下了隐患。解决的办法至少有两个：①设置一个关于长度信息的参数，显式向函数传递数组元素的个数。此时函数原型一般设置为 void f(int* a, int n);，其中 a 表示数组首元素的地址，n 表示数组元素的个数。也可以设置表示数组区间[beg, end)的两个指针 beg 和 end 作为函数参数，如 void f(int* beg, int* end);。②以引用方式传递数组参数，并限定数组元素的个数，此时函数原型及函数调用如下：

```
void f(int (&a) [10]) {}    //int x[10]; f(x);
```

以第二种方式传递数组参数时，要求实参的类型必须与形参一致，即实参数组的元素类型和长度必须与形参数组的元素类型和长度相同，尤其是长度必须相同。

在编程实践中，常用函数模板来实现数组操作，可以用例 1.27 所示的两种形式来设置数组形参，现摘选总结如下：

```
template <typename T>
void inputArray(T a[], size_t n);   //第一种形式:值形式传递数组参数

template <typename T, size_t N>
void printArray(T(&a)[N]);          //第二种形式:引用形式传递数组参数
```

第一种形式以数组语法“T[]”传递参数，编译器将该数组类型退化为指针形式，即推断变量 a 的类型为“T*”，因此这种形式实际是指针“T*”的值传递形式。第二种形

式以引用传递数组参数，则可以精确保持并推导数组类型（元素类型 T 和长度 N），编译器推断变量 a 的类型为“T[N]”。因此，第二种形式设置数组参数是值得推荐的，其中用到了非类型模板参数（第二个参数）。

在 STL 中，经常以区间形式传递数组参数。若数组[beg, end)作为输入参数，则把区间起点 beg 和终点 end 都设为函数参数。若数组作为输出参数，则把区间起点设为函数参数，区间终点一般需经计算得出后由函数返回。

【例 1.28】合并两个有序的数组。

有序数组 a 有 m 个元素，有序数组 b 有 n 个元素，将 a 和 b 合并成一个新的有序数组。

```
#01     #include "print.hpp"
#02
#03     template <typename T>
#04     T my_merge(T aBeg, T aEnd, T bBeg, T bEnd, T cBeg) {
#05         while (aBeg != aEnd           //循环条件:指针 aBeg 没有达到 aEnd
#06             && bBeg != bEnd) {        //循环条件:并且指针 bBeg 没有达到 bEnd
#07             if (*aBeg <= *bBeg)       //若指针 aBeg 所指元素较小
#08                 *cBeg = *aBeg++;      //则向 cBeg 中存放较小元素,然后后移 aBeg
#09             else                      //若指针 bBeg 所指元素较小
#10                 *cBeg = *bBeg++;      //则向 cBeg 中存放较小元素,同时后移 bBeg
#11             ++cBeg;                   //后移指针 cBeg 以存放下一个元素
#12         }                             //某一个区间已经遍历完,下面检查剩余区间
#13         while (aBeg != aEnd)          //若第一个区间[aBeg, aEnd)还有元素
#14             *cBeg++ = *aBeg++;        //则把该区间剩余元素全部复制到目标区间
#15         while (bBeg != bEnd)          //若第二个区间[bBeg, bEnd)还有元素
#16             *cBeg++ = *bBeg++;        //则把该区间剩余元素全部复制到目标区间
#17         return cBeg;                  //此时指针 cBeg 指向目标区间的终点
#18     }
#19
#20     int main() {
#21         int a[]{ 1, 2, 6 };
#22         auto const m{ sizeof(a) / sizeof(*a) };     //数组 a 的长度
#23         int b[]{ 3, 5, 8 };
#24         auto const n{ sizeof(b) / sizeof(*b) };     //数组 b 的长度
#25
#26         int c[m + n];                               //存放结果
#27         int* p = my_merge(a, a + m, b, b + n, c);
#28         print(c, p);        // 输出结果: 1   2   3   5   6   8
#29     }
```

函数模板 my_merge( )体现了非常重要的归并排序思想，它把有序区间[aBeg, aEnd)和[bBeg, bEnd)合并成以 cBeg 为起点的新有序区间。该函数的前 4 个参数分别表示第一个有序源区间[aBeg, aEnd)和第二个有序源区间[bBeg, bEnd)，这两个区间的元素已然有序（从小到大）。第五个参数 cBeg 表示目标区间的起点，其终点由计算过程决定，通过返回值得到。归并的过程分为两步：第一步，按照元素大小关系合并两个区间的元素，每次比较指针 aBeg 和 bBeg 所指元素的大小，总是把较小元素首先存放到结果指针 cBeg 中，在存放后，总是把指向较小元素的指针往后移，同时把结果指针 cBeg 往后移以存

放下一个元素。第二步，把某个区间剩余的元素全部复制到目标区间，究竟是哪个区间有剩余元素，程序设置最后两个 while 循环进行判断，但只会执行其中某一个。main( )函数调用函数模板 my_merge( )把有序数组 a 和 b 的元素合并到结果数组 c 中。

实际上，STL 提供了算法 merge( )用于合并两个有序的区间，其应用形式如下：

```
p = merge(First1, Last1, First2, Last2, Result);
```

该函数把有序区间[First1, Last1)和[First2, Last2)中的元素合并成一个新的有序区间，该有序区间以 Result 为起点，终点是返回值 p，即 Result+(Last1−First1)+(Last2−First2)。

在上述程序中，函数 print( )是本书编者为方便对区间元素的输出而自定义的函数，其常见应用形式如下：

```
print(First, Last, msg);
```

该函数首先输出提示信息 msg（如果不传入该参数，也可以不用输出提示信息），然后在同一行输出区间[First, Last)的元素。函数 print( )定义在头文件"print.hpp"中。关于头文件"print.hpp"的具体内容，请参见与本书配套辅教材的附录部分。

3. 区间常用操作及 STL 算法

（1）查找元素：在区间中寻求某元素是否存在或其所在位置。针对区间是否有序，查找分为两种情况：线性查找和二分查找。线性查找的范围可以是无序区间，也可以是有序区间。二分查找适用于有序区间，其效率较高。STL 算法 find( )对任意区间进行线性查找，算法 binary_search( )对有序区间进行二分查找。

算法 find( )的应用形式为 p = find(First, Last, Val);。该函数调用在区间[First, Last)中查找第一个值为 Val 的元素，若查找失败则返回值 p 为 Last，否则 p 表示第一个值为 Val 的元素的地址。

算法 binary_search( )的应用形式为 b = binary_search(First, Last, Val);。该函数调用判断在有序区间[First, Last)中是否存在值为 Val 的元素，若存在则返回值 b 为 true，否则 b 为 false。

【例 1.29】运用 STL 算法实现数组查找。

```
#01     #include <iostream>
#02     #include <algorithm>
#03
#04     int main() {
#05         int a[]{10, 20, 30, 30, 30, 40, 50, 70};
#06         auto n {sizeof(a) / sizeof(*a)};
#07         int k{30};
#08
#09         if (std::binary_search(a, a + n, k))         //查找 k 是否出现
#10             std::cout << "first " << k << " is found. ";
#11
#12         auto p = std::find(a, a + n, k);             //查找 k 出现的位置
#13         if (p != a + n)               //返回值不是区间终点，则查找成功
#14             std::cout<<" It is at "<<p-a<<".\n";//输出该位置对应的下标
#15     }
```

程序的输出结果如下：

```
first 30 is found. It is at 2.
```

需要注意的是，算法 find( )可以查找元素出现的位置（返回值不为第二个参数时），而算法 binary_search( )只能判断该元素是否存在于区间中（返回值为 true 表示存在，为 false 表示不存在）。此外，算法 find_if( )类似于 find( )，可以进行线性查找，它可以查找具备某特征（定义为函数）的元素。算法 lower_bound( )、upper_bound( )、equal_range( )也可以用于有序区间的查找。

（2）最小/最大元素：STL 提供了算法 min_element( )、max_element( )分别计算区间中值最小、最大元素第一次出现的位置，C++11 提供了算法 minmax_element( )同时返回最小值和最大值各自第一次出现的位置。函数 min_element( )的应用形式为 p = min_element(First, Last);。该函数在区间[First, Last)中查找值最小的元素，返回其第一次出现的位置 p。函数 max_element( )的应用形式为 p = max_element(First, Last);。该函数调用在区间[First, Last)中查找值最大的元素，返回其第一次出现的位置 p。函数 minmax_element( )的应用形式为 pr = minmax_element(First, Last);。该函数调用在区间[First,Last)中查找值最小的元素和值最大的元素，同时返回其第一次出现的位置，注意返回值是 pair<>对象。

【例 1.30】运用 STL 算法计算数组中值最小/最大的元素。

```
#01     #include <iostream>
#02     #include <algorithm>
#03
#04     int main() {
#05         int a[]{ 10, 20, 10, 50, 10, 50 };
#06         auto n{ sizeof(a) / sizeof(*a) };
#07
#08         auto p = std::min_element(a, a + n);    //计算值最小的元素
#09         std::cout << "first min element " << *p << " at " << p - a << ".\n";
#10         p = std::max_element(a, a + n);         //计算值最大的元素
#11         std::cout << "first max element " << *p << " at " << p - a << ".\n";
#12         auto [pmin, pmax] = std::minmax_element(a, a+n);//计算值最小、最大的元素
#13         std::cout << "first min element: " << *pmin << "\n"
#14             << "first max element: " << *pmax << "\n";
#15     }
```

程序的输出结果如下：

```
first min element 10 at 0.
first max element 50 at 3.
first min element: 10
first max element: 50
```

上述用到结构化绑定技术实现返回值的简洁使用。auto [pmin, pmax]将 pmin、pmax 分别绑定到返回的 pair<>对象的成员 first 和 second。

（3）计数：统计区间中某个特定值出现的次数。STL 提供了算法 count( )统计区间中某特定元素出现的次数，该算法的应用形式为 n = count(First, Last, Val);，在区间[First, Last)中统计值为 Val 的元素所出现的次数 n。

STL 同时提供了算法 count_if( )统计区间中满足某条件的元素出现的次数，该算法的应用形式为 n = count_if(First, Last, Op);，在区间[First, Last)中统计使条件 Op 为真的

元素所出现的次数 n。条件 Op 可以定义为一个返回类型为 bool、带一个参数（类型 T 与区间元素类型相同）的函数 f( )，如 bool f(T);，或者 lambda 函数。

【例 1.31】运用 STL 算法统计数组中元素的个数。

```
#01     #include <iostream>
#02     #include <algorithm>
#03
#04     bool seventy(int n) { return n >= 70 && n <= 79; }
#05
#06     int main() {
#07         int a[]{71, 78, 80, 70, 70, 69};
#08         auto n{sizeof(a) / sizeof(*a)};
#09
#10         int k = 70;
#11         auto m = std::count(a, a + n, k);      //统计 k 出现的次数
#12         std::cout << k << " presents " << m << " times.\n";
#13
#14         m = std::count_if(a, a + n, seventy); //统计区间[70,79]元素的个数
#15         std::cout << m << " elements between 70 and 79.\n";
#16     }
```

函数 seventy( )判断一个数是否在区间[70, 79]内，当把它用作函数 count_if( )的参数时，就可以统计在此区间元素的个数。也可以定义 lambda 表达式作为计数条件 count_if(a, a + n, [](int n){ return n >= 70 && n <= 79; });。

程序的输出结果如下：

```
70 presents 2 times.
4 elements between 70 and 79.
```

（4）区间填充：为区间元素逐个赋值。STL 提供了算法 fill( )、fill_n( )、generate( )、generate_n( )以不同方式填充区间。

① 算法 fill( )的应用形式为 fill(First, Last, Val);。该函数把区间[First, Last)中的所有元素都赋值为 Val。

② 算法 fill_n( )的应用形式为 fill_n(First, Count, Val);。该函数把从 First 位置开始的 Count 个元素（即区间[First, First+Count)）都赋值为 Val。

③ 算法 generate( )的应用形式为 generate(First, Last, Gen);。该函数对区间[First, Last)中的每个元素，都会首先调用函数（或函数对象，lambda 函数）Gen( )一遍，然后把函数返回值赋给该元素，函数 Gen( )不带任何参数，但是应返回一个值（类型与数组元素类型相同）。与 fill( )不同的是，generate( )给每个元素所赋的值不一定都相同（取决于函数 Gen( )的返回值）。

④ 算法 generate_n( )的应用形式为 generate_n(First, Count, Gen);。该函数对从 First 位置开始的 Count 个元素（即区间[First, First+Count)），都会首先调用函数（或函数对象，lambda 函数）Gen( )一遍，然后把函数返回值赋值给该元素，函数 Gen( )不带任何参数，但是应返回一个值（类型与数组元素类型相同）。与 fill_n( )不同的是，generate_n( )给每个元素所赋的值不一定都相同（取决于函数 Gen( )的返回值）。

【例 1.32】运用 STL 算法填充数组。

```
#01     #include "print.hpp"
#02
#03     int main() {
#04         const int N{5};
#05         int a[N];
#06         std::ostream_iterator<int> screen(std::cout, "\t");
#07
#08         std::fill(a, a + N, 1);              //所有元素填充为1
#09         print(a, a + N, "fill:\t\t");
#10
#11         //以[10, 99]范围内的随机数填充数组a
#12         std::generate(a, a + N, [](){return 10 + rand() % 90;});
#13         print(a, a + N, "generate: \t");
#14     }
```

程序的输出结果如下：

```
fill:          1   1   1   1   1
generate:      51  27  44  50  99
```

（5）区间排序：排序是重要、常用的操作之一。STL 提供了算法 sort( )对区间元素进行排序，该算法的应用形式为 sort(First, Last);。该函数默认以“<”、按照非递减顺序对区间[First, Last)元素排序。该函数的另一种应用形式可以让用户自定义元素的比较方式：sort(First, Last, Op);，其中 Op 为二元操作，表示元素之间的比较方式，它可以定义为一个返回类型为 bool、带有两个参数（类型 T 与区间元素类型相同）的函数 f( )，如 bool f(T, T);，或者定义为 lambda 函数。

【例 1.33】运用 STL 算法排序数组。

```
#01     #include "print.hpp"
#02
#03     int main() {
#04         int a[]{2, -3, 1, -4, 2, 5, -6};
#05         auto n{sizeof(a) / sizeof(*a)};
#06         std::sort(a, a + n);                 //默认排序：从小到大
#07         print(a, a + n, "sort ascendingly: ");
#08         //从大到小排序
#09         std::sort(a, a + n, [](int a, int b) {return a > b;});
#10         print(a, a + n, "sort descendingly: ");
#11         //按绝对值排序:从小到大
#12         std::sort(a, a + n, [](int a, int b) {return a * a < b * b;});
#13         print(a, a + n, "sort by absolution: ");
#14     }
```

程序的输出结果如下：

```
sort ascendingly:  -6  -4  -3   1   2   2   5
sort descendingly:  5   2   2   1  -3  -4  -6
sort by absolution: 1   2   2  -3  -4   5  -6
```

使用算法 sort( )对区间元素进行排序，默认调用形式为 std::sort(a, a + n)，对区间元素按照从小到大排序；第三个参数填入 lambda 函数[](int a, int b){return a > b;}后，对区间元素按照从大到小排序；第三个参数填入 lambda 函数[](int a, int b){return a * a < b * b;}

后，对区间元素按照绝对值从小到大排序。此外，算法 stable_sort( )对区间所有元素进行稳定排序。算法 partial_sort( )对区间进行部分排序，如选取众多考生中的前 10 名成绩。算法 nth_element( )选取第 n 个位置上的元素，使该元素之前的元素都小于等于它，之后的元素都大于它。算法 partition( )和 stable_partition( )则可以把满足某条件的元素重排到区间的前部，只是后者是稳定的。C++11 新增算法 is_sorted( )，用于判断区间是否有序，is_partitioned( )用于判断区间元素是否按照某个准则划分。

（6）区间逆转：把区间中的元素全部逆转。STL 算法 reverse( )的应用形式为 reverse(First, Last);，该函数逆转区间[First, Last)中所有的元素。

【例 1.34】运用 STL 算法实现数组逆转。

```
#01     #include "print.hpp"
#02
#03     int main() {
#04         int a[]{3, 2, 1, 4, 5, 6};
#05         auto n{sizeof(a) / sizeof(*a)};
#06
#07         std::reverse(a, a + n);
#08         print(a, a + n, "after reverse:\t");
#09     }
```

程序的输出结果如下：

```
after reverse:  6   5   4   1   2   3
```

（7）区间元素属性判断：判断区间元素满足条件的范围（全部满足、至少有一个满足、全不满足）。C++11 新增 STL 算法 all_of( )、any_of( )、none_of( )的应用形式分别为 all_of(First, Last, p)、any_of(First, Last, p)、none_of(First, Last, p);，它们分别用于判断区间元素是否全部满足条件 p，至少有一个元素满足条件 p，没有元素满足条件 p。

【例 1.35】运用 STL 算法判断数组元素的属性。

```
#01     #include "xr.hpp"
#02
#03     int main() {
#04         int a[]{23, 42, 15, 64, 75, 60};
#05         auto n{sizeof(a) / sizeof(*a)};
#06
#07         auto f1{[](int x){return x % 2 == 0;}};
#08         xr(std::all_of(a, a + n, f1));                    // false
#09
#10         auto f2{[](int x){return x % 2 != 0;}};
#11         xr(std::any_of(a, a + n, f2));                    // true
#12
#13         auto f3{[](int x){return x % 5 == 0;}};
#14         xr(std::none_of(a, a + n, f3));                   // false
#15     }
```

lambda 函数 f1( )用于判断是否为偶数，std::all_of(a, a + n, f1)用于判断数组 a 中的元素是否都是偶数。lambda 函数 f2( )用于判断是否为奇数，std::any_of(a, a + n, f2)用于判断数组 a 中的元素是否至少有一个奇数。lambda 函数 f3( )用于判断是否是 5 的倍数，

std::none_of(a, a + n, f3)用于判断数组 a 中元素是否都不是 5 的倍数。

关于数组应用及 STL 算法更详细的讨论，请参考与本书配套辅教材的第 2 部分。

4. STL 中的 array<>容器

自 C++11 起，STL 在头文件<array>中定义了 C 风格的静态数组 array<T, N>，T 是元素类型，N 是数组中元素的个数。数组 array<T, N>不会自动退化（decay）为 T*。array<>容器允许随机访问，它融合内置数组和标准容器的优点于一体。如下构造了一个有 5 个 int 元素的静态数组，并用初始化列表进行初始化：

```
#01     std::array<int, 5> arr{ 1, 2, 3, 4, 5 };
#02     for (auto& a: arr) a += 10;
#03     for (auto a : arr) std::cout << a << "\t"; //11 12 13 14 15
#04     std::cout << std::endl;
```

可以通过下标运算符[]或函数 at( )访问数组 arr 的元素；函数 front( )用于获取数组的第一个元素，back( )用于获取最后一个元素，data( )用于访问底层的数组；empty( )用于判断容器是否为空，size( )用于获取元素的个数；迭代器函数 begin( )/end( )、cbegin( )/cend( )、rbegin( )/rend( )、crbegin( )/crend( )用于获取首尾迭代器。这些都是序列式容器的典型操作。

C++20 提供了一个工具函数 to_array( )，使用内置数组快捷地构建 array<>（以 copy 初始化或 move 初始化的方式）。

```
#01     //复制字符串常量
#02     auto a1 = std::to_array("go");//std::array<char,3>{'g','o','\0'}
#03     static_assert(std::is_same_v<decltype(a1),std::array<char, 3>>);
#04
#05     auto a2 = std::to_array({"foo"});//std::array<const char*,1>{"foo"}
#06     static_assert(std::is_same_v<decltype(a2),
#07                     std::array<const char*, 1>>);
#08
#09     //自动推导元素类型和长度
#10     auto a3 = std::to_array({ 0, 2, 1, 3 });
#11     static_assert(std::is_same_v<decltype(a3), std::array<int, 4>>);
#12
#13     //指定了元素类型(意味着有隐式类型转换),自动推导长度
#14     auto a4 = std::to_array<double>({ 0, 1, 2 });
#15     static_assert(std::is_same_v<decltype(a4),std::array<double, 3>>);
```

5. STL 中的 vector<>容器

为了克服 C++数组的缺点，如不能动态设定或改变大小、缺乏下标访问的安全检查机制等，STL 中提供了容器类 vector<>。作为可以随机访问的序列容器，vector<>简化了数组的使用，除保留了 C++数组的优点外，vector<>类还提供了更多方便而灵活的函数。对 vector<>序列容器的操作，除可以借助介绍的各种算法外，还可以应用 vector<>类的成员函数。容器 vector<>的常用操作有构造及赋值、大小及存取、添加与删除等，详见表 1-7～表 1-12。

表 1-7　构造 vector

表达式	功能
vector<T> v{}	默认构造空的 vector
vector<T> v1{v2}	由 v2 复制构造 v1
vector<T> v{n}	构造有 n 个元素的 vector，元素的初始值为 T( )
vector<T> v{n,val}	构造有 n 个元素的 vector，元素的初始值都是 val
vector<T> v{beg,end}	以区间[beg, end)中的元素为初始值，构造 vector
vector<T> v{initlist}	以初始化值列表 initlist 中的元素为初始值，构造 vector

表 1-8　为 vector 赋值

表达式	功能
v1=v2	把 v1 赋值为 v2
v.assign(n,val)	把 v 赋值为 n 个 val
v.assign(beg,end)	把 v 赋值为区间[beg, end)中的元素
v=initlist	把 v 赋值为初始化值列表中的元素

表 1-9　大小及容量

表达式	功能
v.size( )	返回当前元素的个数
v.capacity( )	返回当前存储空间的容量，即能容纳元素的最大数目
v.empty( )	判断容器是否为空

表 1-10　存取元素

表达式	功能
vector<T>::iterator	迭代器类型
v.begin( )	返回首元素的位置
v.end( )	返回最后一个元素存放位置的后一个位置
v.front( )	返回首元素，不检查容器是否为空
v.back( )	返回最后一个元素，不检查容器是否为空
v[index]	返回下标为 index 的元素，不检查下标的合法性
v.at(index)	返回下标为 index 的元素，进行下标合法性检查

表 1-11　添加元素

表达式	功能
v.push_back(val)	在容器尾部添加值为 val 的元素
v.insert(pos,val)	在 pos 的前一个位置插入值为 val 的元素，返回新元素的位置
v.insert(pos,n,val)	在 pos 的前一个位置插入 n 个值为 val 的元素
v.insert(pos,beg,end)	在 pos 的前一个位置插入区间[beg, end)中的元素
v.insert(pos,initlist)	在 pos 的前一个位置插入初始化值列表中的元素

表 1-12　删除元素

表达式	功能
v.pop_back( )	删除最后一个元素，不回传其值
v.erase(pos)	删除位置 pos 上的元素，返回下一个元素的位置
v.erase(beg,end)	删除区间[beg, end)中的元素，返回下一个元素的位置
v.clear( )	清空容器，删除所有元素

1.3.2 指针及其应用

1. 指针的基本运算

（1）指针定义、初始化和赋值：在数据类型标识符 T 后面跟运算符*，则可定义出 T 类型的指针。通过 T 类型的指针，可以（也只能够）访问 T 类型的变量（或对象）。定义指针后，若该指针没有指向明确的地址，则该指针是一个悬挂的指针，则后续对它的去引用操作是危险的。为了使指针指向明确的地址，可以通过指针初始化和对指针赋值的方式来实现。能够给指针初始化和赋值的只能是空指针 nullptr、同类型变量的地址、同类型的指针。作为一个具有良好的编程习惯的程序员，应该在定义指针时通过初始化或在定义之后通过赋值，让它指向明确的地址。

需要说明的是，自 C++11 起，不再用 0 或 NULL 表示空指针，而使用更具有类型安全性的值 nullptr，它的类型为 nullptr_t。这两个标识符定义在头文件<cstddef>中。

（2）取地址和去引用：为得到变量（或对象）的存放地址，可以用取地址运算符&（address-of）的方式来实现，该运算符的操作数可以是字符串常量、变量、左值表达式等。为了得到指针所指地址中存放的内容，可以借助去引用运算符*（dereference）来实现。该运算符的操作数必须是指针。

（3）算术运算：当指针指向一段连续、可访问的内存地址时，如数组的内存单元，则可以在该地址范围内进行算术运算。这也是通过指针随机访问数组的基本操作。运算 p+n、p−n 可以求得在地址值增大或减小方向上，与 p 相距 n 个数据单位（与指针类型相关）的另外一个指针。对指针 p 的增量、减量运算则可以驱动指针前移或后移。为计算在此连续内存单元上两个指针间的相对距离，可以对它们进行减法运算。

（4）关系运算：为判断指针之间相对的位置关系或指针是否为空，需要用到关系运算中的大小判断和相等判断。

2. 指针与函数

（1）指针可以用作函数的参数。由于指针可以在定义的同时不初始化，即可能处于悬挂的状态，因此，程序员常犯的一个错误就是：忘记检查指针是否悬挂。对一个未指向明确地址的指针进行间接引用会引发程序的运行时错误。在设置指针类型参数时，一定要注意在函数实现过程中对此进行检查和排除。

以指针传递函数参数时，形参是指向实参的指针，通过形参可以间接修改实参。与引用传递函数参数类似，指针用作函数参数主要有 3 种用途：①作为输出参数，返回多个值。②作为输入参数，同时也作为输出参数，保留函数内部对参数的修改。③作为输入参数，传递大对象，提高参数传递的效率。

（2）指针也可以作为函数的返回值。正确地返回指针，可以把函数调用表达式用作左值。在下列 4 种情况下，函数所返回的指针是正确的：返回指向全局变量的指针；返回指向局部静态变量的指针；返回指向堆变量（或对象）的指针；返回函数参数中的指针（或与该指针相关的指针）。

但是，在两种情况下所返回的指针是不恰当的：①定义一个指针，其指向的变量是由函数返回的定义于函数内部的自动类局部变量（或临时变量），则该指针的定义是不当的。②由函数返回的定义于函数内部的自动类指针，其指向的变量也是定义于函数内部的自动类局部变量。

【例 1.36】区间逆转与旋转。

逆转一个区间是要把区间元素的顺序全部颠倒，即第一个元素与最后一个元素相交换，第二个元素与倒数第二个元素相交换，等等。旋转一个区间是要把区间的前一部分与后一部分交换，即以中间某个位置作为支点，把该元素左边的区间移动到右边，把右边的区间移动到左边。旋转一个区间可以通过逆转来巧妙地实现。

```
#01     #include "print.hpp"
#02
#03     template <typename T>
#04     void my_reverse(T* a, T* b) {       //逆转区间[a, b)
#05         T t, *p = a, *q = --b;          //定义指针指向首尾元素
#06         while (p < q) {                 //只要两个指针没有汇合到中间
#07             t = *p, * p = *q, * q = t;  //交换两个位置的元素
#08             ++p, --q;                   //同时向中间靠拢
#09         }                               //交换全部完成
#10     }
#11     template <typename T>
#12     void my_rotate(T* a, T* b, T* c) {  //旋转区间[a, c)
#13         my_reverse(a, b);               //首先逆转前一部分
#14         my_reverse(b, c);               //然后逆转后一部分
#15         my_reverse(a, c);               //最后逆转所有元素
#16     }
#17
#18     int main() {
#19         int a[]{ 1, 2, 3, 4, 5, 6, 7 };
#20         auto n{ sizeof(a) / sizeof(*a) };
#21
#22         my_reverse(a, a + n);           //逆转整个数组
#23         print(a, a + n, "reverse:\t");
#24
#25         my_rotate(a, a + 3, a + n);     //把前 3 个元素移到后面
#26         print(a, a + n, "rotate :\t");
#27     }
```

函数模板 my_reverse( )实现区间[a, b)的逆转，实现过程用到两个指针 p 和 q，最初它们分别指向区间的首元素和末元素，然后同时向区间中间位置移动它们（指针 p 前移，指针 q 后退），在任何位置总是通过循环赋值交换它们所指的元素。

函数模板 my_rotate( )实现区间[a, c)的旋转，即交换区间[a, b)和[b, c)的前后顺序，其中指针 b 是区间[a, c)中的某一位置。实现思路是首先逆转区间[a, b)，然后逆转区间[b, c)，最后逆转区间[a, c)。

在上述程序的实现过程中，以指针作为函数参数表示需要操作的区间，同时用到指针的初始化、算术运算和关系运算、去引用等。只有在交换指针所指元素时，才需要对

指针进行去引用运算，其他都是对指针进行运算，但由于指针作为函数参数时，是对指针类型的值传递，因此这些算术运算不会修改指针实参，即对形参的--b 运算不会对实参 a+n 产生任何影响。

程序的输出结果如下：

```
reverse:    7   6   5   4   3   2   1
rotate :    4   3   2   1   7   6   5
```

3. 函数指针与 std::function<>类模板

函数指针常用于表示算法的函数参数类型，如表示完成一件事情的不同策略（policy）。在排序时，对不同的排序准则（从大到小或从小到大），可以分别定义为不同的函数或 lambda 函数，然后传入排序函数。有了函数指针，使具体动作的实现显得更为灵活。例如，通过把查找算法的比较策略定义为函数指针，既可以查找与某值相等的元素，也可以查找满足更复杂条件的值，如奇偶数、在某范围的值等。

以函数指针作为函数参数后，相同类型的函数就能够作为实参传递给该函数，所谓相同类型是指作为实参的函数在返回类型、参数个数和参数类型等方面都要与作为形参的函数指针相同。

【例 1.37】函数类型与函数指针的应用示例。

```
#01     #include "xr.hpp"
#02
#03     int add(int a, int b) { return a + b; }
#04
#05     int main() {
#06         typedef int (*FuncType) (int, int);     //定义函数指针类型
#07         FuncType ft;                            //生成函数指针变量
#08
#09         ft = add; xr(ft(5, 3));     //指向函数 add(),输出 8, 即 add(5, 3)
#10
#11         auto sub{ [](int a, int b) { return a - b; } };//lambda 函数
#12         ft = sub; xr(ft(5, 3));     //指向 lambda 减法函数, 输出 2
#13
#14         ft = [](int a, int b) { return a * b; };//lambda 函数
#15         xr(ft(5, 3));               //指向 lambda 乘法函数, 输出 15
#16
#17         std::function<int(int, int)> ff;        //定义 function 对象
#18         ff = add; xr(ff(5, 3));     //指向函数 add, 输出 8, 即 add(5, 3)
#19         ff = sub; xr(ff(5, 3));     //指向函数 sub, 输出 2, 即 sub(5, 3)
#20         ff = [](int a, int b) { return a * b; };//lambda 函数: 两数相乘
#21         xr(ff(5, 3));               //指向 lambda 乘法函数, 输出 15
#22     }
```

每个函数都有类型，这个类型由函数返回类型、参数个数及参数类型完全确定。定义一个函数类型通常有两种方法：第一种方法，定义函数指针类型，借助于关键字 typedef 把函数返回类型及参数信息定义成一个函数指针类型，如上述的标识符 FuncType，然后用该函数指针类型定义变量（即函数指针，如 ft），从而可以通过该函数指针引用相同

类型的函数，并通过该函数指针调用所指向的函数。从上述程序可以看出，函数指针可以指向的函数包括完整定义的函数（如 add( )）、具名和匿名的 lambda 函数（如 sub( ) 和乘法函数）。

第二种方法，运用 C++11 引入的类模板 std::function<>，例 1.37 中在该类模板的模板参数中以 int(int, int)的形式指明函数返回类型、各个参数的类型等信息。该类的对象，也可以指向上述 3 个函数。该类模板定义在头文件<functional>中。

1.3.3　字符串及其应用

1. 字符数组、字符指针与字符串

C/C++中的字符串、字符数组和字符指针有着千丝万缕的联系。C 风格的字符串是一个以'\0'（ASCII 值为 0）作为结束符的字符序列，字符串以数组形式存储在程序的数据区，其存放地址可以通过取地址运算符“&”求得，即字符串中第一个字符的存放地址。当存储字符串时，C/C++系统自动在该字符序列后面追加结束符'\0'。

字符指针可以指向字符串常量。由于该指针所指为常量数据，不能通过该指针修改字符串常量的内容。若字符指针所指的地址为字符数组中的某个内存单元，则可以通过该指针操作字符数组中的元素，如字符串复制、连接等。为了使字符指针可以容纳字符序列，也可以对该字符指针动态申请内存，然后如字符数组般运用。

C 头文件<string.h>（在 C++中写成<cstring>）中提供了大量字符串处理的函数，常用的有 strlen( )（计算字符串长度）、strcpy( )（字符串复制）、strcat( )（字符串连接）、strcmp( )（字符串比较）、strchr( )（在字符串中查找某字符）、strstr( )（在字符串中查找子字符串）。

为了存储多个字符串，可以采用字符串数组和二维字符数组两种方式。以字符串数组（或称字符指针数组）方式存储多个字符串时，对于这些字符串的长度没有统一要求，允许各个字符串长度不一，因而有较大的存储灵活性。以二维字符数组方式存储多个字符串时，每个字符串所拥有内存单元的长度统一为最长字符串的长度，因而会浪费部分存储空间。但是，二维字符数组方式的存储允许对每个字符串进行修改操作（如复制、连接等），而字符串数组方式的存储则不允许对每个字符串进行修改的操作。

2. STL 中的 string 类

为了更安全、快捷、有效地处理字符串，STL 在头文件<string>中定义了 string 类，对字符串处理中的许多常用操作进行了封装，如以“=”进行字符串赋值，以“==”比较字符串，以“+”连接字符串。通过使用 string 类，用户再也不用担心诸如内存长度不够、忘记添加字符串结束符等问题。因其便利，string 类可以视为 C++基本数据类型而大量使用。string 类的常用操作有构造、赋值及输入、输出，大小及存取，插入与追加等，详见表 1-13～表 1-27，下列标识符 string 是指 STL 中的 string 类，标识符 C-string 指 C 风格的字符串（即以'\0'作为结束标志的字符串）。

表 1-13　构造 string

表达式	功能
string s{}	默认构造空的 s
string s2{s1}	由 s1 复制构造或转移构造 s2
string s{cstr}	以 C-string cstr 作为初始值，构造 s
string s{beg, end}	以区间[beg, end)中的字符作为初始值，构造 s
string s{initlist}	以初始化值列表中的字符作为初始值，构造 s

表 1-14　为 string 赋值（下列都返回当前对象）

表达式	功能
s2 = s1	把 s2 复制赋值或转移赋值为 s1
s2.assign(s1)	把 s2 复制赋值或转移赋值为 s1
s = cstr	把 s 赋值为 C-string cstr
s.assign(cstr)	把 s 赋值为 C-string cstr
s = c	把 s 赋值为字符 c
s.assign(num,c)	把 s 赋值为“num 个字符 c”
s = initlist	把 s 赋值为初始化值列表中的所有字符
s.assign(initlist)	把 s 赋值为初始化值列表中的所有字符

表 1-15　输入/输出 string

表达式	功能
cin >> s	从标准输入设备读入字符串 s
getline(cin,s)	从标准输入设备读入字符串 s
cout << s	向标准输出设备写入字符串 s

表 1-16　大小及容量

表达式	功能
s.size( )	返回 s 中字符的个数
s.length( )	返回 s 的长度，对应于 C-string 函数 strlen( )
s.empty( )	判断 s 是否为空，用于此目的时，比 size 和 length 快

表 1-17　存取元素

表达式	功能
string::size_type	用于定义 string 大小和索引的类型
string::npos	特殊标志，表示查找失败或所有剩余字符，值为-1
s.c_str( )	以 C-string 形式返回 s 的内容，以'\0'结束
s[idx]	返回 s 中下标为 idx 的字符，不检查下标的合法性
s.at(index)	返回 s 中下标为 idx 的字符，进行下标合法性检查
s.begin( )	返回 s 中首字符的位置
s.end( )	返回 s 中末字符存放位置的后一个位置

表 1-18　字符串插入

表达式	功能
s2.insert(idx,s1)	把 s1 插入 s2 的下标 idx 前
s.insert(idx,cstr)	把 C-string cstr 插入 s 的 idx 位置前

表 1-19　字符串追加

表达式	功能
s2 += s1	把字符串 s1 追加到 s2 的末端
s2.append(s1)	把字符串 s1 追加到 s2 的末端
s += cstr	把 C-string cstr 追加到字符串 s 的末端
s.append(cstr)	把 C-string cstr 追加到字符串 s 的末端
s += c	把字符 c 追加到字符串 s 的末端，同 s.push_back(c)
s += initlist	把初始化值列表中的所有字符追加到 s 的末端
s.append(initlist)	把初始化值列表中的所有字符追加到 s 的末端

表 1-20　截取子字符串

表达式	功能
s.substr( )	返回 s 的副本，即 s 的全部内容都作为子串
s.substr(idx)	返回 s 中“从下标 idx 开始的子串”的副本
s.substr(idx, len)	返回 s 中“从下标 idx 开始的最多 len 个字符所组成子串”的副本

表 1-21　字符串连接

表达式	功能
s1 + s2	返回“连接字符串 s1 和字符串 s2 后的字符串”
s + cstr	返回“连接字符串 s 和 C-string cstr 后的字符串”
cstr + s	返回“连接 C-string cstr 和字符串 s 后的字符串”
s + c	返回“连接字符串 s 和字符 c 后的字符串”
c + s	返回“连接字符 c 和字符串 s 后的字符串”

表 1-22　替换字符（下列都返回当前对象）

表达式	功能
s2.replace(idx, len, s1)	把 s2 中“从 idx 开始的最多 len 个字符”替换为 s1
s2.replace(beg, end, s1)	把 s2 中“位于区间[beg, end)的字符”替换为 s1
s.replace(beg, end, newBeg, newEnd)	把“s 中的区间[beg, cnd)”替换为“区间[newBeg, newEnd)”

表 1-23　删除字符

表达式	功能
s.clear( )	删除 s 的所有字符，无返回值
s.erase( )	删除 s 的所有字符，返回当前对象
s.erase(idx)	删除 s 中“从下标 idx 开始的所有字符”，返回当前对象
s.erase(idx, len)	删除 s 中“从下标 idx 开始的最多 len 个字符”，返回当前对象

表 1-24　查找字符（若查找失败，下列都返回 string::npos）

表达式	功能
s.find(c)	在 s 中“正向查找字符 c”，若成功则返回其在 s 中第一次出现时的下标
s.find(c,idx)	在 s 中“从下标 idx 开始，正向查找字符 c”，若成功则返回其在 s 中第一次出现时的下标

表 1-25 查找子字符串（若查找失败，下列都返回 string::npos）

表达式	功能
s.find(sub)	在 s 中正向查找“子串 sub”，若成功则返回其在 s 中第一次出现时的下标
s.find(cstr)	在 s 中正向查找“C-string cstr”，若成功则返回其第一次在 s 中出现时的下标
s.find_first_of(sub)	在 s 中查找第一个“与 sub 中某字符相同的字符”，若成功则返回其在 s 中的下标
s.find_first_of(cstr)	在 s 中查找第一个“与 C-string cstr 中某字符相同的字符”，若成功则返回其在 s 中的下标
s.find_first_of(c)	在 s 中查找第一个“与字符 c 相同的字符”，若成功则返回其在 s 中的下标

表 1-26 大小比较

关系运算符	功能
s2 < / <= / > / >= / == / != s1	s1 与 s2 进行大小比较或相等比较
s< / <= / > / >= / == / != cstr	s 与 C-string cstr 的比较

表 1-27 相等比较

compare( )函数	功能
s2.compare(s1)	比较 s1 和 s2
s.compare(cstr)	比较 s 和 C-string cstr

注：compare( )函数返回 0 表示相等，返回负数表示小于，返回正数表示大于。

在上述函数中，函数 find( )也可以换作 rfind( )表示逆向查找，find_first_of( )与 find_last_of( )是相对的，而且对应的有 find_first_not_of( )和 find_last_not_of( )。这些函数的参数中，第一个参数总是被查找的对象，第二个参数（可有可无）用下标定义查找的起点，第三个参数（可有可无）定义要查找字符的个数。

C++14 中，为了把字符串字面常量转换为 std::string 对象，可以在字面常量后面添加后缀 s。例如：

```
std::string s{ "Hello"s + " " + "World" }; //string("Hello World")
```

为此，需要添加 using namespace std::string_literals;指令。

C++11 提供函数 to_string( )将整数或浮点数转换为 string，函数 stoi( )将 string 转换为整数，函数 stol( )将 string 转换为长整数，函数 stoul( )将 string 转换为无符号整数，函数 stof( )将 string 转换为 float，函数 stod( )将 string 转换为 double。

为了辅助记忆和应用，对于上述 string 函数，下面是关于函数参数排列方案的一些可循的规律。

① 只要是“以 string 对象为操作数”的场合，都可以把该参数替换为 C 风格的字符串 cstr 或字符数组 chars。

② string 成员函数的参数中经常出现的名称及其类型、意义如表 1-28 所示。

表 1-28 常用作参数的名称及其类型和意义

参数	含义
const string& s	整个 string 对象 s
size_type idx, size_type len	从下标 idx 开始最多为 len 个字符
const char*cstr	整个 C-string cstr
const char*chars, size_type len	字符数组 chars 中的前 len 个字符
char c	字符 c
size_type num, char c	num 个字符 c
iterator pos	字符的位置 pos
iterator beg, iterator end	区间[beg,end)内的所有字符

③ 只要是“以一个下标值和一个长度值作为参数”的场合，对string对象s的操作都会遵循下列两个准则：

第一，下标值必须合法，即在合法区间内[0, s.size( ))。若下标值超过这个区间，则会引发out_of_range异常。对于查找单个字符或某个位置的查找函数，可以接受任意的下标值作为实参，若是非法下标，则这些函数通常返回string::npos表示查找失败。

第二，长度值可以为任意值，若长度值大于从下标值开始后剩余的字符数，则处理的范围会包括所有剩余的字符。若长度值以string::npos作为实参，则表明“处理所有剩余字符”。

3. C++17中的string_view类

在一些对string对象只读的场合，通常把函数形参设置为const &string类型，表面上看，常量引用类型的形参避免了对实参的复制，已经比较完美了。但是，当实参给定为const char*类型的值时，如字符串常量、字符数组、字符指针，在参数传递过程中会发生const char*向string的隐式转换，这个隐式构造的过程会复制字符串生成string临时对象，当字符指针和字符数组比较大时（如读取文件内容），这种数据复制和内存的分配释放就会极大地影响程序性能。例如：

```
#01     void print(const std::string& s) {
#02         std::cout << s << std::endl;
#03     } //print("Hello");
```

另外，用 substr( )函数获取子串时，每次都要返回一个新生成的子串，这也会降低程序性能。很多时候获取子串并不想改变原有字符串，因此应该考虑在原有字符串内存基础上返回子串。既然存在这些问题，为何不用const char*作为形参类型呢？原因很简单，不能运用string类提供的强大功能了。

针对上述需求，C++17引入了string_view类，所谓view，就是字符串的一个视图，它提供了“观测”字符串但是不修改字符串的方法，因此具有只读的属性。它并不真正拥有字符串，只是与字符串共享这一内存空间。在实现string_view类时，它只拥有常量指针和长度两个数据成员，因此是轻量级的类型，常常采用值的方式传递。

```
#01     void print(std::string_view sv) {
#02         std::cout << sv << std::endl;
#03     } //print("Hello");
```

C 风格的字符串可以转换为 string_view 对象，string 也可以隐式地转换为 string_view。string_view类的成员函数与string相类似，但是只包含读取字符串内容的那些函数，注意不包含成员函数 c_str( )。substr( )的返回值为 string_view，且不产生新的字符串，从而不会发生字符复制和内存分配等操作。

1.3.4 综合应用举例

【例1.38】利用字符类型函数输出各类字符。

C++标准头文件<cctype>中定义了各种字符类型函数。下面利用这些函数输出ASCII表中相应类型的字符。

```
#01    #include <iostream>
#02    #include <functional>                    //for std::function<>
#03    #include <limits>                        //for CHAR_MAX
#04    #include <algorithm>                     //for for_each()
#05    #include <cctype>                        //for isalnum, isalpha, etc.
#06
#07    using CharFunc = std::function<int(int)>;  //定义字符函数类型 CharFunc
#08
#09    void printChar(CharFunc fp) {               //输出某种类型的字符
#10        for (int c = 0; c <= CHAR_MAX; ++c) {   //对所有字符
#11            if (fp(c))                          //判断是否满足该条件
#12                std::cout << char(c);           //若是,则输出
#13        }
#14        std::cout << std::endl;
#15    }
#16    //以下定义函数表示所有字符
#17    int allChar(int n) { return n >= 0 && n <= CHAR_MAX; }
#18
#19    int main() {
#20        //数组 fc 存储的都是字符类型的函数
#21        CharFunc fc[] { allChar, isalnum, isalpha, iscntrl,
#22            isdigit, isgraph, islower, isprint,
#23            ispunct, isspace, isupper, isxdigit };
#24        auto n{ sizeof(fc) / sizeof(*fc) };
#25
#26        //输出各种类型的字符，对每个字符函数元素施加操作 printChar
#27        std::for_each(fc, fc + n, printChar);
#28    }
```

所有字符类型函数的函数原型都类似 int isdigit(int);，因此程序一开始就通过 using 指令为字符类型函数定义别名 CharFunc，其中用到了 std::function<>类模板。函数 printChar( )针对某个字符类型函数 fp( )，输出满足特征 fp( )的所有字符 c。为了利用 printChar( )函数输出所有的 ASCII 字符，程序仿照字符类型函数定义了函数 allChar( )以便输出字符的全集。main( )函数中先在数组 fc 中存入所有的字符类型函数，然后通过算法 for_each( )把这些条件（即字符类型函数）依次运用于 printChar( )函数，从而输出各类型的字符。由于输出的字符太多，本例不附输出结果。

【例 1.39】查找数组元素。

下列程序模拟使用 STL 算法 find( )实现线性查找。为了在数组中查找具有不同特征的元素，可以把该特征表示为函数参数，并通过模板参数传递。

```
#01    #include <iostream>
#02    #include <functional>
#03
#04    template <typename T, class FuncType>
#05    T myfind(T first, T last, FuncType pr) {    //实现线性查找
#06        for (; first != last; ++first) {        //对区间每个元素进行比对
#07            if (pr(*first))                     //若满足该特征
#08                break;                          //退出循环
```

```
#09         }
#10         return first;                                   //返回找到的第一个元素
#11     }
#12
#13     bool iseven(int n) { return n % 2 == 0; }  //表示偶数
#14
#15     int main() {
#16         int a[]{ 1, 2, 3, 4, 5, 6, 7, 8 };
#17         auto n{ sizeof(a) / sizeof(*a) };
#18
#19         auto p{ myfind(a, a + n, iseven) };     //查找第一个偶数出现的位置
#20         if (p != a + n)
#21             std::cout << "first even is at " << p - a << ".\n";//1
#22
#23         p = myfind(a, a+n, [](int n){return n>5;});//查找第一个大于 5 的数
#24         if (p != a + n)
#25             std::cout << "first number(>5) is at " << p - a << ".\n";//5
#26     }
```

函数模板 myfind( )在区间[first, last)中查找第一个满足条件 pr 的元素，并返回其位置，该特征设置为模板参数 FuncType。根据该特征函数的调用形式 if(pr(*first))可知，它可以接收的实参函数应该是：带有一个参数（类型 T 与数组元素的类型相同），返回类型为 bool。按照该类型要求，上述程序分别定义了函数 iseven( )表示偶数所具有的特征，以及 lambda 函数[](int n){return n>5;}表示大于 5 的元素。

1.4 枚举和结构

1.4.1 强类型枚举的定义与应用

枚举类型提供了分类列举、定义数值名称的方法，如描述性别、颜色等数据。C++98 可以如下定义：

```
enum Gender {female, male};
```

标识符 Gender 表示枚举类型，female、male 表示枚举常量。枚举常量对应到整型数值，常用于在类作用域中定义整型常量，如 enum{SIZE = 100};。

枚举类型的优点在于简单、易用，但是它可能存在 3 个问题。由于枚举常量的名称是全局作用域，很容易造成命名冲突，如同名的枚举常量出现在不同的枚举类型定义中。枚举常量可能会隐式转换到整型进行计算，这种转换有时候是不安全的，如关系运算的两个操作数是来自于不同枚举类型的枚举常量，竟然也是可以求值的。枚举类型所占用的内存空间也是不确定的。

C++11 引入了强类型枚举，改进扩展了 C++98 的枚举类型。定义强类型枚举，需要在 enum 后面加上关键字 class。访问枚举成员需要指明其作用域。

【例 1.40】强类型枚举的应用示例。

```
#01     #include <iostream>
#02
```

```
#03     enum class Gender {female, male};        //定义性别强枚举类型Gender
#04     enum class Color {red, green, blue};     //定义颜色强枚举类型Color
#05
#06     int main() {
#07         Gender g{Gender::female};            //定义性别类型的变量并初始化
#08         Color c{Color::red};                 //定义颜色类型的变量并初始化
#09         if (g == Gender::female && c == Color::red) {
#10             std::cout << "Girls like red." << std::endl;
#11         }
#12     }
```

强类型枚举具有强作用域，枚举成员的名称不会被输出到父作用域中；枚举成员不再允许隐式转换到整型；可以指定底层类型，让枚举成员具有确定的类型。

1.4.2 结构定义与应用

允许用户自定义数据类型是 C/C++语言的重要机制。结构类型能够把若干相互关联、不同类型的数据“捆绑在一起”成为一种数据类型，从而对该类型变量（或对象）的处理就能作为一个整体而有机、高效地进行。结构类型也能够真实地描述、抽象现实世界中各种复杂的数据。此外，结构也是链表的基础。链表作为一种应用灵活的容器，在各种问题解决中都能够发挥其作用。

1. 结构类型与结构变量

（1）定义结构类型：结构类型的定义是以 struct 关键字引起的一段程序声明。如下自定义了关于时间的结构类型 Time：

```
struct Time {                          //定义结构类型:时间
    int hour;                          //结构成员:小时
    int minute;                        //结构成员:分钟
    int second;                        //结构成员:秒
};
```

其中，标识符 Time 是结构类型标识符，其地位与作用如同类型标识符 int、double 等，都代表着一种数据类型。左右花括号标识了结构类型的定义体，尤其需要强调的是，一定要在右花括号后面加上分号表示类型定义的结束。定义体中声明了结构类型的成员 hour、minute、second，它们的声明如同普通变量的声明一样，不同的只是，这 3 个变量不再归属于某个全局空间或局部空间，而是归属于结构 Time 的空间。

（2）定义结构变量：数据类型所具有的功能必须通过其变量（或对象）体现出来。为了应用结构类型 Time，必须首先定义出该类型的变量，如同定义基本类型的变量，下列定义了结构类型 Time 的变量 now，结构类型的指针 p，结构类型的引用 r。

```
Time now;                              //定义结构变量
Time *p{ &now };                       //定义结构指针
Time &r{ now };                        //定义结构引用
```

（3）结构变量初始化：根据结构类型定义出结构变量后，该结构变量就具有了自己的成员，成员的类型和名称如同结构定义体中声明的类型和名称。为使某结构变量的成员具有明确的数值，可以通过初始化和逐个成员赋值等两种方式来实现。

```
Time t1{8, 30, 40};                                //结构变量初始化
Time t2{ t1 };                                     //结构变量初始化
```

在定义结构变量 t1 的同时，以初始值列表的方式在“{}”中列出初始值 8、30、40，这些初始值分别初始化 t1 的成员 hour、minute、second。在定义 t2 的同时则直接把它初始为 t1，即 t2 成员的值与 t1 成员的值对应相同。

2. 结构的基本运算

（1）结构成员的访问：为了访问结构变量的成员，需要用到圆点运算符“.”和箭头运算符“->”。当运算符左边是结构变量或结构变量引用时，该运算符须为圆点运算符，当运算符左边是结构指针时，该运算符须为箭头运算符。

```
    Time t;
    t.hour = 10;        t.minute = 20;       t.second = 30;  //圆点运算符
    Time *p{ &t };
    p->hour = 12;       p->minute = 0;       p->second = 0;  //箭头运算符
```

结构变量 t 通过圆点运算符访问各个成员并赋值，结构指针 p 指向 t，它通过箭头运算符访问结构指针 p 的各个成员并赋值。当然，对于结构指针，也可以间接引用为结构变量而用圆点运算符访问成员，如(*p).hour=12。

（2）结构的大小及其内存布局：结构类型（或其变量）所占内存单元的大小并不是结构类型中各个成员所占内存的算术和，为了方便对结构成员的访问，系统会采取一定的方式对齐结构成员，因此结构类型实际所占内存单元的大小会比该算术和稍大。利用运算符 sizeof 和宏 offsetof 可以很快判断出结构类型及其变量所占内存单元的大小，以及每个成员实际所占的内存大小。它们的用法如下，分析输出结果，就很容易得出每个成员所占的字节大小及总体大小。

```
std::cout << sizeof(Time) << "\t"                        //12
        << offsetof(Time, hour) << "\t"                  //0
        << offsetof(Time, minute) << "\t"                //4
        << offsetof(Time, second) << std::endl;          //8
```

3. 结构与函数

（1）结构类型用作函数参数：由于结构类型通常所占内存单元较大，因此若采用传值调用方式，则生成实参副本会浪费机器时间和内存空间。为了提高参数传递的效率，若结构类型形参仅需作为输入参数提供数据，则常采用常量引用类型传递实参，这样直接传递实参，且 const 杜绝了函数内部对实参的修改；若结构类型形参还需要作为输出参数，向函数外部传出数据，则应采用引用类型传递实参。

（2）函数返回结构类型：以值返回的形式传出函数结果时，会生成值的副本，因而效率较低。若为提高函数返回效率而返回结构引用类型，则须正确地返回对结构变量的引用：返回对全局结构变量的引用，返回对局部静态结构变量的引用，返回对堆结构变量的引用，返回函数中引用参数或指针参数。

【例 1.41】结构类型 Time 的定义与应用。

定义结构类型 Time，通过函数给结构变量赋值，并输出该变量各成员的值。判断

结构变量 t1 表示的时间是否在 t2 表示的时间之前，并计算它们之间相隔的秒数。

下列程序按照“接口与实现相分离”的原则组织，在头文件 Time.h 中定义结构类型 Time，并声明需要的函数，在源文件 Time.cpp 中实现所声明的函数，在 main.cpp 中调用函数实现题目要求。

头文件 Time.h 及其内容如下：

```
#01    //Time.h
#02    #ifndef TIME_STRUCT
#03    #define TIME_STRUCT
#04
#05    struct Time {                          //定义结构类型:时间
#06        int hour;                          //结构成员:小时
#07        int minute;                        //结构成员:分钟
#08        int second;                        //结构成员:秒
#09    };
#10
#11    void setTime(Time& t, int h, int m, int s);         //设置时间
#12    void printTime(const Time& t);                      //输出时间
#13    int toSecond(const Time& t);                        //转换为秒
#14    bool earlier(const Time& t1, const Time& t2);       //判断早晚
#15    int diff(const Time& t1, const Time& t2);           //计算间隔
#16
#17    #endif //TIME_STRUCT
```

上述头文件中首先定义了 Time 结构类型，并声明函数 setTime( )，把参数 h、m、s 赋值给结构变量 t；声明函数 printTime( )输出结构变量 t 各成员的值；声明函数 toSecond( )把 t 转换成相对时间 0:0:0 所经过的秒数，并返回该值；声明函数 earlier( )判断时间 t1 是否早于时间 t2；声明函数 diff( )计算时间 t1 和 t2 相隔的秒数。

源文件 Time.cpp 及其内容如下：

```
#01    // Time.cpp
#02    #include <iostream>
#03    #include "Time.h"
#04
#05    void setTime(Time& t, int h, int m, int s) {    //用参数设置时间
#06        t.hour = h; t.minute = m; t.second = s;
#07    }
#08    void printTime(const Time& t) {                 //输出时间 t
#09        std::cout<<t.hour<<": "<<t.minute<<": "<<t.second<<std::endl;
#10    }
#11    int toSecond(const Time& t) {                   //把时间 t 化为秒数
#12        int s{ t.second };
#13        s += t.minute * 60;
#14        s += t.hour * 60 * 60;
#15        return s;
#16    }
#17    bool earlier(const Time& t1, const Time& t2) { //判断孰早孰晚
#18        return toSecond(t1) < toSecond(t2);
#19    }
```

```
#20     int diff(const Time& t1, const Time& t2) {      //计算间隔秒数
#21         return abs(toSecond(t1) - toSecond(t2));
#22     }
```

上述源文件定义了各个函数，函数 toSecond( )用于计算 t 相对时间 0:0:0 所经过的秒数，计算的过程是直观的，依次累加小时数、分钟数、秒数即可。定义函数 earlier( )时，先把 t1 和 t2 转换成秒数，并以其大小关系作为时间 t1 和 t2 的早晚关系。定义函数 diff( )时，通过函数 toSecond( )直接计算 t1 和 t2 相隔的秒数。

源文件 main.cpp 及其内容如下：

```
#01     //main.cpp
#02     #include "Time.h"
#03     #include "xr.hpp"
#04
#05     int main() {
#06         Time s, t;
#07         setTime (s, 10, 20, 30); printTime (s);     //输出 10:20:30
#08         setTime (t, 12, 30, 30); printTime (t);     //输出 12:30:30
#09         xr(earlier(s, t));                          //输出 true
#10         xr(diff(s, t));                             //输出 7800
#11     }
```

main( )函数对所有定义的函数进行了测试。在对结构变量 s、t 设置好值之后，表达式 earlier(s, t)判断谁先谁后，表达式 diff(s, t)计算它们相差的秒数。

4. 结构数组与结构指针

（1）结构数组：数组中元素都是同一个结构类型的变量，此时对各个元素的成员的访问，需要先通过下标运算符访问到各个元素，然后通过圆点运算符访问到元素的各成员。

（2）结构指针：可以定义结构指针指向同类型的结构变量，此时结构指针需要用箭头运算符访问其成员。若结构指针初始化为同类型结构数组的首地址，则可以通过该指针访问结构数组中的各个元素。可以定义结构指针数组，此时数组中的每个元素都是一个结构指针。

【例 1.42】点与直线的应用示例。

① 分别定义点结构类型 Point 和直线结构类型 Line，并判断点是否在直线上。

② 若点不在直线上，则求其相对距离。

```
#01     #include <iostream>
#02     #include <cmath>
#03
#04     struct Point {                                  //定义结构类型表示点
#05         int x, y;
#06     };
#07     struct Line {                                   //定义结构类型表示直线
#08         int a, b, c;
#09     };
#10     bool ptOnLine(const Point& p, const Line& l) { //判断点是否在直线上
```

```
#11         return l.a * p.x + l.b * p.y + l.c == 0;
#12     }
#13     double dist(const Point& p, const Line& l) {    //计算点到直线的距离
#14         return abs(l.a * p.x + l.b * p.y + l.c) /
#15             sqrt(double(l.a * l.a + l.b * l.b));
#16     }
#17
#18     int main() {
#19         Point p[]{ 0, 0, 1, 1, 1, 2 };
#20         auto n{ sizeof(p) / sizeof(*p) };
#21         Line l{ 3, -4, 5 };
#22         for (auto i{0}; i != n; ++i) {              //对数组中的每个点
#23             if (!ptOnLine(p[i], l))                  //若不在直线上
#24                 std::cout << "p[" << i << "] to l is "
#25                     << dist(p[i], l) << ".\n";       //计算距离
#26             else
#27                 std::cout << "p[" << i << "] is on l.\n";
#28         }
#29     }
```

上述程序首先定义了点结构类型 Point 和直线结构类型 Line。然后定义函数 ptOnLine( )计算点 p 是否在直线 l 上。定义函数 dist( )计算点 p 到直线 l 的距离。main( )函数对结构数组 p 中的点与直线 l 的位置关系进行了判断和计算。

程序的输出结果如下：

```
p[0] to l is 1.
p[1] to l is 0.8.
p[2] is on l.
```

5. 结构化绑定

C++17 引入了新的语言特性“结构化绑定”，使结构成员的访问变得非常简单且灵活，如果同时结合 auto 使用，则会在多个场合取得较高的编码效率。

以例 1.41 所定义的 Time 结构为例，其数据成员有 hour、minute、second 等 3 个。定义 Time t{2021, 4, 16};结构变量，然后可以定义结构化绑定 auto [h, m, s] = t;，写成 auto [h, m, s] {t};，auto [h, m, s] (t);等两种形式也可以，这样就可以通过 h、m、s 这 3 个局部名称来对应访问 hour、minute、second 这 3 个数据成员，如++s, h = 20;等。如果一个函数 f( )返回 Time 类型的值，也可以运用结构化绑定获取返回值 auto [h, m, s] = f( );。

对结构化绑定施加 const 和引用类型的不同组合，则局部名称 h、m、s 与结构成员 hour、minute、second 之间具有不同的相互影响。如果定义 auto [h, m, s] = t，则 h、m、s 与 t.hour、t.minute、t.second 如同值传递时的形参和实参，h 与 t.hour，m 与 t.minute，s 与 t.second 互不影响，即改变 h、m、s 的值，t.hour、t.minute、t.second 的值不会受到影响。如果定义 auto& [h, m, s] = t，则 h、m、s 如同 t.hour、t.minute、t.second 的左值引用，h、m、s 与 t.hour、t.minute、t.second 具有双向影响。如果定义 const auto & [h, m, s] = t，则 h、m、s 如同 t.hour、t.minute、t.second 的 const 左值引用。修改 t.hour、t.minute、t.second 的值，则 h、m、s 的值受到影响。但不能对 h、m、s 施加修改动作。如果定义 auto&&[h, m, s] = std::move(t)，则 h、m、s 如同 t.hour、t.minute、t.second 的右值引用。

需要注意的是，这里说“如同”，并没有直接说“是”，是因为在上述各种情况下，各个局部名称都是绑定到一个匿名实体（用 t 进行初始化），而不是直接与被绑定的结构变量 t 产生关联。

结构化绑定可用于 3 种情况：non-static 数据成员都是 public 权限的结构或类；C-style 的原生数组；具有 tuple-like API 的任意数据类型。第一种情况，正如上述举例。第二种情况也很常用。int a[] = {1, 2}; auto[x, y] = a;，此时，a[0]、a[1]可以分别通过名称 x、y 进行访问。第三种情况，标准库中 std::pair<>、std::tuple<>、std::array<>都是具有此种 API 的典型例子。将任意类型适配为具有 tuple-like API 的具体例子，请见相关章节的实验指导。结构化绑定经常配合 std::pair<>、std::map<>、std::tuple<>使用。

结构化绑定中用于匹配数据成员或数组元素的局部名称，个数一定要相等，不能跳过一个名称，也不能把一个名称用两次。有些时候，可以用下划线“_”替代某些不愿提供的名称，例如，借用上述结构变量进行定义 auto[h, _, s] = t;，但是在同一个作用域中，“_”只能用一次。

1.4.3　STL 中的 list 容器

链表作为一种动态结构，能够根据需要在运行时灵活地插入、删除数据元素，而且它对存储单元没有过高的要求，不一定要求该内存是连续的、整块单元。相对于数组、字符串，由于链表存储不连续，因此不能实现对它的随机访问，在链表中查找、定位数据元素的效率较低。无论如何，在很多问题中，链表还是能够“大显身手”的，并能较高效地解决问题。

STL 中提供了容器类 list<>，该容器封装了链表常用的操作，极大地简化了对链表的应用。容器类 list<>的常用操作有构造及赋值、大小及存取、插入与删除等，详见表 1-29～表 1-39。

表 1-29　构造 list

表达式	功能
list<T> l{}	默认构造空的 l
list<T> l2{l1}	由 l1 复制构造或转移构造 l2
list<T> l{beg, end}	以区间[beg, end)中的元素作为初始值，构造 l
list<T> l{initlist}	以初始化值列表 initlist 中的元素作为初始值，构造 l

表 1-30　为 list 赋值

表达式	功能
l2=l1	把 l2 赋值为 l1
l.assign(n, elem)	把 l 赋值为“值为 elem 的 n 个元素”
l = initlist	把 l 赋值为初始化值列表 initlist 中的元素
l.assign(initlist)	把 l 赋值为初始化值列表 initlist 中的元素

表 1-31　大小及容量

表达式	功能
l.size( )	返回 l 中元素的个数
l.empty( )	判断 l 是否为空，用于此目的时，比 size 更快

表 1-32 存取及访问

表达式	功能
list<T>::iterator	用于定义 list<T>的迭代器类型
l.front( )	返回 l 的第一个元素，不检查链表是否为空
l.back( )	返回 l 的最后一个元素，不检查链表是否为空
l.begin( )	返回 l 中第一个元素的位置
l.end( )	返回 l 中最后一个元素的位置的再下一个位置

表 1-33 插入元素

表达式	功能
l.insert(pos, elem)	在 l 的位置 pos 前插入元素 elem，并返回刚插入元素的位置
l.insert(pos, n, elem)	在 l 的位置 pos 前插入 n 个元素 elem，并返回第一个新元素的位置
l.insert(pos, beg, end)	把区间[beg, end)的元素插入 l 的位置 pos 前，并返回第一个新元素的位置
l.insert(pos, initlist)	把初始化值列表 initlist 中的元素插入到 l 的位置 pos 前，并返回第一个新元素的位置

表 1-34 追加元素

表达式	功能
l.push_front(elem)	把元素 elem 追加到 l 的首端
l.push_back(elem)	把元素 elem 追加到 l 的末端

表 1-35 删除元素

表达式	功能
l.clear( )	删除 l 的所有元素
l.pop_front( )	删除 l 的第一个元素
l.pop_back( )	删除 l 的最后一个元素
l.remove(val)	删除 l 中所有值为 val 的元素
l.erase(pos)	删除 l 中位置为 pos 的元素，并返回下一元素的位置
l.erase(beg, end)	删除 l 中区间[beg, end)的所有元素，并返回下一元素的位置
l.unique( )	删除 l 中相邻重复元素，保留第一次的出现

表 1-36 合并链表

表达式	功能
l2.splice(pos, l1)	从 l1 中删除所有元素，把它们插入 l2 的位置 pos 前
l2.splice(pos, l1, pos1)	从 l1 中删除位于 pos1 的元素，把它插入 l2 的位置 pos 前
l2.splice(pos, l1, beg, end)	从 l1 中删除区间[beg, end)元素，把它们插入 l2 的位置 pos 前
l2.merge(l1)	把有序链表 l1 中的所有元素转移到有序链表 l2 中，保持 l2 有序

表 1-37 逆转链表

表达式	功能
l.reverse( )	逆转链表 l 的元素顺序

表 1-38 链表排序

表达式	功能
l.sort( )	把链表 l 中的元素从小到大排序

表 1-39　大小与相等比较

关系运算符	功能
l2 < / <= / > / >= / == / != l1	l2 与 l1 进行大小比较或相等比较

与容器 vector 相比，容器 list 的不同点在于：①list 不支持随机访问，因此不提供下标运算符和 at( )函数。②在 list 的任何位置上插入、删除元素都很快，因为它无须移动其他元素。在 vector 中间（尤其是首部）插入元素时，需要移动大量元素，在 vector 末端插入元素则较快。③与 STL 中的同名算法相比，list 的成员中有关删除元素、去除重复元素、排序、逆转等算法执行的效率更高，因为它只需修改指针，而无须对数据元素执行复制、赋值等操作，因此应该优先选用成员函数。

本 章 小 结

本章介绍了现代 C++程序设计的基础知识，更多的是结合相关知识点引入了 STL 算法和容器的一些知识，主要内容如下。

1. 数据类型及其运算

“先有类型、再有变量”这一“类型为本”的思维方式对于 C++语言和面向对象方法是极为重要的。C++编程的基本工作都是围绕“定义一种类型，提供计算能力”而展开的。类比基本数据类型和它们拥有的运算能力，所有自定义数据类型都应该具有自定义的运算集合。数据类型通过其变量（或对象）体现出所具有的功能，变量的定义、赋值、初始化是为了不同目的、有着不同操作的重要运算。基本数据类型是 C++语言的基础，也是构造用户自定义类型的基础。现代 C++对数据类型的处理基本是通过 auto/decltype 去设定以便自动推导。

C++语言提供了丰富的运算符，支持各种常用运算。对于常用运算，除能够熟练对表达式求值外，还应该思考这些运算的实现过程，因为这是为自定义类型提供各种运算的知识基础。STL 对算术运算、关系运算和逻辑运算等 3 类运算提供了函数对象形式。

2. 语句与控制结构

作为 C++程序最为基本的构成元素，各种语句与控制结构对于优良程序的构建绝对具有至关重要的作用。本书对它们的特性和应用场合进行了简述。

C++语言提供了各种类型的语句，其中声明语句是相对 C 语言新增的。在这些语句类型中，应着重掌握极为常用的赋值语句和函数调用语句。

结构化程序由顺序结构、选择结构和循环结构这 3 种控制结构组成。C++语言提供了 if、switch 语句用以支持选择结构，提供了 while、do/while、for 语句用以支持循环结构。基于范围的 for 循环可以迭代范围中的所有元素。此外，还提供了 break、continue、return 等语句实现程序的跳转。

3. 函数与引用

函数原型、函数定义、函数调用是关于函数的 3 个重要概念。C++语言通过函数原型增强了类型安全机制。C++语言新增了内联函数、函数参数的默认值、函数重载、函数模板、lambda 函数等机制。应着重理解函数模板的思想，并能够熟练应用函数模板。

引用是 C++新增的一种机制，主要用作函数参数和函数返回类型。以引用类型传递函数参数时，传递大对象的效率更高，同时能够保留形参对实参的修改，且作为输出参数能够传递多个值。现代 C++进一步强化了左值引用和右值引用的概念，并带来了较大的编程思路的改变。

4. 数组、指针与字符串

数组是一种常用的静态结构。基于数组可以设计实现各种算法，STL 提供了大量算法用以处理数组形式的区间元素，应熟练应用这些常用算法。与数组类似，STL 容器 array<>、vector<>提供了丰富的函数用于操作数组形式的序列元素。如果在编译时知道元素的准确数量，就使用 array<T, N>，否则使用 vector<T>。应着重理解并熟练应用 vector<>及其常用操作。

指针提高了数据访问和传递的效率。它主要用作函数参数和函数返回类型。用作函数参数时，指针类型提高了数据传递的效率，但是由于其语法及语义特性，往往会出现对指针的误操作，并引发程序的运行时错误。函数指针能够较好地表达完成任务的不同策略，它是 STL 中函数对象的普通形式，应加深理解并熟练应用函数指针作为函数参数。

字符串处理是程序设计中的“常态性事务”。应加深理解字符串、字符指针、字符数组三者的联系和区别。STL 的 string 类中封装了丰富的字符串操作函数，应加深理解并熟练应用 string 类以完成常见的字符串处理工作。

5. 结构类型

结构类型是 C/C++语言自定义数据类型的重要机制，它实现了多属性概念的有效封装。首先定义结构类型，然后定义结构变量。为了有效地传递结构类型参数，一般以结构引用类型作为函数参数。结构化绑定极大地简化了程序编写。

链表是一种常用的动态结构，它能够灵活地实现数据的动态存储，且插入、删除操作很快。STL 提供了 list 容器，封装了链表常用的操作，应着重理解并熟练掌握 list 容器及其常用操作。

习 题

1．编写一个函数将整数的各位数字反序输出，编写另一个函数实现正序输出。例如，整数 3528，反序输出为 8、2、5、3；正序输出为 3、5、2、8。

2．练习 C 字符串常用处理操作，模拟实现字符串复制、连接、比较、计算长度等操作。

3. 用迭代法编程计算级数 $\arctan(x)=\sum_{n=0}^{\infty}\frac{(-1)^n}{2n+1}x^{2n+1}$，$|x|<1$，并验证著名的梅钦公式：

$$\frac{\pi}{4}=4\arctan\frac{1}{5}-\arctan\frac{1}{239}$$

4. STL 函数 max_element( )用于计算区间中值最大的元素，请自定义函数模板实现该功能。

5. STL 函数 count( )可以统计区间中与某值相等元素的个数，请自定义函数模板实现该功能。

6. 应用递归算法实现区间元素的逆序，请自定义函数模板实现该功能。

7. 对二维数组的每行、每列分别计算平均值、中位数（排序后处于正中间的元素）。

8. 编写函数，把两个区间中值相同的所有元素存放到容器 vector 中。

9. 应用 list 容器定义一元多项式结构类型 Polynomial，编写函数分别计算在某点的值、对多项式微分、在某区间上的定积分，然后利用牛顿迭代法求该多项式在某区间上的根。

第 2 章　类与对象的定义

面向对象的一大特征是封装性（encapsulation）。类把数据及其操作（对象的属性和行为）封装为一个整体，其中数据及操作分别称为类的数据成员和成员函数。访问权限实现了类成员的访问控制。构造和析构是对象的基本运算。类的复合描述了概念之间整体与部分的联系。

本章首先介绍面向对象程序设计的基本概念、思想和方法，详细讨论类的定义。接着重点讨论构造函数和析构函数的概念，并分别讨论默认构造函数、转换构造函数、复制构造函数、赋值运算符函数的概念及其应用。然后讨论类之间复合关系的描述和应用。最后简要介绍类成员指针及其应用。

通过本章的学习，读者应理解面向对象的基本概念，熟练掌握类定义的语法，重点掌握构造函数（包括默认构造函数、复制构造函数）和析构函数的概念，以及赋值运算符函数的概念，理解类复合的关系，并能应用类的复合描述事物之间的联系。

2.1　面向对象的基本概念

2.1.1　三大特征

封装性、继承性和多态性是面向对象范型的三大重要特征。它们对于现实世界的描述，以及程序代码的组织具有重要的意义。

1. 封装性

电视机是封装性应用最为典型的例证。电视机内部有很多组件和模块，它们用于实现信号接收、信号转换、倍频处理、行扫描、数字功放、环境校音、色彩调节、高清播放、多媒体解码等功能，对于一般用户来说，无须了解这些功能的实现过程，只需要通过电视机外置接口进行频道调节、音量调节等操作就可以满足日常的观看需求。若要调节频道，用户可通过遥控器或电视机面板上的按钮发送消息，电视机会自动响应这些消息并给出结果。

封装实现了模块化和信息隐藏。通过封装，电视机成为一个独立的对象模块，其各种属性及内部功能被电视机壳严实地封闭于内，但是其操作却公之于众。封装之后，对象实体的属性和操作紧密关联在一起。封装要达到的目的，就是把重要信息隐藏在对象实体内部，把操作接口公布在外。

封装性的优点主要有：①信息隐藏。关键数据和重要过程的内部实现细节被封装于内，有利于减少变化发生时副作用的传播，同时确保错误产生的局部化。②代码重用。数据及其操作被合并在单个实体对象中，有利于代码复用。由于对象能够独立实现完整的功能，因此可以把它们任意安放在需要的位置。同时由于对象之间的独立性，它们相互影响的可能性极小，一个对象实体中的错误不会影响另一个对象实体正常工作。③接口简化。被封装对象之间的接口被简化，操作对象时无须考虑对象内部的数据结构和实现算法。以消息形式发送给对象的方法会被对象响应并产生结果。不合理的请求不会被接受，也不会给对象的安全和性能带来损害。

在C++中，封装性主要通过类机制来实现，当然结构也能够实现封装性。类或结构把从对象实体中抽象出来的属性和方法封装为一体，并通过访问控制权限 public、protected、private 实现信息隐藏和接口公开，不同权限的成员具有不同的可访问程度。类之间可以通过对象复合或类继承实现代码重用。

2. 继承性

“汽车是车”，这是人们在按照分类的思想去把握事物与概念之间的联系，这一说法也体现了事物与概念之间的继承关系，它们是“is-a”的关系。“车”有轮子，能跑，它描述了事物的一般属性和功能。“汽车”则具有更为丰富和具体的特性和功能。因此，继承性把具有相同内涵、不同外延的事物和概念关联在一起，从整体上认识一类事物（如“车”），而且能够更细致地把握具体的事物（如“汽车”）。

说起继承，人们更多地会联想到家族中物质财富的传承，以及关于小孩更像父亲还是母亲的谈论，这些都是在日常生活中关于继承概念的最直观认识。诚然，继承就是为了让对象具有的功能和属性在“上下两代”之间延续。与人类代际相承的现象类似，多个对象逐层继承，也会形成类似家族的类层次结构。在这个类层次结构中，顶层类具有的属性和方法为下层类所拥有，从而在整个类层次结构中就具有这些共同的属性和方法。

除得到类中共有的属性和方法外，继承性的第二个优点是功能扩展。如果“下一辈”从“上一辈”继承得到的操作不能满足自己的功能要求，“下一辈”可以改写或重定义这些操作。如果“下一辈”想具有比“上一辈”更丰富的属性，“下一辈”可以增添自己的属性。

继承性是传统程序设计与面向对象程序设计相区别的关键因素之一。继承性确保了：如果类 Y 继承了类 X 的所有属性和操作，那么所有面向 X 设计和实现的数据结构和算法同样能够适用于类 Y。这对用户来说很重要，因为不需要任何进一步的工作，代码就能直接被重用。继承性实现了软件的增量式开发。继承机制提供了重用现有代码和功能库的最为重要的手段。通过继承和扩展，新的功能在一个已有基础上轻易实现，提高了开发效率，确保了软件质量。

在C++中，继承性通过类的继承来实现，相应于3种访问控制权限，继承也有3种方式，即公有（public）继承、保护（protected）继承和私有（private）继承。继承有单一继承和多重继承两种类型，若一个事物只具有一类事物的属性和方法，则可以实现为单一继承。若一个事物同时具有多类事物的属性和方法，则可以实现为多重继承。

3. 多态性

“鸡鸣犬吠，狮吼虎啸，猿啼狼嚎”，“虫有虫路，兽有兽道”，这些俗语是多态性最好的诠释：不同对象具有各自行事的方式。如果说继承性描述了事物与概念之间的共性，那么多态性就描述了事物与概念之间的个性。都是描述动物的发声，但是"鸣""吠""吼""啸""啼""嚎"各有特点。换而言之，"鸡""犬""狮""虎""猿""狼"在执行统一动作"叫"时，分别采用了具有各自特色的行为方式。多态性正是描述事物呈现不同形态的机制。

在类层次结构中，类之间具有共同的属性和行为，但是这些行为存在细微的差异。例如，计算不同图形的面积，三角形、圆、椭圆、正方形和长方形具有不同的计算方式。如果没有多态性，程序控制逻辑需要首先判断图形对象所属的类型，然后调用不同的面积计算函数，这样程序中充斥着大量的 if/else if 语句或 switch/case 语句，给程序的后续维护带来了不便，如果要增加新的图形，需要修改多处代码，这会带来潜在的错误。但是有了多态性的帮助，会以非常简单而优雅的方式来实现，上述控制逻辑只需要通过一个顺序语句就可以完成，系统自动判断对象类型并调用各自的面积计算函数。

多态性以消息响应的方式工作。对于同一个消息（如计算面积），每个类都有自己的实现函数。当同时接收到"计算面积"这个消息时，不同的对象就会调用自己的方法来响应这个消息。这个对应于不同实现方法的消息就称为多态性消息。多态性消息的存在，有利于事务处理的简化，有利于程序代码的简化。

多态性最重要的优点是保证了系统良好的扩展性。仍以面积计算为例，无论以后出现何种新的图形，只要该图形类实现了自己计算面积的函数（即以自己的方法响应了"计算面积"的多态性消息），那么现有程序逻辑无须任何修改就能适用于新的图形。这一点对程序维护和系统扩展具有重要的意义。

在 C++中，多态性通过虚函数机制来实现。虚函数通过动态绑定能够根据对象类型自行选择正确的对象方法，从而实现对同一消息的不同响应。

2.1.2 基本概念

面向对象程序设计的重要工作是从实物对象中抽象出类，然后由类再生成程序对象，并通过程序对象实现系统功能。这类似于从具体（事物）到抽象（描述），再由抽象（概念）指导具体（实现）。

1. 对象和类

在面向对象程序的设计中，所有事物都可以称为对象。无论它们是有形的实物，还是不可触摸的虚拟物体，只要它们出现在问题域中，就是问题分析和求解的一部分。

寻找并确认适当的对象是面向对象程序设计的重要工作。确认对象的目的，是要得到待处理对象的模型。当然，这需要一些抽象和简化的工作，这些工作把现实世界中的事物和概念映射为问题域中的对象模型。在分析、设计和实现的不同阶段，对象也会处于不同的形态。如图 2.1 所示，在分析之前，对象是未经任何处理和描述的真实个体；在分析阶段，会形成关于对象的分析模型；在实现阶段，则会在程序中生成对象实例。例如，在设计学生信息管理系统时，需要对真实的学生个体进行分析和处理，这会得到分析阶段的学生模型，对该模型的进一步实现则得到程序中的对象实例。

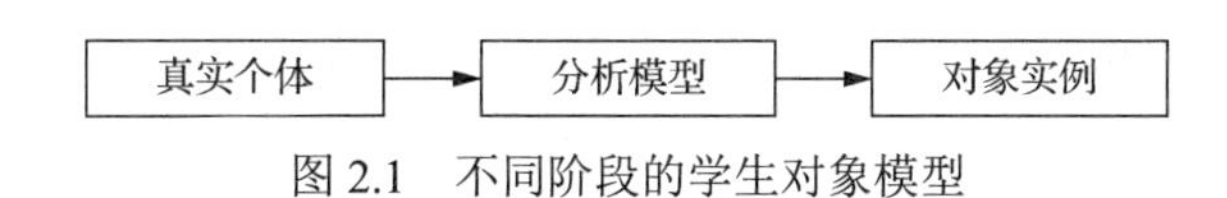

图 2.1　不同阶段的学生对象模型

每个对象都具有属性和行为。分析对象，需要考虑两个因素：属性和行为。这也是对象的分析模型的两个重要组成部分。分析模型封装了对象的属性和行为。每个对象实例都有一个名称作为标识。封装意味着对象的所有属性和行为被包装在对象名称中，并可以被复用。

类是一个抽象数据类型，它封装了某一类对象所共有的属性和行为。类的封装性意味着类的属性只能通过类的方法进行访问，类的方法就像一面“墙”，它包围着类的属性。由于类的方法往往只具有操纵有限属性的能力，它们之间是强内聚的，而类与其他类型系统则是松耦合的，这种信息隐藏的机制会减少因变化而带来的影响，从而保证了软件设计的高质量。

类就像图纸，它规定了实物对象的比例、材质和相互位置关系等。类封装的数据定义了对象的属性，类封装的方法定义了对象的行为，它们完整地描述了所有对象应该具有的静态和动态功能。

对象是类的实例。对象就如同根据图纸制造出来的实物。类具有的所有功能必须通过对象体现出来。

类是面向对象程序设计的基本编程单元。寻找对象是面向对象程序设计的重要工作，但最终目的是定义类抽象数据类型。由于类具有的封装性，它往往作为独立的功能模块被重用，如通过复合和继承等机制。

2. 抽象

现实世界中的事物总是纷繁芜杂、千头万绪，通过抽丝剥茧、去伪存真，人们总能把握事物的木质、认清事物的规律，从而达到“顺其自然，为所当为”的目的。按照认识论的原则，人们已经不自觉地应用到了抽象这一概念，以及“抽丝剥茧、去伪存真”的处理方法。为了研究地中海中各种鱼类数量的变化规律，意大利数学家沃尔泰拉（Volterrra）用微分方程组建立了著名的捕食者与被捕食者模型（Volterrra 模型），把受各种因素影响的鲸鱼（捕食者）和食用鱼（被捕食者）数量的变化表示为数学模型，这就是典型的抽象。

再举一个例子，在抽象代数中，运算是一个重要的概念，它定义为集合 S 的笛卡儿积 S×S 到 S 的映射，并以符号⊙表示映射规则。常用的加、减、乘、除等算术运算是这一概念的实例。以加法运算为例，若 a∈S，b∈S，则 a+b∈S，即映射规则⊙为“+”。在把+、−、×、÷等运算抽象为映射⊙后，可以研究运算满足的规律（如结合律、交换律等），并可以针对不同的计算对象自定义运算规则。若进一步抽象，由于映射实际上是一种关系，则所有运算本质上是一种关系。这会得到更高层次的抽象。

因此，抽象是带有目的性的简化。无论是描述事物之间的关系（如建立数学模型），还是组织事物之间的行为（如定义对象的运算规则），都需要首先明确目的，然后围绕这个目的进行必要的择取、舍弃、化简、描述等工作。抽象意味着择取，把能够反映对象本质特征并能够据此区分其他对象的重要属性和关键行为保留下来，作为对象的组成部分。抽象也意味着舍弃，把那些无助于刻画对象的数据丢弃，以免妨碍对对象的洞察。抽象需要化简，简洁意味着清晰和深刻。抽象的目的是描述，无论是用精确的数学模型描述事物的关系，还是用可以抽象的模型表达概念之间的联系，描述之后才具有可实现性。

抽象具有相对性。正如贝拉尔（Berard）所说："抽象是一个相对概念，当我们移向更高的抽象级别时，我们忽略了越来越多的细节，即我们提供了对概念或项的更一般化的视图。当我们移向抽象的低层时，我们引入了更多的细节，即我们提供了对概念或项的更特殊的视图。"

结构化程序设计抽象的目的是得到函数模块，而面向对象程序设计抽象的目的是得到对象模块。在面向对象分析阶段，抽象是为了从对象实体得到分析模型。抽象有数据抽象、过程抽象和控制抽象 3 种形式。数据抽象会得到描述对象的属性，如数据封装。数据抽象允许设计者在数据结构及其操作层面思考问题。过程抽象利用数据抽象的结果，并得到对象的行为，如 C 函数。过程抽象着重考虑数据结构及其算法的实现细节。控制抽象隐含了程序控制逻辑，如操作系统中用于进程同步的信号量。

3. 属性

属性依附于类和对象，它们反映对象的基本特征。例如，每个学生对象都具有姓名、学号，这两个属性唯一地确定一个学生对象，并使学生对象之间相互区别。此外，性别、身高、主修专业分别描述了学生对象在某一方面的特征。

对象具有属性。属性描述对象的特征，如人的姓名、年龄、身高、性别都是对象人的特征。属性也使对象之间相互区别，如平面上处于坐标（0, 0）和（1, 2）的两个点，横纵坐标是它们的属性，坐标的不同取值使它们成为不同的点。属性有时也表现为状态，对于红绿灯对象而言，它经常在红、绿、黄这 3 种状态之间切换。

属性是对象与某个值域之间的关联。例如，每个学生具有性别 gender，gender 的值域是{female, male}。有时候，值域可能是更复杂的集合。

4. 操作（或方法、服务）

对象具有行为。对象的属性需要通过行为动态地表现出来。这意味着对象需要定义操作（或方法、服务）来操纵对象的属性。这些操作（或方法、服务）对应于函数模块。例如，为了修改学生的学习成绩 score，对象需要提供操作 ModifyScore 把属性 score 设置为另外的取值。

对象的行为大多需要对属性进行某些操作或运算，也有的行为与对象的属性无关。有些行为是对象属性的动态表现，如对时间对象进行逐秒增加的行为。有些行为是对象之间的相互联系，如判断点是否在直线上的行为。有些行为是对象与外界通信的接口，如设置和读取人的姓名的行为。

5. 消息

消息是对象之间通信的手段。为了让对象完成一个操作，需要给该对象发送相应的消息。

对象具有某些操作之后，就可以响应某种类型的消息，或者说提供某些服务。例如，方法 ModifyScore 就可以响应修改成绩的消息。

消息引发行为的发生。接收消息的对象对消息的响应过程是：首先选择实现该消息的方法，然后执行该方法，执行完毕则返回控制给消息发送者。

消息响应有异于函数调用。虽然本质上需要调用某个函数或方法，但是响应消息的方法是由对象自主决定的，而不是由编译系统静态指定所要调用的函数。

2.1.3　建立对象模型

前面已经讨论了对象模型的元素，它包括类、对象、属性、操作（或方法）、消息。下面进一步说明在面向对象分析阶段如何针对实际问题标识这些元素。

1. 发现对象和类

为了应用面向对象方法解决问题，首先要发现存在的对象。列举出存在的实物对象不是一件难事，但是要发现易于表示、分类和定义的物理对象，并形成对象的分析模型则需要进行深入的工作。

面向对象分析常用的方法是通过对问题陈述（或即将构建系统的描述）进行文法分析，而开始标识对象。具体来说，就是首先寻找并标识名词或名词短语作为可能的对象，然后分析它们是否有助于问题的解决，若是则把它们纳入问题的解空间进行进一步的分析和设计。

可以视为对象的事物或概念有很多，如有以下几种。

（1）有形的、无形的实物（建筑、物体、系统、设备、报告、文字、信号等）：它们是问题域的一部分，并且蕴含着大量可以用计算机处理的信息。

（2）职位与角色（学生、教师、管理人员、销售人员、经理、战士、指挥官等）：它们在与系统交互的过程中或占据不同的职位，或呈现不同的职责，或扮演不同的角色。

（3）组织单位（公司、部门、政府机构、团队、学习小组、职能单位等）：它们与应用背景紧密相关。

（4）场景与位置（游戏者所处环境、天空背景、工厂环境、制造车间等）：它们设置对象活动的场景，提供激发行为的环境因素，建立系统功能的语境。

（5）发生的事件或行为（状态变换、排队等候、电梯运行、选修课程等）：它们出现在系统运行的语境内。

2. 描述属性

属性说明对象是什么，它刻画对象在各个方面的特征。这些特征既可以是对象本身所具有的属性（如颜色、价格等），也可以是与其他对象相互关系的体现（如图形的位置关系、课程学习的分数等），还可以直接是其他对象（如容纳 30 个学生的数组、线段的起点和终点）。

选取哪些属性来描述对象，往往要根据问题的需求来决定，只要选取的属性能够回答“这些数据项是否完整地表示了对象”这一问题即可。为此，可以在“文法分析”过程中注意那些与对象相关，并且表示“属于”关系的形容词。

对属性的描述，既可以用精确的数据定量表达（如点的坐标、人的身高、职员的工资、绿灯持续时间等），也可以用形象的词语定性描述（如苹果的颜色、成绩评定的等级、方程根的构成情况等），还可以应用其他类型的对象来表示，这涉及代码重用机制。

3. 定义操作

大多数时候，定义操作的目的是以某种方式修改对象的属性，如更新选修的专业、设置员工的工资、改变交通灯的状态等。当然，这有一个前提条件：实现操作的方法必须能够访问对象的属性。对这一条件的满足，会把相关函数划分为不同类型，如成员函数、友元函数、全局函数。

虽然实现操作的目的不尽相同，但总体来说，它们可以被分为 3 类：①操纵数据，如初始化、清理、增减、删改等。②完成计算，如计算长度、判断空满、下标运算等。③监控状态，如触发按钮事件、切换大小状态等。

为选取适当的操作，可以再次运用“文法分析”，分离出与对象有关的动词，对于表示对象行为的必要操作，可以实现为对象的方法。此外，对象之间的消息传递及对象对消息的响应是必须实现的操作。

4. 完成对象定义

对象的生命期，一般包括创建对象、修改对象、应用对象操作完成系统功能、删除对象等几个阶段。当然，重点在于对象存活期间发生的众多消息响应行为。这些阶段对完成对象操作的定义提出了指导性做法。因此，对象操作的完整集合一般来源于如下方面：“文法分析”得到的对象操作；消息响应的方法；对象生存期的操作。

对系统中每个对象都采用类似的分析过程（发现潜在的对象和类、描述对象的属性、定义对象的操作），就初步建立了对象的分析模型，这是后续阶段实现对象模型的基础。

2.2 类 的 定 义

2.2.1 类定义的语法

结构类型可以把相互关联的不同类型的数据组成一个有机的整体。与结构类似，类类型（以下简称类）作为一种自定义数据类型，它也可以描述具有多个属性的事物。类定义的语法与结构相似，不同的是两者所用的关键字不同，以及两者默认的访问权限不同。

1. 类定义的语法

类定义以关键字 class 开始，定义的语法如下：

```
class 类名称
{
访问权限控制符:
    //类成员的声明
};
```

在上述定义语法中，需要说明以下几点。

（1）首行“class 类名称”是类头（head），它常用于类的前向声明。

（2）花括号{}括起来的部分是类定义体（body），其中主要包括访问权限控制符和类成员的声明，常用的访问权限控制符有 public、private 和 protected，它们限定了对成员的访问权限。

（3）访问权限控制符后跟冒号，实际表示一个标号，表示自冒号开始，在遇到下一个访问权限控制符之前，对成员的访问都具有该权限。

（4）类定义一定要在右花括号后面以分号结束。

（5）类名称通常以首字母大写、有意义的单词组成，若由多个单词组成，则每个单词的首字母大写，并且所有单词紧挨着，中间不留空格，如 Person、StudentInfo 等。

（6）类定义通常在文件作用域中，但有时也会嵌套定义于另一个类定义体中。

【例 2.1】定义日期与时间类型表示时间。

2008 年北京奥运会定于 2008 年 8 月 8 日晚 8 点开幕。分别定义日期类型和时间类型表示该时间。

```
#01     #include "xr.hpp"
#02
#03     struct Date {                        //定义日期类型
#04         int year, month, day;            //描述日期的数据成员
#05     };
#06
#07     class Time {                         //定义时间类型
#08     public:                              //访问权限控制
#09         int hour, minute, second;        //描述时间的数据成员
#10     };
#11
#12     int main() {
#13         Date d {2008, 8, 8};             //定义对象 d 并初始化
#14         Time t {20, 0, 0};               //定义对象 t 并初始化
#15         xr(d.year); xr(d.month); xr(d.day);//访问成员，输出 2008, 8, 8
#16         xr(t.hour); xr(t.minute); xr(t.second);//访问成员，输出 20, 0, 0
#17     }
```

上述程序首先定义日期结构类型 Date，其成员有 year、month、day。仿照该结构类型，接着定义类 Time，其成员有 hour、minute、second。与结构不同的是，在类定义中出现了访问权限控制符 public，该关键字表示对成员 hour、minute 和 second 的访问都是公有权限，即在程序的任何地方都可以访问这些成员。

在 main( )函数中，定义结构变量 d 并初始化为某个具体日期，然后定义类对象 t，并采用与结构初始化同样的语法初始化对象 t 为某个具体时间。由于这两个对象的成员都具有公有权限，因此能够访问结构变量 d 的成员并输出各自的取值，同样也可以访问

对象 t 的各个成员并输出各自的取值。

上述程序在定义结构类型和类类型后，分别定义了各自的对象 d 和 t，并通过圆点运算符访问了各自的成员。从上述程序可以看出，结构类型和类类型定义的语法相似，两者都可以包含不同类型的成员，这些成员在 class 中还可以分别设置成不同的访问权限。下面针对类定义的语法，分别讲述访问控制权限、成员等重要概念。

2. 访问控制权限

C++语言支持的类访问控制权限有 public、private 和 protected 3 个级别，这 3 个成员访问控制符用于控制对类成员的访问。

（1）public：是最高访问权限，具有该权限的成员可以在类作用域之外被访问。通常 public 成员用于向类的客户程序提供公有的服务和操作接口。所谓类的作用域，这里可以简单认为它是类定义体部分所在的程序行，在 2.2.2 节会有详细分析。

（2）private：是最低访问权限，具有该权限的成员只能在类作用域中被访问，而在其他地方是不能被访问的。通常 private 权限用于隐藏或保护类的数据成员，即类的关键数据。

（3）protected：权限介于 public 与 private 之间，关于该权限，将在第 7 章重点讲述。

结构与类的唯一区别在于两者的默认访问权限不同：结构成员的默认访问权限是 public，类的默认访问权限是 private。

【例 2.2】访问权限的影响。

添加或修改结构成员和类成员的访问权限，并尝试在 main( )函数中访问（赋值、输出）。

```
#01     #include <iostream>
#02
#03     struct Date {                          //定义日期结构
#04     public:                                //结构成员的默认权限
#05         int year, month, day;              //数据成员:年,月,日
#06     };
#07
#08     class Time {                           //定义时间类
#09     private:                               //类成员的默认权限
#10         int hour, minute, second;          //数据成员:小时,分钟,秒
#11     };
#12
#13     int main() {
#14         Date d {2008, 8, 8};          //直接初始化public数据成员,以下直接访问
#15         std::cout << d.year << "-" << d.month << "-" << d.day << std::endl;
#16
#17         Time t /*{20, 0, 0}*/;             //不能直接初始化private数据成员
#18         //? t.hour = 20;                   //不能访问private成员
#19         //? t.minute = 0;                  //不能访问private成员
#20         //? t.second = 0;                  //不能访问private成员,下同
#21         //? std::cout << t.hour << ":" << t.minute << ":"
#22         //?           << t.second << std::endl;
#23     }
```

程序的输出结果如下：

```
2008-8-8
```

在结构 Date 定义体中添加了 public 访问权限控制符后，可以显式说明其成员 year、month、day 具有公有访问权限。事实上，由于结构成员的默认访问权限是 public，因此该行存在与否，结构成员都具有公有访问权限。所以，在 main( )函数中，可以对结构变量 d 进行初始化，并在随后访问并输出各个成员。

但是，在类 Time 的定义中，访问权限 private 的影响是巨大的。成员 hour、minute、second 具有私有权限，对于它们的访问只能在类作用域中进行。显然 main( )函数不在类作用域中，因此定义对象 t 后，不能像对象 d 一样进行初始化，不能分别访问成员并赋值，也不能输出各成员取值。由于类的默认访问权限是 private，因此即使去掉类定义体中的访问权限控制符 private，程序结果也不会改变。

请感兴趣的读者分别改变上述结构定义和类定义中的访问权限 public 和 private，然后考虑在 main( )函数中应如何访问对象 d 和 t 的成员。

3. 数据成员和成员函数

类能够把事物的属性及其行为封装成一个整体，其主要属性抽象为关键数据，且表示为类的数据成员（data member）。其典型行为抽象为关键操作，且表示为类的成员函数（member function）。

由于类的数据成员一般是类的关键数据，不允许随意访问并修改，因此需要把它们的访问权限设为 private，而类的成员函数则是要提供一组服务或接口，一般要把它的访问权限设为 public。

类的统一建模语言（unified modeling language，UML）描述通常采用具有 3 个部分的方框表示，如图 2.2（a）所示，从上到下，方框的 3 个部分依次列写类名、属性（数据成员）和方法（成员函数）。若只为表示一个类（而无须具体信息），可以采用如图 2.2（b）所示的简洁表示。在列写数据成员时，必须指定数据成员的名称，类型、默认值等都是可选的。访问控制权限 public、protected、private 分别用符号“+”“#”“-”表示。在列写成员函数时，也必须指定成员函数的名称。参数表示的方法为“参数名：参数类型=默认参数值”。返回类型写在参数列表后面。

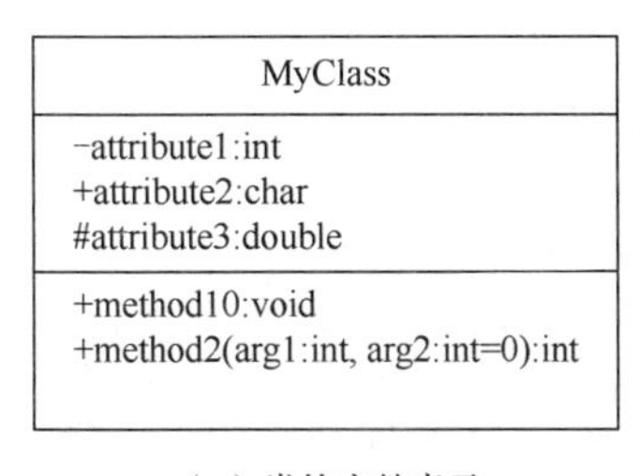

（a）类的完整表示

MyClass

（b）类的简洁表示

图 2.2　类的 UML 表示

成员函数体现类的功能，为用户提供操作和服务，因此定义合适且丰富的成员函数是定义类的主要工作。通常，数据成员是成员函数的操作对象，把它们封装在一起后，数据成员就如同全局变量，所有的成员函数都可以访问它们，重要的是可以利用数据成员在不同成员函数之间传递数据。

【例 2.3】定义 Rational 类。

定义 Rational 类表示有理数，设置数据成员，并定义成员函数实现对数据的设置和输出。

```
#01     #include <iostream>
#02
#03     class Rational {                        //定义有理数类
#04     private:
#05         int numerator;                      //数据成员:分子
#06         int denominator;                    //数据成员:分母
#07     public:
#08         void Set(int n, int d) {            //成员函数:设置数据
#09             numerator = n;                  //为分子赋值
#10             denominator = d;                //为分母赋值
#11         }
#12         void Print(std::ostream& os = std::cout) { //成员函数:输出有理数
#13             os << numerator << "/" << denominator << std::endl;
#14         }
#15         Rational Add(const Rational& r) { //成员函数:两个有理数相加
#16             Rational temp;                    //生成临时对象存放结果
#17             temp.numerator = numerator*r.denominator+denominator*r.numerator;
#18             temp.denominator = denominator * r.denominator;
#19             return temp;                    //返回结果
#20         }
#21     };
#22     int main() {
#23         Rational a, b;                      //生成两个对象
#24         a.Set(1, 2); a.Print();             //为对象 a 设置值并输出 1/2
#25         b.Set(1, 3); b.Print();             //为对象 b 设置值并输出 1/3
#26         a.Add(b).Print();                   //a 与 b 相加，并输出结果 5/6
#27     }
```

类 Rational 具有数据成员 numerator、denominator，其访问权限为 private。为访问这两个私有成员，类提供两个 public 权限的成员函数 Set( )和 Print( )分别设置、输出它们的取值。成员函数 Set( )用所设置的两个参数 n、d 分别给数据成员 numerator、denominator 赋值以设置具体的数值。成员函数 Print( )以有理数的形式输出数据成员的取值，它的形参类型 ostream 是 C++输出流类（详细内容见第 9 章），这意味着函数 Print( )可以向不同的设备（如屏幕或文件等）输出有理数对象的分子和分母，该参数具有默认值 cout，这意味着不提供实参调用函数 Print( )，将默认向屏幕输出数据。成员函数 Add( )实现两个有理数对象的加法运算，其中右操作数需要设置为函数的参数，左操作数则是调用成员函数 Add( )的对象，如表达式 a.Add(b)表示对象 a 和 b 相加，对象 a 和 b 按照有理数的加法规则计算。

在 main( )函数中，首先生成 Rational 类的两个对象 a、b，然后分别调用 Set( )函数把它们设置成不同的值。表达式 a.Add(b)实现对象 a 和 b 的加法运算，并返回相加的结

果，由于该结果仍然是 Rational 对象，因此可以用该返回值调用成员函数 Print( )以输出相加的结果，这种做法（用返回对象的表达式直接调用成员函数）在面向对象程序设计中经常用到，这是因为成员访问运算符（圆点运算符）的结合性是从左向右的。

分析这个例程，要达到一个目的：理解数据成员和成员函数之间的关系。这涉及从以往基于过程程序设计的思想转变到现在基于对象的程序设计方法。两者的主要区别在于对数据的不同处理方式。以函数 Print( )为例，按照基于过程程序设计的方法，要输出一个有理数对象，一般需要把该数据设为函数 Print( )的参数，这样定义出来的函数应该如下：

```
void Print(const Rational& r) {          //参数 r 表明要输出的对象
    std::cout << r.numerator << "/" << r.denominator;
}
```

这种设计方法的优点是以参数的形式清晰地表明函数的操作对象（要输出的对象是 r），这也是面向对象程序设计初学者对于过程化程序设计方法的习惯思维的延续。

由于面向对象程序设计方法是以消息发送的形式发起函数调用，当输出的消息 Print( )发送到对象 r 时，r 就会以 r.Print( )的形式响应这一消息，同时把自己的存放地址发送给成员函数 Print( )以便该函数访问其数据成员，因而这种设计方法不需要把操作对象显式地设为函数的参数。简而言之，初学者不要把成员函数 Print( )定义为上述形式，否则对该函数的调用会呈现 r.Print(r)这种形式，从而出现不必要的重复（调用成员函数对象的同时作为该成员函数的参数）。

同理，在设计函数 Set( )时，也不需要把要设置的对象设置成该函数的参数，即按如下方式定义成员函数是不妥当的：

```
void Set(Rational& r, int n, int d) {   //参数 d 表明要设置的对象
    r.numerator = n;
    r.denominator = d;
}
```

按照消息发送机制，哪个对象要设置数值，该对象就应该作为当前对象来调用成员函数 Set( )，而不是作为该函数的参数。

当前对象（调用某个成员函数的对象）总是不断变化的，消息发送给哪个对象，就由哪个对象来响应这个消息，该对象就可以称为当前对象。例如，在上述程序的 main( )函数中，当由对象 a 来响应消息 Set( )和 Print( )时，对象 a 就是当前对象；当由对象 b 来响应消息 Set( )和 Print( )时，对象 b 就是当前对象。这样，对于成员函数来说，其中访问到的数据成员总是当前对象的数据成员（总是不同的）。

因此，加深对数据封装概念的理解有助于正确理解数据成员和成员函数之间的关系，从而定义出正确的成员函数。结构和类机制把数据及其操作封装为一个整体，在类定义体中，数据成员类似于全局数据，所有成员函数都能访问它们。当成员函数 Set( )把数据成员设置成一个新值之后，成员函数 Print( )就能访问这个修改之后的结果了。

关于数据成员，需要强调的是，数据成员不能是自身类的对象。数据成员的类型可以是基本数据类型、数组、指针、其他结构、类类型，不能是自身类的类型，但可以是自身类的指针或引用类型，此时称为自引用结构，它是构成链表的基础。

```
class Rational {
```

```
        int numerator, denominator;
        Rational s;              //错误：自身类的对象不能作为数据成员
        Rational *p, &r;         //正确：自身类的指针和引用可以作为数据成员
    };
```

上述程序段正在定义类 Rational，但是用了 Rational 自身的对象 s 作为 Rational 的数据成员，这是不允许的，但是可以用自身的类指针和引用作为成员，因此 p 和 r 是合法的数据成员。

4. 作用域运算符

成员函数可以定义在类定义体内，也可以定义在类定义体外。当成员函数比较简单、实现代码较少时，可以定义在类定义体内，而较复杂、代码行较多的成员函数一般定义在类定义体外。在类定义体外定义成员函数时，需要指明其所属的空间（即类属关系），否则该函数会被认为是全局函数（与类毫无关系）而产生访问错误。说明成员函数的类属关系需要用到作用域运算符（scope resolution operator）“::”。此时，作用域运算符用作二元运算符，应用形式为“类名::成员名”。

【例 2.4】在类定义体外定义成员函数。

```
#01     #include <iostream>
#02     #include <string>                          //for strcpy
#03
#04     class Student {                            //定义学生类
#05     private:
#06         std::string name;                      //姓名
#07         double score;                          //成绩
#08     public:
#09         void Set(const char* pn, double ds);    //在类定义体内声明成员函数
#10         void Print(std::ostream& os=std::cout);//在类定义体内声明成员函数
#11     };
#12     void Student::Set(const char* pn,double ds){//在类定义体外定义成员函数
#13         name = pn;                             //复制 pn 到 name 数组
#14         score = ds;                            //为 score 赋值
#15     }
#16     void Student::Print(std::ostream& os) {//在类定义体外定义成员函数
#17         os << name << ": " << score << std::endl;//依次输出姓名和成绩
#18     }
#19     int main() {
#20         Student s;                             //生成对象
#21         s.Set("Tom", 85);                      //设置数据
#22         s.Print();                             //输出数据 Tom: 85
#23     }
```

分析这个例程，需要掌握在类定义体外定义成员函数的方法。类 Student 简单描述了学生的姓名（name）和成绩（score）属性，并提供成员函数 Set( )、Print( )分别设置属性数据、输出数据。成员函数 Set( )和 Print( )定义在类定义体外，因此在定义每个成员函数时，需要在成员函数名称前用类名和二元作用域运算符表明其类属关系，但是函数的返回类型总是写在最前面，即“类名::”写在返回类型和函数名之间，如 void

Student::Set。切记不要把“类名::”写在返回类型前面。

实际上，作用域运算符“::”也可以用作一元运算符，其作用是，在局部变量的作用域中访问同名的全局变量，更普遍的用法是访问在全局作用域中的标识符，如下列程序。

```
#01     int n{ 1 };                          //全局变量
#02     void do_nothing() {}                 //全局函数
#03
#04     int main() {
#05         int n{ 2 };                      //局部变量
#06         n = 3;                           //访问局部变量
#07         ++ ::n;                          //访问同名的全局变量
#08         ::do_nothing();                  //访问全局函数
#09     }
```

5. 数据成员的就地初始化

在 C++98/03 中，在类定义体中列写数据成员只是数据的“声明”操作，而不是“初始化”操作，因此不能通过运算符“=”进行就地初始化。但是在一些特殊的场合，如整型（或枚举类型）的常量静态成员，才能就地初始化，具体示例详见 3.5 节。

自 C++11 起，允许使用“=”或“{}”在类定义体中就地初始化非静态数据成员。例如：

```
#01     class MyClass {
#02     private:
#03         int i = 0;                       //以“=”形式就地初始化
#04         std::string s{"Hello"};          //以“{}”形式就地初始化
#05         //? double d(3.14);              //不能以“()”形式就地初始化
#06     };
#07
#08     MyClass mc;                          //数据成员 i、s 分别取值为 0、"Hello"
```

在第 3、4 行对数据成员 i、s 进行就地初始化后，第 8 行所定义对象 mc 的两个数据成员 i、s 的取值分别为 0 和"Hello"。需要注意的是，传统的“()”形式并不适用于就地初始化（如上述代码第 5 行）。

2.2.2　由类定义对象

类如同设计图纸，只有根据该图纸建造得到实物（或实例，instance），才能体现出该图纸的价值和功能。类的实例即类的对象（object）。类提供的所有功能（定义的所有函数）必须通过对象才得以体现。

1. 定义不同形态的对象

如同基本数据类型，类除可以定义普通对象外，还可以定义对象指针和对象引用。定义的语法如下：

```
T t;
T *p { &t };
```

```
T &r { t };
```

其中，T 是类名；t 是 T 的普通对象；p 是对象指针，该指针指向对象 t；r 是对象引用，其引用的对象是 t。

对象的 UML 表示与类的 UML 表示基本相同，如图 2.3 所示，但是对象的名称必须加下划线。由于对象是类的实例，因此对象名称的完整表示一般为“对象名:类名”。当然对象名和类名是可选的，如以“:类名”表示匿名对象。如果写了类名，则必须加上“:”。对象具有确定的属性，因此可以在属性后面列写其值。

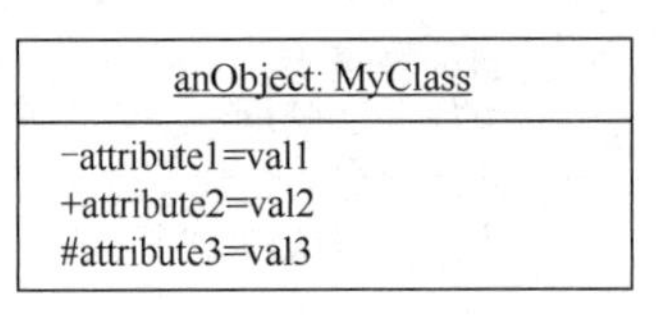

（a）对象的完整表示

anObject: MyClass

（b）对象的简洁表示

图 2.3　对象的 UML 表示

由类生成对象后，该对象就拥有了自己的数据成员。同一个类的不同对象都具有各自的数据成员，即每个对象独立拥有数据成员的副本。虽然这些数据成员的类型和名称都相同，但是它们各自归属于不同的“主人”，因此存储在不同的内存单元，具有不同的取值。

但是对于类中的成员函数，所有的对象则只能共享这一份，而不能由各个对象拥有独立的成员函数副本。这一点，可以通过计算类的大小和对象的大小看出，每个对象所占内存的大小实际只包括其数据成员所占的内存字节数，而不包括成员函数的大小。如同结构类型一样，可以通过运算符 sizeof 来求得类的大小及对象的大小，并可利用宏 offsetof( )来判断数据成员的存储位置，即对象的内存布局。

普通对象和对象引用访问成员时，需要用到圆点运算符“.”。对象指针访问成员时，需要用到箭头运算符“->”。也可以先间接引用对象指针，得到所指对象，然后用圆点运算符访问成员。由于优先级不同，因此一定要用圆括号把间接引用运算符和对象指针括在一起。

【例 2.5】不同对象形态对成员的访问形式。

每个人都具有各自的姓名（name）、年龄（age）和身高（height），定义 Person 类描述这一概念。

```
#01     #include <string>                       //for string
#02     #include "xr.hpp"
#03
#04     class Person {                          //定义“人”数据类型
#05     private:
#06         std::string name;                   //姓名
#07         int age;                            //年龄
#08         double height;                      //身高
#09     public:
#10         void Set(const char* s, int a, double h) { //设置信息
#11             name = s;
```

```
#12             age = a;
#13             height = h;
#14         }
#15         void Print(std::ostream& os = std::cout) { //输出信息
#16             os << name << "\t" << age << "\t" << height << std::endl;
#17         }
#18     };
#19     int main() {
#20         Person aPerson;                     //定义普通对象
#21         aPerson.Set("Tom", 20, 1.8); xrv(aPerson.Print());//圆点运算符
#22         Person* p = &aPerson;               //定义对象指针
#23         p->Set("Jerry", 18, 1.7); xrv(aPerson.Print());//箭头运算符
#24         Person& r = aPerson;                //定义对象引用
#25         r.Set("Goofy", 22, 1.6); xrv(aPerson.Print()); //圆点运算符
#26     }
```

程序的输出结果如下：

```
#21: aPerson.Print()    ==>Tom      20  1.8
#23: aPerson.Print()    ==>Jerry    18  1.7
#25: aPerson.Print()    ==>Goofy    22  1.6
```

分析这个例程，需要掌握不同对象的定义格式及其对成员函数的访问方式。每一种数据类型都可以定义普通对象、对象指针和对象引用，定义的语法格式是相似的。对普通对象 aPerson 和对象引用 r 来说，它们访问成员都需要用到圆点运算符，而对象指针 p 访问成员则需要用到箭头运算符。在 main( )函数中，对象指针 p 和对象引用 r 都指向对象 aPerson，通过它们调用函数 Set( )，实际上都是修改被指向的对象 aPerson，程序的输出结果证实了这一点。

2. 访问成员

在不同情况下，访问成员（包括数据成员和成员函数）的方式和范围都是不同的。对象形态决定了访问方式（“.” 和 “->”），对象所处作用域决定了能够访问成员的范围。

类的作用域一般包括两个部分：类定义体所占代码行；所有在类定义体外定义的成员函数所占代码行。类的作用域是它们的并集。显然，main( )函数不在类的作用域中。

类的作用域和访问权限对访问成员的影响有下列几种情况。

（1）若对某成员的访问点在类的作用域中，则不管该成员具有什么访问权限，都是可以任意访问的。在作用域中访问成员，可以直接书写该成员的名称（name），也可以通过类名和二元作用域运算符来访问（如 Person::name 和 Person::age），这种方式常见于继承时限定同名成员的访问及对于静态成员（static）的访问。

（2）若对某成员的访问点不在类的作用域中，且该成员是 private 成员或 protected 成员，则对它们的访问是非法的。若该成员是 public 成员，则对它的访问是没有限制的，访问点可以在类的作用域内或外。此处讨论暂不包括友元（friend）。

更具体一些，对类的对象和成员函数来说，有如下规则。

（1）定义于类的作用域内的对象，可以访问类中所有权限的成员。定义于类的作用域外的对象，只能访问类的 public 成员，如 main( )函数中定义的对象只能访问 public

成员。

（2）类的成员函数可以访问类所有权限的成员，因为访问点在类的作用域中。

2.2.3 访问函数与工具函数

类的私有成员（如数据成员）只能在类的作用域内访问，而不能在类的作用域外由对象访问。因此，一方面，private 权限有效地控制了对关键数据的访问，实现了对关键数据的封装和保护。但是另一方面，很多时候需要通过定义于类的作用域外的对象访问数据成员，如为该对象的数据成员赋值，但是 private 权限又不容许如此操作。因此，要在类的作用域外通过对象访问类的数据成员，只有通过 public 成员函数来实现。

类的 public 成员可以在程序的任意位置访问，public 权限一般被赋予类的接口，定义这些接口的目的是开放给用户用于实现某些服务和操作。因此，为了能够访问类的数据成员，如设置数据、读取数据，需要在类中提供具有 public 权限的成员函数。为实现该目的而定义的成员函数，通常被称为类的访问函数。

类的访问函数常用于 3 种目的：①设置数据，对应于 Set( )函数。②读取数据，对应于 Get( )函数。③判断数据取值，如 IsEmpty( )函数可以判断某个数据是否为空。Set( )函数还负责检查参数的合法性，若某实参不合法，则不允许用该参数为数据成员设置值。Get( )函数只需返回某数据成员的取值。

有时候，类中某些成员函数不作为接口开放给用户，而只是为了辅助其他成员函数实现某些功能，而且它们的访问权限通常设为 private，这类函数通常称为类的工具函数（或辅助函数）。

【例 2.6】Set( )/Get( )函数的定义应用示例。

定义 Time 类，为数据成员提供 Set( )/Get( )函数。

```
#01     #include "xr.hpp"
#02
#03     class Time {                          //定义时间类
#04     private:
#05         int hour, minute, second;         //以下定义 3 个辅助函数
#06         void SetHour(int h) { hour = ((h >= 0 && h < 24) ? h : 0); }
#07         void SetMinute(int m) { minute = ((m >= 0 && m < 60) ? m : 0); }
#08         void SetSecond(int s) { second = ((s >= 0 && s < 60) ? s : 0); }
#09     public:
#10         void SetTime(int h, int m, int s) {//定义工具函数设置时间
#11             SetHour(h);                       //数据成员 hour 的设置函数
#12             SetMinute(m);                     //数据成员 minute 的设置函数
#13             SetSecond(s);                     //数据成员 second 的设置函数
#14         }
#15         int GetHour() const{ return hour;}//数据成员 hour 的读取函数
#16         int GetMinute() const{ return minute;}//数据成员 minute 的读取函数
#17         int GetSecond() const{ return second;}//数据成员 second 的读取函数
#18         void PrintTime(std::ostream& os = std::cout) {
#19             os << hour << ": " << minute << ": " << second << "\n";
#20         }
#21     };
```

```
#22     void Adjust(Time& now, const Time& prc) {//时间校准:now 改为 prc
#23         now.SetTime(prc.GetHour(), prc.GetMinute(), prc.GetSecond());
#24     }
#25     int main() {
#26         Time now;                           //表示当前时间的对象
#27         now.SetTime(12, 23, 48);            //设置当前时间
#28         Time prc;                           //表示精确时间的对象
#29         prc.SetTime(12, 25, 30);            //设置精确时间
#30         Adjust(now, prc);                   //比照时间 prc 校准时间 now
#31         xrv(now.PrintTime());               //输出校准后的当前时间 12: 25: 30
#32     }
```

分析这个例程，需要掌握 Set( )/Get( )函数的定义方法。一般来说，只要类中定义有 private 或 protected 数据成员（如类 Time 中的 hour、minute、second），都应该提供对它们的设置和读取方法。

Get( )函数的定义甚为简单，其返回类型应与所要读取的数据成员相同，且不带任何参数，在函数体中直接返回对应的数据成员即可，如类 Time 中定义的函数 GetHour( )、GetMinute( )、GetSecond( )。这 3 个函数中都出现了关键字 const，它使这 3 个函数成为常成员函数，目的是保护当前对象不被修改。关于 const 的详细用法，请参考 3.2 节的内容。

Set( )函数需要带一个参数，其类型应与要设置的数据成员相同，在函数体中用该参数给对应的数据成员赋值，如类 Time 中定义的函数 SetHour( )、SetMinute( )、SetSecond( )。定义 Set( )函数的目的是要用所带的参数给对应的数据成员赋值，为此需要对参数的合法性进行检查，如 SetHour( )函数中检查参数 h 是否在 0 和 23 之间。由于函数 SetHour( )、SetMinute( )、SetSecond( )的权限是 private，它们并不提供给用户使用，而是作为辅助函数帮助成员函数 SetTime( )实现设置时间的功能。

全局函数 Adjust( )实现时间校准的功能，它根据精确时间 prc 设置当前时间 now，校准的过程是用精确时间 prc 的 3 个数据成员（通过 GetHour( )、GetMinute( )、GetSecond( )得到）设置（通过 SetTime( )实现）当前时间 now 对应的数据成员。由于全局函数不在类的作用域中，函数 Adjust( )不能直接访问私有数据成员 hour、minute、second 以赋值，因此只能调用公有成员函数读取/设置 3 个数据成员，这是需要 Set( )/Get( )函数的根本原因。

除提供 Set( )/Get( )函数读写数据成员外，也可以通过返回引用的成员函数达到相同的目的。

【例 2.7】定义矩形类 Rectangle。

定义矩形类 Rectangle，设置长和宽，并计算面积。

```
#01     #include "xr.hpp"
#02
#03     class Rectangle {                           //定义矩形类
#04     private:
#05         double length, width;                   //长度,宽度
#06     public:
#07         double& Length() {return length; }  //length 访问函数的左值形式
```

```
#08         double& Width()  {return width; }   //width 访问函数的左值形式
#09
#10         const double& Length() const {return length; } //右值形式
#11         const double& Width()  const {return width; }  //右值形式
#12     };
#13     //以下调用访问函数的左值形式进行写操作
#14     Rectangle makeRectangle(double l, double w) {
#15         Rectangle r;
#16         r.Length() = l; r.Width() = w;
#17         return r;
#18     }
#19     //以下调用访问函数的右值形式进行读操作
#20     double Area(const Rectangle& r) {
#21         return r.Length() * r.Width();
#22     }
#23
#24     int main() {
#25         xr(Area(makeRectangle(10, 20)));        //计算并输出面积 200
#26     }
```

这个例程展示了另外一种非常典型的提供读写函数的方法：以引用类型返回数据成员的形式提供读写函数。矩形类 Rectangle 有 length、width 两个私有数据成员，为了提供对它们的写操作，分别定义成员函数 Length( )、Width( )以引用类型 double&返回 length、width；为了提供对它们的读操作，分别定义成员函数 Length( ) const、Width( ) const 以常量引用类型 const double&返回 length、width。这两组函数分别提供了左值和右值形式的访问函数。函数 makeRectangle( )调用左值形式写数据，函数 Area( )调用右值形式读数据。

2.3 对象的定义

2.3.1 构造函数

1. 构造函数的定义

构造函数（constructor，或简写为 ctor）是与类名相同的公有成员函数，它是类成员函数中最重要的一类函数。只要定义了类，就应该在类中提供构造函数。只要由类生成对象，必然会调用类的构造函数。构造函数的主要用途是为对象的数据成员赋予初始值。需要注意的是，在一些比较简单的情况下，构造函数本身并不能真正构造对象，而只是在构造对象之后为其数据成员做一些初始化的工作。构造函数的原型如下：

```
T(...);
```

其中，T 是类名，该函数所带参数可视具体情况设定。

【例 2.8】定义 Circle 类。

定义 Circle 类，生成不同大小的 Circle 对象，计算其面积。

```
#01     #include "xr.hpp"
```

```
#02
#03     class Circle {                          //定义圆类
#04     private:
#05         double radius;                      //半径
#06     public:
#07         Circle(double d = 0) {              //构造函数
#08             radius = d;                     //初始化数据成员
#09         }
#10         double Area() { return 3.14 * radius * radius; }   //计算面积
#11     };
#12     int main() {
#13         Circle a;           xr(a.Area());//构造对象 a 并计算其面积，输出 0
#14         Circle c{ 10 };     xr(c.Area());//构造对象 c 并计算其面积，输出 314
#15         Circle* p{ &c };    xr(p->Area());//定义指针 p 访问对象 c，输出 314
#16         Circle& r{ c };     xr(r.Area());//定义引用 r 访问对象 c，输出 314
#17     }
```

分析这个例程，首先要体会构造函数的重要作用和定义方法。生成类的对象，一定需要调用构造函数。为此需要认真分析构造函数的定义方法，因为这是一项经常要做的工作。为一个类定义构造函数，该函数的名称必须与类名相同，如 Circle 类的构造函数名为 Circle。构造函数不能返回值，因此不能有返回类型。构造函数的参数则要根据数据成员来设置，因为定义构造函数的目的是初始化数据成员，所以有什么样的数据成员就应该设置什么样的参数，这意味着构造函数的参数个数及每个参数的类型都应该与数据成员一一对应。例如，Circle 类有一个 double 类型的数据成员 radius，因此构造函数设置一个 double 类型的形参。这样一来，构造函数的原型就基本定型了（无返回类型；类名作为函数名；参数与数据成员对应）。

在具体实现构造函数时，也有规律可循，只要用形参给对应的数据成员初始化就可以了，如实现构造函数 Circle( )时，其中关键的语句为 radius = d;。当然初始化的行为与数据类型相关，极大多数简单数据类型的数据都可以通过“=”在构造函数定义体内初始化，C 风格的字符串则需要用 strcpy( )函数实现复制，数组成员则需要用 for 循环逐个初始化，而更复杂类型的成员则需要用成员初始化值列表语法完成初始化。这就是在类中提供构造函数的经验性做法。

分析这个例程，还应该掌握程序执行流程的分析。C++程序都会从 main( )函数开始执行，而且“只要构造对象，就会调用构造函数”，调用构造函数的实参由对象后面的圆括号中的参数给定。main( )函数首先构造对象 a，a 后面并没有显式给出实参，那是因为构造函数提供了默认参数（double d = 0），其结果是用实参 0 构造对象 a，从而在构造函数中把它的数据成员 radius 赋值为 0，接着执行构造函数中对数据成员取值的输出，至此，对对象 a 的构造行为结束，转而执行 main( )函数中对对象 a 面积的输出。main( )函数然后以实参 10 构造对象 c，同理可分析例程的最后两行。

分析这个例程，还要注意生成对象会调用构造函数，但是生成对象指针和对象引用不调用构造函数。因此 main( )函数中生成指针 p 和引用 r 都不会引发构造函数的调用。

从上面的分析可以看出，构造函数具有明显的特点。现总结如下：

（1）构造函数的名称与类名相同，这是确认构造函数的主要准则。

（2）构造函数没有返回类型，这是与普通函数相区别的地方。

（3）构造函数的权限一般是 public，否则不能构造对象，因为不能被对象调用。若不允许定义某类的对象，则需要把它的构造函数的权限全部设为 private，这样该类只能作为一种类型而存在。

（4）在定义对象时就会调用构造函数。对构造函数的调用是自动、隐式进行的。所谓“自动”，是指系统在生成每个对象时会为该对象调用构造函数，这确保了构造函数一定会被调用以初始化数据成员。调用构造函数的实参取决于对象后面圆括号（函数调用运算符）中的参数。所谓“隐式”，这需要对比构造函数与一般成员函数的调用方式。本例中，对象 c 以 Circle c(10)形式调用了构造函数，而对象 a 则以 Circle a 形式调用了构造函数。但对于成员函数 Area( )的调用，则需要以显式的方式进行，如 a.Area( )和 c.Area( )。

（5）构造函数可以重载，也可以为参数提供默认值，系统会根据构造对象时所提供的实参信息自动匹配相应的构造函数。

（6）构造对象指针和对象引用时，不会调用构造函数，因为它们不需要按照类的结构安排其内存布局。

【例 2.9】成员初始化值列表语法：Worker 类的应用示例。

定义员工类 Worker，其属性有工号（id）、姓名（name）和工资（salary）。构造对象并输出信息。

```
#01     #include <string>                     //for strcpy
#02     #include "xr.hpp"
#03
#04     class Worker {                        //定义员工类
#05     private:
#06         size_t id;                        //工号
#07         std::string name;                 //姓名
#08         double salary;                    //工资
#09     public:
#10         Worker(size_t i = 0, const char* s = "", double d = 0)
#11             : id{ i }, name{ s }, salary{ d }  //成员初始化值列表
#12         {}
#13         void Print(std::ostream& os = std::cout) {
#14             os << id << "\t" << name << "\t" << salary << "\n";
#15         }
#16     };
#17     int main() {
#18         Worker w; xrv(w.Print());         //输出:0            0
#19         Worker a{20001,"Tom",2000 };
#20         xrv(b.Print());                   //输出:20002 Jerry   1800
#21         Worker a{20001,"Tom",2000 };
#22         xrv(b.Print());                   //输出:20002 Jerry   1800
#23     }
```

不同于上述例子在构造函数定义体内给数据成员提供初始值的做法，本程序展示了一种更高效的数据成员初始化方法，使用了初始化列表语法对数据成员进行初始化，语

法形式见第 11 行，所有简单数据类型的数据成员都可以列写在冒号“:”后面。之所以高效，是因为数据成员在随着对象定义而定义的同时进行了初始化。

就地初始化与初始化值列表可以同时提供，但是初始化值列表的效果总是优先于就地初始化。也就是说，该数据成员的初始值取决于初始化值列表中提供的初始值。

```
#01     class MyClass {
#02     private:
#03         int i {0};
#04         std::string s{"Hello"};
#05     public:
#06         MyClass(int n, const char* p)
#07             :i(n), s(p)
#08         {}
#09     };
#10
#11     MyClass mc{100, "World"};
```

上述程序在第 3、4 行对数据成员 i、s 进行就地初始化，同时在第 7 行使用初始化列表语法进行了初始化，对于第 11 行构造出来的对象 mc 来说，两个数据成员 i、s 的取值分别为 100 和"World"，即初始值由第 7 行的初始化列表语法决定。

2. 使用 constexpr 修饰类的构造函数

C++11 引入关键字 constexpr 定义编译期常量，这类常量经常用于表示数组长度、枚举常量、switch/case 中每个 case 后面的常量、非类型模板参数，此外 sizeof 表达式的结果也是编译期常量，它们在编译阶段计算结果。constexpr 可用于修饰变量、函数（包括函数模板）及类的构造函数。自 C++17 起，constexpr 还可以修饰 lambda 函数。

【例 2.10】关键字 constexpr 的典型用法。

```
#01     constexpr int Fib(int n) {
#02         return n == 1 ? 1 :    (n == 2 ? 1 : Fib(n - 1) + Fib(n - 2));
#03     }
#04
#05     class Date {
#06     private:
#07         int year, month, day;
#08     public:
#09         constexpr Date(int y, int m, int d)
#10             :year(y), month(m), day(d)
#11         {}
#12         constexpr int GetYear() const { return year; }
#13         constexpr int GetMonth() const { return month; }
#14         constexpr int GetDay() const { return day; }
#15     };
#16
#17
#18     int main() {
#19         constexpr int N{ 3 * 5 };
#20         int arr[N]; arr[0] = 1;
```

```
#21
#22         int arr2[Fib(5)]; arr2[0] = 1;
#23
#24         constexpr auto f{ [](int n) {return 2 * n; } };
#25         int arr3[f(3)]; arr3[0] = 1;
#26
#27         constexpr Date PRCfound{ 1949, 10, 1 };
#28         constexpr int foundMonth = PRCfound.GetMonth();
#29     }
```

constexpr 修饰变量时，如第 19 行所示，该变量成为编译期常量，可作为数组长度。constexpr 修饰函数时，如第 1 行所示，该函数称为常量表达式函数，其结果在编译期计算。constexpr 修饰 lambda 函数时，如第 24 行所示，对该函数的调用也可以在编译期计算。需要说明的是，常量表达式函数一般应满足 4 个条件：函数体允许有多条语句（自 C++14 起）；返回类型不能是 void；返回表达式必须是常量表达式；在使用之前必须先定义。

为了让类对象成为编译期常量，需要用 constexpr 修饰它的构造函数，使之成为常量构造函数，如第 9 行所示。用 constexpr 修饰类的构造函数时，需要注意两点：①该构造函数的函数体必须为空；②采用初始化列表的方式为各个成员初始化，且必须使用常量表达式。

3. 类的 copy 语义和 move 语义

根据函数参数的不同，构造函数具有几种特殊的形式：默认构造函数（default constructor）、转换构造函数（conversion constructor）、复制构造函数（copy constructor）和转移构造函数（move constructor）。默认构造函数是指在调用时无须提供任何实参的构造函数，它表现为两种形式：构造函数本身不带任何参数；构造函数带若干个参数，但是每个参数都有默认值。转换构造函数是指可以把参数类型的数据转换为类对象的构造函数，一般在调用时只需提供一个实参，它也有两种形式：构造函数本身只带有一个参数；构造函数带有若干个参数，但是除最左边的参数外，其他参数都有默认值。复制构造函数是一个重要的构造函数，它用于根据现有对象复制生成另一个完全相同的对象，它的标志是所带唯一的参数，是自身类的常量左值引用类型。转移构造函数是另一个重要的构造函数，它用于根据现有对象转移生成另一个对象，它的标志是所带唯一的参数，是自身类的右值引用类型。

为了支持对象之间的赋值，赋值运算符函数也有两个，复制赋值运算符函数（copy assignment operator）和转移赋值运算符函数（move assignment operator）。前者的参数为自身类的常量左值引用，后者的参数为自身类的右值引用。

自 C++11 起，类需要支持 copy 语义和 move 语义。为了支持 copy 语义，类中需要提供复制构造函数和复制赋值运算符函数；为了支持 move 语义，需要在类中提供转移构造函数和转移赋值运算符函数。需要注意的是，总是将转移成员声明为 noexcept。如果没有 noexcept，转移成员就没有那么有效了。本章后续内容会详细讨论上述 4 个构造函数和两个赋值运算符函数。

2.3.2 析构函数

1. 析构函数的概念

有时候，在构造对象时为对象分配了一定大小的内存单元，当出了该对象的作用域要结束其生命期时，就需要释放该对象所占用的内存，做一些内存清理的工作。这些工作刚好与构造函数的目的相反，它们也要求在对象撤销的同时自动调用类的某个成员函数清理内存，这个成员函数就是析构函数（destructor，或简写为 dtor）。与构造函数相反，析构函数的主要用途是清理对象的内存。需要注意的是，一般析构函数本身并不能释放对象所占用的内存，而是在释放内存之前做一些清理的工作。

C++语言规定，若类中没有析构函数，则不能撤销对象。若在程序中没有定义析构函数，则系统会自动提供一个析构函数。系统所提供的析构函数如下，它并没有做任何实际工作。

```
~T( ) noexcept{}
```

其中，T 是类名。

析构函数必须声明为 noexcept 以确保在任何情况下都是异常安全的。

【例 2.11】定义 Apple 类。

定义苹果类 Apple，其属性有买主（buyer）、颜色（color）。在 main( )函数中生成不同对象，显示其构造和析构的过程。

```
#01     #include <iostream>
#02     #include <string>
#03
#04     enum class Color { red, green };     //枚举类型
#05
#06     class Apple {                        //定义苹果类
#07     private:
#08         std::string buyer;               //买主
#09         Color color;                     //颜色
#10     public:
#11         Apple(const char* s, Color c)    //构造函数
#12             : buyer{s}, color{c} {
#13             std::cout << buyer << " buys a "
#14                 << (color == Color::red ? "red  " : "green")
#15                 << " apple.\n";
#16         }
#17         ~Apple() noexcept {              //析构函数
#18             std::cout << "oop, eaten by " << buyer << ".\n";
#19         }
#20     };
#21     int main() {
#22         Apple a{ "Tom  ", Color::red }; //测试构造函数
#23         Apple b{ "Jerry", Color::green };   //测试构造函数
#24     }                                       //测试析构函数
```

程序的输出结果如下：

```
Tom  buys a red  apple.
Jerry buys a green apple.
oop, eaten by Jerry.
oop, eaten by Tom.
```

分析这个例程，首先要体会析构函数的重要作用：所有生成的对象必然会消亡，其间必然要调用析构函数。然后需要分析析构函数的定义方法。相比构造函数，析构函数的定义显得简单。其实只要类的数据成员为简单类型（如没有涉及内存分配），就可以在析构函数中不进行任何实质性的清理工作，也就是说定义一个空壳的析构函数即可。析构函数的名称在类名前加上符号“~”，它无须返回类型，也不带任何参数，这意味着类中的析构函数有且只能有一个，构造函数可能有多个，但是它们都对应着唯一的一个析构函数，即构造可以有不同的途径，但是析构只有唯一一条去路。Apple 类的析构函数中输出了一条提示信息，只是为了辅助对程序执行流程的分析，并不是必要的。

分析上述例程，要注意析构函数调用的时机。一般对构造函数的调用还有迹可循，因为对象后面的圆括号（即函数调用运算符）已经表明这是一个函数调用，如对象生成语句 Apple a{ "Tom ", Color::red };表明会以实参"Tom "和 red 调用构造函数。但是对析构函数的调用则显得非常隐晦。实际上，对析构函数调用时机的分析，需要对变量的作用域和生存期有着非常清晰的认识：对象出作用域的时刻就是析构的时机。所以在出 main( )函数的作用域时，对象 a 和 b 因生存期结束而被析构。

分析上述例程，还要体会构造和析构这两个过程的顺序关系，并牢记两点：“有构造，必有析构”和“先构造者后析构，后构造者先析构”。第一点意味着“没有构造，就没有析构”，这是对对象指针和对象引用而言的，生成这两者时没有调用构造函数以构造之，因此不会对它们析构。第二点表明同时生成多个对象时，它们是按照栈的顺序构造和析构的，因此在 main( )函数中，对象 a 先构造，它会在 b 之后析构。对象 b 后构造，因此它会先析构。

上述程序为表示苹果的颜色，定义了枚举类型 Color。注意：直接输出枚举类型的变量的取值是不能显示对应的枚举常量的。例如，当枚举变量 color 取值为 Color::red 时，直接在流插入符后面输出 color 只会显示 0（枚举常量 red 对应的整型数值）。为显示更为直观的字符串名称，需要如上述程序用一点小小的技巧。

2. 析构函数的特点

与构造函数类似，析构函数具有明显的特点。现总结如下：

（1）析构函数的名称是在类名前加上符号“~”，这是确认析构函数的主要准则。

（2）析构函数没有返回类型，也不能带参数，因而不能重载。这是与普通函数相区别的地方。

（3）析构函数的权限必须是 public，否则对象不能被析构。构造函数的权限可以是 private。

（4）对象出了作用域或结束生命期时应该被析构。对析构函数的调用是自动、隐式进行的，这确保了析构函数一定会被调用以清理数据成员所占的内存。

（5）析构函数必须确保在任何情况下都不会抛出异常，因此常被声明为 noexcept，因为析构函数要确保对所分配资源的操作都能够成功，如释放内存资源、关闭文件资源等。

（6）析构函数调用的顺序与构造函数调用的顺序相反：先构造者后析构；后构造者先析构。

（7）使用 new 创建对象时，会自动调用构造函数；使用 delete 释放内存时，会自动调用析构函数。

【例 2.12】无名对象的构造和析构。

定义 Student 类，分析对象构造和析构的过程。

```
#01     #include <iostream>
#02     #include <string>
#03
#04     class Student {                         //定义学生类
#05     private:
#06         std::string name;                   //姓名
#07         double score;                       //成绩
#08     public:
#09         Student(const char* sn, double ds)
#10             :name(sn), score(ds) {          //构造函数
#11             std::cout << "ctor:\t" << name << "\t: " << score << "\n";
#12         }
#13         ~Student() noexcept {               //析构函数
#14             std::cout << "dtor:\t" << name << "\t: " << score << "\n";
#15         }
#16     };
#17     int main() {
#18         Student a{ "Tom", 85 };             //生成对象 a
#19         a = Student{ "Jerry", 90 };         //生成无名对象给对象 a 赋值
#20         Student b{ "Goofy", 70 };           //生成对象 b
#21     }
```

程序的输出结果如下：

```
#01     ctor:   Tom     : 85
#02     ctor:   Jerry   : 90
#03     dtor:   Jerry   : 90
#04     ctor:   Goofy   : 70
#05     dtor:   Goofy   : 70
#06     dtor:   Jerry   : 90
```

在 main( )函数中，首先构造对象 a，以实参"Tom"和 85 调用构造函数，在先后给数据成员 name 和 score 初始化之后，产生输出结果的第 1 行。

执行赋值表达式 a = Student{"Jerry", 90}时，表达式 Student{"Jerry", 90}是对构造函数的显式调用，它会构造出一个无名对象（anonymous 对象，程序中 a 和 b 则是具名对象）。虽然对构造函数的调用一般是系统自动进行的，但是这不意味着构造函数不能由用户调用。对无名对象的构造引发对构造函数的第二次调用，产生输出结果的第 2 行。接着用该无名对象给对象 a 赋值，赋值的过程会采用“按位复制”，即把无名对象的数

据成员 name 和 score 的取值对应复制给对象 a 的数据成员，从而使对象 a 的数据成员 name 和 score 的取值分别变为"Jerry"和 90。在赋值完毕后，该无名对象的使命完成，结束生存期，在析构时引发对析构函数的调用，产生输出结果的第 3 行。

最后构造对象 b，产生输出结果的第 4 行。至此，看似 main( )函数中的语句执行完毕，其实大幕还没有落定，对象 a 和 b 还需要析构。对象 b 是最后构造的，因而先析构，产生输出结果的第 5 行。最后析构对象 a，产生输出结果的第 6 行。

总结上述程序，可以得出构造和析构的一般规律。第一，程序运行到对象定义所在的代码行，开始生成该对象，从而为该对象调用构造函数。第二，在该对象出了作用域要结束生存期时，开始从内存中撤销该对象，从而为该对象调用析构函数。第三，构造了多个对象时，一般按照栈的顺序，先构造者后析构，后构造者先析构。

2.3.3 默认构造函数

1. 基本数据类型的默认构造

允许默认构造对象，是类的重要能力之一。所谓默认构造，是指在构造对象时无须提供任何实参。以基本数据类型为例，它们都支持默认构造，其构造形式为 T( )，其中 T 表示基本数据类型。下面的程序段给出了基本数据类型的典型默认构造能力和行为。

```
#01     bool b = bool{};                    //false
#02     char c = char{};                    //ASCII 为 0 的字符，即'\0'
#03     int n = int{};                      //0
#04     double d = double{};                //0
```

默认构造的一个显而易见的优点是，无须提供实参就能构造对象，可以有效地避免因填入错误的实参而可能导致的程序运行失败。

2. 默认构造函数的形式

类比基本数据类型的默认构造能力，将会驱使用户也为自定义类型提供默认构造能力。为了使自定义类也支持默认构造，只需在类中提供默认构造函数即可。默认构造函数是指在调用时无须提供任何实参的构造函数，它表现为两种形式：构造函数本身不带任何参数，如下列形式一；构造函数带有若干个参数，但是每个参数都具有默认值，如下列形式二。

```
T() noexcept;                               //形式一
T(K = val[,...]) noexcept                   //形式二
```

在这两种形式中，T 是类名，K 是不同于 T 的类型，val 是 K 类型的值。

上述两种形式不可以同时存在于一个类中，否则会引发默认构造函数匹配的二义性。如果默认构造函数所执行的操作很简单，一般应声明为 noexcept，以确保异常安全。

【例 2.13】Rational 类的默认构造函数。

```
#01     #include "xr.hpp"
#02
#03     class Rational {                    //定义有理数类
#04     private:
#05         int numerator{ 0 };             //分子
```

```
#06         int denominator{ 1 };           //分母
#07     public:
#08         Rational() noexcept {}          //默认构造函数
#09         Rational(int a, int b)
#10             :numerator{ a }, denominator{ b } {}
#11
#12         void Print(std::ostream& os = std::cout) {
#13             os << numerator << "/" << denominator << "\n";
#14         }
#15     };
#16     int main() {
#17         xrv(Rational{}.Print());            //默认构造无名对象,输出 0/1
#18         Rational r; xrv(r.Print());         //默认构造对象 r,输出 0/1
#19         Rational s{ 1, 2 }; xrv(s.Print());//构造对象 s,输出 1/2
#20     }
```

定义默认构造函数的目的是，在没有显式提供构造实参的时候，为对象自动选择一些有意义的数据成员取值。例如，默认构造有理数 Rational 对象，一般不希望该对象的分母为 0，所以默认设置分子为 0，分母为 1，这通过就地初始化设置在类定义中。

分析默认构造函数，还需要注意对该函数的调用形式。在 main( )函数中构造对象 s 时在圆括号中提供了两个实参，这表明此处会匹配构造函数 Rational(int a, int b)，从而把 s 的分子和分母分别设置为 1 和 2。在构造对象 r 的时候，其后没有显见“( )”或“{}”，更没有出现实参，这表明对 r 的构造只能匹配默认构造函数 Rational( )，因为调用该函数无须任何参数。main( )函数中的表达式 Rational{}也是对默认构造函数的显式调用，只是该表达式构造了一个无名对象。

再分析上述例程，类 Rational 中同时提供了默认构造函数 Rational( )和有参构造函数 Rational(int a, int b)。实际上，可以把它们合为一个，具体做法是：对任何一个带有参数的构造函数，为其所有参数都提供默认值，则该构造函数“一体多用”。例如，只提供如下一个构造函数，就可以满足 main( )函数中所有对象的构造。

```
Rational(int a{0}, int b{1}) :numerator{ a }, denominator{ b } {}
```

关于默认构造函数，还需要注意：若类中没有定义构造函数，则 C++会为该类提供一个默认构造函数，其完整形式如下：

```
T() {}
```

该构造函数不带任何参数，且函数体为空。一旦类中定义了一个构造函数（不管是什么样的），则 C++就不再为该类提供默认构造函数。若程序还需要应用默认构造，则只有重新定义一个默认构造函数，如下列程序所示。

```
#01     class Example {
#02     public:
#03         Example(int) noexcept {}     //定义有构造函数,则系统不再提供默认构造函数
#04     };
#05     int main() {
#06         Example s1{1};
#07         //? Example s2;              //错误:不能构造该对象,需要定义默认构造函数
#08     }
```

3. 默认构造函数的用途

默认构造函数有两个用途：①构造无参对象。②初始化数组元素。在构造对象数组时，无法给每个元素对象提供初始值，它们只能默认构造。因此，构造自定义类型的对象数组一定需要该类型的默认构造函数。

默认构造对象数组后，数组元素（即对象）的数据成员取值一般是各类型的默认值，因此需要为每个对象重新设置数值，这可以通过把元素对象赋值为类的无名对象来实现。

【例 2.14】定义对象数组。

定义学生类 Student，并定义 Student 类对象数组，以存放多个 Student 对象。

```
#01     #include <iostream>
#02     #include <string>
#03
#04     class Student {                         //定义学生类
#05     private:
#06         std::string name;                   //姓名
#07         double score;                       //成绩
#08     public:
#09         Student(const char* sn = "", double ds = 0) noexcept
#10             :name(sn), score(ds)  {         //构造函数,兼作默认构造
#11             std::cout << "ctor:\t" << name << "\t: " << score << "\n";
#12         }
#13         ~Student() noexcept {               //析构函数
#14             std::cout << "dtor:\t" << name << "\t: " << score << "\n";
#15         }
#16         void Print() {
#17             std::cout << "Prnt:\t" << name << "\t: " << score << "\n";
#18         }
#19     };
#20     int main() {
#21         const size_t N{ 2 };                //定义常量作为数组长度
#22         Student s[N];                       //定义对象数组需要默认构造
#23
#24         s[0] = Student{ "Tom", 85 };        //构造无名对象给 s[0]赋值
#25         s[1] = Student{ "Jerry", 90 };      //构造无名对象给 s[1]赋值
#26         for (auto i{ 0 }; i != N; ++i)
#27             s[i].Print();                   //输出两个对象元素的取值
#28     }
```

程序的输出结果如下：

```
#01     ctor:           : 0
#02     ctor:           : 0
#03     ctor:   Tom     : 85
#04     dtor:   Tom     : 85
#05     ctor:   Jerry   : 90
#06     dtor:   Jerry   : 90
#07     Prnt:   Tom     : 85
#08     Prnt:   Jerry   : 90
```

```
#09     dtor:   Jerry   : 90
#10     dtor:   Tom     : 85
```

分析这个例程，需要掌握各种元素（对象数组和无名对象）的构造和析构的时机。语句 Student s[N];定义具有两个元素的数组，元素 s[0]和 s[1]都是类 Student 的对象，在构造这两个对象时，没有提供任何实参，因此默认构造（name 为空字符串，score 为 0）。首先构造 s[0]（产生输出结果的第 1 行），接着构造 s[1]（产生输出结果的第 2 行）。

为了让对象 s[0]和 s[1]具有明确的数据成员取值，main( )函数用两个赋值语句修改它们的数据成员。这里重点分析这两个赋值表达式。执行表达式 s[0] = Student{"Tom", 85}时，首先以实参"Tom"和 85 构造无名对象（产生输出结果的第 3 行），接着用该无名对象给对象 s[0]赋值，赋值的结果使对象 s[0]的 name 取值为"Tom"，score 取值为 85，这可以从输出结果的第 10 行看出。在赋值结束后，该无名对象的使命完成，结束生命期，被析构（产生输出结果的第 4 行）。同样分析表达式 s[1] = Student{"Jerry", 90}，首先构造无名对象（产生输出结果的第 5 行），然后为对象 s[1]赋值以修改其数据成员取值，最后析构该无名对象（产生输出结果的第 6 行）。至此，完成两个赋值语句的执行。关于赋值，本章后续内容有详述。

在 main( )函数分别对两个对象调用函数 Print( )输出之后（产生输出结果的第 7、8 行），main( )函数中的语句执行完毕，但是故事还没有谢幕。两个数组元素对象 s[0]和 s[1]在 main( )函数的最后一行结束了生命期，需要被析构。s[1]是后构造的，故先析构（产生输出结果的第 9 行，注意对象 s[1]的数据成员取值被赋值修改过）。s[0]是先构造的，故后析构（产生输出结果的第 10 行，注意对象 s[0]的数据成员取值被赋值修改过）。至此，完成整个程序执行的流程。

分析这个例程，还要注意，数组 s 的元素对成员函数 Print( )的访问形式。由于 s[0]和 s[1]是对象，因此需要用圆点运算符来访问成员。假如数组 s 定义为对象指针数组 Student*s[2]，则 s[0]和 s[1]需要用箭头运算符访问成员，即 s[0]->Print( )和 s[1]->Print( )。注意，此时两个元素因为是对象指针，故不会对它们调用构造函数和析构函数。

定义对象数组时，如果不希望像本例程一样在对象定义完之后再逐个对元素赋值，其实可以在定义数组的同时以初始化值列表的形式为每个对象元素指定初始值，具体形式如下：

```
Student s[] {Student{"Tom", 85}, Student{"Jerry", 90}, Student{"Goofy",
70}};
```

这会直接对每个元素调用有参构造函数进行构造，而不再需要为每个数组元素使用无名对象赋值。

2.3.4 转换构造函数

1. 转换构造函数的概念

所谓转换构造，是指在构造对象的过程中，把其他类型的数据转换为本类的对象。拥有转换构造的能力，使类的对象具有更广泛的用途和更强的生命力。以下列基本数据类型为例，它们大多具有转换构造的能力。

```
#01     int n(3.14);        //把 double 常量 3.14 转换为 int 型, n 为 3
#02     double d(3);        //把 int 常量 3 转换为 double 型, d 为 3
#03     char a(65);         //把 int 常量 65 转换为 char 型, a 为'A'
#04     int m('m');         //把 char 常量'm'转换为 int 型, m 为 109('m'的 ASCII 值)
```

转换构造与数据类型转换紧密相联。把 int 型数据转换为 double 型，从而使 int 型能够用作 double 型。

类比基本数据类型的这种转换构造能力，怎样使自定义类型也具有转换构造能力呢？下面从一个例子开始对转换构造函数的讨论。

【例 2.15】Rational 类的应用示例。

```
#01     #include <iostream>
#02
#03     class Rational {                        //定义有理数类
#04     private:
#05         int num, den;                       //分子, 分母
#06     public:
#07         Rational(int n = 0) noexcept        //默认构造函数,可作转换构造
#08             :num(n), den(1) {
#09             std::cout << "ctor:\t" << num << "/" << den << std::endl;
#10         }
#11         ~Rational() noexcept {              //析构函数
#12             std::cout << "dtor:\t" << num << "/" << den << std::endl;
#13         }
#14     };
#15
#16     int main() {
#17         Rational r;                         //默认构造对象
#18         r = 2;                              //此处发生转换构造 Rational(2)
#19     }                                       //析构对象
```

程序的输出结果如下：

```
ctor:   0/1
ctor:   2/1
dtor:   2/1
dtor:   2/1
```

程序的重点在于 main( )函数中的赋值表达式 r = 2，表面上看是要把 2 赋值给 r，实际上这会使 r 的分子成为 2，分母成为 1。但是从语法角度分析，似有不妥：赋值运算符右边表达式 2 的类型为 int，左边表达式 r 的类型为 Rational，两边的数据类型不符，似乎会引起语法错误。

但是从程序的输出结果可以看出，赋值表达式 r = 2 并没有引发语法错误，而且运行过程和结果正常。原因在于，执行该赋值操作前，程序以 2 为实参隐式调用了类的构造函数，结果生成一个 Rational 类的无名对象 Rational(2)，然后用该对象给 r 赋值，即该表达式实际执行为 r = Rational(2);，这样赋值运算符两边表达式的类型完全匹配。在这里，赋值操作得以成功的原因在于该类的构造函数可以用一个 int 型实参匹配、调用，从而可以用 int 型数据转换构造 Rational 对象，这个构造函数具有转换构造的能力。

再从另外一个角度来审视该赋值行为，它能够成功执行，这给人以启示：有了相应

构造函数的支持，程序可以把其他类型的数据直接作为类的对象使用，或者说，在相应构造函数的支持下，其他类型的数据被转换为类的对象。用于这类目的的构造函数就是转换构造函数（converting constructor），顾名思义，转换构造函数能够把其他类型的数据转换为本类对象。

2. 转换构造函数的形式

转换构造函数是指能够把参数类型的数据转换为类对象的构造函数，在调用时只需提供一个实参，它也有两种形式：①构造函数本身只带有一个参数，其函数原型如下列形式一，这是最为常见的形式。②构造函数带有若干个参数，但是除最左边的参数外，其他参数都有默认值，其函数原型如下列形式二。

```
T(K);                                   //形式一
T(K, K1 = val[, ...]);                  //形式二
```

在这两种形式中，T 是类名，K、K1 是不同于 T 的类型，val 是 K1 类型的值。

注意：上面两种形式不可以同时存在于同一个类中，否则会引发匹配构造函数时的二义性。

【例 2.16】定义 RMB 类。

定义人民币 RMB 类，其成员有元（yuan）、角（jiao）、分（fen）。能够应用 RMB 对象进行简单的算术运算。

```
#01     #include <iostream>
#02
#03     class RMB {                         //定义人民币类
#04     private:
#05         int yuan, jiao, fen;            //元,角,分
#06     public:
#07         RMB(int y, int j, int f)        //构造函数
#08             : yuan(y), jiao(j), fen(f)
#09         {}
#10         RMB(double d = 0) {             //转换构造函数
#11             int n = int(d * 100);       //保留小数点后两位
#12             yuan = n / 100;             //百位为元
#13             jiao = (n - 100 * yuan) / 10;//十位为角
#14             fen = n % 10;               //个位为分
#15         }
#16         double toDouble() {             //把 RMB 对象转为 double 型数据
#17             return yuan + jiao / 10.0 + fen / 100.0;
#18         }
#19         void Print(std::ostream& os = std::cout) {
#20             os << yuan << "元" << jiao << "角" << fen << "分\n";
#21         }
#22     };
#23     int main() {
#24         RMB r1{ 10, 5, 8 }; r1.Print();//构造对象，输出:10 元 5 角 8 分
#25         RMB r2{ 19.86 }; r2.Print();    //转换构造对象，输出:19 元 8 角 6 分
#26
#27         RMB r3{ r1.toDouble() + r2.toDouble() };//转换构造对象
```

```
#28         r3.Print();                          //输出:30 元 4 角 4 分
#29     }
```

构造函数 RMB(double d)因为具有一个参数而能够用作转换构造函数，它能够把 double 型数据转换为 RMB 对象，对该构造函数的测试出现在 main( )函数中对象 r3 的构造过程中。成员函数 toDouble( )则负责逆向数据的转换（把 RMB 对象转换为 double 型数据）。

通常发生数据类型隐式转换的场合有 4 种：算术混合运算、赋值运算、实参传递给形参、返回值转换为函数类型。这也是转换构造函数可能用到的场合。下面的程序段仍然以 RMB 类为例，简要说明这 4 种情况。

```
#01     RMB r;
#02     r = 19.86;              //赋值运算时的类型转换, double 型转换为 RMB 类型
#03     r.Print();              //19 元 8 角 6 分
#04
#05     void f(RMB r) {r.Print();}
#06     f(19.86);    //参数传递时的类型转换, double 型转换为 RMB 类型,19 元 8 角 6 分
#07
#08     RMB g(double d) {return d;}//返回值时的类型转换, double 型转换为 RMB 类型
#09     g(19.86).Print();            //19 元 8 角 6 分
```

3. 关键字 explicit

转换构造函数能够把参数类型的数据隐式转换为类的对象，这种转换有时可能不太受欢迎。关键字 explicit 可以抑制转换构造函数的隐式类型转换的做法。只要把该关键字放在转换构造函数前面，声明该构造函数为显式类型的构造函数，则该转换构造函数的隐式数据转换功能失效。一些类型转换的成员函数也可以用该关键字进行修饰以抑制隐式转换。

【例 2.17】explicit 的用法示例。

```
#01     class Example {
#02     public:
#03         explicit Example(int n) {} //explicit 抑制该构造函数的自动类型转换
#04         explicit operator int() { return int{}; }
#05     };
#06     void f(Example e) {}
#07     int main() {
#08         Example e{ 1 };
#09         //? e = 2;                           //错误: 不能隐式转换
#10         //? f(3);                            //错误: 不能隐式转换
#11     }
```

由于关键字 explicit 的作用，类 Example 的转换构造函数必须显式调用，如对对象 e 的构造。赋值运算 e = 2、函数调用 f(3)中实参传递给形参过程中的隐式转换都不会成功。

关键字 explicit 有两种用法：①不带有条件。除了运用于转换构造函数，自 C++11 起，可以运用于转换运算符；自 C++17 起，可以运用于类模板参数推导，它主要表明所有的隐式转换和复制初始化中的隐式转换都是不允许的。②自 C++20 起，它还可以带有

条件 explicit(expr)，当常量表达式 expr 值为真时，explicit 发挥作用。

2.3.5　复制构造函数

1. 数据类型的可复制能力

可复制构造是数据类型的重要能力之一，复制构造的目的是使对象的取值完全相同，复制构造的结果则使两个对象“长得一模一样”。以 C/C++中的基本数据类型和结构为例，它们都具有重要的复制构造能力。下列程序段考查了各种数据类型的复制构造能力和行为。

```
#01     bool ba(true); bool bb = ba; assert(ba==bb); //复制构造,必然相等
#02     char ca('A'); char cb = ca; assert(ca == cb); //复制构造,必然相等
#03     int na(1); int nb(na); assert(na == nb);   //复制构造,必然相等
#04     double da(2.4); double db(da);assert(da==db); //复制构造,必然相等
#05
#06     struct S {int x; double y;};
#07     S a {1, 2};     S b = a;        //struct 类型变量的复制构造
#08     assert(b.x == 1 && b.y == 2);   //两个变量必然相等
#09     S c{b};                         //struct 类型变量的复制构造
#10     assert(c.x == 1 && c.y == 2);   //两个变量必然相等
#11
#12     int arr[] {1, 2, 3, 4, 5, 6};
#13     //? int wrong[] (arr);          //数组之间不能整体复制构造
```

对 4 种基本数据类型 bool、char、int、double 的复制构造，必然使复制构造的双方完全相同，因此 4 个断言表达式（如 assert(ba == bb)）都能够通过程序检验。对结构类型的复制构造，使程序具有了“通过简洁的复制构造操作，就能够取得完全相同的两个对象”的能力。之所以说复制构造操作简洁，看看语句 S b = a;和 S c(b);就知道了。令人遗憾的是，C/C++不允许对数组直接复制构造，如上述数组 wrong 的生成是错误的。

从上述分析可以看出：

（1）复制构造是指在生成变量（或者对象）的同时，以另一个同类的变量（或对象）的值作为初始值来构造该变量（或对象）。

（2）复制构造的优点在于，通过简洁的语法或操作，就能得到复杂对象的副本。

（3）复制构造的实现形式有 3 种：通过赋值运算符“=”，如 bool bb = ba;；函数调用运算符“()”，如 int nb(na);；或者“{}”，如 S c{b};，其中以圆括号运算符形式的复制构造操作更能体现复制构造是一种函数调用的本质。

2. 复制构造函数的定义

为了使类具有复制构造的能力并支持复制语义，需要在类中提供复制构造函数。复制构造函数是类的构造函数中的一种，它最主要的用途就是用类的一个对象复制构造另一个对象（即同类对象相互初始化），以便生成某个对象的副本。

C++规定，每个类必须提供一个复制构造函数，否则不能实现对象之间的复制。若类中没有定义，则系统会自动提供一个复制构造函数。复制构造函数的标志在于其参数：

只有一个参数；参数的类型必须是自身类的引用；为了防止对被复制对象的修改，参数类型一般设为常量引用，其函数原型如下：

```
T(const T&);
```

其中，T 是类名。

【例 2.18】模拟歌曲复制。

定义歌曲类 Song，记录歌手（singer）、歌名（title）、大小（size）信息。

```
#01     #include <string>
#02     #include "xr.hpp"
#03
#04     class Song {                            //定义歌曲类
#05     private:
#06         std::string singer;                 //歌手
#07         std::string title;                  //歌名
#08         double size;                        //大小(Bytes)
#09     public:
#10         Song(const char* sg="", const char* tl="", double sz=0) noexcept
#11             :singer(sg), title(tl), size(sz)//也可以用{}
#12         {}
#13         Song(const Song& s)                     //复制构造函数
#14             :singer(s.singer), title(s.title), size(s.size)//也可以用{}
#15         {}
#16         void Print(std::ostream& os = std::cout) {
#17             os << singer << "\t" << title << "\t" << size << std::endl;
#18         }
#19     };
#20     int main() {
#21         Song original{ "Mariah Carey", "Hero", 4705.61 };
#22         xrv(original.Print());
#23
#24         Song a{ original }; xrv(a.Print());     //复制构造 a
#25         Song b{ a }; xrv(b.Print());            //复制构造 b
#26         Song c{ original }; xrv(c.Print());     //复制构造 c
#27     }
```

程序的输出结果如下：

```
#22: original.Print()   ==>Mariah Carey Hero    4705.61
#24: a.Print()          ==>Mariah Carey Hero    4705.61
#25: b.Print()          ==>Mariah Carey Hero    4705.61
#26: c.Print()          ==>Mariah Carey Hero    4705.61
```

分析本例程，首先要明白复制构造函数的应用时机。它最基本的用法就是同类的对象相互初始化。例如，在 main( )函数中，生成对象 a 时，是以对象 original 作为参数的，这会匹配复制构造函数，从而参照 original 复制构造 a。同样生成对象 b 和 c 时，分别是以同类对象 a 和 original 作为参数。如此复制构造下来，对象 a、b、c 必然都与对象 original 完全相同。

分析本例程，最重要的是要掌握复制构造函数的定义方法。复制构造函数的定义模式一般如下：

```
T (const T& t) {
    //member-wise copy
}
```

函数头 T (const T& t)是复制构造函数的标准形式，其中 T 是类名，t 是形参，也是被复制的对象。复制构造会针对不同的数据成员采取不同的按位复制操作（member-wise copy）。正如同复制构造函数 Song(const Song& s);的成员初始化值列表中所示，表达式 singer(s.singer)复制样本的数据成员 singer，表达式 title(s.title)复制样本的数据成员 title，表达式 size(s.size)复制样本的数据成员 size，这就是所谓的按位复制。一般而言，按位复制操作与数据成员的数据类型相关。若数据成员的类型是基本数据类型，包括 std::string，则按照默认复制行为即可获得值的副本。

对于复制构造函数来说，若类的数据成员是简单数据类型的变量，各自拥有可存放数据的内存，且不需要对它们进行内存分配，称为浅复制（shallow copy），则默认的复制构造可以满足大部分的功能要求，默认复制构造的行为是按位复制。若有字符指针作为数据成员，且需要它容纳数据，则需要为它动态分配内存，称为深复制（deep copy），此时默认的复制构造行为一般会引发程序错误，因而需要自定义复制构造函数。关于深复制的具体内容，请参考本书后续章节的相关内容。

3. 复制构造函数的用途

复制构造函数之所以是重要的构造函数，是因为它支持了复制语义，用途广泛。在 3 种情况下，复制构造函数显示出重要作用：同类对象相互初始化；传值调用时实参传给形参；以值返回的方式返回对象。后面两种情况出现在类只定义了复制构造函数而没有定义转移构造函数时。下面详细分析各种情况下复制构造函数的作用。

（1）同类对象相互初始化，即在构造对象时，根据现有对象生成完全相同的另一个对象。这是复制构造函数最基本的用途。

【例 2.19】同类对象相互初始化。

定义 Square 类，保存每个正方形的边长，并复制构造几个相同的对象。

```
#01     #include "xr.hpp"
#02
#03     class Square {                          //定义正方形类
#04     private:
#05         double length;                      //边长
#06     public:
#07         Square(double l = 0) noexcept :length(l) {      //构造函数
#08             std::cout << "ctor:\t" << length << std::endl;
#09         }
#10         Square(const Square& s):length(s.length) {      //复制构造函数
#11             std::cout << "cpctor:\t" << length << std::endl;
#12         }
#13         ~Square() noexcept { std::cout<<"dtor:\t"<<length<<std::endl; }
#14         double Area() const { return length * length; }
#15     };
#16     int main() {
```

```
#17         xrv(Square s{ 10 });
#18         xrv(Square t = s);                  //复制构造:同类对象相互初始化
#19         xrv(Square r(t));                   //复制构造:同类对象相互初始化
#20         xrv(Square q{r}));                  //复制构造:同类对象相互初始化
#21     }
```

程序的输出结果如下：

```
#17:    [Square s{ 10 }]    ==>ctor:        10
#18:    [Square t = s]      ==>cpctor:      10
#19:    [Square r(t)]       ==>cpctor:      10
#20:    [Square q{r}]       ==>cpctor:      10
dtor:   10
dtor:   10
dtor:   10
dtor:   10
```

在 main( )函数中，对于对象 t、r 和 q 的构造都会调用复制构造函数，构造的结果使对象 s、t、r、q 的数据成员取值都相同。注意：程序中采用了 3 种复制构造形式 Square t = s、Square r(t)、Square q{r}。

（2）传值调用时实参传给形参，即当函数参数以值传递方式进行时，需要根据实参复制生成形参。

【例 2.20】值形式的函数参数。

借用例 2.19 中的 Square 类，对比值形式和引用形式传递函数参数的差异。

```
#01     void PrintArea(Square s) {          //以值形式传递参数
#02         std::cout << "in PrintArea...\n";
#03         std::cout << s.Area() << std::endl;
#04     }
#05
#06     int main() {
#07         Square a{ 10 };
#08         std::cout << "entering PrintArea..." << std::endl;
#09         PrintArea(a);                       //参数传递需要复制构造
#10         std::cout << "leaving main..." << std::endl;
#11     }
```

回忆函数调用的过程：首先主调用函数发起函数调用（在 main( )函数中发起对 PrintArea( )的调用）；接着发生参数传递（实参 a 传递给形参 s）；然后执行函数体语句（输出提示信息，计算面积 s.Area( )再输出）；最后退出函数返回控制权。

上述程序的难点在于理解参数传递的过程。函数 void PrintArea(Square s)的参数是值形式，这意味着以 Square s{a}方式传递实参，因此，在实参 a 传递给形参 s 的过程中，要以实参 a 为样本进行复制构造，在构造完成后，进入函数体依次执行其中的语句直到完毕。在即将退出函数 PrintArea( )之前，需要析构所生成的形参（即实参的副本），因此调用析构函数。本例程的输出结果如表 2-1 左列所示。

总结传值调用方式：在进入函数体开始执行之前，首先根据实参复制构造形参，为此需要首先调用复制构造函数，构造形参完毕，再从函数体的第一条语句开始执行。在执行完函数体语句后，首先释放在传递实参过程中所生成的副本，为此需要调用析构函数。因此，在传值调用方式中，对每个形参都会先后调用复制构造函数和析构函数一次，这就是传值调用效率低下的原因。

若以引用类型（或者指针类型）传递函数参数，形参是对实参的引用，无须生成实参的副本，因而省却了先后调用复制构造函数和析构函数的开销，其输出结果如表 2-1 右列所示。表 2-1 是对修改前后的函数及其输出结果的对比。

表 2-1　复制构造函数：参数传递方式的比较

<table>
<tr><th>值传递</th><th>引用传递</th></tr>
<tr><td><pre>void PrintArea(Square s){
   std::cout<<"in PrintArea...\n";
   std::cout<<s.Area( )<<std::endl;
}</pre></td><td><pre>void PrintArea(const Square& s){
   std::cout<<"in PrintArea...\n";
   std::cout<<s.Area( )<<std::endl;
}</pre></td></tr>
<tr><td>程序的输出结果如下：<pre>ctor:10
entering PrintArea...
cpctor:10
in PrintArea...
100
dtor:10
leaving main...
dtor:10</pre></td><td>程序的输出结果如下（其间空行非程序输出，仅为对比）：<pre>ctor:10
entering PrintArea...

in PrintArea...
100

leaving main...
dtor:10</pre></td></tr>
</table>

这个例子带来的启示是：尽量避免以传值方式传递函数的参数，尤其是当要传递的对象较大时，较好的选择是以常量引用类型或指针类型传递结构和类的对象。

（3）类只定义了复制构造函数而没有定义转移构造函数时，以值返回的方式返回对象，即在以值返回的方式从函数中返回对象时，会生成并返回对象的副本，因此需要调用复制构造函数。

【例 2.21】值形式的返回类型应用示例。

借用例 2.19 中的 Square 类，对比值形式和引用形式返回函数值的差异。

```
#01     Square MakeSquare(double d) {        //以值形式返回结果
#02         static Square s{ d };
#03         std::cout << "leaving MakeSquare...\n";
#04         return s;
#05     }
#06
#07     int main() {
#08         std::cout << "entering MakeSquare..." << std::endl;
#09         MakeSquare(10);                  //值返回需要复制构造
#10         std::cout << "leaving main..." << std::endl;
#11     }
```

回忆函数返回的过程：首先计算返回表达式（本例中为 s）的值。接着根据返回类型判断是否需要复制返回表达式的值，若返回值，则根据返回表达式的值复制构造一个副本，并将该副本传递给主调函数；若返回引用，则无须生成返回表达式的副本，直接返回表达式，这要求该表达式为左值（本例中把 s 定义为局部静态对象，用意在此），否则不能以引用形式返回。最后返还程序流程控制权，结束函数调用。

上述程序的难点在于理解函数返回值的过程。函数 Square MakeSquare(double d)返回类型是值类型，这要求以值返回的方式传出返回表达式 s。这使在传出返回表达式 s 之前，首先要生成表达式 s 的副本，这需要以实参 s 为样本进行复制构造，在构造完成后，返回这个副本给主调函数。在该副本运用（如把返回值保存在一个对象中 Square a = MakeSquare(10)）完毕之后，需要析构该副本，因此调用析构函数。本例的输出结果如表 2-2 左列所示。

总结值返回方式：在结束函数体执行之前，首先要生成所返回对象的副本，为此需要首先调用复制构造函数，然后结束整个函数调用。在使用完所返回的对象副本后，才能析构该对象副本，为此需要调用析构函数。因此，在值返回方式中，对要返回的值会先后调用复制构造函数和析构函数一次，这就是值返回方式效率低下的原因。

若以引用类型（或指针类型）返回函数值，则无须生成返回值的副本，因而省却了先后调用复制构造函数和析构函数的开销。若把本例中的函数 MakeSquare( )改为如下返回引用的形式，其输出结果如表 2-2 右列所示，显然少了为生成返回值的副本而对复制构造函数和析构函数的调用。表 2-2 是对修改前后的函数及其输出结果的对比。

表 2-2　复制构造函数：数据返回方式的比较

<table>
<tr><th>值返回</th><th>引用返回</th></tr>
<tr><td><pre>Square MakeSquare(double d){
    static Square s{d};
    std::cout<<"leaving MakeSquare...\n";
    return s;
    }</pre></td><td><pre>Square& MakeSquare(double d){
    static Square s{d};
    std::cout<<"leaving MakeSquare...\n";
    return s;
    }</pre></td></tr>
<tr><td>程序的输出结果如下：<pre>
    entering MakeSquare...
    ctor: 10
    leaving MakeSquare...
    cpctor: 10
    dtor: 10
    leaving main...
    dtor: 10</pre></td><td>程序的输出结果如下（其间空行非程序输出，仅为对比）：<pre>
    entering MakeSquare...
    ctor: 10
    leaving MakeSquare...

    leaving main...
    dtor: 10</pre></td></tr>
</table>

这个例子带来的启示是：尽量避免以返回值的方式返回对象，较好的选择是以引用类型或指针类型返回结构和类的对象。

2.3.6 转移构造函数

在现实世界中，有些事物是允许复制的，如每个人都可以买车、买房、下载歌曲等。但是有些事物（如标准 I/O 流的对象 cout、cin），或者资源（如智能指针 std::unique_ptr 等），是独一无二、不允许复制的，但是可以把它们所拥有的资源转移给其他对象。自 C++11 起，类引入了转移语义，一些对象在构造时可以获取其他对象（即将消亡）已有的内存资源，而不需要重新申请新的内存，这种资源转移的方式极大地提高了程序效率。

为了使类具有转移构造能力并支持转移语义，需要在类中提供转移构造函数。转移构造函数是类的构造函数中的一种，它运用的场合是，当一个临时对象即将结束生命期时，将它所拥有的内存资源转移给其他对象，转移构造函数定义了在此过程中内存资源转移的方式。转移构造函数需要用到右值引用形式，其函数原型通常如下：

```
T(T&&) noexcept;
```

其中，T 是类名。

该函数通常声明为 noexcept，即不抛出异常以确保异常安全。

【例 2.22】定义 Square 类的转移构造函数。

```
#01     #include<iostream>
#02
#03     class Square {                          //定义正方形类
#04     private:
#05         double length;                      //边长
#06     public:
#07         Square(double l = 0) noexcept :length(l) {     //构造函数
#08             std::cout << "ctor:\t" << &length << std::endl;
#09         }
#10         Square(const Square& s)             //复制构造函数
#11             :length(s.length) {
#12             std::cout << "cpctor:\t" << &length << std::endl;
#13         }
#14         Square(Square&& s) noexcept         //转移构造函数
#15             :length(std::move(s.length)) {
#16             std::cout << "mvctor:\t" << &length << std::endl;
#17         }
#18         ~Square() noexcept{std::cout<<"dtor:\t"<<&length<<std::endl;}
#19     };
#20
#21     Square MakeSquare(double d) {           //以值形式返回结果
#22         Square s{ d };
#23         std::cout << "leaving MakeSquare...\n";
#24         return s;
#25     }
#26
#27     int main() {
#28         std::cout << "entering MakeSquare..." << std::endl;
#29         Square t{ MakeSquare(10) };         //返回临时对象需要转移构造
#30         std::cout << "leaving main..." << std::endl;
#31     }
```

仍以 Square 类为例，保留其复制构造函数 Square(const Square& s);及工厂函数 Square MakeSquare(double d);，增加转移构造函数 Square(Square&& s) noexcept;。main( )函数中以函数 MakeSquare(10)的返回值构造对象 t。为了分析各操作针对的是哪个对象，各成员函数将输出数据成员 length 的值修改为输出其地址值，因为不同对象的数据成员取值各不相同，从而判别出所操作的对象是哪个。

程序的输出结果如下（后面添加了各函数所操作的对象的分析，并不是程序的输出）：

```
entering MakeSquare...
ctor:       012FF710            //构造对象 s，输出 s 的数据成员的地址
```

```
leaving MakeSquare...
mvctor: 012FF818                //用 s 转移构造对象 t，输出 t 的数据成员的地址
dtor:       012FF710            //析构对象 s
leaving main...
dtor:       012FF818            //析构对象 t
```

分析本例程，首先要明白转移构造函数的应用时机。它最主要的应用场合就是对函数返回的临时对象进行转移构造，工厂函数 MakeSquare( )中临时对象 s 在函数调用结束后即结束它的生命期，在此之前，用它转移构造对象 t。这种将亡值 xvalue 是典型的右值，因此其函数参数设置为右值引用。作为对比，类中还保留有复制构造函数，从例 2.21 中的分析可知，在类中没有转移构造函数而只有复制构造函数时，此种情况（函数 MakeSquare( )中以值的形式返回结果）会调用复制构造函数根据返回值 s 复制构造对象 t，但当类提供转移构造函数时，编译器会优先选用转移语义根据返回值 s 转移构造对象 t。这恰好说明转移构造函数适用的场合。

分析本例程，然后掌握转移构造函数的定义方法。转移构造函数的定义模式一般如下：

```
T (T&& t) noexcept {
    //member-wise move
}
```

函数头 T (T&& t) noexcept 是转移构造函数的标准形式，其中 T 是类名，t 是形参，也是被转移的对象。转移构造会针对不同的数据成员采取不同的按位转移（member-wise move）操作。正如同转移构造函数 Square(Square&& s) noexcept;的成员初始化值列表中所示，表达式 length(std::move(s.length))转移样本的数据成员 length。一般而言，按位转移操作与数据成员的数据类型相关。若数据成员的类型是基本数据类型，包括 std::string，则按照默认转移行为可获得值的副本。需要说明的是，对于右值引用来说，工具函数 std::move( )并不真正地将一个对象的资源转移给另外一个对象，它只是实现了类似 static_cast <T&&>(t)的数据类型转换，将左值 t 转换为右值引用类型 T&&。如果 t 所属的类支持转移语义，则进行转移构造；如果 t 所属的类不支持转移语义而只支持传统的复制语义，则进行复制构造。复制构造有浅复制与深复制之分，但是转移构造只会进行“浅复制”操作。

需要说明的是，可能部分编译器给出的程序输出结果与上述并不相同，特别是没有调用转移构造函数（缺少上述输出结果的第 4、5 行），那可能是该编译器应用了命名返回值优化（named return value optimization，NRVO）的设置（或编译选项），优化了以值形式返回临时对象时的冗余复制构造或转移构造及对应的析构。

2.3.7 复制赋值运算符函数

1. 数据类型的可赋值能力

可赋值是数据类型的重要能力之一。与复制构造类似，赋值的目的是使对象的取值完全相同，赋值的结果也会使两个对象“长得一模一样”。但是与复制构造不同之处在于，赋值操作的对象都是已经创建好了的对象，而复制构造的对象正在创建中。这些相

同点与不同点使赋值的实现与复制构造操作既有相同之处，也有不同之处。

以 C/C++中的基本数据类型和结构为例，它们都具有重要的可赋值能力。下列程序段考查了各种数据类型的复制赋值能力和行为。

```
#01     bool ba{true}, bb;
#02     bb = ba; assert(ba == bb); //bool 类型的复制赋值运算,两个变量必然相等
#03     char ca{'A'}, cb;
#04     cb = ca; assert(ca == cb); //char 类型的复制赋值运算,两个变量必然相等
#05     int na{1}, nb;
#06     nb = na; assert(na == nb); //int 类型的复制赋值运算,两个变量必然相等
#07     double da{2.4}, db;
#08     db = da; assert(da == db); //double 类型的复制赋值运算,两个变量必然相等
#09
#10     struct S {int x; double y;};
#11     S sa {1, 2}, sb;
#12     sb = sa;                   //struct 类型的复制赋值运算
#13     assert(sb.x == 1 && sb.y == 2);    //两个变量必然相等
#14
#15     int arr[10] {1, 2, 3, 4, 5, 6};
#16     int wrong[10];
#17     //? wrong = arr;           //数组之间不能整体赋值
```

对 4 种基本数据类型 bool、char、int、double 的复制赋值操作，必然使赋值双方的数据成员具有相同的取值，因此 4 个断言表达式（如 assert(ba == bb)）都能够通过程序检验。对结构类型的赋值，使程序具有了“通过简洁的赋值操作，就能够取得完全相同的两个对象”的能力。令人遗憾的是，C/C++不允许对数组整体赋值，如上述对数组 wrong 的赋值是错误的。

从上述例子中可以看出：①复制赋值是指把一个对象的取值赋给另一个同类型的对象，注意这两个对象都是已经事先创建出来的。②赋值的优点在于，通过简洁的语法形式，就能得到与复杂对象一样的成员取值。

2. 复制赋值运算符函数

为了使类具有复制赋值能力，需要在类中提供复制赋值运算符函数。复制赋值运算符函数是类的成员函数的一种，它最主要的用途就是支持左值对象之间的复制赋值。

C++规定，每个类必须提供一个复制赋值运算符函数，否则不能实现左值对象之间的复制赋值。若类中没有定义，则系统会自动提供一个复制赋值运算符函数。复制赋值运算符函数的函数原型如下：

```
T& operator = (const T& rhs);
```

其中，T 是类名，operator 是 C++的关键字，表示这是一个运算符函数，operator 后跟要定义的运算符“=”。该函数的参数是 T 类型的常量引用。常用标识符 rhs（right hand side）表示右操作数。注意，二元运算符“=”的运算符函数只能以右操作数为参数。复制赋值运算符函数一般不指定为 noexcept，因为复制操作有可能抛出 bad_alloc 异常。

【例 2.23】Word 类：复制与赋值的应用示例。

定义 Word 类，每个对象具有各自的存储单元和长度，实现对象之间的复制与赋值。

```
#01     #include <cstring>                     //for strcpy
#02     #include "xr.hpp"
#03
#04     class Word {                           //定义单词类 Word
#05     private:
#06         char buffer[128];                  //存放字符内容
#07         int length;                        //表示字符个数
#08     public:
#09         Word(const char* s = "") noexcept; //常规构造函数
#10         Word(const Word& w);                       //复制构造函数
#11         Word(Word&& w) noexcept;                   //转移构造函数
#12         Word& operator = (const Word& rhs);//复制赋值运算符函数
#13         ~Word() noexcept {};                       //析构函数
#14     };
#15     Word::Word(const char* s) noexcept {
#16         length = strlen(s);                        //获取形参的长度
#17         strcpy(buffer, s);                         //复制形参的字符内容
#18     }
#19     Word::Word(const Word& w) {
#20         length = w.length;                         //获取样本 w 的长度
#21         strcpy(buffer, w.buffer);                  //复制样本 w 的字符内容
#22         std::cout << "cp ctor:\t" << buffer << "\t" << length << std::endl;
#23     }
#24     Word::Word(Word&& w) noexcept {
#25         length = std::move(w.length);              //获取样本 w 的长度
#26         strcpy(buffer, w.buffer);                  //复制样本 w 的字符内容
#27         std::cout << "mv ctor:\t" << buffer << "\t" << length << std::endl;
#28     }
#29     Word& Word::operator = (const Word& rhs) {
#30         length = rhs.length;                       //获取右操作数 rhs 的长度
#31         strcpy(buffer, rhs.buffer);                //获取右操作数 rhs 的字符内容
#32         std::cout<<"cp operator=:\t"<<buffer<<"\t"<<length<<std::endl;
#33         return *this;                              //返回当前对象
#34     }
#35     int main() {
#36         Word a{"Hello"}, b;                        //测试构造函数
#37         xrv(b = a);                                //测试复制赋值运算
#38
#39         xrv(Word d=a); //Word d(a);                //测试复制构造函数
#40         xrv(Word d2{std::move(d)});                //测试转移构造函数
#41     }
```

程序中同时定义了 Word 类的复制构造函数、转移构造函数和复制赋值运算符函数。程序的输出结果如下：

```
#37: b = a                       ==>cp operator =:   Hello   5
#39: Word d=a                    ==>cp ctor:         Hello   5
#40: Word d2{std::move(d)}       ==>mv ctor:         Hello   5
```

分析本例程，首先要明白复制赋值运算符函数的应用形式。它最为主要的用法就是同类的左值对象相互赋值。例如，在 main( )函数中，首先定义对象 a 和 b，然后通过赋

值运算 b = a 给对象 b 赋值，这会调用复制赋值运算符函数。注意：从赋值表达式 b = a 本身，丝毫看不出这里有对赋值运算符函数进行调用的痕迹。实际上，表达式 b = a 完整的语法形式应该是 b.operator = (a)。从这个形式再分析对赋值运算符函数的匹配就容易多了：函数名称为 operator =，函数的参数为右操作数 a，该成员函数由对象 b（左操作数）调用。对 b 赋值的结果会使它与 a 完全相同。

分析本例程，最重要的是要掌握复制赋值运算符函数的定义方法。注意：赋值的目的是要把右操作数复制给左操作数。从函数原型上看，函数参数 const Word& rhs 表示待复制的右操作数。有了右操作数，要生成另外相同的左操作数，自然是把右操作数所有的数据成员取值一一对应地复制给左操作数，这是与复制构造函数相同的行为。表达式 length = rhs.length 复制右操作数的数据成员 length，表达式 strcpy(buffer, rhs.buffer)复制右操作数的数据成员 buffer。该函数最后返回*this，它对应于函数类型 Word&。返回引用使赋值运算符函数能够用作左值，从而使赋值运算符能够被连续运用，这就是能够连续赋值的原因。关键字 this 表示一个与类相关的指针，它自动隐含于每个成员函数（非静态）中，用于指向调用该成员函数的对象。关于 this 的详细用法，请参考 3.1 节相关内容。复制赋值运算符函数的定义模式一般如下：

```
T& operator = (const T& rhs) {
    //member-wise assignment
    return *this;
}
```

复制赋值运算符函数执行按位赋值（member-wise assignment）的操作，是指参照样本 rhs 各个数据成员的取值，依次把这些值的左值引用赋予目标对象。

对数据成员的按位赋值，一般与数据成员的数据类型相关。若数据成员的类型是基本数据类型，则用赋值运算符即可获得值的副本；若数据成员是字符串，则需要通过字符串复制函数 strcpy( )取得值的副本；若数据成员是普通数组类型，则一般用 for 循环逐个元素复制；若数据成员是更为复杂的其他类的对象，则需要通过该对象的复制赋值运算符函数来赋值。由于复制赋值的默认赋值行为是按位赋值，这是所谓的浅复制。若有指针作为数据成员，且需要它容纳数据，则需要为它动态分配内存，则默认的赋值行为可能会引发程序错误，因而需要自定义复制赋值运算符函数，这是所谓的深复制。

分析本例程，还需要从形式上区分复制赋值运算与复制构造颇为相似的形式。作为与表达式 b = a 的对比，main( )函数中以 Word d = a 的形式复制构造了对象 c。需要强调的是，对于这两种“形似”的形式，完全是“神不似”，它们所表示的意义及分别调用的函数是完全不同的。表达式 b = a 是用 a 给 b 赋值，执行该表达式之前，对象 a 和 b 都已经创建出来，该表达式调用的是复制赋值运算符函数。语句 Word d=a;则是根据 a 复制构造 d，该语句正在创建对象 d，调用的是复制构造函数。

2.3.8　转移赋值运算符函数

由于右值引用的出现，赋值分为复制赋值和转移赋值两类。C/C++中的基本数据类型和结构都具有转移赋值的能力和行为。

```
#01     double da{2.4}, db;
```

```
#02     db = std::move(da);                       //double 类型的转移赋值运算
#03     assert(db == da);                         //两个变量必然相等
#04
#05     struct S {int x; double y;};
#06     S sa; sa = [](){return S{1, 0};} (); //转移赋值为 lambda 函数返回的临时对象
#07     assert(sa.x == 1 && sa.y == 0);      //对象的成员取值必然相等
```

对变量或对象的转移赋值操作，必然使赋值双方的数据成员具有相同的取值。转移赋值可以把一个右值对象赋给另一个同类对象，使它们数据成员的取值相同。

1. 转移赋值运算符函数

为了使类具有转移赋值能力，需要在类中提供转移赋值运算符函数。转移赋值运算符函数是类的成员函数的一种，其最主要的用途是支持右值对象之间的转移赋值。

C++规定，每个类必须提供一个转移赋值运算符函数，否则不能实现右值对象之间的转移赋值。若类中没有定义，则系统会自动提供一个转移赋值运算符函数。转移赋值运算符函数的函数原型如下：

```
T& operator = (T&& rhs) noexcept;
```

其中，T 是类名。该函数的参数对应于赋值操作的右操作数，是 T 类型的右值引用，一定不能是 const，因为它需要修改右值对象以“移动”资源，故该对象一定会被修改。转移赋值运算符函数一般应声明为 noexcept，以确保异常安全。

【例 2.24】Word 类：转移与赋值的应用示例。

在例 2.23 的基础上继续定义 Word 类的转移赋值运算。在类 Word 中添加转移赋值运算符函数的函数原型，以下保留复制赋值运算符的函数原型以作对比。

```
#01     Word& operator = (const Word& rhs);          //复制赋值运算符函数
#02     Word& operator = (Word&& rhs) noexcept;      //转移赋值运算符函数
```

在类定义体外实现该函数，以下保留复制赋值运算符的函数定义以作对比。

```
#01     Word& Word::operator = (const Word& rhs) {
#02         length = rhs.length;                  //获取右操作数 rhs 的长度
#03         strcpy(buffer, rhs.buffer);           //获取右操作数 rhs 的字符内容
#04         std::cout << "cp operator =:\t" << buffer
#05         << "\t" << length << std::endl;
#06         return *this;                         //返回当前对象
#07     }
#08     Word& Word::operator = (Word&& rhs) noexcept {
#09         length = std::move(rhs.length);       //获取右操作数 rhs 的长度
#10         strcpy(buffer, rhs.buffer);           //获取右操作数 rhs 的字符内容
#11         std::cout << "mv operator =:\t"<< buffer
#12         << "\t" << length << std::endl;
#13         return *this;                         //返回当前对象
#14     }
```

在 main( )函数中添加测试语句：

```
#43     Word a{"Hello"}, b, c;                    //测试构造函数和析构函数
#44     xrv(b = a);                               //测试复制赋值运算
#45     xrv(c = std::move(b));                    //测试转移赋值运算
```

程序的输出结果如下：

```
#44: b = a                    ==>cp ctor:         Hello   5
#45: c = std::move(b)         ==>mv ctor:         Hello   5
```

分析本例程，首先要明白转移赋值运算符函数的应用时机。它最主要的用法就是将右值对象赋值给左值对象。例如，在 main( )函数中，赋值表达式 c = std::move(b)，先将左值对象 b 转换为右值引用，然后给对象 c 赋值，这会调用转移赋值运算符函数。赋值的结果会使 c 具有与 b 相同的成员取值。

分析本例程，最重要的是要掌握转移赋值运算符函数的定义方法。与复制赋值运算符函数类似，转移赋值运算符函数会执行按位转移操作，表达式 length = std::move(rhs.length)转移右操作数的数据成员 length，表达式 strcpy(buffer, rhs.buffer)复制右操作数的数据成员 buffer。该函数最后返回*this，它对应于函数类型 Word&。返回引用使赋值运算符函数能够用作左值，能够被连续运用。转移赋值运算符函数的定义模式一般如下：

```
T& operator = (T&& rhs) noexcept {
    //member-wise assignment
    return *this;
}
```

转移赋值运算符函数执行按位赋值操作，是指参照样本 rhs 各个数据成员的取值，依次把这些值的右值引用赋予目标对象。

2. 复制后交换技术和转移后交换技术

上述在实现复制赋值运算符函数和转移赋值运算符函数时，存在两个问题：①代码存在重复的现象，读者可以自行比较复制赋值运算符函数和复制构造函数的实现过程，以及转移赋值运算符函数和转移构造函数的实现过程。②考虑到异常安全性，在赋值操作成功时对象被正确赋值，在不成功的时候就保持对象状态不变。因此，通常采用复制后交换技术来实现复制赋值运算符函数，采用转移后交换技术来实现转移赋值运算符函数。

仍以上述 Word 类为例。仿照 C++标准库的做法，先在类中定义 swap 操作实现对象的交换，函数原型如下：

```
void swap(Word& rhs) noexcept ;
```

swap( )函数一般也应声明为 noexcept，以确保异常安全。

函数定义如下：

```
void Word::swap(Word& rhs) noexcept {
    std::swap(length, rhs.length);//调用标准库函数 swap()交换数据成员 length
    std::swap(buffer, rhs.buffer);//调用标准库函数 swap()交换数据成员 buffer
}
```

修改复制赋值运算符函数的定义如下：

```
Word& Word::operator = (const Word& rhs) {
    Word tmp(rhs);                  //先复制构造一个可供交换的对象
    swap(tmp);                      //调用成员函数实现交换，从而实现复制赋值
    return *this;
}
```

修改转移赋值运算符函数的定义如下：

```
Word& Word::operator = (Word&& rhs) noexcept {
    Word tmp(std::move(rhs));       //先转移构造一个可供交换的对象
```

```
        swap(tmp);                     //调用成员函数实现交换，从而实现转移赋值
        return *this;
    }
```

当然，对上述两类赋值运算的实现过程还可以继续优化，如合并成一个参数类型为值形式的赋值运算符函数，此处不再赘述。

2.3.9 默认生成函数的控制

1. 类的默认生成函数

在合适的情况下，C++编译器可以默认帮程序生成一些未自定义的成员函数，这样的默认生成函数包括：默认构造函数、复制构造函数、复制赋值运算符函数、转移构造函数、转移赋值运算符函数和析构函数等。例如，下面定义的类，只定义了一个数据成员。

```
#01     class MyClass {
#02     private:
#03         int x{ 0 };
#04     };
```

编译器就可能按照当前的语言标准，在类中提供如下函数及其实现。

```
#01     class MyClass {
#02     private:
#03         int x;
#04     public:
#05         MyClass()noexcept :x{ 0 } {}    //默认构造函数
#06         MyClass(const MyClass& other)   //复制构造函数
#07             :x{ other.x } {}
#08         MyClass(MyClass&& other) noexcept   //转移构造函数
#09             :x{std::move(other.x)} {}
#10         ~MyClass() noexcept {}              //析构函数
#11         MyClass&operator=(const MyClass& rhs){//复制赋值运算符函数
#12             x = rhs.x;
#13             return *this;
#14         }                                //以下为转移赋值运算符函数
#15         MyClass& operator = (MyClass&& rhs) noexcept {
#16             x = std::move(rhs.x);
#17             return *this;
#18         }
#19     };
```

按照 C++语言规则，一旦程序自定义了这些函数中的任何一个，编译器就不再为该类自动生成这些默认函数。例如，一旦在类中声明了带有参数的构造函数，则编译器不再为类生成默认构造函数，因此程序必须声明默认构造函数以完成无参对象的构造。其他规则还有：①“5 的规则”，只要声明了除默认构造函数外的 5 种特殊成员函数中的任何一种，通常就应该声明全部 5 种特殊成员函数。②关于转移成员，只要定义了 4 个复制或转移成员中的任何一个，或者定义了一个析构函数，编译器就不再生成任何缺少的转移成员。

另外，程序自定义了这些默认函数后（即使保持与默认生成函数的接口与使用方式一致），会使类不再是平凡的 POD（plain old data）类型，这会使类失去很多 POD 类型具有的优点，如直接使用 memset( )和 memcpy( )函数对 POD 类型进行内存操作；在 C、C++程序中对 POD 类型数据进行互操作时是安全的；保证静态初始化的安全有效。

2. 显式默认“=default”

很多时候，在用户自定义了某些成员函数后，还是希望编译器能够提供默认生成函数，同时保持类型的 POD 特性。这时，就可以在默认生成函数的定义或函数原型上加上“=default”，显式地要求编译器生成该函数的默认版本。这个函数也称为显式默认函数。

【例 2.25】显式默认函数的应用示例。

```
#01     #include <type_traits>
#02     #include "xr.hpp"
#03
#04     class MyClass {
#05     private:
#06        int x;
#07     public:
#08        MyClass(int n) noexcept: x(n) {}
#09        MyClass() = default;
#10     };
#11
#12     int main() {
#13        MyClass mc, mc2{1};
#14        xr(std::is_pod_v<MyClass>); //true
#15     }
```

本来在自定义类的单参数构造函数之后，编译器不会提供默认构造函数，但是在第 9 行通过“=default”显式声明类的默认构造函数，这样类 MyClass 仍然具有默认构造的能力，同时保持为 POD 类型。

在自定义类时，对于默认构造函数、复制构造函数、复制赋值运算符函数、转移构造函数、转移赋值运算符函数和析构函数这 6 个特殊的成员函数，如果编译器提供的默认行为可以满足要求或符合预期，那就可以把这些函数声明为类的显式默认函数，以提高编码效率。除编译器可以显式默认生成的这 6 个函数外，“=default”还可以声明其他函数，如“operator ==”，这样编译器也会按照某些默认的“标准行为”为其生成函数实现。

3. 显式删除“=delcte”

有时候，程序希望限制某些默认函数的生成，如不允许复制，就禁止使用复制构造函数和复制赋值函数。C++98 的做法是将相应函数的访问权限声明为 private，这样一旦使用这些函数就会引发编译错误。C++11 则在函数定义或函数原型上加上了“=delete”声明，这样编译器就不会生成该函数的默认版本。

【例 2.26】显式删除函数。

```
#01    class NoCopy {
#02    public:
#03        NoCopy() noexcept = default;
#04        NoCopy(const NoCopy&) = delete;
#05        NoCopy& operator = (const NoCopy&) = delete;
#06    };
#07
#08    int main() {
#09        NoCopy nc, nc2;
#10        //? NoCopy nc3{nc};
#11        //? nc2 = nc;
#12    }
```

上述程序将类的复制构造函数和复制赋值函数声明为“=delete”，禁止了类的复制构造和复制赋值功能，相关语句（第 10、11 行）会引发编译错误而被注释掉。

显式删除并非只局限于成员函数，也可以用于避免某些不必要的隐式数据类型转换。示例代码如下：

```
#01    void f(int) = delete;
#02    void f(char) {std::cout << "char" << std::endl;}
#03
#04    int main() {
#05        //? f(56);      //int
#06        f('A');        //char
#07    }
```

如果以实参 56、'A'分别调用函数 f( )，则它们都可以隐式转换为 int 型，从而匹配函数 f(int)。如果想避免实参'A'向形参 int 的隐式转换，则可以将函数 f(int)声明为“=delete”，但是这样也使函数调用 f(56)失去了精确匹配，从而引发编译错误。

2.3.10 应用举例

1. 委派构造函数

委派构造函数（delegating constructor）是 C++11 对构造函数的改进之一。在一些场合，如数据成员较多、需要定义多个构造函数时，可以通过委派构造函数将数据成员的初始化工作委托给某些构造函数，从而减少构造函数的定义和书写。

【例 2.27】构造函数的委派。

```
#01    #include <iostream>
#02
#03    class Many {
#04    private:
#05        int n{ 1 };
#06        char ch{ 'a' };
#07        double d{ 3.14 };
#08    public:
#09        Many(int i, char c, double b)
```

```
#10              :n(i), ch(c), d(b)
#11          {}
#12          Many() : Many(0, 'x', 2.5) {}
#13          Many(int i) : Many(i, 'x', 2.5) {}
#14          Many(char c) : Many(0, c, 2.5) {}
#15          Many(double b) : Many(0, 'x', b) {}
#16          void Print() const {
#17              std::cout << n << "\t" << ch << "\t" << d << std::endl;
#18          }
#19      };
#20
#21      int main() {
#22          Many m1; m1.Print();          //0     x    2.5
#23          Many m2(100); m2.Print();     //100   x    2.5
#24          Many m3('X'); m3.Print();     //0     X    2.5
#25          Many m4(0.618); m4.Print();   //0     x    0.618
#26      }
```

C++11 的委派构造函数是在初始化列表的位置进行委派的。通常在类中提供一个基准版本的构造函数，如第 9 行，它具有较为完善的构造行为，称为目标构造函数。那些在初始化列表位置调用该目标构造函数的构造函数称为委派构造函数，如第 12～15 行所定义的构造函数。这两类构造函数是调用与被调用的关系，同时也是委派与被委派的关系（委派构造函数将构造数据成员的任务委派给了目标构造函数）。

需要注意两点：①构造函数不能同时委派和使用初始化列表，如 Many(int i) : Many(i, 'x', 2.5), d(1){} 是不被允许的，初始化代码只能放在函数体 Many(int i): Many(i, 'x', 2.5){d=1;}中。初始化列表总是先于构造函数执行。②委派构造函数可以不止一个，目标构造函数也可能是委派构造函数，但是委派关系不能形成环状（delegation cycle），否则会引起编译错误。

2. 不同作用域和存储类对象的构造、析构时机

【例 2.28】对象构造和析构的顺序及时机。

```
#01      #include <iostream>
#02      #include <string>
#03
#04      class Variable {                         //定义变量类
#05      private:
#06          std::string name;                    //变量的名称
#07      public:
#08          Variable(const char* s = "") noexcept :name(s) {
#09              std::cout << "ctor:\t" << name << std::endl;
#10          }
#11          ~Variable() noexcept {std::cout<<"dtor:\t"<<name << std::endl;}
#12      };
#13
#14      Variable g{"global"};                    //全局对象
#15
```

```
#16     int main() {
#17         std::cout << "entering main..." << std::endl;
#18
#19         Variable a{"local_in_ main"};        //局部对象
#20         { Variable b{"local_in_block"}; }   //局部对象
#21
#22         static Variable c{"local_static"}; //局部静态对象
#23         std::cout << "leaving main..." << std::endl;
#24     }
```

程序的输出结果如下：

```
#01     ctor:   global
#02     entering main...
#03     ctor:   local_in_ main
#04     ctor:   local_in_block
#05     dtor:   local_in_block
#06     ctor:   local_static
#07     leaving main...
#08     dtor:   local_in_ main
#09     dtor:   local_static
#10     dtor:   global
```

分析本例程，重在掌握不同作用域和存储类的对象的构造和析构的时机。对于全局对象 g 来说，它在进入 main( )函数之前构造，在 main( )函数执行完毕才析构。其生存期自构造后开始，结束于 main( )函数运行结束的时刻。其作用域开始于定义所在的行，结束于文件尾。

对于局部对象 a 来说，它在程序运行到其定义处开始构造，出了作用域则析构。其生存期自构造后开始，结束于出作用域的时刻。其作用域开始于定义所在的行，结束于所在块的结尾处。同样典型的是局部对象 b，它与 a 类似，只是作用域进一步缩小了，它的作用域只限于该行，其生存期也非常短暂。因此，对象 b 构造后就被析构了。

对于局部静态对象 c 来说，情况有些特殊。这类对象在程序运行到其定义处开始构造，但是出了作用域后并不析构，而一直存活到 main( )函数运行结束的时刻。虽然它一直存在于内存中，但是在其作用域之外是不能访问它的。因此，对象 c 的生存期自被构造后开始，结束于 main( )函数运行结束的时刻。其作用域开始于被定义的行，结束于所在块的结束处。这是唯一的作用域与生存期不一致的对象。

总结上述 3 类对象构造、析构的时机和顺序，如表 2-3 所示，全局对象最先构造，局部对象（包括局部静态对象）在程序运行到其所在行时开始构造。局部对象按照出作用域的先后顺序析构，局部静态对象和全局对象在 main( )函数结束后析构。

表 2-3 不同作用域和存储类对象的构造、析构时机

类型	构造时机	析构时机
全局对象	在进入 main( )函数之前	结束 main( )函数的时刻
局部静态对象	程序运行到其定义所在的行	结束 main( )函数的时刻
局部对象	程序运行到其定义所在的行	结束所在块作用域的时刻

3. 自定义数组类型实现复制和赋值操作

【例 2.29】IntArray 类的应用示例。

基本数据类型的数组不能相互初始化、不能整体赋值，也不能从函数返回。若定义为类，则可以通过复制构造、转移构造和复制赋值、转移赋值等分别实现相互初始化和整体赋值，并且可以从函数返回。

```
#01     #include <iostream>
#02
#03     class IntArray {                                //定义整型数组类
#04     private:
#05         enum { SIZE = 80 };                         //定义枚举常量用作数组长度
#06         int arr[SIZE]{};                            //定义静态数组，就地初始化为0
#07         size_t sz{ 0 };                             //数组元素个数，就地初始化为0
#08     public:
#09         IntArray() noexcept = default;  //默认构造
#10         IntArray(std::initializer_list<int> il);//用初始化值列表构造
#11         IntArray(const IntArray& other);        //复制构造
#12         IntArray(IntArray&& other) noexcept;    //转移构造
#13
#14         IntArray& operator = (IntArray rhs);    //复制赋值和转移赋值运算
#15
#16         ~IntArray() noexcept { sz = 0; }        //析构函数
#17         void swap(IntArray& rhs) noexcept;      //交换函数
#18
#19         void Print() const;                     //输出数组元素
#20         void Append(int x);                     //向数组中添加元素
#21     };
#22     IntArray::IntArray(std::initializer_list<int> il) {
#23         sz = il.size() < SIZE ? il.size() : SIZE;  //取得合适的长度
#24         std::copy(il.begin(), il.begin() + sz, arr);//复制元素
#25     }
#26     IntArray::IntArray(const IntArray& other)
#27         :sz(other.sz) {
#28         std::copy(other.arr, other.arr + sz, arr); //获取样本的元素
#29     }
#30     IntArray::IntArray(IntArray&& other) noexcept
#31         :sz(std::move(other.sz)) {
#32         std::copy(other.arr, other.arr + sz, arr); //获取样本的元素
#33     }
#34     IntArray& IntArray::operator = (IntArray rhs) {
#35         swap(rhs);                              //调用成员函数实现对象交换
#36         return *this;                           //返回当前对象
#37     }
#38     void IntArray::swap(IntArray& rhs) noexcept {
#39         std::swap(sz, rhs.sz);                  //调用标准库函数交换sz
#40         std::swap(arr, rhs.arr);                //调用标准库函数交换数组arr
#41     }
```

```
#42     void IntArray::Print() const {
#43         for (size_t i{ 0 }; i < sz; ++i)
#44             std::cout << arr[i] << "\t";
#45         std::cout << std::endl;
#46     }
#47     void IntArray::Append(int x) {
#48         if (sz + 1 > SIZE)                          //若数组长度不够
#49             return;                                 //就不要存了
#50         arr[sz++] = x;                              //否则，存放元素，然后增加长度
#51     }
#52     IntArray get_even(std::initializer_list<int> il) {//提取列表中的偶数
#53         IntArray ia;                                //首先默认构造数组对象
#54         for (auto i : il) {
#55             if (i % 2 == 0)                         //判断出偶数元素
#56                 ia.Append(i);                       //然后存放偶数元素
#57         }
#58         return ia;                                  //最后返回结果
#59     }
#60     int main() {
#61         std::initializer_list<int> il{ 2, 3, 5, 1, 6, 4, 8 };
#62         IntArray na{ il }, nb;                      //测试构造函数
#63         IntArray nc{ na };                          //测试复制构造函数
#64         nc.Print();                                 //测试 Print()函数
#65
#66         nb = get_even(il);                          //测试转移构造和赋值运算
#67         nc = nb;                                    //测试复制构造和赋值运算
#68         nc.Print();
#69     }                                               //测试析构函数
```

程序的输出结果如下：

```
2   3   5   1   6   4   8
2   6   4   8
```

本例程主要演示了自定义数组类型的实现过程。程序中融入了较多的现代C++语言特征。类IntArray有两个数据成员：数组arr及其元素个数sz，分别进行了就地初始化，这样在类的默认构造函数IntArray( ) = default;声明为显式默认函数之后，仍然能够保持数据成员处于初始化的状态。构造函数IntArray(std::initializer_list<int> il);接收初始化值列表进行构造。类中同时定义了复制构造函数IntArray(const IntArray& other);和转移构造函数IntArray(IntArray&& other) noexcept;。在实现类的赋值运算IntArray& operator = (IntArray rhs);时，并没有如前面所讲述分别定义复制赋值运算和转移赋值运算，而只是定义了一个参数为值形式“IntArray rhs”的赋值运算，该函数能够同时支持复制赋值和转移赋值。函数swap( )实现交换，函数Print( )输出数组元素，函数Append( )向数组中添加元素，函数get_even( )把列表中的偶数元素选出来并存放在自定义数组对象中。

这里重点分析一下对赋值运算符的调用情况。main( )函数中，表达式nb = get_even(il)首先调用函数get_even( )生成存放偶数元素的数组对象ia，在该临时对象返回的过程中会调用类的转移构造函数，然后将转移构造出来的右值对象rhs赋值给对象nb，这是将右值对象赋值给左值对象，会采用转移赋值运算的方式。表达式nc = nb是两个左值对

象之间的赋值，由于赋值运算的参数是值形式，在参数传递过程中会对右操作数 nb 进行复制构造，然后将复制构造出来的对象 rhs 赋值给对象 nc，这是将左值对象赋值给左值对象，会采用复制赋值运算的方式。因此，参数为值形式的赋值运算 IntArray& operator = (IntArray rhs);融合支持了复制赋值和转移赋值两种方式。

2.4 类的复合

2.4.1 类之间的复合关系

现实世界中有很多事物和概念，它们之间是整体与部分的关系。例如，平面上的两个点可以确定一条直线，点构成了直线，所以直线与点之间就是整体与部分的关系。又如，每个班级有 30 个学生，则班级与学生之间也是整体与部分的关系，学生是构成班级的元素。为描述这类“has-a”的关系，需要用到类的复合语法。

根据整体与部分之间依赖性的强弱，可以把复合关系分为两种类型：聚合（aggregation）和组合（composition）。对于聚合关系，整体松散地拥有部分，它们具有不同的生命期，部分可以被多个整体共享。例如，作为计算机配件的主板 Motherboard 与计算机 Computer，一台计算机报废后不存在了，但是其主板可能仍然有用，因此整体与部分不是同生同灭的关系。在 UML 中，用空心菱形表示聚合关系，如图 2.4 所示。

对于组合关系，整体与部分之间紧密相联，同生同灭，它们具有相同的生命期。部分不可以在多个整体之间共享。例如，一个公司 Company 往往由多个部门 Department 构成，若公司倒闭了，这些部门当然也不存在了。在 UML 中，通常用实心菱形表示组合关系，如图 2.5 所示。

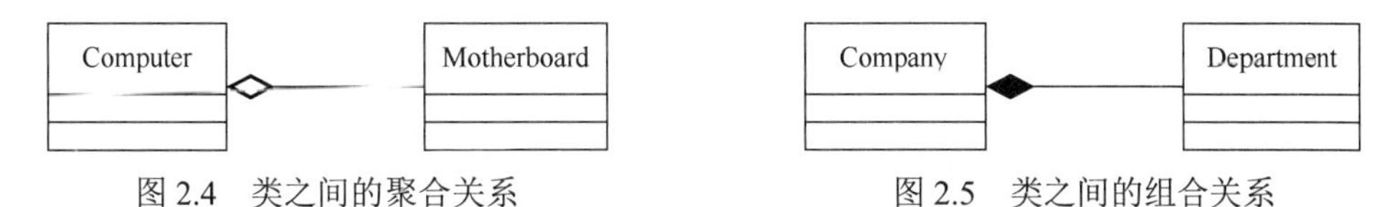

图 2.4 类之间的聚合关系　　　　图 2.5 类之间的组合关系

除了对现实世界中各种关系的描述，复合还是代码重用的一种重要方法。从程序代码上来看，把一个类的对象用作另一个类的数据成员，这就是类之间的复合关系，这个数据成员称为对象成员或子对象，包含该对象成员的类通常称为宿主类，其对象称为宿主对象。例如，下列程序段描述了类 Point 和类 Line 之间的复合关系，Point 类的对象 start、end 分别表示直线 Line 的起点和终点，类 Line 是宿主类。

```
#01     class Point {int x, y;};
#02
#03     class Line {
#04         Point start;    //对象成员:Point 类的对象作为 Line 类的成员,表示起点
#05         Point end;      //对象成员:Point 类的对象作为 Line 类的成员,表示终点
#06     };
```

又如，下列程序段描述了类 Student 和类 Class 之间的复合关系，它表示了“每个班级有 30 个学生”。

```
#01     class Student {           //定义学生类
#02     private:
#03         std::string id;
#04         std::string name;
#05         double score;
#06     };
#07
#08     class Class {             //定义班级类
#09     private:
#10         Student s[30];        //Student 类的对象数组用作 Class 类的数据成员
#11     };
```

2.4.2 对象成员的构造与析构

当类 A 的对象 a 用作类 B 的数据成员时，每次生成类 B 的对象都需要构造 a，而对于它的构造只能由它所属的类 A 来完成，因此必须在类 B 的构造函数中调用类 A 的构造函数，并提供构造对象 a 所需的参数。但是对于对象成员的初始化，又不能像普通数据成员一样在构造函数的函数体中初始化，如下列程序段是不正确的。

```
#01     class A {
#02     private: int a;
#03     public : A(int n):a(n) {}                    //在函数体中初始化数据成员 a
#04     };
#05
#06     class B {
#07     private: A x;                                //对象成员
#08     public : B(int m):x(m) {/*x = A(m);*/} //不能在函数体中初始化对象成员 x
#09     };
```

初始化对象成员时，必须用到成员初始化值列表的语法形式。应用该语法形式，直接在构造函数的参数列表后面添加冒号“:”，然后在冒号后面写上初始化语句。注意：不能将该初始化语句写在构造函数定义体中。

【例 2.30】Person 类：成员初始化值列表语法的应用示例。

定义 Person 类，其属性有姓名（name）和年龄（age），其中 name 类型设为 string。

```
#01     #include <iostream>
#02     #include <string>
#03
#04     class Person {                          //定义“人”数据类型
#05     private:
#06         std::string name;                   //对象成员:姓名
#07         int age;
#08     public:
#09         Person(const char* s, int a)        //常规构造函数
#10             :name(s), age(a)                //在列表中初始化
#11         {}
#12         Person(const Person& p)             //复制构造函数
#13             :name(p.name), age(p.age)       //在列表中初始化
#14         {}
#15         Person(Person&& p) noexcept         //转移构造函数
```

```
#16             :name(std::move(p.name)), age(std::move(p.age))//列表初始化
#17         {}
#18         void Print(std::ostream& os = std::cout) {
#19             os << name << ": " << age << std::endl;
#20         }
#21     };
#22
#23     int main() {
#24         Person p{ "Tom", 10 };          //测试构造函数
#25         p.Print();                      //输出 Tom: 10
#26
#27         Person q1{ p };                 //测试复制构造函数
#28         q1.Print();                     //输出 Tom: 10
#29
#30         Person q2{ std::move(p) };      //测试转移构造函数
#31         q2.Print();                     //输出 Tom: 10
#32     }
```

上述程序的重点在于以 string 类的对象 name 作为 Person 类的数据成员，它是一个对象成员。在定义常规构造函数 Person(const char*s, int a)时，对对象成员 name 的初始化必须在构造函数的函数头后面以冒号的形式显式地传以实参 s，以便构造 string 对象 name，此即成员初始化值列表语法。对于普通的变量，如 age 的构造既可以以成员初始化值列表的方式完成，也可以放在函数体中进行初始化。同样需要成员初始化值列表语法的还有复制构造函数 Person(const Person& p)和转移构造函数 Person(Person&& p) noexcept，这两个函数在成员初始化值列表中对形参 p 的数据成员分别复制构造、转移构造了当前对象的数据成员。

一般而言，只要对象成员中没有提供默认构造函数，或者不以默认构造的形式创建对象成员，则都需要以成员初始化值列表形式向对象成员传以实参，而且随着所传入的实参类型的不同，对对象成员初始化所调用的构造函数也是不一样的。例如，例 2.30 中常规构造函数 Person(const char*s, int a)对对象成员 name 的构造则是调用了 string 类中以 const char*为参数的构造函数，而复制构造函数 Person(const Person& p)对对象成员 name 的构造则是调用了 string 类中的复制构造函数，转移构造函数 Person(Person&& p) noexcept 对对象成员 name 的构造则是调用了 string 类中的转移构造函数。

2.4.3　应用举例

【例 2.31】定义圆类和圆环类。

定义圆类 Circle，求其面积和周长。在此基础上定义圆环类 Ring，并求其面积和周长。

```
#01     #include "xr.hpp"
#02
#03     class Circle {                         //定义圆类
#04     private:
#05         double radius;
#06     public:
```

```
#07         Circle(double d = 0) noexcept :radius(d) {}     //构造函数
#08         Circle(const Circle& c) :radius(c.radius) {}    //复制构造函数
#09         Circle& operator = (const Circle& rhs) {//复制赋值运算符函数
#10             radius = rhs.radius;
#11             return *this;
#12         }
#13         double Area() { return 3.14 * radius * radius; }//计算圆的面积
#14         double Perimeter() { return 2 * 3.14 * radius; }//计算圆的周长
#15     };
#16
#17     class Ring {                              //定义圆环类
#18     private:
#19         Circle inner, outer;    //对象成员:圆环由内圆 inner 和外圆 outer 构成
#20     public:
#21         Ring(double in=0, double out=0) noexcept :inner(in),outer(out){}
#22         Ring(const Ring& a) :inner(a.inner), outer(a.outer) {}
#23         Ring& operator = (const Ring& rhs) {
#24             inner = rhs.inner;
#25             outer = rhs.outer;
#26             return *this;
#27         }
#28         //计算圆环的面积和周长
#29         double Area() { return outer.Area() - inner.Area(); }
#30         double Perimeter(){return outer.Perimeter() + inner.Perimeter();}
#31     };
#32
#33     int main() {
#34         Ring a{ 100, 200 }, b{ a }, c; //测试构造函数
#35         c = b;                        //测试赋值运算
#36         xr(b.Area());                 //计算并输出面积 94200
#37         xr(c.Perimeter());            //计算并输出面积 1884
#38     }
```

每个圆环由内圆和外圆构成，因此圆环类 Ring 将圆类 Circle 的两个对象内圆 inner 和外圆 outer 作为自己的对象。圆类 Circle 定义了求面积的函数 Area( )和求周长的函数 Perimeter( )，圆环类 Ring 的求面积和周长的函数直接调用圆 Circle 类求面积和周长的函数来实现。

分析本例程，应掌握宿主类在定义对象成员的构造、复制和赋值等运算时的方法，它们都需要基于对象成员的构造、复制和赋值运算来实现。下面逐一分析。

定义构造函数 Ring(double in, double out)：对象成员 inner 和 outer 的构造都需要带有一个 double 型参数，因此把它们各自所需的参数 double in 和 double out 包含到宿主类的参数列表中。在初始化 inner 和 outer 时，成员初始化值列表以 inner(in)和 outer(out)形式对它们进行显式初始化，这样先后两次调用了圆类 Circle 的构造函数 Circle(double d)。

定义复制构造函数 Ring(const Ring& a)：同样需要对对象成员 inner 和 outer 以成员初始化值列表形式进行复制构造，此时它们要复制的样本都包含在参数 a 中，成员初始化值列表以 inner(a.inner)和 outer(a.outer)的形式对它们进行显式初始化，这样先后两次

调用了圆类 Circle 的复制构造函数 Circle(const Circle& c)。

定义复制赋值运算符函数 Ring& operator = (const Ring& rhs)：由于对象成员 inner 和 outer 的赋值运算已经在圆类 Circle 中定义好了，因此该赋值运算符函数可以直接调用它们，从而实现圆环类 Ring 的赋值运算，如表达式 inner = rhs.inner 和 outer = rhs.outer 所示。

本 章 小 结

本章主要介绍了 C++语言中关于类定义和对象定义的知识，这是面向对象程序设计的第一大特性——封装性的精华所在。在学习本章时，读者一定要多思考、多进行编程练习。

1. 面向对象的基本概念

面向对象方法实现了对象属性和方法的封装。封装性、继承性和多态性是面向对象范型的三大重要特征。通过抽象，结构化程序设计得到了函数模块，面向对象程序设计得到了对象模块。属性描述了对象的特征。对象的属性需要通过行为动态地表现出来。对象定义操作、方法或服务来操纵对象的属性。消息是对象之间通信的手段。

2. 类定义的语法

与结构类型的定义相似，类能够把相互关联的不同类型的数据封装为一个整体，并且把对这些数据的操作也封装在类中，使对现实世界中事物的描述显得更为丰富。在定义类时，把事物的属性抽象为数据成员，把事物的行为抽象为成员函数。

C++中的关键字 private、public、protected 实现了类成员的访问控制。通常类的数据成员具有 private 权限，以便对关键数据的保护和隐藏，类的成员函数作为提供给用户的接口，具有 public 权限。

与普通函数相似，成员函数可以重载、具有默认值和内部连接性。与普通函数不同的是，成员函数归属于某个类空间，因此对它的定义和调用都需要限定类属关系。

类的成员函数通常具有不同功能，其中访问函数和工具函数提供了对数据成员的访问。

3. 构造函数和析构函数

构造函数和析构函数作为类中极为重要的成员函数，它们会在对象生成之后自动初始化数据成员，在撤销对象之前自动清理内存。只要定义了对象，就会对该对象调用构造函数；只要出了对象的作用域或结束了对象的生命期，就会对该对象调用析构函数。

构造函数和析构函数具有非常特殊且明显的性质：它们具有与类名相同的函数名称，都没有返回类型，其中析构函数不能重载。

只有在定义对象时才会引发对构造函数的调用，定义对象指针或对象引用是不会调用构造函数的。

在栈中生成的对象具有相反的构造和析构顺序，该顺序为“先构造、后析构；后构造、先析构”。

4. 几个重要的构造函数

默认构造函数通常是指在定义对象时，无须提供实参就可以调用的构造函数。默认构造函数常用于构造无参对象。在定义对象数组时也需要该类中提供默认构造函数。

转换构造函数能够把参数类型的数据转换为本类的对象。通常在调用时只需提供一个实参的构造函数就可以用作转换构造函数。关键字 explicit 可以抑制转换构造函数的自动隐式类型转换。

复制构造函数使类具有复制功能。复制构造函数只带一个参数，且其类型是自身类的常量左值引用。复制构造函数在 3 种情况下会被调用：同类对象相互初始化；传值调用时实参传给形参；以值返回的方式返回对象。后两种情况出现在类只定义了复制构造函数而没有定义转移构造函数时。这是最为重要的构造函数。

转移构造函数使类具有转移功能。转移构造函数只带一个参数，且其类型是自身类的右值引用。转移复制构造函数运用的场合有：当一个临时对象即将结束生命期时，将它所拥有的内存资源转移给其他对象，转移构造函数定义了在此过程中内存资源转移的方式。

复制赋值运算符函数使类具有复制赋值功能。它在两个左值对象相互赋值时被调用。转移赋值运算符函数使类具有了转移赋值功能。它在右值对象赋值给左值对象时被调用。

复制构造函数和复制赋值运算符函数支持类的复制语义，转移构造函数和转移赋值运算符函数支持类的转移语义。

5. 类的复合

为了表示整体与部分，以及“has-a”的关系，需要用到类的复合来实现，表现在程序上则是一个类的对象是另外一个类的数据成员。对象成员的初始化通常采用成员初始化值列表的方式完成。

习　　题

1. 定义正方形类 Square，提供 Set( )/Get( )函数以设置/读取边长值，计算正方形的周长和面积。

2. 仿照 int 型，定义类 Int，让它具有与 int 相同的构造（默认构造、复制构造、转移构造）、析构和复制赋值和转移赋值等功能，在类中提供成员函数实现加、减、乘、除等算术运算。

3. 有理数是类似 1/2 的数，请定义类 Rational 表示这一数据类型，并提供基本运算，实现对象之间的加、减、乘、除算术运算，并实现有理数计算中的化简过程。

4. 定义复数类 Complex，构造两个对象，并调用成员函数对它们进行加、减、乘、除等算术运算。

5．定义圆球类Ball，模拟计算地球和月球之间的距离。

6．首先定义枚举类型描述天气情况，然后定义数据类型Climate记录每天的天气，统计近一个月来各种天气的天数。

7．每个学生具有姓名、学号、成绩等属性，请定义类Student，计算班内30个学生的平均成绩。

8．每个员工具有工号、姓名、工龄、性别、工资等属性，请定义类Employee，输出按工龄排序的员工名单。

9．某一具体时刻由小时、分、秒确定，请定义时间类Time，计算两个时间之间相差的间隔。

10．定义日期类Date，计算从该年的第一天到该日期过了多少天。

11．Tom一家（他及其父母）在每人生日时会举办小型聚会隆重纪念，请在各人生日那天提醒他们。

12．定义点类Point和直线类Line，提供成员函数判断两者的位置关系。

13．定义点类Point和矩形类Rectangle，以多种方式构造矩形，计算矩形的面积和中心点，并判断点与矩形的位置关系。

14．计算机由不同的配件构成，编程估算装配一台计算机需要多少钱，并输出配置清单。

15．模拟学校的构成：假设某学校有100个班级，每个班级对应不同的专业，并有30个学生，每个学生有学号、姓名、年龄、成绩等属性。

16．每件衣服都有不同的尺码、材质和价格，某人买了3件衣服，编程计算价钱。

17．图书馆中有多种图书，每种图书有书名、ISBN 号和藏书册数等属性，编程模拟借书和还书的过程。

18．超市的商品具有各自的条码、名称和价格，在经过一天的销售后，请编程实现报告销售量和营业额。

第3章　类的几个主题

在类中定义成员函数的过程中经常会遇到以下问题：成员函数如何访问对象的成员；如何有效保护数据成员或调用成员函数的对象不被修改；如何构造具有指针类型数据成员的对象；如何提高对私有数据成员的访问效率；如何在对象之间共享数据。这些问题是本章讨论的主要内容。

本章延续了第2章关于类的封装性的讨论，按照不同的主题讨论几个关键字的主要用法。this绑定了调用成员函数的对象，并在成员函数定义中具有重要的作用。const尤为重要，用于合适的场合能够提高程序的健壮性。new/delete常用于内存动态分配，其在构造对象、深复制等方面有着重要且复杂的用途。friend定义友元，提高了访问数据的效率。static成员在数据共享、计数等方面具有重要作用。

通过本章的学习，读者应理解this、const的用法，掌握new/delete在动态构造对象及深复制等方面的用法，理解并掌握friend( )函数及static数据成员的用法。

3.1　this指针

3.1.1　this指针概述

先从一个程序引出所要讨论的问题：为什么需要this指针？

【例3.1】成员函数中的this指针的应用示例。

```
#01     #include "xr.hpp"
#02
#03     class Example {                          //定义类Example
#04     private:
#05         int n;                               //数据成员
#06     public:
#07         Example(int m = 0) noexcept {        //隐含着this指向正构造的对象
#08             this->n = m;                     //访问当前对象的成员
#09             std::cout << this << std::endl;      //输出当前对象的地址
#10         }
#11         ~Example() noexcept {                //隐含着this指向正析构的对象
#12             xr(this);                        //输出当前对象的地址
#13         }
#14         void Print() const {                 //隐含着this指向待输出的对象
#15             std::cout << this << "\t" << this->n << std::endl;
#16         }
#17     };
#18     int main() {
#19         xrv(Example a{1});                   //测试构造函数中的this指针
```

```
#20         xrv(Example b);                 //测试构造函数中的 this 指针
#21         xr(&a); xr(&b);                 //输出对象的地址以进行对比
#22         xrv(a.Print());                 //通过 Print 函数输出对象 a 的地址
#23         xrv(b.Print());                 //通过 Print 函数输出对象 b 的地址
#24     }                                   //测试析构函数中的 this 指针
```

程序的输出结果如下：

```
#19: Example a(1)    ==>0012FF54
#20: Example b       ==>0012FF48
#21: &a              ==>0012FF54
#21: &b              ==>0012FF48
#22: a.Print()       ==>0012FF54 1
#23: b.Print()       ==>0012FF48 0
#12: this            ==>0012FF48
#12: this            ==>0012FF54
```

在第 2 章关于对象定义的讨论中提到：由类生成对象时，每个对象都得到类中数据成员的一个副本，并各自独立拥有自己的数据成员。例如，本例中对象 a、b 是同一个类 Example 的不同对象，它们拥有相同的内存布局（因为都是由 Example 类生成的），但是各自存储在不同的地址单元中，在各自存储的单元中都有取值不同的数据成员 n。但是所有的成员函数（以 Print( )为例）只在整个类中存在一份，由所有的对象共享。

这带来一个问题：这个唯一的成员函数 Print( )如何知道每个对象的存储地址，进而能够访问并输出各自的数据成员呢？因为 Print( )函数面临的对象是不同的，所以它必须知道这些对象的数据成员 n 的存放地址，否则无法输出。

问题的答案就是：在 C++中，类的每个非 static 成员函数都有一个隐含的 this 指针作为第一个参数，该指针指向调用该成员函数的对象。无论哪个对象调用该成员函数，指针 this 总是初始化为该对象的地址，从而以这种方式使成员函数知道了要访问的对象及其数据成员的存储地址。

类 Example 在构造函数、析构函数和成员函数 Print( )中都输出了各自拥有的 this 指针，同时在 main( )函数中输出两个对象 a、b 的存储地址。从输出结果的对比来看，两个对象的存储地址分别与这 3 个成员函数的 this 指针一致。这正说明，成员函数中的 this 指针指向调用该成员函数的当前对象。通常用“当前对象”来称呼正在调用成员函数的对象，注意在不同的时刻，当前对象总是在变的。对于某个成员函数，哪个对象来调用它，该函数的 this 指针就指向该对象。因此，当前对象总是被 this 指针所指的对象，而且经常通过 this 指针访问当前对象的数据成员（如 this->n），该表达式与直接访问数据成员（如 n）是一样的，只是表达式 this->n 能够更清晰地说明数据成员 n 的拥有者是 this（即调用该成员函数的当前对象）。

this 指针具有类型，它往往与成员函数的常量属性有关。为了查看该指针的类型，可以把下列语句分别放到本例的 3 个成员函数中：

```
std::cout << typeid(this).name() << std::endl;
```

同时包含 C++标准头文件<typeinfo>。从输出结果中可以看出，在构造函数和析构函数中该指针的类型为 class Example *；而在成员函数 Print( )中，该指针的类型为 class Example const *，这是因为该函数是 const 成员函数。

3.1.2 this 指针的用法

1. 访问对象的成员

在本章之前，为在成员函数中访问数据成员，都是直接书写该数据成员的名称，而没有对该数据成员进行任何修饰和限制，即没有显式说明某数据成员是属于当前调用该函数的对象。实际上，为了更清晰地表明数据成员和成员函数的类属关系，在非静态成员函数中可以通过 this 指针来访问数据成员，或者用 this 来限定某数据成员的类属关系。所有对类中成员不加修饰的访问，其效果与通过 this 指针来访问都是相同的。此处均不包括对静态成员的讨论。

拥有 this 指针后，在实现类中一元操作和二元操作的成员函数时，就很容易得知“通过 this 指针可以访问到当前对象”，这个当前对象往往是一元操作的操作数，或者二元操作的左操作数。

【例 3.2】this 指针与当前对象的应用示例。

```
#01    #include "xr.hpp"
#02
#03    class Rational {                          //定义有理数类
#04    private:
#05        int numerator, denominator;           //分子,分母
#06    public:
#07        Rational(int n = 0, int d = 1) noexcept {//this 指向正在构造的对象
#08            this->numerator = n;              //访问当前对象的分子
#09            this->denominator = d;            //访问当前对象的分母
#10        }
#11        void Print(std::ostream& os = std::cout) const {//一元操作
#12            os <<this->numerator << "/" <<this->denominator << std::endl;
#13        }//this 指向当前对象
#14        Rational& operator = (const Rational& rhs) {//二元操作
#15            this->numerator = rhs.numerator;          //复制右操作数的分子
#16            this->denominator = rhs.denominator;      //复制右操作数的分母
#17            return *this;                             //返回左操作数
#18        }//this 指向左操作数
#19        bool Equal(const Rational& rhs) const {      //二元操作
#20            return this->numerator * rhs.denominator
#21                == this->denominator * rhs.numerator;//交叉相乘,比较结果
#22        }//this 指向左操作数
#23    };
#24
#25    int main() {
#26        Rational a{3, 4}, b;                  //测试构造函数
#27        b = Rational{6, 8};                   //测试赋值运算
#28        xrv(a.Print());                       //输出 3/4
#29        xrv(b.Print());                       //输出 6/8
#30        xr(a.Equal(b));                       //输出 true
#31    }
```

分析本例程，应该加深对“成员函数的 this 指针与当前对象之间关系”的理解。类的非静态成员函数都会给对象施加一些操作，这些操作或修改该对象的数据成员，或输出数据成员的取值。把这些成员函数看作类的运算。例如，构造运算、复制运算、赋值运算等，它们都需要操作数，这些操作数就是调用这些成员函数需要提供的对象，如构造的对象、参与赋值和复制的两个对象。

根据运算的性质不同，这些操作常分为一元操作和二元操作。对于一元操作，通过该成员函数中隐含的 this 指针就可以取得参与运算的当前对象。例如，Rational 类的构造和输出操作，其构造函数 Rational(int n, int d)和输出函数 void Print(ostream& os) const 中隐含的 this 指针正是指向当前对象的。对于二元操作，通过该成员函数中隐含的 this 指针往往只能得到左操作数（即当前对象），那么一般需要把右操作数设为函数的参数。例如，Rational 类的赋值操作，以及判断相等，其赋值运算符函数 Rational& operator = (const Rational& rhs)，以及成员函数 bool Equal(const Rational& rhs) const 都只带有一个参数 rhs（right hand side，意为右操作数），而左操作数即为 this 所指的当前对象。

这就是在类中定义运算时操作对象与 this 指针的关系：实现一元操作的成员函数无须带参数，this 所指当前对象即为操作数；实现二元操作的成员函数只带有一个参数，this 所指当前对象为左操作数，函数参数为右操作数。

使用 this 指针访问成员时，一般通过箭头运算符访问，如 this->numerator。也可以先对该指针间接引用，然后通过圆点运算符访问，即(*this).numerator。由于优先级的关系，该表达式一定要用圆括号表明先计算*运算符。

2. 防止自复制

在定义复制构造函数和转移构造函数时，尤其是在对象需要动态申请内存完成构造的情况下，这时不允许对象自复制。

防止自复制的办法是：在复制构造或转移构造之前，检查当前正在构造的对象与要复制或转移的样本是否是同一个对象，若是，则退出复制构造函数或转移构造函数。为了检查两个对象是否相同，可以比较这两者的地址是否相等。当前正在构造对象的地址可以通过复制构造函数或转移构造函数中的 this 指针得到，要复制或转移的样本（即复制构造函数或转移构造函数的参数）的地址可以通过&运算符得到。

【例 3.3】使用 this 指针防止自复制。

```
#01     #include <string>                        //for string
#02     #include "xr.hpp"
#03
#04     class Person {                           //定义“人”数据类型
#05     private:
#06         std::string name;                    //姓名
#07         int age;                             //年龄
#08     public:
#09         Person(const char* s = "", int a = 0) noexcept //构造函数
#10             :name(s), age(a)                 //初始化数据成员
#11         {}
```

```
#12        Person(const Person& p) {                //复制构造函数
#13            if (this != &p) {                    //防止自复制
#14                name = p.name;                   //复制样本的name
#15                age = p.age;                     //复制样本的age
#16            }
#17        }
#18        Person(Person&& p) noexcept {            //转移构造函数
#19            if (this != &p) {                    //防止自复制
#20                name = std::move(p.name);        //转移样本的name
#21                age = std::move(p.age);          //转移样本的age
#22            }
#23        }
#24        void Print(std::ostream& os = std::cout) const {//输出对象
#25            os << name << "\t" << age << std::endl;//依次输出姓名和年龄
#26        }
#27    };
#28
#29    int main() {
#30        Person a{"Tom", 20}; xrv(a.Print());     //测试构造函数,输出Tom 20
#31        Person b{a}; xrv(b.Print());             //测试复制构造,输出Tom 20
#32        Person c{std::move(b)}; xrv(c.Print());//测试转移构造,输出Tom 20
#33    }
```

分析本例程，要掌握“在复制构造函数和转移构造函数中通过 this 指针防止对象自复制操作”的方法。其要点就是在实现数据成员的复制初始化时，对当前对象的存储地址 this 与待复制样本的存储地址&p 进行比较，若两者不同，即断定为不同的对象，然后才可以复制。上述程序在定义类 Person 的复制构造函数 Person(const Person& p)时，首先通过表达式 this != &p 判断当前构造的对象（this 所指）与要复制的样本 p 的地址是否相同，只有当两者不同时才可以复制构造。在定义转移构造函数 Person(Person&& p) noexcept 时采取了同样的方法。

3. 防止自赋值

在定义两类赋值运算符函数（复制赋值和转移赋值）时，为了防止对象给自己赋值的现象发生，尤其是在对象赋值会伴随内存动态分配的情况下，不允许对象自赋值。

与防止自复制相同，防止自赋值的方法是，在赋值样本之前，检查左操作数和右操作数是否是同一个对象，若是，则退出赋值运算符函数。为了检查两个对象是否相同，可以比较这两者的地址。左操作数的地址可以通过赋值运算符函数中的 this 指针得到，右操作数（即赋值运算符函数的参数）的地址可以通过对参数取地址得到。

【例 3.4】通过 this 指针防止自赋值。

在例 3.3 的基础上定义 Person 类的两类赋值运算符函数，并在 main( )函数中测试。下面仅给出新增的赋值运算符函数和 main( )函数，例 3.3 中的构造函数、复制构造函数、转移构造函数和 Print( )函数依旧有效。

```
#01        Person& operator = (const Person& rhs) {//复制赋值运算符函数
#02            if (this != &rhs) {             //防止自赋值
```

```
#03                 name = rhs.name;          //复制右操作数的 name
#04                 age = rhs.age;            //复制右操作数的 age
#05             }
#06             return *this;                 //返回左操作数
#07         }
#08         Person& operator = (Person&& rhs) noexcept {//转移赋值运算符函数
#09             if (this != &rhs) {               //防止自赋值
#10                 name = std::move(rhs.name);//转移右操作数的 name
#11                 age = std::move(rhs.age);  //转移右操作数的 age
#12             }
#13             return *this;                     //返回左操作数
#14         }
```

main( )函数中的内容如下：

```
#01     int main() {
#02         Person a{"Tom",20},b,c; xrv(a.Print());//测试构造函数,输出 Tom 20
#03         b = a; xrv(b.Print());                  //测试复制赋值,输出 Tom 20
#04         c = std::move(b); xrv(c.Print());       //测试转移赋值,输出 Tom 20
#05     }
```

分析本例程，要掌握“在赋值运算符函数中通过 this 指针防止对象自赋值操作”的方法。其要点就是在实现数据成员的赋值运算时，对当前对象的存储地址 this 与待复制或转移样本的存储地址&p 进行比较，若两者不同，即断定为不同的对象，然后才可以赋值。上述程序在定义类 Person 的复制赋值运算符函数 Person& operator = (const Person& rhs)时，首先通过表达式 this != &rhs 判断左操作数（this 所指）与右操作数 rhs 是否是同一个对象，只有当两者不是同一个对象时才可以赋值。在定义转移赋值运算符函数 Person& operator = (Person&& rhs) noexcept 时采用了相同的方法。

作为一个具有良好的编程习惯的程序员，在定义复制构造函数、转移构造函数和复制赋值运算符函数、转移赋值运算符函数时，首先应该检查当前对象与函数参数是否是同一个对象，以防止发生自复制和自赋值现象。

4. 返回*this 的成员函数

有些成员函数经常把*this 作为返回值，这是为了把当前对象作为一个整体从成员函数中返回。对于这类函数，成员函数的返回类型一般为类的引用，这意味着该函数的调用表达式可用作左值。

当对象调用了返回*this 的成员函数后，该对象被返回，并继续参加下一次运算，因此所有返回*this 的成员函数能被连续调用。不返回*this 的成员函数是不能被连续调用的。

【例 3.5】返回*this 的赋值运算符函数的应用示例。

```
#01     #include "xr.hpp"
#02
#03     class CInt {                              //封装 int 型
#04     private:
#05         int n;
#06     public:
#07         CInt(int m = 0) noexcept : n(m) {}     //构造函数
```

```
#08         CInt& operator = (const CInt& rhs) {    //赋值运算符函数
#09             if (this != &rhs)                   //防止自赋值
#10                 n = rhs.n;                      //复制右操作数的n
#11             return *this;                       //返回左操作数
#12         }
#13         void Print(std::ostream& os = std::cout) const {//输出对象
#14             os << n << std::endl;               //输出数据成员即可
#15         }
#16     };
#17
#18     int main() {
#19         CInt a{1}, b, c;
#20         c = b = a;                              //连续赋值
#21         xrv(a.Print()); xrv(b.Print()); xrv(c.Print());//输出都为1
#22     }
```

分析本例程，要理解赋值运算符函数返回*this 的必要性。基本数据类型的赋值运算是左值运算，且能够连续赋值。为了让自定义数据类型也具有同样的能力，应在定义赋值运算符函数时返回对应于*this 的引用，以便返回当前对象作为表达式的值，并参与下一次运算。

由于赋值运算符从右向左结合，因此执行 main( )函数中的表达式 c = b = a 时，先计算 b = a，然后返回 b 作为给 c 赋值的右操作数，最后整个表达式的值为 c。

3.2　const 关键字

const 关键字常用于定义常量，当一个变量或对象具有常量的属性后，其值是不允许任意修改的。因此，const 常用于保护变量或对象不被修改。此外，const 关键字更多地用于函数中，可以修饰函数参数和函数返回值，对实参和返回值进行必要的保护。const 也可用于修饰成员函数，经 const 修饰的成员函数具有保护当前对象的重要作用。以下总结了 const 关键字在各个场合的作用。

1. const 变量

用 const 关键字定义 const 变量的语法形式如下：

```
const T t = val;   //或T const t = val;
```

该语法形式要求在定义 const 变量时一定要同时初始化。由于该常量具有数据类型 T，并存放在内存单元中，还具有作用域，这一点与变量定义的做法是一致的，因此用貌似矛盾的名称称呼该常量为“const 变量”。注意：关键字 const 可以放在数据类型 T 前，也可以放于其后。

const 变量具有数据类型、作用域并能存储在内存单元，这是与用#define 定义常量宏的区别。以#define 定义的宏会在编译期间被替换，它不具有数据类型、作用域，也不被存储。

此外，定义常量的第三种方式是用 enum 定义整型枚举常量，常以这种方式定义整型常量用作静态数组的长度，在类中定义整型常量也可以采用这种方式。下列程序段总结了定义常量的 3 种方式。

```
#01     #define PI 3.14                         //定义符号常量
#02     double r{ 10 };
#03     std::cout << "area = " << PI * r * r;   //参与运算
#04
#05     const int SIZE{ 10 };                   //定义常量
#06     int a[SIZE];                            //用该常量定义静态数组
#07
#08     class MyArray {
#09     private:
#10         enum {SIZE = 10};                   //定义枚举常量
#11         int arr[SIZE];                      //用该常量定义静态数组
#12     };
```

2. const 对象

用 const 关键字修饰的对象具有常量的属性，即该对象的所有数据成员不容许被修改。与定义 const 变量类似，定义 const 对象的同时须对其进行初始化。

【例 3.6】const 对象不容修改的应用示例。

```
#01     class Object {
#02     public:                                 //公有权限:为在main()函数中访问
#03         int n;
#04     public:
#05         Object(int m = 0) noexcept : n(m) {}
#06         Object& operator = (const Object& rhs) {//赋值以修改左操作数
#07             if (this != &rhs)
#08                 this->n = rhs.n;            //修改左操作数的数据成员
#09             return *this;
#10         }
#11         void SetVal(int m) {this->n = m;}   //为数据成员赋值
#12         void Inc() {this->n++;}             //数据成员自增
#13     };
#14
#15     int main() {
#16         const Object a;                     //const 对象
#17         //? a.n = 1;                        //不允许修改数据成员
#18         //? ++a.n;                          //不允许修改数据成员
#19         //? a = Object{10};                 //不允许被赋值
#20
#21         //? a.SetVal(1);                    //不允许通过成员函数修改
#22         //? a.Inc();                        //不允许通过成员函数修改
#23
#24         Object b{2};                        //一般对象
#25         b.SetVal(20);                       //可以通过成员函数修改
#26         b.Inc();                            //可以通过成员函数修改
#27         b = Object{200};                    //可以被赋值
#28     }
```

分析本例程，重在理解对象的常量属性。const 对象一旦定义完毕，就不允许以任何方式修改该对象（即修改其数据成员），不管该修改操作是显式的，如表达式 a.n = 1、++a.n 和 a = Object{10}所示，还是通过成员函数隐式进行的，如表达式 a.SetVal(1)和 a.Inc( )所示。相反，对于非 const 对象，则可以任意修改其数据成员，如表达式 b.SetVal(20)、b.Inc( )和 b = Object{200}所示。

const 对象具有两点性质：①不允许修改其数据成员；②const 对象只能调用 const 成员函数（本节后续关于 const 成员函数有详细讨论）。

3. const 与指针

使用 const 修饰指针可以得到 3 种不同性质的指针：指向常量数据的变量指针、指向变量数据的常量指针、指向常量数据的常量指针，它们的不同表现在，指针所指数据能否修改；指针指向的地址能否改变。

【例 3.7】使用 const 修饰指针。

```
#01     int main() {
#02         int t{1}, s{2};
#03         const int* p;                   //指向常量数据的变量指针
#04         p = &t;                         //指针地址可以修改:可先定义再赋值
#05         //? *p = 10;                    //所指数据不可修改
#06         p = &s;                         //指针地址可以修改:指向新地址
#07
#08         int* const q{ &t };             //指向变量数据的常量指针
#09         *q = 10;                        //所指数据可以修改:赋予新值
#10         //? q = &s;                     //指针地址不可修改:定义时须初始化
#11
#12         const int* const r{ &t };       //指向常量数据的常量指针
#13         //? *r = 10;                    //所指数据不可修改
#14         //? r = &s;                     //指针地址不可修改:定义时须初始化
#15
#16         int* pall;                      //一般指针
#17         pall = &t;                      //指针地址可以修改:可先定义再赋值
#18         *pall = 10;                     //所指数据可以修改:赋予新值
#19         pall = &s;                      //指针地址可以修改:指向新地址
#20     }
```

分析本例程，应理解被 const 修饰的指针所具有的不同性质。上述程序中，语句 const int*p;定义了指向了常量数据的变量指针 p，该指针允许在定义的时候不初始化，而在随后被赋值，如表达式 p = &t 所示。这种类型的指针不能修改其所指地址中的数据，即不能执行表达式*p = 10，但是可以改变其所指向的地址，如可以执行表达式 p = &s。

语句 int*const q{&t};定义了指向变量数据的常量指针 q，该指针要求在定义的时候必须初始化。这种类型的指针可以修改其所指地址中的数据，如*q = 10 所示，但是不能改变其所指向的地址，即不能执行表达式 q = &s。

语句 const int*const r{&t};定义了指向常量数据的常量指针 r，这类指针具有最低访问权限。该指针要求在定义的时候必须初始化为某地址。这种类型的指针既不能修改其所指地址中的数据，即不能执行表达式*r = 10，也不能改变其所指向的地址，即不能执行表达式 r = &s。

另外，若在定义指针时不用 const 修饰，如语句 int*pall;所示，则得到指向变量数据的变量指针，该指针具有最高访问权限。该指针允许在定义的时候不同时初始化，而在随后被赋值，如 pall = &t 所示。这种类型的指针既可以修改其所指地址中的数据，如 *pall = 10 所示，也可以改变其所指向的地址，如 pall = &s 所示。

指向常量数据的变量指针常用作函数参数，此时 const 可以保护所传入的实参不被修改，下面是一个典型的例子，该函数输出字符串的内容。

```
#01     void PrintString(const char* str) {//str:指向常量数据的变量指针
#02         while (*str != '\0') {          //访问而不修改所指数据
#03             std::cout << *str;          //访问而不修改所指数据
#04             ++str;                      //可以修改指针地址
#05         }
#06     }
```

用作函数参数的数组是典型的指向变量数据的常量指针，对于类型为 T a[]的参数，编译器会把它解释为 T*const a，故函数不能修改实参表示的数组首地址（否则丢失了整个数组），但是可以修改数组元素。典型的例子有对数组元素排序、逆转数组元素。

```
#01     void mysort(int a[], int n) {       //a:指向变量数据的常量指针
#02         for (int *p = a; p != a + n - 1; ++p) {//p:访问而不修改指针地址
#03             for (int *q = p + 1; q != a+n; ++q) {//q:访问而不修改指针地址
#04                 if (*p < *q) {
#05                     int t = *p;
#06                     *p = *q, *q = t;    //*p 和*q:可以修改所指数据
#07                 }
#08             }
#09         }
#10     }
```

4. const 左值引用传递函数参数

当大对象作为实参传给函数时，较好的选择是以引用类型传递函数参数，即把函数形参类型设为引用。若该参数还兼作输出参数，需要保留函数内部对该参数的修改，则把形参设为左值引用类型。若该参数仅作为输入参数，不允许函数修改该参数，则可以用 const 来限定该形参类型，使函数形参为 const 引用类型。

const 左值引用类型作为函数形参，既提高了参数传递的效率，又保护了实参不被修改。虽然传值调用的方式也能够保护实参不被修改，但是它传递函数参数的效率低下。这两者的另外一个区别是：不允许在函数内部对 const 左值引用类型的形参施行任何修改性质的运算或操作，但是可以在函数内部对值类型的形参施加修改性质的操作，只是这些修改操作的结果不会回传到实参。

【例 3.8】Complex 类型：const 左值引用作为函数参数的应用示例。

定义 Complex 结构类型，计算两个复数的和，并输出结果。

```
#01     #include "xr.hpp"
#02
```

```
#03    struct Complex {
#04        double real, imag;
#05
#06        Complex(double r = 0, double i = 0) noexcept
#07            :real(r), imag(i)
#08        {}
#09    };
#10    void Print(const Complex& c) {        //const 保护实参
#11        std::cout << "(" << c.real << ", " << c.imag << ")\n";
#12    }                                     //以下：const 保护实参
#13    void Add(const Complex& a, const Complex& b, Complex& c){
#14        c.real = a.real + b.real;
#15        c.imag = a.imag + b.imag;
#16    }
#17
#18    int main() {
#19        Complex a{1, 2}, b{3, 4}, c;
#20        xrv(Print(a));                    //输出(1, 2)
#21        xrv(Print(b));                    //输出(3, 4)
#22
#23        Add(a, b, c);                     //a、b 作为输入参数, c 作为输出参数
#24        xrv(Print(c));                    //输出(4, 6)
#25    }
```

分析本例程，应该掌握“左值引用和 const 左值引用作为函数参数”的用法。上述程序中，为提高参数传递效率并保护实参不被修改，对于结构类型 Complex 的对象来说，函数 Print( )以 const 左值引用类型传递要输出的对象，函数 Add( )采用 const 左值引用类型传递前两个参数（即两个加数），而第三个参数用作输出参数，保留加法运算的和，因此采用左值引用传递。

需要说明的是，作为对比，以返回值形式传递函数结果一般具有较低的效率，因为它要先构造待返回的临时对象，而这需要额外调用复制构造函数和析构函数。但是尽管如此，现代 C++仍然建议以值形式返回函数运算结果，因为转移语义的存在，会使临时值的返回也具有较高的效率。本程序仅为示例左值引用作为输出参数的用法。

5. const 成员函数

类的成员函数一般分为两种：修改数据成员和读取数据成员。为了设置或修改对象的数据成员，需要通过成员函数对对象实施某些修改操作，如赋值、自增、自减等操作。但有时并不希望当前对象被成员函数修改，如仅仅只是输出对象的数据成员取值，这可以通过把成员函数声明为 const 成员函数来实现对当前对象的保护。

声明 const 成员函数的关键是在成员函数头后面添加 const 关键字，该关键字在成员函数声明和定义时都需要。注意：只有成员函数才可以被限定为 const 成员函数，全局函数和友元函数都不可以。

const 成员函数具有两点性质：①const 成员函数不能修改调用它的对象，具体来说，就是在 const 成员函数体中不允许出现修改当前对象的数据成员的操作。②在 const 成员

函数内部也不能调用非 const 成员函数，即出现在 const 成员函数内的只能是 const 成员函数。

一般来说，若成员函数不对数据成员执行修改操作，都应该声明为 const 成员函数，如判断数据成员取值是否为空的成员函数 IsEmpty( )、在屏幕上输出数据成员的成员函数 Print( )、读取数据成员取值的 Get( )函数等都应该声明为 const 成员函数。需要修改数据成员的成员函数则不能声明为 const 成员函数，如构造函数和析构函数不能是 const 成员函数，设置数据成员取值的 Set( )函数也不能是 const 成员函数。

【例 3.9】CInt 类：const 成员函数的性质的应用示例。

```
#01     #include "xr.hpp"
#02
#03     class CInt {
#04     private:
#05         int n;
#06     public:
#07         CInt(int m = 0) noexcept :n(m) {}
#08         void SetN(int m) { n = m; }      //非 const 成员函数
#09         void Inc() { ++n; }              //非 const 成员函数
#10         int GetN() const {               //const 成员函数
#11             //? this->Inc()              //不能调用非 const 成员函数
#12             return n;
#13         }
#14         void Print(std::ostream& os = std::cout) const {//const 成员函数
#15             //? this->SetN(100);              //不能调用非 const 成员函数
#16             os << this->GetN() << std::endl;//只能调用 const 成员函数
#17         }
#18     };
#19
#20     int main() {
#21         CInt const a;          //const 对象
#22         //? a.SetN(10);        //const 对象不能调用非 const 成员函数
#23         //? a.Inc();           //const 对象不能调用非 const 成员函数
#24         xrv(a.Print());        //输出 0, const 对象可以调用 const 成员函数
#25
#26         CInt b{ 1 };           //非 const 对象
#27         b.SetN(10);            //非 const 对象可以调用非 const 成员函数
#28         b.Inc();               //非 const 对象可以调用非 const 成员函数
#29         xrv(b.Print());        //输出 11, 非 const 对象可以调用 const 成员函数
#30     }
```

分析本例程，要加深对 const 成员函数性质的理解。上述程序对比使用了 const 成员函数（GetN( )和 Print( )）和非 const 成员函数（SetN( )和 Inc( )）。非 const 成员函数 SetN( )和 Inc( )分别通过赋值运算和自增运算修改当前对象。const 成员函数 GetN( )和 Print( )分别返回数据成员的取值、输出数据成员的取值。函数调用表达式 this->Inc( )（在成员函数 GetN( )中）和 this->SetN(100)（在成员函数 Print( )中）错误的原因是，不能在 const 成员函数中调用非 const 成员函数。但是可以在 const 成员函数中调用 const 成员函数，如函数 Print( )中的 this->GetN( )。

main( )函数对比使用了const对象a和非const对象b，函数调用a.SetN(10)和a.Inc( )的错误在于：非const成员函数不能被const对象调用。但是对象b可以调用这两个函数。

6. const左值引用作函数返回类型

既然const成员函数不允许修改调用它的当前对象，那么当该函数有返回值时，这个返回值就不能以左值形式返回，否则就有通过该函数的调用表达式修改当前对象的危险，因此const成员函数的返回类型只能是右值形式，可以是值类型，也可以是const引用类型。

考虑到返回值的效率问题，以值类型返回时需要调用该对象的复制构造函数和析构函数（详见第2.3节相关内容）。因为具有较低的效率，所以const成员函数一般返回const引用以避免生成值的副本，返回类型中的const保护了所返回的引用（一般是对象的数据成员）不被修改，即保护了当前对象不被修改。通俗地讲，若成员函数的函数原型最后面有const关键字，则最前面也应该有const关键字（若返回类型为引用）。

返回引用的函数可以用作左值，即可以放在赋值运算符左边被赋值。但是返回const引用的函数则不能用作左值，即不可以出现在赋值运算符左边，而只能用作右值。

【例3.10】Complex类型：函数返回const引用的应用示例。

```
#01     #include "xr.hpp"
#02
#03     class Complex {
#04     private:
#05         double real, imag;
#06     public:                                       //以下为4个访问函数
#07         double& Real() {return real;}             //返回引用:用作左值
#08         double& Imag() {return imag;}             //返回引用:用作左值
#09
#10         const double& Real() const{return real;}//返回const引用:用作右值
#11         const double& Imag() const{return imag;}//返回const引用:用作右值
#12     };
#13
#14     void Print(const Complex& c) {                //测试右值访问函数
#15         std::cout << "(" << c.Real() << ", " << c.Imag() << ")\n";
#16     }
#17     void Set(Complex& c, double r, double i) { //测试左值访问函数
#18         c.Real() = r;  c.Imag() = i;
#19     }
#20
#21     int main() {
#22         Complex a;
#23         Set(a, 1, 2);                            //设置数据成员
#24         xrv(Print(a));                           //输出(1, 2)
#25     }
```

分析这个例程，需要达到以下3个目的。

（1）理解返回引用与返回const引用的区别。上述程序针对Complex类的两个private

数据成员分别提供了返回引用和 const 引用的访问函数。成员函数 double& Real( )和 double& Imag( )返回引用，通过它们的函数调用表达式可以分别修改数据成员 real 和 imag 的取值，因而能够用作左值。函数 void Set(Complex& c, double r, double i)通过这两个访问函数设置形参对象 c 的数据成员，main( )函数则通过函数调用 Set(a, 1, 2)为对象 a 设置数据成员。

成员函数 const double& Real( ) const 和 const double& Imag( ) const 返回 const 引用，通过它们的函数调用表达式只能读取数据成员 real 和 imag 的取值，因而只能用作右值。函数 void Print(const Complex& c)通过这两个访问函数输出形参对象 c 的数据成员取值，main( )函数则通过 Print(a)输出对象 a 的数据成员。

（2）还应该理解“通过返回数据成员的引用和 const 引用提供访问函数”的用法。一般而言，如果没有为 private 数据成员提供 Set( )/Get( )函数以设置和访问数据成员，则应该如同本例提供一对函数分别实现 Set( )/Get( )函数的功能，这一对函数的通用定义模式可以如下：

```
      T& M()          {return m;} //用作左值：可以修改数据成员 m 的取值
const T& M() const  {return m;} //用作右值：只能读取数据成员 m 的取值
```

这两个函数的函数体完全相同，只是它们的函数原型截然不同，这决定了第一个函数能够用作左值，而第二个函数则只能用作右值。

（3）从例 3.10 看到一个有趣的现象，若在类中对某个成员函数提供了 const 版本和非 const 版本，则这两者是合法的重载函数，有如下规则：①const 版本的成员函数既适用于 const 对象，又适用于非 const 对象。对该函数的调用表达式只能用作右值。②非 const 版本的成员函数只适用于非 const 对象。对该函数的调用表达式可以用作左值。

换而言之，关于 const 对象与非 const 对象，有如下规则：①const 对象只能调用 const 成员函数，不能调用非 const 成员函数。②非 const 对象既可以调用非 const 成员函数，又可以调用 const 成员函数，当两者都存在时，它优先调用非 const 成员函数。需要说明的是，这两段所说的 const 对象同时包括 const 对象引用，非 const 对象也同时包括非 const 对象引用。

讨论这类问题，是因为在提供访问函数和下标函数时一般需要这样做。当类以“返回引用和 const 引用的成员函数”提供 private 数据成员的访问函数时，一般需要把形式上相像的函数提供为 const 成员函数和非 const 成员函数。同样需要这样做的还有下标函数，其左值版本定义为非 const 成员函数，其右值版本定义为 const 成员函数。

【例 3.11】成员函数的 const 版本与非 const 版本的应用示例。

```
#01    #include <iostream>
#02    #include <initializer_list>
#03
#04    class IntArray {
#05    private:
#06        enum { SIZE = 100 };
#07        int arr[SIZE];
#08        size_t sz;
#09    public:
```

```
#10         int& at(size_t idx) { return arr[idx]; }//非const版本:用作左值
#11         const int& at(size_t idx) const {return arr[idx];}//const版本
#12
#13         size_t& size() { return sz; }       //非const版本:用作左值
#14         const size_t& size() const { return sz; }//const版本:用作右值
#15     };
#16     auto makeIntArray(std::initializer_list<int> il) {//用列表il构造数组
#17         IntArray ia;
#18         ia.size() = il.size();              //调用左值版,设置个数
#19         size_t i{ 0 };                      //以下以迭代器形式访问列表
#20         for (auto p{ il.begin() }; p != il.end(); ++p)
#21             ia.at(i++) = *p;                //调用左值版,设置元素
#22         return ia;
#23     }
#24     void Print(const IntArray& ia) {        //输出ia的元素
#25         for (size_t i{ 0 }; i < ia.size(); ++i)//调用右值版,获取个数
#26             std::cout << ia.at(i) << "\t"; //调用右值版,获取元素
#27         std::cout << std::endl;
#28     }
#29     int main() {
#30         Print(makeIntArray({ 1, 2, 3, 4, 5 }));//构造数组然后输出元素
#31     }
```

分析本例程，要掌握类中提供左值版和右值版访问函数和下标函数的方法。类IntArray提供了数组类型的简单封装和访问方法。下标函数at根据给定的下标值idx返回对应的数组元素，其中函数int& at(int idx)用作左值，通过它的调用表达式能够修改数组元素；函数const int& at(int idx) const用作右值，通过它的调用表达式能够读取数组元素。访问函数size( )提供了访问private数据成员sz的方法。其中，函数int& size( )用作左值，通过它的调用表达式能够设置数组长度；函数const int& size( ) const用作右值，通过它的调用表达式能够读取数组长度。

工厂函数makeIntArray( )用初始化值列表il填充IntArray对象ia，由于ia是左值对象，函数调用表达式ia.size( )和ia.at(i++)是对左值版（非const版）成员函数at( )和size( )的调用，通过它们分别设置了数组长度、填充了数组元素。

全局函数Print( )输出IntArray对象ia的数据元素，由于对象ia是const对象，函数调用表达式ia.size( )和ia.at(i)是对右值版（const版）成员函数at( )和size( )的调用，通过它们分别读取了数组长度和数组元素。

这个例子带来的启示就是：尽可能把成员函数设置成const成员函数（只要该成员函数不修改当前对象），则该成员函数既适用于非const对象，又适用于const对象。

3.3 new/delete 运算符

3.3.1 new/delete 概述

为了允许程序更灵活地生成变量（或对象），系统在分配给程序的内存单元中划分

出一块区域，专用于动态生成变量（和对象），这块区域就是堆（heap）内存。存储于堆内存中的变量（或对象），有时也称为堆变量或堆对象，它们自生成（或构造）后开始存活，直到释放内存后结束生存期。为了动态生成变量（或对象），可以采用C语言函数 malloc( )/free( )和C++运算符 new/delete 完成。运算符 new/delete 在完成内存动态分配的同时，能更方便地构造和析构变量（或对象），因此本书后续应用以它们为主。

运算符 new 以数据类型 T 为参数，返回指向所申请内存首地址的 T*类型指针，该块内存只能存放 T 类型数据。若申请内存失败，则返回 nullptr 指针。运算符 delete 释放由 new 申请的内存，其参数一定要是 new 返回的 T*类型指针。对于同一指针不可释放多次，否则会引发运行时错误。

为了确保申请的内存如数返还给系统，一般要成对使用运算符 new/delete。在申请内存之后，为确保申请成功，一般会应用 assert 宏对 new 返回的指针进行非空检查。

3.3.2 基本用法

1. 简单变量的动态生成和释放

【例 3.12】基本类型数据的动态分配。

```
#01     #include <cassert>                  //for assert
#02     #include "xr.hpp"
#03
#04     int main() {
#05         int *pn = new int;              //申请内存
#06         assert(pn != nullptr);          //确保申请成功
#07         *pn = 1;                        //给内存赋值
#08         xr(*pn);                        //输出数据整数 1
#09         delete pn;                      //最后释放内存
#10
#11         char *pc = new char('A');       //申请内存同时初始化
#12         assert(pc != nullptr);          //确保申请成功
#13         xr(*pc);                        //输出数据字符 A
#14         delete pc;                      //释放内存
#15     }
```

生成基本数据类型的堆变量有两种形式，上述程序分别以 int 和 char 型变量的动态生成和释放说明了这两种形式。第一种形式，先申请堆变量，再为其赋值。语句 int *pn = new int;生成 int 指针，随后用表达式*pn = 1 对该块内存赋值。第二种形式，在申请堆变量的同时对其初始化。语句 char *pc = new char('A');生成 char 指针的同时，把该块内存初始化为字符'A'。

释放堆变量所占用的内存则显得较为简单，直接对保存运算符 new 返回值的指针进行 delete 运算即可，如 delete pn 和 delete pc。

宏 assert 确保堆内存申请成功。若 new 运算符申请内存失败，则其返回值为 nullptr，此时表达式 pn != nullptr 和 pc != nullptr 为假，则宏 assert 终止程序，弹出调试错误的对话框，并在控制台窗口显示断言失败的表达式及其所在的文件名和行号。通常对重要的前提条件进行确认可以应用该宏，应用该宏需要包含C++标准头文件<cassert>。注意：宏assert只能在调试版本的程序中发挥作用。

2. 数组的动态生成和释放

【例3.13】基本数据类型数组的动态生成与释放。

```
#01    #include <cassert>
#02    #include "print.hpp"
#03
#04    int main() {
#05        size_t size;
#06        std::cout << "Please enter size of array: ";
#07        std::cin >> size;                //从键盘输入任意正整数
#08
#09        int *parray = new int[size];     //据此长度申请内存
#10        assert(parray != nullptr);       //确保申请成功
#11
#12        for (size_t i = 0; i != size; ++i)
#13            parray[i] = int(i);          //给数组元素赋值
#14        print(parray, parray + size);    //输出数组元素
#15
#16        delete [] parray;                //释放数组内存
#17    }
```

程序的输出结果如下：

```
Please enter size of array: 10
0   1   2   3   4   5   6   7   8   9
```

分析本例程，应该掌握动态数组的生成和释放。在堆内存生成动态数组，能够给用户提供莫大的方便。上述程序以键盘输入的变量size作为长度动态申请数组parray，并在随后如同普通数组一样进行赋值和输出操作。在使用完该数组后，语句delete [] parray;释放该动态数组的内存。

申请动态数组，需要以new T[N]形式表明动态数组的类型T和长度N，其中N可以是常量或变量。释放动态数组需要以delete [] p形式表明释放对象p是数组类型。

3. 构造堆对象

使用new生成堆对象时，会调用类的构造函数，所调用构造函数的类型由所给实参的个数和类型匹配。用delete释放堆对象时，会调用类的析构函数。

【例3.14】Zealot类：动态生成和释放堆对象。

著名游戏《星际争霸 StarCraft》中有一大种族为神族Protoss，其中狂战士Zealot以其勇往直前的战斗精神深受玩家喜爱。下面的程序模拟定义类Zealot，封装了姓名name和生命值life_value，并提供基本的构造和析构运算。main( )函数模拟Zealot对象的生成和死亡。

```
#01    #include <string>
#02    #include "xr.hpp"
#03
```

```
#04     class Zealot {
#05     private:
#06         std::string name;
#07         int life_value;
#08     public:
#09         Zealot(const char* s, int lv):name(s), life_value(lv) {
#10             std::cout << "ctor:\t" << name << " born with life value "
#11                 << life_value << std::endl;
#12         }
#13         Zealot(const Zealot& z):name(z.name), life_value(z.life_value) {
#14             std::cout << "cctor:\t" << name << " born with life value "
#15                 << life_value << std::endl;
#16         }
#17         ~Zealot() noexcept {
#18             life_value = 0;
#19             std::cout << "dtor:\t" << name << " died with life value "
#20                 << life_value << std::endl;
#21         }
#22     };
#23
#24     int main() {
#25         xrv(Zealot* a = new Zealot("Za", 50)); //生成堆对象,调用构造函数
#26         xrv(Zealot* b = new Zealot(*a));       //生成堆对象,复制构造
#27         xrv(Zealot* c = new Zealot("Zc", 100));//生成堆对象,调用构造函数
#28
#29         xrv(delete a);                         //释放堆对象,调用析构函数
#30         xrv(delete b);                         //释放堆对象,调用析构函数
#31         xrv(delete c);                         //释放堆对象,调用析构函数
#32     }
```

程序的输出结果如下：

```
#25: Zealot* a = new Zealot("Za", 50)  ==>ctor: Za born with life value 50
#26: Zealot* b = new Zealot(*a)        ==>cctor:Za born with life value 50
#27: Zealot* c = new Zealot("Zc", 100) ==>ctor: Zc born with life value 100
#29: delete a  ==>dtor:   Za died with life value 0
#30: delete b  ==>dtor:   Za died with life value 0
#31: delete c  ==>dtor:   Zc died with life value 0
```

分析本例程，首先要明白：在堆内存生成对象要调用类的构造函数，释放堆对象所占用的内存要调用类的析构函数。在 main( )函数中，堆对象 a 的生成是由表达式 new Zealot("Za", 50)实现的，这会调用类 Zealot 的构造函数 Zealot(char*s, int lv)。堆对象 b 的生成是由表达式 new Zealot(*a)实现的，*a 是 Zealot 类的对象，因此这是同类对象相互初始化，这会调用类 Zealot 的复制构造函数 Zealot(const Zealot& z)。堆对象 c 的生成是由表达式 new Zealot("Zc", 100)实现的，这会调用类 Zealot 的构造函数 Zealot(char*s, int lv)。在析构 3 个堆对象时，表达式 delete a、delete b 和 delete c 会先后引发对析构函数的调用。

分析本例程，还要理解对象生存期的可控性。一般控制对象生存期的方法是通过作用域和存储类，把对象定义在局部作用域就缩短了其生存期，用 static 修饰对象使其成

为局部静态对象就延长了其生存期。利用 new 和 delete，则可以在需要的时候动态生成堆对象和撤销对象，其时机的选择非常灵活。

分析本例程，还要理解在堆内存生成对象时构造和析构的顺序。在栈空间生成普通对象，其构造和析构遵循“先构造，后析构”的规则。但是对于动态生成的堆对象，似乎没有遵循构造函数与析构函数调用的顺序相反的规则，它们构造的顺序由 new 运算符调用的先后顺序确定，析构的顺序则由 delete 运算符调用的顺序确定。因此，动态生成和释放对象使程序对堆对象的构造和析构得到更强的控制。

4. 构造对象数组

在使用 new 构造对象数组时，每个数组元素是一个对象，故需要对每个元素调用类的默认构造函数。使用 delete 释放数组元素时，需要对每个数组元素对象调用析构函数。

【例 3.15】Complex 类：动态生成和释放对象数组的应用示例。

```
#01     #include <iostream>
#02     #include <complex>
#03     #include <algorithm>
#04
#05     using complexd = std::complex<double>; //复用 Complex 类型
#06
#07     int main() {
#08         const size_t N{ 2 };
#09         complexd* p{ new complexd[N] };     //申请动态数组
#10
#11         for (size_t idx{0}; idx != N; ++idx)
#12             p[idx] = complexd(idx + 1.0, idx + 2.0);//为每个对象设置值
#13
#14         auto f{ [](auto z) {std::cout << std::conj(z) << std::endl; } };
#15         std::for_each(p, p + N, f);         //输出每个复数的共轭
#16
#17         delete[] p;                         //释放动态数组
#18     }
```

程序的输出结果如下：

```
(1,-2)
(2,-3)
```

C++标准库中提供了类模板 complex<>，上述程序使用 using 指令将类型 std::complex<double>定义为别名 complexd。main( )用 new 生成对象数组，然后在 for 循环中为每个对象赋值，最后通过算法 for_each( )输出数组中的每个元素，该算法的第三个参数是一个 lambda 函数，用以输出复数的共轭复数。

分析本例程，需要理解在堆内存构造对象数组时构造和析构的过程。对象数组元素的构造是依次进行的，首先构造第一个元素，最后构造最后一个元素。在析构时，也遵循“构造函数的调用顺序与析构函数的调用顺序相反”的规则，即首先析构最后一个元素，最后析构第一个元素。

5. 智能指针

为了简化内存动态申请和释放，C++98 用类模板 auto_ptr<>实现了智能指针。C++11 废弃了 auto_ptr<>，引入 unique_ptr<>、shared_ptr<>、weak_ptr<>等智能指针来自动管理堆对象。为了运用智能指针，必须包含 C++标准头文件<memory>。

这些智能指针都支持指针的基本运算，运算符*对指针去引用而得到所指对象，运算符->访问对象的成员。在智能指针对象析构或调用 reset 成员函数时，释放所拥有的堆内存。但是 unique_ptr<>和 shared_ptr<>，如名称所示，在对内存的共享方面有区别。需要说明的是，这两类智能指针最好通过工具函数 std::make_unique<T>( )和 std::make_shared<T>( )来创建。

【例 3.16】unique_ptr<>和 shared_ptr<>的应用示例。

```
#01     #include <memory>
#02     #include "xr.hpp"
#03
#04     int main() {
#05         std::unique_ptr<int> pu1{ new int(10) };
#06         //? std::unique_ptr<int> pu2{pu1};
#07         xr(*pu1);                       //10
#08         std::unique_ptr<int> pu3{ std::move(pu1) };
#09         xr(*pu3);                       //10
#10         //? xr(*pu1);
#11         //? pu1 = pu3;
#12         pu3.reset(); pu1.reset();
#13         //? xr(*pu3);
#14
#15         std::shared_ptr<int> ps1{ new int(20) };
#16         std::shared_ptr<int> ps2{ ps1 };
#17         xr(*ps1); xr(*ps2);             //都输出 20
#18         ps1.reset();
#19         //? xr(*ps1);
#20         xr(*ps2);                       //20
#21         ps1 = ps2;
#22         xr(*ps1);                       //20
#23     }
```

unique_ptr<>类型的智能指针所占有的内存不能与其他对象共享，所以 std::unique_ptr<int> pu2{pu1}企图将指针 pu1 的内存复制给 pu2 会引发编译错误。但是堆内存可以通过工具函数 std::move( )转移给其他对象 pu3，如 std::unique_ptr<int> pu3{std::move(pu1)}所示。在转移完成之后，pu1 就失去了堆内存的所有权，若继续访问输出就会引发运行时错误。pu3 所拥有的堆内存也不能通过 pu1 = pu3 复制给 pu1。对 pu3 调用 reset( )函数释放堆内存，对空指针 pu1 调用 reset( )函数则不会引发运行时错误。由此可见，unique_ptr<>是一个删除了复制构造函数、复制赋值运算符函数，保留了转移构造函数、转移赋值运算符函数的智能指针类型。

shared_ptr<>类型的智能指针允许在多个对象之间共享内存。shared_ptr<>指针采用了引用计数技术，一个指针失去了堆内存的所有权，但是不会影响其他对象对内存的使用。所以，可以把指针 ps1 的内存复制给 ps2，如 std::shared_ptr<int> ps1{new int(20)}所示，两者共享堆内存，在通过 ps1 调用 reset( )函数释放所有权后，ps2 仍有拥有该内存的所有权。ps1 = ps2 的赋值动作，再次增加了该内存的引用计数，通过两个指针都可以继续访问该内存。由此可见，shared_ptr<>是一个拥有复制构造函数、复制赋值运算符函数、转移构造函数、转移赋值运算符函数的智能指针类型。

3.3.3 复杂用法

C++系统可以为类默认提供的成员函数有默认构造函数、析构函数、复制构造函数、复制赋值运算符函数、转移构造函数、转移赋值运算符函数，它们基本都按照默认的行为完成操作。其中，默认构造函数和析构函数并没有对对象进行“认真”的初始化和清理工作，复制构造函数和复制赋值运算符函数的操作都只是简单的按位复制的默认行为，转移构造函数和转移赋值运算符函数的操作都只是简单的按位转移的默认行为。这些默认行为在类的数据成员具有较简单的数据类型时，大多数的时候能正确操作。

例如，当类的数据成员是基本类型的变量（或对象），或者是这些类型的数组时，则在由类生成对象之后，每个对象的数据成员都能够直接存储数据，因此构造这些对象的工作就显得非常简单，大多数的时候就直接调用类默认提供的构造函数、析构函数等即可满足要求。例如，对于下面定义的类 Test。

```
#01     class Test {
#02         double d;
#03         char a[10];
#04         string s;
#05     };
```

其数据成员较为简单，对该类对象按照默认行为进行默认构造、复制构造、复制赋值、析构都是正确的，如下列程序段所示。

```
#01     {
#02         Test s;                         //调用默认构造函数
#03         s = Test(2, "abc", "xyz");      //调用默认复制赋值运算符函数
#04         Test t(s);                      //调用默认复制构造函数
#05     }                                   //调用默认析构函数
```

但是当类的数据成员具有指针类型时，若仍采用默认的行为进行默认构造、复制构造、复制赋值、析构往往就会出错，并引发较为严重的运行时错误。对这种数据成员的正确构造，必须要首先为其分配内存资源，然后才能存储相应类型的数据。对指针型数据成员的处理非常复杂，但是由于指针型数据作为数据成员有利于缩小对象的体积，因此这种情况在实践中应用较多，在学习时，还需要初学者多加揣摩。

下面将针对默认构造函数、析构函数、复制构造函数、复制赋值运算符函数、转移构造函数、转移赋值运算符函数等运算，讨论指针型数据成员的构造和析构方法。STL 的字符串类型 std::string 是处理字符串数据的利器。从例 3.17～例 3.21 的 5 个例子以简约的篇幅自定义 String 类型，对 std::string 类型进行模拟实现，主要定义了 String 类型的默认构造函数、析构函数、复制构造函数、复制赋值运算符函数、转移构造函数、转

移赋值运算符函数。

1．对内存资源的构造和析构

在构造指针型数据成员时，必须首先为其动态分配内存，然后才能向其所指位置赋予内容。析构时则需释放所申请的内存。

【例 3.17】String 类：构造和析构的应用示例。

定义字符串类 String，其属性有字符元素存放的首地址 ps 和字符元素的个数 sz。

```
#01    #include <algorithm>                   //for min
#02    #include <cstring>                     //for strncpy
#03    #include <cassert>                     //for assert
#04    #include "xr.hpp"
#05
#06    class String {                         //定义字符串类
#07    private:
#08        char* ps;                          //字符元素存放的首地址
#09        size_t sz;                         //字符元素的个数
#10    public:
#11        String(const char* s = "", size_t n = 0) noexcept {//构造函数
#12            sz = std::min(n, strlen(s));//能够复制字符的最大个数
#13            ps = new char[sz + 1];         //按照个数加 1 申请内存
#14            assert(ps != nullptr);         //确保申请数组 ps 成功
#15            strncpy(ps, s, sz);            //复制字符到字符数组 ps 中
#16            ps[sz] = '\0';                 //设置字符串结束符
#17        }
#18        ~String() noexcept {               //析构函数
#19            delete[] ps;                   //释放字符数组的内存
#20            ps = nullptr;                  //地址置空
#21            sz = 0;                        //个数置零
#22        }
#23        void Print(std::ostream& os = std::cout) const {
#24            os << sz << ": " << ps << std::endl;
#25        }
#26    };
#27
#28    int main() {
#29        String s{ "Hello", 5 };            //测试构造函数和析构函数
#30        xrv(s.Print());                    //输出 5: Hello
#31
#32        String* p = new String{ "Hello", 3 };//测试构造函数
#33        xrv(p->Print());                   //输出 3: Hel
#34        delete p;                          //测试析构函数
#35    }
```

上述程序的关键在于对数据成员 ps 的处理，它是 char 指针类型，在拥有内存之前还不能作为字符数组存放字符串。构造函数 String(char*s, size_t n)根据给定的字符串 s 及字符个数 n 构造 String 类的对象，过程为，首先判断从字符串 s 中能够复制的最大字符个数 sz，该最大个数为字符串长度 strlen(s)和所给长度 n 中的最小值。然后按照这个

最大个数加 1 的长度动态申请数组（注意加 1 是为了存放字符串结束符，这样数据成员 ps 就能够如同字符数组一样存放字符串），接着调用函数 strncpy( )把 sz 个字符从字符串 s 中复制到字符数组 ps 中，然后设置字符串结束符。析构函数~String( )则释放对象所占的内存单元，并把数据成员 ps 和 sz 都置零。main( )函数分别构造对象 s 和堆对象 p 以测试构造函数和析构函数。

总结上述过程，在构造函数中处理指针型数据成员时，首先要为其动态分配适当长度的内存，然后向该内存空间存放数据。在析构函数中处理该数据成员时，首先释放内存，然后把该指针置零。

从本例还可以很清楚地看出指针类型数据成员（如 ps）与其他类型数据成员（如 sz）处理方式的不同之处：对于数据成员 sz，只需要直接初始化；对于字符指针 ps，则需要首先申请内存以便成为字符数组，然后通过字符串赋值函数实现内容复制。析构时，需要释放指针成员 ps 所指向的内存单元。

2. 对内存资源的复制构造

在复制构造对象时，对于指针型数据成员的处理，必须在复制样本内容之前复制样本的内存资源，而不能简单地把该指针指向待复制样本的内存资源。

【例 3.18】String 类：复制构造的应用示例。

在例 3.17 的基础上，定义字符串类 String 的复制构造函数。下面只给出新增的复制构造函数及 main( )函数中的测试代码。

```
#01         String(const String& s) {                    //复制构造函数
#02             if (this != &s) {                        //防止自复制
#03                 this->sz = s.sz;                     //取得样本的长度
#04                 this->ps = new char [sz + 1];        //按此长度加 1 申请内存
#05                 assert(this->ps != nullptr);         //确保申请数组 ps 成功
#06                 strcpy(this->ps, s.ps);              //复制样本字符到 ps 中
#07             }
#08         }
```

在复制构造过程中，先要判断要生成的对象*this 和待复制的样本 s 是否是同一个对象，以防止对象的自复制。为了复制样本 s 的字符内容，还需要为当前对象取得自己的内存资源。表达式 this->size = s.sz 按照样本的长度修改当前对象的长度，并以此长度加 1 申请内存资源。最后把样本的字符内容复制到当前对象的内存空间，从而实现了对内存资源和字符串内容的双重复制。

下列 main( )函数及其代码测试了类的构造函数、复制构造函数和析构函数。

```
#01     int main() {
#02         String s1{ "Hello", 5 };          //测试构造函数
#03         xrv(s1.Print());                  //输出 5: Hello
#04
#05         String s2{ s1 };                  //测试复制构造函数
#06         xrv(s2.Print());                  //输出 5: Hello
#07
#08         String* p2 = new String{ s2 }; //测试复制构造函数
#09         xrv(p2->Print());                 //输出 5: Hello
```

```
#10          delete p2;                        //测试析构函数
#11      }
```

上述实现过程的重要特征是在复制样本内容之前为当前对象取得自己的内存资源，是谓深复制，也是带资源的复制构造。总结上述过程，在复制构造函数中处理指针型数据成员时，首先要判断当前对象*this 的地址与样本的地址以防止自复制现象的发生，然后按照样本的长度设置当前对象的长度，并按此长度申请动态内存，最后向该内存空间存放样本的数据。

以 main( )函数中的对象 s1 和 s2 为例，下面分析浅复制和深复制的概念。对象 s1 的数据成员 ps 经构造时的动态内存申请而成为字符数组，其中存放着字符内容"Hello"，数据成员 sz 的值为 5。语句 String s2{s1};根据样本 s1 复制构造当前对象 s2。

作为对比，下面首先分析错误的复制构造方式——浅复制，该做法的实现代码如下所示。按照复制构造的常规做法，该做法直接让当前对象 s2 的指针 this->ps 指向样本 s1 的字符串存放地址 s1.ps。

```
#01          String(const String& s) {        //错误的复制构造函数
#02              if (this != &s) {
#03                  this->sz = s.sz;          //取得样本的长度
#04                  this->ps = s.ps;          //取得样本的字符内容
#05              }
#06          }
```

这使当前对象 s2 共享样本 s1 的内存资源（即字符数组 s1.ps），此时内存示意图如图 3.1（a）所示。这种内存资源管理方法会引发运行时错误。在析构对象 s1 和 s2 时，对象 s2 后构造，故先析构，析构函数中的语句 delete [] ps;使对象 s2 释放了本不属于它的内存空间。等到析构对象 s1 时，它的数据成员 s1.ps 已经成为空指针（本属于 s1.ps 的内存被 s2.ps 释放了），对空指针的再次释放就引发了运行时错误。

直接用指针指向样本的内存资源，而没有申请自己的内存资源，这是典型的浅复制。其错误在于，以复制构造生成的对象会反客为主，在析构时会首先根据自己的指针把样本的内存单元释放掉，而当轮到样本对象析构时，因再次释放已经被释放的内存，而引发对同一指针两次调用 delete 操作的运行时错误。

因此，正确的复制构造方式是，在复制构造具有指针类型数据成员的对象时，一定要按照深复制来实现复制构造函数，即首先为指针型数据成员分配自己的内存，然后把样本的内容复制过来。这样作为样本的对象 s1 和当前对象 s2 都各自具有内存资源，此时的内存示意图如图 3.1（b）所示。在析构时，各自释放自己所拥有的内存资源，这就不会造成对同一资源的多次释放。

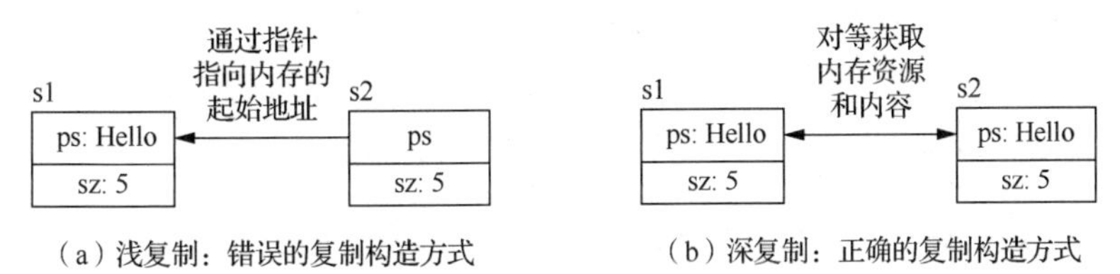

（a）浅复制：错误的复制构造方式　　（b）深复制：正确的复制构造方式

图 3.1　带资源的复制构造

3. 对内存资源的复制赋值

在为对象复制赋值时，对于指针型数据成员的处理，不能简单地把右操作数中该指针数据成员所指地址直接赋值给左操作数的指针数据成员，而必须首先为左操作数的指针数据成员取得对等的内存资源。

【例 3.19】String 类：复制赋值的应用示例。

在例 3.18 的基础上，定义字符串类 String 的复制赋值运算符函数。下面只给出新增的复制赋值运算符函数及 main( )函数中的测试代码。

```
#01         String& operator = (const String& rhs) {//赋值运算符函数
#02             if (this != &rhs) {          //防止自赋值
#03                 if (this->sz != rhs.sz) {//若长度不等,则重新申请内存
#04                     this->sz = rhs.sz;  //取得与右操作数相同的长度
#05                     delete [] this->ps; //释放当前所拥有的内存
#06                     this->ps=new char[this->sz+1];//按照新长度加 1 申请内存
#07                     assert(this->ps != nullptr);  //确保申请成功
#08                 }
#09                 strcpy(this->ps, rhs.ps);   //复制右操作数的内容
#10             }
#11             return *this;                   //返回当前对象
#12         }
```

在赋值运算过程中，首先判断被赋值的对象*this（左操作数）和待复制的样本 rhs（右操作数）是否是同一个对象，以防止对象的自赋值。为了复制右操作数的字符内容，首先通过表达式 this->sz != rhs.sz 判断当前对象（左操作数）的旧有内存是否符合要求（长度是否够长)，若左、右操作数的内存长度刚好相等，则调用函数 strcpy(this->ps, rhs.ps)直接复制右操作数的字符内容。否则，要处理当前对象的内存资源，过程为，首先通过表达式 this->sz = rhs.sz 取得右操作数的长度，然后用语句 delete [] this->ps;释放旧有内存，最后按照新的长度申请内存。在取得一致的内存资源后，调用函数 strcpy(this->ps, rhs.ps)复制右操作数的字符内容。依照惯例，赋值运算符函数在最后返回当前对象。

下列 main( )函数及其代码测试了类的构造函数、复制构造函数、复制赋值运算符函数和析构函数。

```
#01     int main() {
#02         String s1{ "Hello", 5 }, s2;    //测试构造函数
#03         xrv(s1.Print());                //输出 5: Hello
#04
#05         s2 = s1;                        //测试复制赋值函数
#06         xrv(s2.Print());                //输出 5: Hello
#07
#08         String* p = new String{ "Hello", 3 };//测试构造函数
#09         xrv(p->Print());                //输出 3: Hel
#10
#11         *p = String{ "Hello", 5 };      //测试复制赋值函数
#12         xrv(p->Print());                //输出 5: Hello
#13         delete p;                       //测试析构函数
#14     }
```

总结上述过程，在赋值运算符函数中处理指针型数据成员时，首先要判断左操作数（当前对象*this）的地址与右操作数的地址以防止自复制现象的发生，然后按照右操作数的长度设置左操作数的长度，并按此长度申请动态内存，最后向左操作数的内存空间复制右操作数的数据。

与复制构造类似，复制赋值运算也有浅复制和深复制的区别。若无须为指针型数据成员申请自己的内存资源，而直接用右操作数的数据成员为左操作数对应的数据成员赋值，这种做法就是浅复制。若在实现赋值时，首先为指针型数据成员分配自己的内存，然后把样本的内容复制过来。这样使左右操作数都各自具有自己的内存资源，这种做法就是深复制。

为了更清晰地理解复制构造与赋值运算之间的实现差异，表 3-1 对复制构造函数与赋值运算符函数的实现过程进行了比较。两者的相同点都是使当前对象*this 与样本（函数实参）相同。不同点在于：调用复制构造函数时，当前对象还是“一张白纸”，数据成员不拥有内存，也没有明确的取值。所以从空白的基础上构造自然很容易处理。但是调用赋值运算符函数时，当前对象（左操作数）已经存在，并拥有属于自己的内存，只是这块内存可能不能容纳右操作数的内容而需要重新申请内存。重新申请的过程是，首先释放旧有内存，然后申请新内存。但是如果左操作数旧有的内存满足要求，则无须重新申请内存，这需要区分不同的情况。这个不同点使赋值运算符函数在实现时较复制构造函数更为复杂。

表 3-1　复制构造函数与赋值运算符函数的不同点

区别	复制构造函数	复制赋值运算符函数
函数原型	`T(const T& t);`	`T& operator = (const T& rhs);`
适用时机	当前对象尚不存在，正在构造中	当前对象已然存在，需要改造
实现过程	①比照样本的内存长度为当前对象申请内存； ②向当前对象的内存空间复制样本 t 的内容	*①释放当前对象旧有内存； *②重新申请得到新的内存； ③复制样本 rhs 的内容

伪代码描述	`T(const T& t){`
	①判断是否自复制；
	②取得样本 t 的内存长度；
	③按此长度为指针型数据成员申请内存；
	④复制样本 t 的内容到当前对象的内存中；
	`}`
		`T& operator = (const T& rhs){`
		①判断是否自赋值；
		*②释放当前对象的内存；
		*③按右操作数 rhs 的长度为指针型数据成员申请内存；
		④复制右操作数 rhs 的内容到当前对象的内存中；
		⑤返回当前对象；
		`}`

注：标注为*的语句是可选的，当左操作数旧有内存的长度与右操作数对应内存的长度相等时，可不执行。

4. 对内存资源的转移构造

对于“行将消亡”的临时对象，通过转移构造，将它们所拥有的内存资源及其内容转移给新对象，从而不需要为该新对象获取新的内存资源，这会提高构造的效率。

【例 3.20】String 类：转移构造的应用示例。

在例 3.19 的基础上，定义字符串类 String 的转移构造函数。下面只给出新增的转移构造函数及 main( )函数中的测试代码。

```
#01          String(String&& s) noexcept {   //转移构造函数
#02              if (this != &s) {            //防止自复制
#03                  this->sz = std::move(s.sz);//取得样本的长度
#04                  this->ps = s.ps;         //获取样本的内存资源及其内容
#05                  s.sz = 0;                //样本的内容长度清零
#06                  s.ps = nullptr;          //样本的内存资源清零
#07              }
#08          }
```

转移构造的过程较为简单。首先判断要生成的对象*this 和待转移的样本 s 是否是同一个对象，以防止对象的自复制。然后 this->sz = std::move(s.sz)将样本的长度赋给当前对象的数据成员。接着 this->ps = s.ps 将当前对象的指针成员 ps 指向样本对象中已经存在的内存资源。最后将样本对象的数据成员都置空。在此过程中，并没有如同复制构造一样复制产生新的内存资源，然后放任旧的内存资源被释放。

下列 main( )函数及其代码测试了类的构造函数、转移构造函数和析构函数。

```
#01      int main() {
#02          String s1{ "Hello", 5 };         //测试构造函数
#03          xrv(s1.Print());                 //输出 5: Hello
#04
#05          String s2{std::move(s1)};        //测试转移构造函数
#06          xrv(s2.Print());                 //输出 5: Hello
#07      }
```

上述实现过程的重要特征是对内存资源的转移。以 main( )函数中的对象 s1 和 s2 为例，std::move(s1)将左值对象强制转换为右值引用，然后作为参数构造对象 s2，这会引发转移构造，s1 的内存资源被转移给 s2。需要注意的是，随后对 s1 的访问会引发错误。转移构造中内存资源的转移过程与浅复制较为类似，只需要将新对象的指针型数据成员指向旧对象的内存资源。

5. 对内存资源的转移赋值

对于“行将消亡”的临时对象，也可以通过转移赋值，将它们所拥有的内存资源及其内容转移给其他左值对象，这会提高赋值的效率。

【例 3.21】String 类：转移赋值的应用示例。

在例 3.20 的基础上，定义字符串类 String 的转移赋值运算符函数。下面只给出新增的转移赋值运算符函数及 main( )函数中的测试代码。

```
#01          String& operator = (String&& rhs) noexcept {//转移赋值运算符函数
#02              if (this != &rhs) {          //防止自赋值
#03                  this->sz = std::move(rhs.sz);//取得样本的长度
#04                  delete [] this->ps;      //释放当前对象的内存资源
#05                  this->ps = rhs.ps;       //获取样本的内存资源及其内容
#06
#07                  rhs.sz = 0;              //样本的内容长度清零
```

```
#08                 rhs.ps = nullptr;        //样本的内存资源清零
#09             }
#10             return *this;                //返回当前对象
#11         }
```

在转移赋值运算过程中，首先判断被赋值的对象*this（左操作数）和待复制的样本 rhs（右操作数）是否是同一个对象，以防止对象的自赋值。类似于转移构造，转移赋值时，首先判断要生成的对象*this 和待转移的右操作数 rhs 是否是同一个对象。然后 this->sz = std::move(rhs.sz)将右操作数 rhs 的长度赋给当前对象的数据成员。接着 delete [] this->ps 将当前对象的内存资源释放掉，this->ps = rhs.ps 将当前对象的指针成员 ps 指向右操作数对象中已经存在的内存资源。最后将右操作数对象的数据成员都置空。

下列 main( )函数及其代码测试了类的构造函数、转移赋值运算符函数和析构函数。

```
#01     int main() {
#02         String s1{ "Hello", 5 }, s2;    //测试构造函数
#03         xrv(s1.Print());                //输出 5: Hello
#04
#05         s2 = std::move(s1);             //测试转移赋值函数
#06         xrv(s2.Print());                //输出 5: Hello
#07     }
```

3.4　friend 关键字

3.4.1　友元关系及其声明

类的 private 和 protected 权限能够有效地保护并隐藏类的关键数据，但同时也给它们的访问带来了不便。为访问类的非 public 成员，一般要在类中提供 public 权限的访问函数，但是这种方式降低了对数据访问的效率。有没有什么机制既能够实现对非 public 成员的保护，又能够以较高的效率访问它们呢？

友元（friend）使函数（全局函数或其他类的成员函数）和其他类能够直接访问类的非 public 成员。声明为类的友元，则被授权可以直接访问类的非 public 成员。

友元关系表现为两种：友元函数和友元类。使用关键字 friend 修饰类定义体中的某个函数原型，则该函数成为类的友元函数。使用关键字 friend 修饰声明于类 A 中的类 B，则类 B 成为类 A 的友元类，此时在类 B 的作用域中可以直接访问类 A 的非 public 成员。

在声明友元关系时，可能会存在类的定义与友元关系相互之间的依赖，则此时需要对定义在后面的类进行前向声明。

友元关系及其声明具有如下特点。

（1）友元关系不受访问权限的控制：即把友元关系声明语句放在哪个访问权限标号后面都可以。

（2）友元关系是单向的：A 是 B 的友元，并不意味着 B 是 A 的友元，即 A 能够访问 B 的非 public 成员，但是 B 不一定能够访问 A 的非 public 成员。

（3）友元关系不能传递：A 是 B 的友元，B 是 C 的友元，不能得出 A 是 C 的友元。

（4）友元函数不是类的成员：对它的定义、访问都与成员函数不同，且友元函数不能限定为const，在其中也没有this指针。

3.4.2 友元函数

声明友元函数时只需要在函数原型前加上关键字friend即可，语法形式如下：

```
friend ret_type function_name (parameter list);
```

该声明需要放置在类定义体中。需要注意的是，关键字friend在声明友元关系时是需要的，但是在定义该友元函数时则不需要。

【例3.22】Complex类：使用友元函数实现算术运算。

定义Complex类，实现两个Complex对象的加减运算。

```
#01     #include "xr.hpp"
#02
#03     class Complex {
#04     private:
#05         double real, imag;
#06     public:
#07         Complex(double r=0, double i=0) noexcept :real(r), imag(i) {}
#08         void Print(std::ostream& os = std::cout) const;//成员函数
#09
#10         friend Complex Add(const Complex&a, const Complex&b);//友元函数
#11         friend Complex Sub(const Complex&a, const Complex&b);//友元函数
#12     };
#13     void Complex::Print(std::ostream& os) const {      //定义成员函数
#14         os << "(" << real << ", " << imag << ")\n";
#15     }
#16     Complex Add(const Complex& a, const Complex& b) {  //定义友元函数
#17         Complex result;
#18         result.real = a.real + b.real;
#19         result.imag = a.imag + b.imag;
#20         return result;
#21     }
#22     Complex Sub(const Complex& a, const Complex& b) {  //定义友元函数
#23         Complex result;
#24         result.real = a.real - b.real;
#25         result.imag = a.imag - b.imag;
#26         return result;
#27     }
#28
#29     int main() {
#30         Complex a{ 10, 3 }, b{ 2, -8 }, c;
#31
#32         c = Add(a, b);  xrv(c.Print());                //输出(12, -5)
#33         c = Sub(a, b);  xrv(c.Print());                //输出(8, 11)
#34     }
```

分析本例程，需要掌握友元函数原型的声明方法及友元函数定义的方法。上述程序定义了友元函数Add( )和Sub( )计算两个Complex对象的和与差，这两个函数不是类的

成员函数，不能直接访问计算过程中要用到的 private 数据成员 real 和 imag。为了访问它们，程序把这两个函数声明为类 Complex 的友元函数，从而可以在这些函数的实现过程中直接访问这两个 private 数据成员。

分析本例程，需要理解友元函数和成员函数的区别。从上述程序中也可以看出，由于友元函数不是类的成员函数，因此要注意两点区别：①在定义该友元函数时，不能用类名和二元作用域运算符来限定该友元函数，如 Complex Add(const Complex& a, const Complex& b)所示；而成员函数的定义需要以类名和二元作用域运算符限定其类属关系，如 void Complex::Print(ostream& os) const 所示。②在调用友元函数时，不能由对象通过成员访问运算符调用该函数，而是如全局函数般直接调用，如 Add(a, b)和 Sub(a, b)；但是对于成员函数 Print( )的访问则需要通过对象和圆点运算符实现，如 c.Print( )。

分析本例程，还要理解友元函数的积极作用和负面作用。从上述程序也看出，友元函数提高了对私有数据成员的访问效率，但同时破坏了类的封装性，因为该机制使在类的作用域之外，非类的成员函数也能够访问类的私有数据成员。

3.4.3 友元类

为了把类 A 声明为类 B 的友元，需要在类 A 的声明语句前加上关键字 friend，该语句需要放置在类 B 的定义体中。其一般形式如下：

```
friend class A;
```

类 A 是类 B 的友元，意味着在类 A 的作用域中可以访问类 B 中包括私有成员在内的所有成员。需要说明的是，自 C++11 起，友元类关系的声明，不再需要使用关键字 class。

【例 3.23】Date 类与 Person 类：友元类的应用示例。

```
#01     #include <string>
#02     #include "xr.hpp"
#03
#04     class Person;                       //前向声明 Forward Declaration
#05
#06     class Date {
#07     private:
#08         int year, month, day;
#09     public:
#10         Date(int y, int m, int d) :year(y), month(m), day(d) {}
#11
#12         friend Person;                  //友元关系声明:Person 类是 Date 类的友元
#13     };
#14
#15     class Person {
#16     private:
#17         std::string name;
#18         Date birthday;
#19     public:
#20         Person(const char* s, int y, int m, int d)
#21             :name(s), birthday(y, m, d)
```

```
#22         {}
#23         void Print(std::ostream& os = std::cout) const {
#24             os << name << ": "            //以下访问 Date 的 private 成员
#25                 << birthday.year << "-" << birthday.month
#26                 << "-" << birthday.day << std::endl;
#27         }
#28     };
#29
#30     int main() {
#31         Person Tom{ "Tom", 2000, 1, 1 };
#32         xrv(Tom.Print());                //输出: Tom: 2000-1-1
#33     }
```

上述程序中语句 friend Person;把 Person 类声明为 Date 类的友元类，为的是在 Person 类的成员函数 Print( )中直接访问输出 Date 类的 private 数据成员 year、month 和 day。在上述友元关系声明中，该行之前并没有见到类 Person 的定义，因此在类头 class Date 之前使用语句 class Person;作为前向声明。

3.4.4　应用举例

【例 3.24】Point 类与 Line 类的应用示例。

分别定义 Point 类和 Line 类，判断点是否在直线上，若不在则计算其相对距离。

```
#01     #include <cmath>                     //for fabs, sqrt
#02     #include "xr.hpp"
#03
#04     class Line;                          //前向声明:for 两个友元函数
#05
#06     class Point {
#07     private:
#08         double x, y;
#09     public:
#10         Point(double nx, double ny) :x(nx), y(ny) {}
#11         //以下声明两个友元函数:需要访问 Point 类的 private 成员
#12         friend bool ptOnLine(const Point& p, const Line& l);
#13         friend double distPoint2Line(const Point& p, const Line& l);
#14     };
#15
#16     class Line {
#17     private:
#18         double a, b, c;
#19     public:
#20         Line(double na, double nb, double nc) :a(na), b(nb), c(nc) {}
#21         //以下声明两个友元函数:需要访问 Line 类的 private 成员
#22         friend bool ptOnLine(const Point& p, const Line& l);
#23         friend double distPoint2Line(const Point& p, const Line& l);
#24     };
#25
#26     bool ptOnLine(const Point& p, const Line& l) {//点 p 是否在线 l 上
#27         return p.x * l.a + p.y * l.b + l.c == 0;//直接访问两个类的私有成员
```

```
#28     }                                   //以下计算点p到线l的距离
#29     double distPoint2Line(const Point& p, const Line& l){
#30         return fabs(p.x * l.a + p.y * l.b + l.c) /
#31             sqrt(double(l.a * l.a + l.b * l.b));//直接访问两个类的私有成员
#32     }
#33
#34     int main() {
#35         Point p{ 0, 0 };
#36         Line l{ 3, 4, -5 };
#37
#38         if (!ptOnLine(p, l))
#39             xr(distPoint2Line(p, l));   //输出: 1
#40     }
```

上述程序定义了函数 ptOnLine( )和 distPoint2Line( )，用于分别判断点是否在直线上、计算点到直线的距离。为了在这两个函数中访问类 Point 的 private 数据成员 x、y 和 Line 的 private 数据成员 a、b、c，需要把这两个函数都声明为类 Point 和 Line 的友元函数。在类 Point 中声明友元函数 ptOnLine( )时，其第二个参数是 Line 类的 const 引用，而在此行之前是查找不到类 Line 的定义的，因为类 Line 定义在类 Point 之后，因此需要在程序的开始以 class Line;语句进行必要的前向声明。

3.5　static 关键字

3.5.1　在对象之间共享数据

在结构化程序设计中，全局变量是在不同模块之间共享数据的一种常用手段。通过引入全局变量，一个函数对它修改之后的结果会立即被其他函数检查到，并能够访问到更新之后的数据。显然，这也是全局变量的一个缺点——破坏了封装性。在基于对象的程序设计中，有什么较好的方法在各个对象之间共享数据吗？举一个最简单的例子，如何让每个刚生成的对象知道当前已经生成了多少个对象，这就需要一种机制能够在对象之间共享数据。

另外，由类生成对象之后，每个对象都按照类中设定的数据成员布局，拥有了属于自己的数据成员。但是有时候，有些数据成员并不需要每个对象都单独拥有一份。例如，在模拟学校和学生时，每个学生的属性构成中可以有自己的姓名、学号、借书证号和食堂饭卡号。但是没必要给每个学生单独准备一个图书馆和食堂，也就是说，只需要在对象之间共享一份公共的属性或数据即可，从而节省了存储该数据成员的内存空间。

以上两个问题的解决，都依赖于一个机制：在对象之间共享数据。C++实现了这种机制，通过关键字 static 把类的数据成员声明为 static 数据成员，则该数据成员为类的所有对象共享。关键字 static 也可以修饰成员函数，则该成员函数为 static 成员函数。

3.5.2 static 数据成员

1. static 数据成员的声明

与普通数据成员的声明不同的是，static 数据成员需要在类定义体中数据成员声明前使用关键字 static 来修饰，在类定义体中声明的语法形式如下：

```
static T t;
```

类的非 static 数据成员是为每个对象所单独拥有的，即类的非 static 数据成员是与对象相关联的，换言之，只有当对象存在时，这些数据成员才能够存在。对非 static 数据成员的访问一般要由对象和成员访问运算符进行，或者使用 this 指针与箭头运算符访问。

但是，声明为 static 的数据成员与类的非 static 数据成员不一样，类的 static 数据成员不是为每个对象所单独拥有的，而只是在整个类中存在一份，类的 static 数据成员只与类的类型相关联。因此，即使当前没有生成任何对象，类的 static 成员也是存在的，它可以通过类名访问。

【例 3.25】static 数据成员的声明（两个程序对比）。

```
#01    class Test{
#02    private:
#03        int n;
#04        int a[80];
#05    };
#06    int main(){
#07        Test t;
#08        xr(sizeof(Test));
#09        xr(sizeof(t));
#10    }
```

程序的输出结果如下：

```
#08: sizeof(Test)    ==>324
#09: sizeof(t)       ==>324
```

```
#01    class Test{
#02    private:
#03        int n;
#04        static int a[80];
#05    };
#06    int main(){
#07        Test t;
#08        xr(sizeof(Test));
#09        xr(sizeof(t));
#10    }
```

程序的输出结果如下：

```
#08: sizeof(Test)    ==>4
#09: sizeof(t)       ==>4
```

分析本例程，有助于理解“static 数据成员为类的对象所共享，而不是每个对象的构成部分”。上述程序先后把类 Test 中的数据成员 int a[80]设置为普通数据成员和 static 数据成员，对比分析了类 Test 及其对象 t 所占内存的字节数。从输出结果可以看出，拥有 static 数据成员的类类型的大小及其对象的大小都不包括该 static 数据成员的大小。因此类的 static 数据成员不是对象的组成部分。

由于 static 数据成员不是对象的组成部分，因此把数据成员声明为 static，有利于减小对象的存储大小，并在类的对象之间共享该 static 数据成员。

2. static 数据成员的定义和初始化

类的非 static 数据成员直接在构造函数中初始化。但是 static 数据成员不能在构造函数中初始化，而必须在类的作用域之外定义并初始化，且在该语句中不能出现 static 关键字，其语法形式如下：

```
数据类型 类名::static 数据成员名(初始化值列表);
```

类的非 static 数据成员不一定需要显式初始化，但是类的 static 数据成员必须如上定义并初始化，否则会因为该 static 数据成员不存在，而在程序连接时出现连接错误。需要强调的是，该 static 数据成员只能定义并初始化一次。

【例 3.26】static 数据成员的初始化和访问。

```
#01     class Example {
#02     public:
#03         int n;                              //声明非 static 数据成员
#04         static char c;                      //声明 static 数据成员
#05         static double d;                    //声明 static 数据成员
#06         static int arr[80];                 //声明 static 数据成员
#07     public: //以下在成员初始化值列表或构造函数中初始化非 static 数据成员
#08         Example(int m = 0):n(m) { /*n = m;*/ }
#09     };
#10
#11     double Example::d{ 2 };         //在类体外定义并初始化
#12     int Example::arr[80];           //在类体外定义并由编译器全部初始化为 0
#13
#14     int main() {
#15         //? Example::c{ 'C' };      //错误:对数据成员 c 的连接出现错误
#16         //? Example::n{ 1 };        //错误:不能以类名访问非 static 数据成员
#17         ++Example::d;               //通过类名访问 static 数据成员
#18         Example::arr[1] = 2;        //通过类名访问 static 数据成员
#19
#20         Example t;
#21         t.n = 1;                    //通过对象访问非 static 数据成员
#22         //? t.c = 'A';              //错误:对数据成员 c 的连接出现错误
#23         t.d = 1;                    //通过对象访问 static 数据成员
#24         t.arr[0] = 1;               //通过对象访问 static 数据成员
#25     }
```

分析本例程，首先要掌握初始化 static 数据成员的位置和形式。对于结构比较简单的程序，初始化 static 数据成员的位置一般在类定义体外，且在 main( )函数及其成员函数定义之前（否则影响 main( )函数及其成员函数对该数据成员的访问）。对于多文件结构的程序，初始化 static 数据成员的位置一般在源文件的开始（否则影响成员函数对该数据成员的访问）。初始化 static 数据成员的形式则要求写全该数据成员的类型和类属关系。例如，static 数据成员 d 以语句 double Example::d{2};初始化为 2。static 数据成员 a 是数组类型，初始化语句 int Example::a[80];会将它的所有元素都初始化为 0。对于非 static 数据成员 n，可以在成员初始化值列表或构造函数中初始化。

分析本例程，还需要理解“static 数据成员先于对象存在”。即使类不生成任何对象，static 数据成员也是存在的，并且可以通过类名访问，当然，前提是已经定义或初始化了该 static 数据成员。例如，main( )函数在开始就对 static 数据成员 d 和 a 进行操作（++Example::d 和 Example::a[1] = 2）。但是非 static 数据成员只能伴随着对象的生成而存在，没有对象是不能访问该数据成员的，如通过类名对数据成员的访问 Example::n = 1 是非法的。

分析本例程，还要理解“static 数据成员不定义就不存在”。上述程序没有对 static 数据成员 c 在类定义体外定义，更没有进行初始化，因此，所有对该数据成员的访问（Example::c = 'C'和 t.c = 'A'）都会出现连接错误。

分析本例程，最后要理解 static 数据成员与非 static 数据成员在访问方式上的差异。非 static 数据成员与对象紧密相联，有对象才有该数据成员，因此必须通过对象来访问非 static 数据成员，如 t.n = 1，而不能通过类名访问非 static 数据成员，如 Example::n = 1 是非法的。相反，static 数据成员归属于类，对它们的访问一般通过类名完成，如 ++Example::d 和 Example::a[1] = 2，也可以通过对象来访问，如 t.d = 1 和 t.a[0] = 1。

3.5.3 static 成员函数的声明与定义

使用 static 修饰的成员函数成为 static 成员函数，声明 static 成员函数的语法如下：

```
static ret_type function_name (parameter list);
```

若在类定义体外定义 static 成员函数，则无须该关键字。

static 成员函数中没有 this 指针。回忆一下，设置 this 指针的目的就是要访问当前对象的，而当前对象通常是该成员函数的操作对象。static 成员函数只与类类型相关联，而不与对象相关联。static 成员函数无须访问当前对象，当然也不需要设置 this 指针。

static 成员函数也不能声明为 const。因为把成员函数声明为 const 是为了保证该成员函数不修改调用它的当前对象，但是现在该成员函数已经不与当前对象相关联了，因此不能把 static 成员函数声明为 const 成员函数。static 成员函数也不能声明为虚函数。

在 static 成员函数中不能访问非 static 成员。由于类的 static 成员函数没有 this 指针，虽然该函数可以直接访问类的 static 成员，但是不能直接使用非 static 成员。若要在 static 成员函数中访问非 static 成员，则一般需要给该 static 成员函数设置一个对象形参，然后通过该对象访问非 static 成员。

3.5.4 static 成员常见应用

1. static const int 数据成员

在 C++11 之前，通常类的 static 数据成员不能在类定义体中定义或初始化。但是如果该 static 数据成员是 int 类型，且有 const 修饰，则允许在类定义体中对它进行初始化，此为例外。此时，可以不用在类定义体外定义（或初始化）该数据成员。需要注意的是，这只适用于 int 类型数据成员。自 C++11 起，允许类采用就地初始化的方式对非静态数据成员进行初始化。

【例 3.27】static const int 数据成员的初始化。

```
#01     #include "xr.hpp"
#02
#03     class Date {
#04     public:
#05         static const int numMonth{ 12 };          //在类定义体中初始化
#06         static int daysOfMonth[numMonth + 1];   //用作常量定义数组
#07     };
```

```
#08
#09     //在类定义体外初始化
#10     int Date::daysOfMonth[] { 0, 31, 28, 31, 30, 31, 30, 31, 31, 30,
#11                               31, 30, 31 };
#12
#13     int main() {
#14         xr(Date::numMonth);              //直接访问该常量的初始值，输出：12
#15         xr(Date::daysOfMonth[1]);        //访问 static 数据成员，输出：31
#16         xr(Date::daysOfMonth[Date::numMonth]);//输出：31
#17     }
```

分析本例程，可以借鉴在类中定义 int 型常量的方法。如果该常量不与对象相关，则可以把它设置为 static 数据成员，这样可以通过 in-class initializer 的特殊形式对它定义和初始化。在进行日期相关的计算时，通常需要访问每个月的天数，如数组 daysOfMonth，它不独自属于某个对象，因此可以定义为 static 数据成员在对象之间共享。

2. 计数和编号

利用 static 数据成员很容易给先后生成的对象编以序号，方法是，首先在类中设置 static 数据成员作为计数器以计数，有对象生成时（在构造函数中，包括复制构造函数）递增该计数器，有对象析构时（在析构函数中）递减该计数器。然后把计数器的当前值作为当前对象的编号。

【例 3.28】Visitor 类：计数和编号的应用示例。

定义游客类，给每个游客编以序号，并统计游客人数。

```
#01     #include "xr.hpp"
#02
#03     class Visitor {                      //定义游客类
#04     private:
#05         static int n;                    //实现对象计数
#06         int sn;                          //对象的序号
#07     public:
#08         Visitor() noexcept {
#09             ++Visitor::n;                //构造新对象:增加计数
#10             this->sn = Visitor::n;       //序号为当前总数
#11         }
#12         ~Visitor() noexcept {
#13             --Visitor::n;                //总数减一
#14         }
#15         void Print(std::ostream& os = std::cout) const {
#16             os << "sn: " << this->sn << "\tn: " << Visitor::n << std::endl;
#17         }
#18     };
#19
#20     int Visitor::n{ 0 };                 //初始化为零
#21
#22     int main() {
#23         Visitor* a{ new Visitor };       //第一个游客光临
#24         xrv(a->Print());                 //查看计数和序号
```

```
#25
#26        Visitor* b{ new Visitor };       //第二个游客光临
#27        xrv(a->Print()); xrv(b->Print());//查看计数和序号
#28
#29        Visitor* c{ new Visitor };       //第三个游客光临
#30        xrv(a->Print());xrv(b->Print());xrv(c->Print());//查看计数和序号
#31
#32        delete a;                        //第一个游客离去
#33        xrv(b->Print()); xrv(c->Print());//查看计数和序号
#34
#35        delete b;                        //第二个游客离去
#36        xrv(c->Print());                 //查看计数和序号
#37    }
```

程序的输出结果如下：

```
#24: [a->Print()]      ==>sn: 1       n: 1
#27: [a->Print()]      ==>sn: 1       n: 2
#27: [b->Print()]      ==>sn: 2       n: 2
#30: [a->Print()]      ==>sn: 1       n: 3
#30: [b->Print()]      ==>sn: 2       n: 3
#30: [c->Print()]      ==>sn: 3       n: 3
#33: [b->Print()]      ==>sn: 2       n: 2
#33: [c->Print()]      ==>sn: 3       n: 2
#36: [c->Print()]      ==>sn: 3       n: 1
```

实现对象计数的关键是在类中设置 static 数据成员。类 Visitor 封装了 static 数据成员 n 实现计数，非 static 数据成员 sn 作为每个对象的流水号。static 数据成员 n 在构造函数和析构函数中随着对象的生成和消亡而动态变化，并且其取值在任何时刻都能够被现存的对象所感知。非 static 数据成员 sn 只能被每个对象独自使用，其取值变化不能被其他对象共享。

3. 单例模式

在现实世界中，很多事物只有一个实例，如系统的输出日志，操作系统的窗口管理器等。一个类只能创建一个对象，即单例模式，单例模式是设计模式之一。该模式保证类仅有一个实例，并提供一个访问它的全局访问点，该实例被所有程序模块共享。所谓设计模式，是一套被反复使用、具有良好的可靠性，多人实践认可、具有良好的可重用性的代码设计经验总结。考虑到线程安全性、异常安全性等，该模式有多种实现方法。下面给出最为经典的 Meyers' Singleton 实现方法。Scott Meyers 是 C++经典书籍 Effective 系列的作者。

【例 3.29】单例模式的 Meyers' Singleton 实现方法的应用示例。

```
#01    #include <cassert>
#02
#03    class Singleton {
#04    private:
#05        Singleton() noexcept {}
#06        ~Singleton() noexcept {}
```

```
#07         Singleton(const Singleton&) = delete;
#08         Singleton(Singleton&&) noexcept = delete;
#09         Singleton& operator = (const Singleton&) = delete;
#10         Singleton& operator = (Singleton&&) noexcept = delete;
#11      public:
#12         static Singleton* getInstance() {
#13            static Singleton instance;
#14            return &instance;
#15         }
#16      };
#17
#18      int main() {
#19         Singleton* only{ Singleton::getInstance() };
#20         Singleton* s1{ Singleton::getInstance() };
#21         assert(s1 == only);
#22         Singleton* s2{ Singleton::getInstance() };
#23         assert(s2 == only);
#24      }
```

定义一个单例类，需要：①将其构造函数设置为private，以避免外界创建单例类的对象；②类中提供一个静态指针变量指向类的唯一实例；③提供一个public的静态方法获取该实例。上述程序以Lazy方法实现了单例模式，即该实例的单例在第一次使用时才进行初始化。所有可能对该实例进行的复制和转移操作都被显式删除，只留下构造函数和析构函数设为private允许该单例的构造和析构。main( )函数中所有3个对象都实际只是一个对象。

本章小结

本章主要围绕几个关键字的用法，进一步讨论了类的定义和对象的应用，它们也是关于封装性的几个主题。

1. this

this指针作为类中非static成员函数的隐式形参，它指向调用该成员函数的当前对象。应用this指针可以实现3种用途：访问类的非static数据成员；防止自复制；防止自赋值。有了this指针，可以把当前对象作为整体从成员函数中返回。返回*this的成员函数能够被连续调用。

2. const

正确理解并适当应用关键字const，能够有效地提高程序的健壮性。通过使用const修饰对象、函数的参数、函数的返回值等，能够防止对这些数据的不必要修改。

（1）const变量既具有常量的性质（数值不容被修改），也同时具有变量的性质（具有数据类型、存储空间和作用域）。

（2）具有const性质的对象不能被修改其数据成员，const对象（包括对象引用）只能调用类中的const成员函数。非const对象（包括对象引用）既可以调用const成员函数，也可以调用非const成员函数，若两者都存在，则优先调用非const成员函数。

（3）使用const修饰指针时，会产生两种极易混淆的指针：指向常量数据的变量指针，指向变量数据的常量指针。前者所指地址中的数据不容被修改，但是可以指向其他的地址。后者不能重新指向其他地址，但是可以修改所指地址中的数据。

（4）const引用常作为函数的形参类型，此时const保护所传入的实参不被修改。

（5）为了防止函数返回的引用被无意修改，可以使用const修饰该函数的返回类型，此时const保护函数的返回值不被修改。

（6）类的const成员函数能够不修改调用该函数的对象。在类的const成员函数中不允许调用非const成员函数。基于const可以定义成员函数的合法重载版本。

（7）const 数据成员必须以成员初始化值列表方式初始化。有类似语法要求的还有引用类型的数据成员。

3. new/delete

new/delete作为C++中的运算符，能够较方便地实现内存的动态申请和释放。通过这两个运算符，可以实现动态数组。使用new构造堆对象时，会调用类的构造函数，使用delete释放堆对象时，会调用类的析构函数。也可以用这两个运算符动态构造对象数组。为了防止忘记释放动态申请的内存资源而造成内存泄露，STL中提供了智能指针类型auto_ptr。

若类的数据成员是指针类型，并且需要为该指针型数据成员分配内存然后才能存放数据，则对该数据成员的构造、复制、赋值都会显得比较麻烦。在实现复制构造函数时，一般需要首先申请得到当前对象自己的内存单元，然后才能继续复制样本的内容，这是深复制的正确做法。在实现复制赋值运算符函数时，一般也需要首先处理当前对象已有的内存单元，然后才能复制右操作数的内容。请理解复制和赋值的区别与联系，这样才能正确地实现各种情况下对象的复制构造和赋值运算。很多时候对右值对象实行转移操作，则在定义转移构造函数和转移赋值运算符函数时，只需要将即将消亡对象的内存资源转移给新对象即可，避免了重新申请和释放内存资源。请理解复制和转移的区别，这样才能理解某些场合转移语义的高效性。

4. friend

把函数声明为类的友元，使在函数中可以任意访问类的私有数据成员，从而提高了数据访问的效率。把类A声明为类B的友元，可以在类A的作用域中访问类B的所有私有数据成员。

5. static

static数据成员实现了在对象之间共享数据。static数据成员不是对象的组成部分，它只与类相关联，即使没有对象生成，也可以访问static数据成员，这是与非static数据成员的区别之一。static数据成员不能如非static数据成员一样在构造函数中初始化，而只能在类定义体外初始化。

static 成员函数只与类相关联，因此在该成员函数中没有 this 指针。static 成员函数也不能修饰为 const 成员函数。

习　　题

1．定义复数类 Complex，实现复数之间的加、减、乘、除等常见运算。

2．定义有理数类 Rational，实现有理数之间的加、减、乘、除等常见运算。

3．定义矩形类 Rectangle，每个矩形通过其左下角点定位，同时具有长和高，计算矩形的中心点。

4．分别定义点类 Point 和三角形类 Triangle 描述平面上的点和三角形。利用平面上的 3 个点构造一个三角形，计算其周长和面积。

5．在公司不同部门的员工具有不同的工资。定义员工对象，输出各部门员工的所有信息。

6．分别定义一维和二维动态数组类，它能够根据运行时指定的长度构造数组。在动态数组中提供复制构造函数、转移构造函数、复制赋值运算符函数和转移赋值运算符函数，注意比较两者的区别。提供下标访问方法，可以修改或读取数组元素。

7．定义矩阵类，它能够在运行时构造任意行数和列数的矩阵。实现矩阵的加、减运算。提供下标访问方法，可以为矩阵元素赋值或读取元素的值。

8．自定义字符串类 MyString，模仿实现 STL 中 string 类的常用操作。

9．定义日期类 Date，以多种方式生成 Date 对象（如格式字符串“MM/DD/YYYY”和“March 5, 2012”）。计算从该年的 1 月 1 日到该天所经过的天数，并计算任意两个日期之间相距的天数。

10．从键盘输入若干个数，去掉其中的重复数据，然后从小到大排序，最后显示在屏幕上。以面向对象的方法，把本题中的数组计算程序封装为一个小型算法库。

11．定义类 MyInt16 描述十六进制的正整数，用字符串表示一个十六进制数，检查表示是否正确（范围未越界，基数应用正确），然后转化为十进制数值。例如，十六进制数“A3”表示正确，且其对应的十进制数值为 163。

12．模拟定义银行账户类，每个账户有本金、利率等属性，计算若干年后该账户的存款数。当存款利息下调后，计算银行总计少支付多少利息金。

13．阅读关于设计模式的书，理解并实现 Singleton 模式。

第 4 章　运算符重载

对自定义类的对象应用 C++标准运算符实现计算，是一件令人激动的事情，这可以应用 C++的运算符重载机制实现，这会使程序更加专业和简洁。为自定义类提供常见的运算符函数是本章讨论的主要内容。

本章首先概述运算符重载的语法规则，然后讨论运算符重载的成员函数形式和友元函数形式。本章重点讨论算术运算符（包括复合赋值运算符）、关系运算符、逻辑非运算符、流插入运算符/流提取运算符、增量运算符/减量运算符、下标运算符、函数调用运算符、转换运算符等常用运算符的重载。

通过本章的学习，读者应加深理解运算符重载的语法规则，并熟练掌握常用运算符重载的方法，理解运算符重载的成员函数形式和友元函数形式。

4.1　概　　述

4.1.1　基本概念

C++系统提供了丰富的运算符集。若能够对自定义类的对象使用这些运算符来实现一些功能，会使对象操作的表达式显得更自然、更简洁。例如，对于自定义类的对象 a 和 b，只要它们所属类中提供了赋值运算符函数，就可以如同基本数据类型的变量一样，直接通过简洁的赋值表达式来实现赋值操作，如下所示：

```
a = b;
```

这种形式远比以成员函数的形式 a.assign(b)实现赋值更加直观。

又如，对于常用在屏幕上显示数据的操作，一方面我们会很羡慕可以用对象 cout 通过流插入运算符<<直接输出基本数据类型的数据，另一方面我们也希望对于自定义类的对象能够采用如此简洁直观的方式来输出对象，即采用如下所示语句：

```
std::cout << a;
```

其中，a 是自定义类的对象，让自定义类的对象具有与基本数据类型的变量同样的功能，把 C++运算符也能够作用在自定义类的对象上，这正是让我们感兴趣并且需要详细讨论的问题。

1. 运算符函数

前面对赋值运算符函数已经讨论颇多，其实现过程给人以启示：为了让对象具有运算符功能，只要对运算符提供相应的函数支持即可。当对象执行某个运算时，就调用相应的函数来实现该运算过程，这样就能够把 C++运算符作用在自定义类的对象上。

C++提供了运算符重载（operator overloading）的机制以辅助自定义类实现这个功能。

所谓运算符重载，就是要对运算符实现的过程进行重新定义，以便该运算符能够对自定义类的对象进行操作。定义过程中得到的函数就是运算符函数。运算符重载增加了 C++的可扩展性，常用运算符在不同的类中获得了新的定义和功能，从而扩展了运算符的运用范围。

最典型的运算符重载函数当属赋值运算符函数，在类 T 中重载该运算符的成员函数原型如下：

```
#01    T& operator = (const T& rhs) {
#02        1.判断是否自赋值;
#03        2.复制右操作数 rhs 的数据成员到当前对象中;
#04        3.返回当前对象(左操作数);
#05    }
```

在上述伪代码中，operator 是 C++的关键字，其后紧跟要定义的运算符，如“=”，operator = 是运算函数的名称，定义了这个运算符函数。类 T 对象之间的赋值运算就得到了它的支持，如 a = b，当然该表达式的规范调用形式为 a.operator = (b)，这会清楚地反映出调用该运算符函数的参数和当前对象。

2. 运算符的操作数与运算符函数的参数

C++运算符多为一元运算符和二元运算符，这意味着它们需要一个操作数或两个操作数。那么它们对应的运算符函数该如何设置函数参数呢？以赋值运算符为例，该运算符是二元运算，需要两个操作数（左操作数和右操作数），但是从前面对该运算符定义的过程可以看出，在把该运算符定义为类的成员函数时，其运算符函数只带一个参数，且该参数对应于右操作数，而左操作数对应于当前对象，由 this 指针所指向。由此看来，当以成员函数形式定义运算符时，形式上“地位对等”的两个操作数实际上是“不平等的”，左操作数作为当前对象调用运算符函数，右操作数作为运算符函数的实参。

【例 4.1】Rational 类：函数的参数与运算的操作数的应用示例。

```
#01    #include <iostream>
#02
#03    class Rational {                                  //定义有理数类
#04    private:
#05        int numerator, denominator;                   //分子,分母
#06    public:
#07        Rational(int n = 0, int d = 1) noexcept      //构造函数
#08            :numerator(n), denominator(d)
#09        {}
#10        //一元操作:this 指向当前对象
#11        void Print(std::ostream& os = std::cout) const {
#12            os << this->numerator <<"/" << this->denominator << std::endl;
#13        }
#14        //二元操作:this 指向左操作数,rhs 对应右操作数
#15        Rational& operator = (const Rational& rhs) {//复制赋值运算符函数
#16            this->numerator = rhs.numerator;          //复制右操作数的分子
#17            this->denominator = rhs.denominator;      //复制右操作数的分母
#18            return *this;                             //返回左操作数
```

```
#19         }
#20         //二元操作:this 指向左操作数,rhs 对应右操作数
#21         Rational Add(const Rational& rhs) const {
#22             Rational r;
#23             r.numerator = this->denominator * rhs.numerator
#24                 + this->numerator * rhs.denominator;
#25             r.denominator = this->denominator * rhs.denominator;
#26             return r;
#27         }
#28     };
#29
#30     int main() {
#31         Rational a{3, 4}, b{1, 2}, c;             //测试构造函数
#32         c = a.Add(b);                             //测试赋值运算和 Add 函数
#33         a.Print(); b.Print(); c.Print();          //分别输出 3/4, 1/2, 10/8
#34     }
```

分析本例程，应该理解“成员函数的参数与该函数所表示运算的操作数”之间的关系。在结构化程序设计中，实现一元操作的函数带有一个参数，它对应于操作数；实现二元操作的函数带有两个参数，它们分别对应两个操作数。对于面向对象方法来说，消息发送和消息传递是发起函数调用的主要机制，对象作为消息的接收者和处理者，它们作为当前对象来响应各种消息，或者作为消息的参数被传递给函数，因此设置运算的操作数的方式有了很大的变化。以上述有理数类 Rational 为例，在定义成员函数 Print( )时，并没有为这个一元操作设置一个表示操作对象的参数，因为其操作数已经转移为响应该消息的当前对象了，如 a.Print( )。对于实现二元加法运算的函数 Add( )来说，其调用表达式为 a.Add(b)，它所带的参数 rhs 对应于加法运算的右操作数 b，而左操作数 a 可由 this 指针获取。对于实现二元运算的复制赋值运算符函数 operator = ( )来说，它也只带有一个参数 rhs，调用表达式 c = a.Add(b)，函数 Add( )的返回值对应于赋值运算的右操作数，对象 c 则是赋值运算的左操作数。因此，在面向对象程序设计中，实现一元运算的成员函数不需要设置参数，其操作数通过 this 指针获得，实现二元运算的成员函数把右操作数设为函数参数，其左操作数通过 this 指针获得。

4.1.2 运算符重载的语法规则

在重载运算符时，只能重载现有的运算符，而不能创造一个 C++系统中尚不存在的新运算符。

不能改变运算符的性质，如运算符的优先级、结合性、操作数的个数及其语法结构。一元运算符重载后应该还是一元运算符，二元运算符重载后也还是二元运算符，C++中唯一的三元运算符（条件运算符“?:”）是不允许重载的。

在重载运算符时，一定要遵照对该运算符的习惯性认识。例如，运算符“+”常用于计算两个数的和，或者把两个对象合并起来，或者把两个对象连接在一起。千万不要把该运算符的功能定义为计算两个数的差，这样就与对该运算符的习惯性认识相违背。C++中有一条原则 Principle of Least Astonishment（PLA）说的就是用户不应该被程序中

的 unexpected responses 所迷惑或惊吓到。

对基本数据类型数据的运算早已经实现于系统中。因此在重载运算符时，不能重新定义对于基本数据类型数据的固有运算规则，如下列函数企图定义 int 数据与 double 数据的加法运算：

```
double operator + (int n, double d)     //error
```

这个函数是不合法的。这表明，运算符函数的形参类型中至少有一个是自定义类型。

在 C++中，表 4-1 中的运算符是不能重载的，而表 4-2 中的运算符是经常需要重载的。

表 4-1　不能重载的运算符

运算符类型	成员访问运算符	指向类成员的指针	作用域解析运算符	条件运算符	sizeof 运算符
运算符	.	.*	::	?:	sizeof

一般情况下，取地址运算符（“&”）是无须重载的。对于任何自定义类的对象，应用该运算符都可以返回对象在内存中的存储地址。逗号运算符（“,”）也无须重载。

表 4-2　经常重载的运算符

运算符类型	运算符
算术运算符	+、-（减法，二元）、*、/、%、+（一元）、-（取反，一元）
关系运算符	>、>=、<、<=、!=、==
赋值运算符与复合赋值运算符	=、+=、-=、*=、/=、%=
I/O 运算符	<<、>>
增量/减量运算符	++(prefix)、++(postfix)、--(prefix)、--(postfix)
下标运算符	[]
函数调用运算符	()
逻辑非运算符	!
动态内存分配和释放	new、delete

4.1.3　运算符重载实现的形式

要重载一个运算符，可以把该运算符函数定义为类的成员函数，也可以把该运算符函数定义为类的非成员函数，非成员函数的形式通常包括友元函数和全局函数等两种形式。一般来说，把运算符函数定义为类的成员函数和友元函数，具有更简单的成员设置要求和更高的成员访问效率。

大多数运算符可以同时用成员函数形式和友元函数形式重载，如上面的加法、减法、乘法和除法等算术运算符。但是表 4-3 中的运算符只能以成员函数形式重载。

表 4-3　只能重载为类的成员函数的运算符

运算符类型	赋值运算符	函数调用运算符	下标运算符	成员访问运算符
运算符	=	()	[]	->

4.2 成员函数形式的运算符重载

4.2.1 算术运算类及相关运算符的重载

1. 二元算术运算符的重载

为了使类的对象能够执行加、减、乘、除等二元的算术运算，需要在类中重载+、-、*、/ 运算符。

【例 4.2】Complex 类：重载二元算术运算符+、-、*、/。

```
#01     #include <iostream>
#02     #include <cassert>
#03
#04     class Complex {                              //定义复数类
#05     private:
#06         double real, imag;
#07     public:
#08         explicit Complex(double r=0, double i=0) noexcept
#09                         :real(r), imag(i) {}
#10         Complex operator + (const Complex& rhs) const;
#11         Complex operator - (const Complex& rhs) const;
#12         Complex operator * (const Complex& rhs) const;
#13         Complex operator / (const Complex& rhs) const;
#14                                                  //以下定义 cout << Complex
#15         friend std::ostream& operator << (std::ostream& os,
#16             const Complex& rhs);
#17     };
#18
#19     Complex Complex::operator + (const Complex& rhs) const {
#20         return Complex(real + rhs.real, imag + rhs.imag);
#21     }
#22     Complex Complex::operator - (const Complex& rhs) const {
#23         return Complex(real - rhs.real, imag - rhs.imag);
#24     }
#25     Complex Complex::operator * (const Complex& rhs) const {
#26         Complex c;          //先定义对象存放结果，以下分别计算实部和虚部
#27         c.real = this->real * rhs.real - this->imag * rhs.imag;
#28         c.imag = this->real * rhs.imag + this->imag * rhs.real;
#29         return c;           //返回结果
#30     }
#31     Complex Complex::operator / (const Complex& rhs) const {
#32         double m = rhs.real * rhs.real + rhs.imag * rhs.imag;
#33         assert(m != 0);     //确保除数不为零
#34
#35         Complex c;          //先定义对象存放结果，以下分别计算实部和虚部
#36         c.real = this->real * rhs.real + this->imag * rhs.imag;
```

```
#37         c.imag = this->imag * rhs.real - this->real * rhs.imag;
#38         c.real /= m;
#39         c.imag /= m;
#40
#41         return c;                                //返回结果
#42     }                                            //以下定义 cout << Complex
#43     std::ostream& operator << (std::ostream& os, const Complex& rhs) {
#44         os << rhs.real                           //输出实部
#45             << (rhs.imag >= 0 ? "+" : "")        //输出虚部前面的正负号
#46             << rhs.imag << "i";                  //输出虚部及复数的符号
#47         return os;
#48     }
#49
#50     int main() {
#51         Complex a{ -5, 10 }, b{ 3, 4 };
#52
#53         std::cout << (a + b) << std::endl; //输出-2+14i
#54         std::cout << (a - b) << std::endl; //输出-8+6i
#55         std::cout << (a * b) << std::endl; //输出-55+10i
#56         std::cout << (a / b) << std::endl; //输出 1+2i
#57     }
```

上述程序首先在类中把运算符+、-、*、/声明为类的成员函数，同时把流插入运算符 operator << 声明为类的友元函数。然后依照复数运算规则，忠实地实现了两个复数之间的加、减、乘、除等 4 个算术运算。由于算术运算不修改右操作数，因此把函数参数声明为const 引用类型；同时也不修改左操作数，因此可以把这些运算符函数定义为const 成员函数，这样做的好处在于：不管左操作数是 const 对象还是非 const 对象，它们都可以调用这些 const 运算符函数。在定义流插入运算符函数时，以复数的通常形式输出 Complex 对象。关于该函数的详细讨论，请参见本章后续内容。

main( )函数依次调用所定义的 operator + ( )、operator - ( )、operator * ( )、operator / ( )运算符函数。注意这些表达式的写法是惯常的写法，但是对它们完整的调用形式应该是 a.operator + (b)、a.operator - (b)、a.operator * (b)、a.operator / (b)。同时测试了 operator << ( )运算符函数。

需要注意的是，由于运算符函数 operator + ( )、operator - ( )、operator * ( )、operator / ( )返回的是 Complex 类的临时对象，因此这些函数的返回类型只能是 Complex 类的值类型，这符合“算术运算表达式只能用作右值”的要求。

上述程序在讨论二元运算符的重载实现时，其左右操作数都是类的对象，这意味着它们能够适用的表达式是 Complex+Complex、Complex-Complex、Complex*Complex、Complex/Complex 类型的。这些类型的表达式（左右操作数都是本类对象）可以称为运算符重载函数的基本型，因为它们奠定了以其他形式重载运算符函数的工作基础，不管要计算的表达式是什么类型，总可以在基本型表达式的基础上稍加修改就能完成。这也是代码重用的概念，借助基本型计算的运算符函数，实现其他类型计算的运算符函数。后面的例程都会贯彻这一思想来简洁完成要计算的任务。

在实际应用中，右操作数不一定是类的对象，如也需要计算 Complex+double 类型的表达式，为此，需要针对右操作数为 double 类型再次重载这些算术运算符函数。考虑到类中已定义有构造函数 Complex(double r = 0, double i = 0);，它能够把 double 类型的数据转换为 Complex 对象，然后就可以调用已经定义好的 Complex+Complex 型运算符函数。下面演示这种做法。

【例 4.3】Complex 类：Complex-T 型表达式的计算（T 为其他数据类型）。

在类定义体中，满足要求的成员函数原型如下：

```
#01     Complex operator + (double d) const;   //声明 Complex + double
#02     Complex operator - (double d) const;   //声明 Complex - double
#03     Complex operator * (double d) const;   //声明 Complex * double
#04     Complex operator / (double d) const;   //声明 Complex / double
```

在类定义体外，上述 4 个函数的实现过程如下：

```
#01     Complex Complex::operator + (double d) const {//实现 Complex + double
#02         return *this + Complex(d);         //重用 Complex + Complex
#03     }
#04     Complex Complex::operator - (double d) const {//实现 Complex - double
#05         return *this - Complex(d);         //重用 Complex - Complex
#06     }
#07     Complex Complex::operator * (double d) const {//实现 Complex * double
#08         return *this * Complex(d);         //重用 Complex * Complex
#09     }
#10     Complex Complex::operator / (double d) const {//实现 Complex / double
#11         return *this / Complex(d);         //重用 Complex / Complex
#12     }
```

为了计算 Complex+double、Complex-double、Complex*double、Complex/double 这 4 种类型的表达式，上述分别对应定义 4 个成员函数，它们分别通过重用前面已经定义好的运算符函数 Complex+Complex、Complex-Complex、Complex*Complex、Complex/Complex 来实现。在运算符重载时，这种重用已有代码的做法值得大力推荐。

在 main( )函数中测试上述运算符函数的程序代码如下：

```
#01     int main() {
#02         Complex a{ -5, 10 };
#03
#04         double d = 2;
#05         std::cout << (a + d) << std::endl; //输出-3+10i
#06         std::cout << (a - d) << std::endl; //输出-7+10i
#07         std::cout << (a * d) << std::endl; //输出-10+20i
#08         std::cout << (a / d) << std::endl; //输出-2.5+5i
#09     }
```

分析这个例程，需要理解代码重用带来的优点：适当重用已经定义的运算符，既可以减少重复代码，节省编码的工作量，又可以保持代码的一致性，提高程序的可维护性。

2. 复制赋值运算符的重载

【例 4.4】Complex 类：重载复制赋值运算符=。

复制赋值运算符只能重载为类的成员函数。在类定义体中声明时，其函数原型如下：

```
#01     Complex& operator = (const Complex& rhs);      //Complex = Complex
```

该运算符函数的返回类型为 Complex 类的引用类型。

在类定义体外定义时，其函数定义如下：

```
#01    Complex& Complex::operator = (const Complex& rhs) {//实现 lhs = rhs
#02        if (this != &rhs) {                //防止自赋值
#03            this->real = rhs.real;         //复制实部
#04            this->imag = rhs.imag;         //复制虚部
#05        }
#06        return *this;                      //返回左操作数
#07    }
```

该函数返回*this，即返回当前对象作为表达式的值，这使该函数可以用作左值而被连续调用。

在 main( )函数中调用时，可以写成如下形式：

```
#01    int main() {
#02        Complex a{ -5, 10 }, b{ 3, 4 }, c;
#03
#04        std::cout << (c = a + b) << std::endl; //输出-2+14i
#05        std::cout << (c = a - b) << std::endl; //输出-8+6i
#06        std::cout << (c = a * b) << std::endl; //输出-55+10i
#07        std::cout << (c = a / b) << std::endl; //输出 1+2i
#08    }
```

以表达式 c = a + b 的计算为例，下面讨论其详细求值过程。

（1）计算表达式 a + b，调用运算符函数 a.operator + (b)，计算后，返回所得的结果。

（2）若用 temp 表示返回的计算结果，则表达式 c = temp 用对象 temp 为对象 c 赋值，调用赋值运算符函数 c.operator = (temp)，计算后返回当前对象 c。

3. 复合赋值运算符的重载

以算术运算的复合赋值运算符+=、-=、*=、/=为例，下面讨论复合赋值运算符的实现过程。

对于运算符+=，为计算其表达式 a += b，既可以直接计算其表达式，即把右操作数直接加到左操作数，也可以重用现有的+和=运算，把该表达式转化为 a = a + b。下面演示这种做法。

【例 4.5】Complex 类：重载复合算术运算符+=、-=、*=、/=。

在类定义体中声明时，复合赋值运算符的函数原型如下：

```
#01    Complex& operator += (const Complex& rhs); //Complex += Complex
#02    Complex& operator -= (const Complex& rhs); //Complex -= Complex
#03    Complex& operator *= (const Complex& rhs); //Complex *= Complex
#04    Complex& operator /= (const Complex& rhs); //Complex /= Complex
```

如同赋值运算符的函数原型，这些函数的返回类型也应该是 Complex 类的引用类型，它们也返回了被赋值后的左操作数，即当前对象，也同时作为表达式的值。

在类定义体外定义时，复合赋值运算符的函数定义如下：

```
#01    Complex& Complex::operator += (const Complex &rhs) {//lhs += rhs
#02        return *this = *this + rhs;
#03    }
```

```
#04     Complex& Complex::operator -= (const Complex &rhs) {//lhs -= rhs
#05         return *this = *this - rhs;
#06     }
#07     Complex& Complex::operator *= (const Complex &rhs) {//lhs *= rhs
#08         return *this = *this * rhs;
#09     }
#10     Complex& Complex::operator /= (const Complex &rhs) {//lhs /= rhs
#11         return *this = *this / rhs;
#12     }
```

上述函数重载分别重用了运算符函数+、-、*、/以及赋值运算符=。以运算符函数 operator += ( )为例，表达式 c += a 可以实现为 c = c + a，这只需要依次调用 operator + ( )和 operator = ( )即可。

在 main( )函数中调用时，复合赋值运算表达式如下：

```
#01     int main() {
#02         Complex a{ -5, 10 }, b{ 3, 4 };
#03
#04         std::cout << (b += a) << std::endl;         //输出-2+14i
#05         std::cout << (b -= a) << std::endl;         //输出 3+4i
#06         std::cout << (b *= a) << std::endl;         //输出-55+10i
#07         std::cout << (b /= a) << std::endl;         //输出 3+4i
#08     }
```

分析本例程，需要注意：赋值运算和复合赋值运算函数，一般应该把返回类型设为该类的引用，相应地应该在函数实现中返回*this。

4. 一元算术运算符的重载

当运算符+、-用作一元运算符时，它们分别返回操作数的副本和相反数。一元运算符以成员函数形式重载时，其运算符函数不带参数。

【例 4.6】Complex 类：重载一元算术运算符+和-。

在类定义体中声明时，一元算术运算符+和-的函数原型如下：

```
#01         Complex operator + () const;            //声明+Complex
#02         Complex operator - () const;            //声明-Complex
```

这两个函数都以值返回的形式返回结果，因为它们不能返回当前对象，而只能返回一个临时对象。

在类定义体外定义时，这两个运算符的函数定义如下：

```
#01     Complex Complex::operator + () const {      //实现+Complex
#02         return *this;                           //直接以值形式返回当前对象
#03     }
#04     Complex Complex::operator - () const {      //实现-Complex
#05         return Complex(-this->real, -this->imag);//取数据成员的相反数
#06     }
```

按照语义，运算符+的函数直接返回了当前对象的副本，运算符-的函数则返回以与当前对象数据成员相反的值构造的临时对象。

在 main( )函数中调用时，这两个运算符的表达式如下：

```
#01     int main() {
```

```
#02         Complex a{ -5, 10 };
#03
#04         std::cout << (+a) << std::endl;         //输出-5+10i
#05         std::cout << (-a) << std::endl;         //输出 5-10i
#06     }
```

上述函数调用表达式+a 的完整调用形式应该如下：

```
a.operator + ();
```

函数调用表达式-a 的完整调用运算形式如下：

```
a.operator - ();
```

4.2.2 关系运算类及逻辑运算类运算符的重载

1. 关系运算符的重载

为了比较自定义类对象之间的大小关系和相等关系，需要在自定义类中重载关系运算符。

在关系运算的 6 种运算中，只有“<”和“==”是基础的、必要的，其余 4 种可以依赖于这两个运算符而实现，其思路为，通过逻辑非运算，把它们转化为用“<”和“==”表示的等价形式，具体如表 4-4 所示。

表 4-4 关系运算的相互推导

基本运算	a < b，a == b			
可导出运算	a > b	a >= b	a <= b	a != b
等价实现形式	b < a	!(a < b)	!(b < a)	!(a == b)

【例 4.7】Rational 类：重载关系运算符。

本例程假设有理数的分母都大于 0，即所构造 Rational 对象的数据成员 denominator 都为正数，这样便于比较两个对象的大小。若不然，可以在类 Rational 中使用定义工具函数把数据成员 denominator 化为正数（分子和分母都乘以-1）。

```
#01     #include "xr.hpp"
#02
#03     class Rational {
#04     private:
#05         int numerator, denominator;
#06     public:
#07         explicit Rational(int n=0,int d=1) noexcept
#08                 :numerator(n),denominator(d) {}
#09
#10         bool operator <  (const Rational& rhs) const;//Rational< Rational
#11         bool operator <= (const Rational& rhs) const;//Rational<=Rational
#12         bool operator >  (const Rational& rhs) const;//Rational>Rational
#13         bool operator >= (const Rational& rhs) const;//Rational>=Rational
#14         bool operator == (const Rational& rhs) const;//Rational==Rational
#15         bool operator != (const Rational& rhs) const;//Rational!=Rational
#16     };
#17
```

```
#18     bool Rational::operator <  (const Rational& rhs) const {//小于比较
#19         return this->numerator * rhs.denominator
#20             < this->denominator * rhs.numerator;//交叉相乘,比较结果
#21     }
#22     bool Rational::operator <= (const Rational& rhs) const {
#23         return !(rhs < *this);                   //化为等价形式
#24     }
#25     bool Rational::operator >  (const Rational& rhs) const {
#26         return rhs < *this;                      //化为等价形式
#27     }
#28     bool Rational::operator >= (const Rational& rhs) const {
#29         return !(*this < rhs);                   //化为等价形式
#30     }
#31     bool Rational::operator == (const Rational& rhs) const {
#32         return numerator * rhs.denominator
#33             == denominator * rhs.numerator;     //交叉相乘,比较结果
#34     }
#35     bool Rational::operator != (const Rational& rhs) const {
#36         return !(*this == rhs);                  //化为等价形式
#37     }
#38
#39     int main() {
#40         Rational a{ 5, 8 }, b{ 3, 4 };
#41
#42         xr(a < b); xr(a <= b); xr(a > b);//分别输出: true, true, false
#43         xr(a >= b); xr(a == b); xr(a != b);//分别输出: false, false, true
#44     }
```

上述程序首先声明了 6 种关系运算符的函数原型，由于关系运算的结果或“真”或“假”，因此它们的返回类型是 bool 类型。

运算符函数 operator < ()的实现过程是独立的，其余 3 个大小比较运算符都依赖于它而实现。该函数以左右操作数的分子分母交叉相乘后所得两个数的大小关系作为函数的运算结果。本例程分别以等价形式实现了运算符函数 operator <= ()、operator > ()、operator >= ()，在此过程中重用了运算符函数 operator < ()的实现过程。

运算符函数 operator == ()的实现过程也是独立的，该函数把左右操作数的分子分母交叉相乘后所得两个数的相等关系作为函数的运算结果。运算符函数 operator != ()依赖于“==”运算符而实现。

由上述实现关系运算符函数的过程可知，对任何一个类来说，只要实现了基础的运算符函数 operator < ()和 operator == ()，那么其他 4 个运算符函数（operator <= ()、operator > ()、operator >= ()、operator != ()）的实现都是统一的，即其函数原型和实现过程都是标准的。

的确如此，STL 在命名空间 std 的内嵌命名空间 rel_ops 中以函数模板定义了运算符函数 operator != ()、operator > ()、operator <= ()、operator >= ()，它们的实现代码大致如下：

```
#01     template <class T>
```

```
#02     bool  operator != (const T& lhs, const T& rhs){//测试 lhs != rhs
#03         return (!(lhs == rhs));                     //等价于!(lhs == rhs)
#04     }
#05     template <class T>
#06     bool operator > (const T& lhs, const T& rhs){//测试 lhs > rhs
#07         return (rhs < lhs);                         //等价于 rhs < lhs
#08     }
#09     template <class T>
#10     bool operator <= (const T& lhs, const T& rhs)  {//测试 lhs <= rhs
#11         return (!(rhs < lhs));                      //等价于!(rhs < lhs)
#12     }
#13     template <class T>
#14     bool operator >= (const T& lhs, const T& rhs){//测试 lhs >= rhs
#15         return (!(lhs < rhs));                      //等价于!(lhs < rhs)
#16     }
```

为了应用这 4 个运算符函数，首先需要在自定义类中定义运算符函数 operator < ( ) 和 operator == ( )，然后包含 C++标准头文件<utility>（命名空间 rel_ops 和上述 4 个函数模板定义在该头文件中），再通过指令 using namespace std::rel_ops 引入命名空间 rel_ops，最后在程序中就可以直接使用 operator <= ( )、operator > ( )、operator >= ( )、operator != ( )了。

对于例 4.7，实际上在类 Rational 中只需要定义如下两个运算符函数就可以了。

```
bool operator <  (const Rational& lhs) const;
bool operator == (const Rational& lhs) const;
```

这样 main( )函数可以直接如下运用：

```
#01     int main() {
#02         Rational a{ 5, 6 }, b{ 3, 4 };
#03
#04         using namespace std::rel_ops;
#05
#06         xr(a <= b);xr(a > b);xr(a >= b);xr(a != b);
#07     }   //以上输出 false, true, true, true
```

2. 逻辑运算符的重载

在自定义类中重载逻辑运算符！的常见用途是判断对象是否为空，如可以对类的对象调用运算符!以判断其是否是默认构造出来的“空对象”或“零对象”。

【例 4.8】Rational 类：重载逻辑运算符!。

```
#01     #include "xr.hpp"
#02
#03     class Rational {
#04     private:
#05         int numerator, denominator;
#06     public:
#07         explicit Rational(int n = 0, int d = 1) noexcept
#08             :numerator(n), denominator(d) {}
#09
#10         bool operator ! () const { return numerator == 0; }
#11     };
```

```
#12
#13     int main() {
#14         Rational a{ 5, 6 }, b{};
#15
#16         xr(!a);xr(!b); //false, true
#17     }
```

上述程序定义了 Rational 类的！运算符，为了判断有理数对象是否为 0，只需判断其分子是否为 0。需要说明的是，main( )函数以惯用方式!a 调用了运算符 operator ! ( )，但是完整的函数调用形式应该为 a.operator ! ( )。

从前面多个程序可以看出，以成员函数形式重载运算符，有如下几个特点。

（1）语法形式比较晦涩，主要原因是参数设置不太符合习惯：一元运算符对应的运算符函数不能带参数，其唯一的操作数通过该运算符函数的 this 指针获得；二元运算符对应的运算符函数只能带一个参数，且该参数对应于右操作数，左操作数则通过该运算符函数的 this 指针获得。

（2）由于运算符函数是类的成员函数，因此在定义该运算符函数时，必须说明其类属关系，即通过类名和二元作用域运算符限定；在调用该运算符函数时，也需要通过对象和成员访问运算符来访问。

4.3 友元函数形式的运算符重载

4.3.1 友元函数形式

1. 重载算术运算及其他类运算符

算术运算符和关系运算符函数除了可以用成员函数形式重载，也可以用友元函数形式对它们进行重载。

【例 4.9】Complex 类：运算符函数的友元函数形式。

```
#01     #include "xr.hpp"
#02
#03     class Complex {                               //定义复数类
#04     private:
#05         double real, imag;                        //实部和虚部
#06     public:
#07         explicit Complex(double r=0, double i=0) :real(r), imag(i){}
#08         friend Complex operator + (const Complex& lhs, const Complex& rhs);
#09         friend Complex operator * (const Complex& lhs, double d);
#10         friend Complex operator - (const Complex& c);
#11         friend bool operator ! (const Complex& c);
#12         friend std::ostream& operator << (std::ostream& os,
#13                                       const Complex& rhs);
#14     };
#15
#16     Complex operator + (const Complex& lhs, const Complex& rhs) {
```

```
#17         return Complex(lhs.real + rhs.real, lhs.imag + rhs.imag);
#18     }
#19     Complex operator * (const Complex& lhs, double d) {
#20         return Complex(lhs.real * d, lhs.imag * d);
#21     }
#22     Complex operator - (const Complex& c) {
#23         return Complex(-c.real, -c.imag);
#24     }
#25     bool operator ! (const Complex& c) {
#26         return c.real == 0 && c.imag == 0;
#27     }
#28     std::ostream& operator << (std::ostream& os, const Complex& rhs) {
#29         os << rhs.real                          //输出实部
#30             << (rhs.imag >= 0 ? "+" : "")   //输出虚部前面的正负号
#31             << rhs.imag << "i";             //输出虚部及复数的符号
#32         return os;
#33     }
#34
#35     int main() {
#36         Complex a{ 1, 2 }, b{ -6, 8 };
#37         double d{ 2 };
#38
#39         xr(a + b);                          //输出: -5+10i
#40         xr(b * d);;                         //输出: -12+16i
#41         xr(!a); xr(-b);                     //分别输出: false, 6-8i
#42     }
```

本例程以友元函数形式重载了前面以成员函数形式重载的算术运算符和逻辑非运算符。对于友元函数形式的运算符函数 operator + ( )，它计算 Complex+Complex 型的表达式。由于这个运算符是二元运算符，所以友元函数形式的运算符函数带两个参数，分别对应于左操作数和右操作数，而且这两个参数都是 Complex 类的对象。它的实现过程也是直观的：分别对左操作数和右操作数的实部和虚部进行加、减运算，再以得到的两个数重新构造作为结果的对象。

对于友元函数形式的运算符函数 operator * ( )，它计算 Complex*double 型的表达式。由于这个运算符是二元运算符，所以友元函数形式的运算符函数带两个参数，分别对应于左操作数和右操作数，只是这两个运算符函数的左操作数是 Complex 类的对象，右操作数是 double 型的变量。

对于友元函数形式的一元运算符函数 operator - ( )，它计算-Complex 型的表达式。由于这个运算符是一元运算符，所以友元函数形式的运算符函数带一个参数，对应于唯一的操作数，且该操作数是 Complex 类的对象。

分析本例程，还需要明白友元函数形式重载的运算符的调用形式。对于上述定义的各个运算符，main( )函数对它们调用的形式是简洁的。以表达式 a + b 和!a 为例，它们完整的形式应该分别为 operator + (a, b)和 operator ! (a)。因为这两个运算符是类的友元函数，所以直接调用这两个函数。

从上述程序可以看出，以友元函数形式重载运算符，有如下几个特点。

（1）语法形式更为直观：是几元运算符就在运算符函数中带几个参数，一元运算符对应的运算符函数只带一个参数，且该参数就是运算符的操作数；二元运算符对应的运算符函数带两个参数，并且这两个参数按照先后顺序对应于左操作数和右操作数。

（2）由于友元函数不是类的成员函数，所以在定义该运算符函数时，无须说明其类属关系，即函数名前不要类名和二元作用域运算符；在调用该运算符函数时，也不需要通过对象和成员访问运算符来访问，而是直接调用该函数即可。

2. *友元函数应用的恰当时机*

从前面的程序中可以看出，当二元运算符的左操作数或一元运算符唯一的操作数是类的对象时，对该运算符的重载既可以采用成员函数形式，也可以采用友元函数形式。

对于具有可交换性的二元运算符，如+、-、*、/等，常要求交换它们表达式中两个操作数的位置，这样也能够得到同样的结果。数学表达式的这种要求对于程序实现来说提出了新问题，因为对于运算符函数来说，操作数的地位和作用并不是“对等”的，右操作数不一定能够用作左操作数，这时对运算符函数的调用就出现了问题。例如，对于Complex类的对象c和double型的变量d，如果以如下形式定义了作为成员函数的运算符函数operator + ( )：

```
Complex operator + (double d);
```

则该成员函数可以计算表达式c + d。但是显然该运算符函数不能用于计算表达式d + c，原因是左操作数d不是类的对象，它不能调用类的成员数。

这就是成员函数形式会在某些时候遇到的问题：当左操作数的类型不是本类的类型时，成员函数形式的运算符函数对该表达式的计算显得无能为力。

解决这个问题的办法就是，定义友元函数形式的运算符函数，按照待计算表达式的操作数类型和顺序设置该运算符函数的参数，这样就定义出来了可以计算该表达式的运算符函数。这就是应用友元函数的适当时机：当二元运算的左操作数不是本类的对象时，应该以友元函数形式重载该运算符。

【例4.10】Complex类：左操作数不是类的对象的应用示例。

以友元函数形式重载运算符，使之能够适用于T-Complex型表达式的计算，T是其他类型。

```
#01     #include "xr.hpp"
#02
#03     class Complex {
#04     private:
#05         double real, imag;
#06     public:
#07         explicit Complex(double r=0, double i=0) :real(r), imag(i){}
#08
#09         Complex operator + (double d) const;
#10         friend Complex operator + (double d,const Complex& rhs);
#11
#12         friend std::ostream& operator << (std::ostream& os,
#13                                           const Complex& rhs);
```

```
#14     };
#15
#16     Complex Complex::operator + (double d) const {//Complex + double
#17         return Complex(this->real + d, this->imag);
#18     }
#19     Complex operator + (double d, const Complex& rhs) {//double + Complex
#20         return rhs + d;              //重用成员函数 Complex + double
#21     }
#22     std::ostream& operator << (std::ostream& os, const Complex& rhs) {
#23         os << rhs.real                         //输出实部
#24             << (rhs.imag >= 0 ? "+" : "")      //输出虚部前面的正负号
#25             << rhs.imag << "i";                //输出虚部及复数的符号
#26         return os;
#27     }
#28
#29     int main() {
#30         Complex c{ 1, 2 };
#31         double d{ 2 };
#32
#33         xr(c + d);  xr(d + c);                 //分别输出: 3+2i, 3+2i
#34     }
```

看似问题很严重，其实解决问题的方法很简单，法宝就是重用已有代码，因为类必然已经定义了运算符函数用于计算左操作数为本类对象的表达式，它们就是解决问题可以依赖的现有基础。

上述程序以运算符+的重载为例，针对 double+Complex 型表达式的计算，定义了友元函数 friend Complex operator + (double d, const Complex& rhs)来实现这个过程。类中同时定义了成员函数 Complex operator + (double d) const 计算 Complex+double 型的表达式，这个运算符函数是重用的基础。在实现 double+Complex 型表达式的计算过程中，应用了一个小技巧：虽然表达式的类型是 double+Complex，但是在实际计算时，还是可以转化为 Complex+double 型表达式来计算的，因此函数 Complex operator + (double d, const Complex& rhs)的定义体简单地返回了表达式 rhs + d 作为计算结果，这就是对运算符函数 Complex operator + (double d) const 的重用。

4.3.2 重载流插入运算符和流提取运算符

在重载流插入运算符和流提取运算符时，会遇到同样的问题。以下列输出 Complex 类对象 c 为例：

```
std::cout << c;
```

运算符<<是二元运算符，其左操作数是 cout，右操作数是本类的对象 c，很显然左操作数 cout 不是类 Complex 的对象，因此不能以成员函数形式重载该运算符。同样的分析也适用于对流提取运算符的重载。

实际上，由于标准流对象 cout、cin 分别是 ostream、istream 类的对象，因此在重载流插入运算符<<和流提取运算符>>时，这两个运算符函数的第一个参数（对应于左操作数）应该分别具有 ostream&和 istream&类型，第二个参数对应于右操作数，属于自定义类的类型。由此分析，重载流插入运算符和流提取运算符只能采用友元函数形式的重载语法。

【例 4.11】Complex 类：重载流插入运算符和流提取运算符的应用示例。

```
#01     #include <iostream>
#02     using namespace std;
#03     class Complex {
#04     private:
#05         double real, imag;
#06     public:
#07         explicit Complex(double r=0, double i=0):real(r), imag(i) {}
#08
#09         friend ostream& operator << (ostream& os, const Complex& rhs);
#10         friend istream& operator >> (istream& is, Complex& rhs);
#11     };
#12
#13     ostream& operator << (ostream& os, const Complex& rhs) {
#14         os << rhs.real                      //输出实部
#15             << (rhs.imag >= 0 ? "+" : "")   //输出虚部前面的正负号
#16             << rhs.imag << "i";             //输出虚部及复数的符号
#17         return os;
#18     }
#19     istream& operator >> (istream& is, Complex& rhs) {
#20         char dump;
#21         is >> rhs.real >> rhs.imag >> dump;//对应提取各数据
#22         return is;
#23     }
#24
#25     int main() {
#26         Complex c;
#27
#28         cout << "Please enter a complex like 1-2i: ";
#29         cin >> c;                                //测试流提取运算符函数
#30         cout << c << endl;                       //测试流插入运算符函数
#31     }
```

程序的输出结果如下：

```
Please enter a complex like 1-2i: 10+8i
10+8i
```

分析本例程，应该掌握流插入运算符和流提取运算符函数的定义方法。首先分析流插入运算符的函数原型，如前所述，该函数一般要定义为类的友元函数。第一个参数必须是 ostream&类型，指向要写入的流，该参数 os 不能是值类型，也不能是 const 引用类型，因为在流运算过程中，流的状态经常改变，所以该参数 os 必须是非 const 引用类型。对应形参 os 的实参一般是 cout，表示向屏幕输出。第二个参数一般是类的 const 引用类型，const 保护要输出的类对象不被修改。该形参 rhs 对应流插入运算符的右操作数。该友元函数的返回类型为 ostream&，返回值对应于第一个参数 os，返回引用的函数可以连续调用。再看流提取运算符的函数原型，如前所述，该函数一般要定义为类的友元函数。第一个参数必须是 istream&类型，指向要读取的流，该参数 is 不能是值类型，也不能是 const 引用类型，因为在流运算过程中，流的状态经常改变，所以该参数 is 必须是非 const 引用类型。对应该形参 is 的实参一般是 cin，表示从键盘读取数据。第二个参数 rhs 必须是该类的引用类型，因为它要作为输出参数保留从函数内部对某对象的输入结果。该形参 rhs 对应流提取运算符的右操作数。该友元函数的返回类型为 istream&，返回值对应于第一个参数 is，返回引用的函数可以连续调用。

main( )函数对流插入运算符函数和流提取运算符函数进行了测试。对于表达式 cin >> c，其完整调用形式为 operator >> (cin, c)，实参 cin 对应于形参 is，实参 c 对应于形参 rhs，执行完该表达式后返回 cin 接着参与下次运算。对于表达式 cout << c，其完整调用形式为 operator << (cout, c)，实参 cout 对应于形参 os，实参 c 对应于形参 rhs，执行完该表达式后返回 cout 接着参与下次运算，即执行 cout << endl，该表达式的完整调用形式为 operator << (cout, endl)。

下面比较流插入运算符和流提取运算符重载的不同，如表 4-5 所示。

表 4-5　流插入运算符与流提取运算符

比较项目		流插入运算符	流提取运算符
函数原型（下列标识符 T 表示自定义类型）		`friend ostream& operator << (ostream& os, const T& rhs);`	`friend istream& operator >> (istream& is, T& rhs);`
函数参数的类型	第一个参数	ostream&	istream&
	第二个参数	const T& rhs	T& rhs
返回类型		ostream&	istream&
实现过程		按照一定的格式直接输出数据成员取值	从流中读取必要数据，构造各个数据成员

4.4　儿种常用运算符的重载

4.4.1　增量/减量运算符的重载

在类中重载增量运算符++和减量运算符--，可以实现对象的自增运算和自减运算。这两个运算符都是一元运算符，因此以成员函数形式重载这两个运算符时，应该不带参数；以友元函数形式重载这两个运算符时，应该带一个参数。但是从后面的讨论中可以看到，为了服务于特定目的，增量/减量运算符函数的参数与此处的分析略有不同。

在实际应用中，增量运算符可以前置于操作数（前置增量运算符），也可以后置于操作数（后置增量运算符）。同样的，减量运算符可以前置于操作数（前置减量运算符），也可以后置于操作数（后置减量运算符）。运算符前置或后置时，相应表达式的计算过程是不同的，表达式的性质也是不同的。

以增量运算符为例，表 4-6 分析比较了前置增量运算符和后置增量运算符的实现过程。

表 4-6 前置增量运算符和后置增量运算符

int a = 1, b;			
表达式	计算过程	变量 a 的值	表达式的值 b
前置增量 b = (++a)	①递增变量 a; ②返回 a 作为表达式的值	2	2
后置增量 b = (a++)	①保存 a 值到临时变量 t 中; ②递增变量 a; ③返回临时变量 t 作为表达式的值	2	1

从上面关于前置增量运算符和后置增量运算符计算过程的比较，可以看出，两者的相同点在于，两者都递增了变量。两者的不同点在于，两者返回不同的值。前置运算返回运算的对象本身，后置运算返回临时对象，因此它们的返回类型也会不同。

根据相同点，只要前置增量运算符函数正确地递增了变量（或对象），就可以在后置增量运算符函数中重用前置增量递增变量的过程，从而简化后置增量运算符实现的过程，这就是后面将要讨论的“基于前置增量实现后置增量”的方法。

还有一点需要讨论，如何区别增量运算符是前置还是后置呢？C++是通过为运算符函数 operator ++ ( )增设一个 int 型参数来达到标识后置增量运算符函数的目的。以在类 T 中以成员函数形式重载运算符为例，前置增量运算符函数的原型如下：

```
T& operator ++ ();
```

后置增量运算符函数的原型如下：

```
T operator ++ (int);
```

在这个函数原型中，类型为 int 的参数是一个伪值，它只是一个区别的标志，并不是后置增量需要的有效参数，在调用时，往往把该参数置为 0。

“基于前置增量实现后置增量”是一种重要的方法，它会使后置增量的实现过程简单化、模式化。下面是采用“重用前置增量，实现后置增量”方法所得到的后置增量运算符函数的定义：

```
#01     T operator ++ (int)     {           //后置增量运算符函数的模式化实现过程
#02         T temp{*this};                  //复制构造临时对象以保存当前对象的值
#03         ++ (*this);                     //重用前置增量运算符函数
#04         return temp;                    //返回临时对象作为后置增量运算的结果
#05     }
```

在为任何类重载后置增量运算符或后置减量运算符函数时，径直把上述代码复制到类中，然后修改类型 T 为自定义类型，这个函数就完全正确，这就是模式化实现后置增量或减量的好处。

重载增量/减量运算符可以实现计算对象逐渐增加或逐渐减少，这常用于模拟日期和时间的连续变化，下面以时间类为例，讨论增量/减量运算符的重载。

【例 4.12】Time 类：重载运算符++。

```
#01     #include "xr.hpp"
#02     using namespace std;
#03     class Time {                        //定义时间类
#04     private:
#05         int hour, minute, second;       //小时,分钟,秒
```

```
#06     public:
#07         Time(int h = 0, int m = 0, int s = 0) noexcept //构造函数
#08             : hour(h), minute(m), second(s)
#09         {}
#10
#11         Time& operator ++ ();           //++Time
#12         Time  operator ++ (int);        //Time++
#13
#14         friend ostream& operator << (ostream& os, const Time& rhs){
#15             os << rhs.hour << ": " << rhs.minute << ": " << rhs.second;
#16             return os;
#17         }
#18     };
#19
#20     Time& Time::operator ++ () {        //实现++Time
#21         ++this->second;                 //首先增加最小单位的秒
#22         if (this->second >= 60) {       //若超过进制
#23             this->second -= 60;         //则按照进制取模
#24             ++this->minute;             //同时分钟进一
#25             if (this->minute >= 60) {   //若超过进制
#26                 this->minute -= 60;     //则按照进制取模
#27                 ++this->hour;           //同时小时进一
#28                 if (this->hour >= 24)   //若超过进制
#29                     this->hour -= 24;   //则按照进制取模
#30             }
#31         }
#32         return *this;                   //返回当前对象
#33     }
#34     Time  Time::operator ++ (int) {     //后置增量的模式化实现
#35         Time temp{ *this };             //复制构造临时对象以保存当前对象的值
#36         ++(*this);                      //重用前置增量运算符函数
#37         return temp;                    //返回临时对象作为后置增量运算的结果
#38     }
#39
#40     int main() {
#41         Time t{ 23, 59, 59 }, s;
#42         s = ++t; xr(s); xr(t); //测试++Time.分别输出: 0: 0: 0, 0: 0: 0
#43         s = t++; xr(s); xr(t); //测试 Time++.分别输出: 0: 0: 0, 0: 0: 1
#44     }
```

上述程序首先定义了前置增量运算符函数，实现的过程是从单位最小的数值 second 开始递增，若递增到满了进制 60，则按照进制取模（this->second -= 60），同时进位（++this->minute）；若 minute 单位也被递增到刚好满了进制，则按照进制取模（this->minute -= 60），同时进位（++this->hour）；若 hour 单位也被递增到刚好满了进制，则按照进制取模（this->hour -= 24）。最后返回当前对象作为前置增量的运算结果。上述程序同时实现了后置增量运算符函数，它采用了“基于前置增量实现后置增量”的方法。

main( )函数对前置增量运算符函数和后置增量运算符函数进行了测试。

从上面关于增量/减量运算符重载的过程可以看出，尽管增量/减量运算符各有前置、

后置两种形式，相应的运算符函数也有两个，但只要集中精力定义好了前置运算符函数，那么后置运算符函数的实现过程就会非常简单，而且其实现过程也呈现模式化的特点。

4.4.2 下标运算符的重载

对下标运算符最初的印象和好感来自数组，通过下标运算符，很容易访问到了数组任一合法下标处的元素。这是一个常量时间复杂度的随机访问能力。

为分析下标运算实现的过程，可以先从“如何访问到数组元素”的过程得到启示：根据数组元素存储的首地址（一般记录在某个指针中），然后利用下标计算相对该首地址的偏移量，得到该下标所对应的地址，再对该地址去引用就得到存放于某个下标处的元素值。这个过程需要两个参数（数组首地址与下标），实现过程也利用了指针的基本运算（求偏移和去引用）来实现。

作为二元运算符，下标运算符需要两个参数，由于下标运算符一般实现为类的成员函数，因此其运算符函数只带一个对应于下标的参数。重载下标运算符的一个很重要的动机就是要增强 C++中下标访问的安全性，因此经常需要检查下标是否在合法的范围内。

通过下标运算可以读取数组元素，也可以修改数组元素，这要求重载下标运算符，既要能够用作左值，又要能够用作右值。有鉴于此，在实现下标运算符函数时，通常要提供该运算符函数的 const 版本和非 const 版本，const 版本适用于 const 对象和引用，只能读取元素，从而用作右值；非 const 版本适用于非 const 对象和引用，用于设置或修改元素，从而用作左值。它们的函数原型通常如下，其中 T 是元素的类型：

```
      T& operator [] (size_t idx);
const T& operator [] (size_t idx) const;
```

但是这两个函数的实现过程一般相同，因而存在代码重复的现象。后面会提及消除代码重复的思路。

【例 4.13】IntArray 类：重载下标运算符[]。

```
#01     #include <iostream>
#02     #include <cassert>
#03
#04     class IntArray {                                  //定义整型数组类
#05     private:
#06         enum {SIZE = 20};                             //定义枚举常量
#07         int parr[SIZE];                               //用该常量定义静态数组
#08         size_t sz;                                    //元素的实际个数
#09     public:
#10         IntArray(size_t s = 10) noexcept;             //构造函数:默认 10 个元素
#11         size_t size() const {return sz;}              //访问元素个数
#12
#13         int& operator [] (size_t idx);                    //下标运算:用作左值
#14         const int& operator [] (size_t idx) const; //下标运算:用作右值
#15     };
#16
#17     IntArray::IntArray(size_t s) noexcept {       //构造整型数组
```

```
#18          sz = s > SIZE ? SIZE : s;              //设置个数,不能超过 SIZE
#19      }
#20      int& IntArray::operator [] (size_t idx) {  //用作左值
#21          assert(idx >= 0 && idx < sz);          //确保下标有效
#22          return parr[idx];                      //返回下标对应的元素
#23      }
#24      const int& IntArray::operator [] (size_t idx) const {//用作右值
#25          assert(idx >= 0 && idx < sz);          //确保下标有效
#26          return parr[idx];                      //返回下标对应的元素
#27      }
#28
#29      void fillArray(IntArray& ia) {             //填充为从 1 开始的连续整数
#30          for (size_t i = 0; i != ia.size(); ++i)
#31              ia[i] = int(i + 1);                //测试左值下标运算:可写
#32      }
#33      void printArray(const IntArray& ia) {      //输出数组元素
#34          std::cout << ia.size() << ": ";        //首先输出元素个数
#35          for (size_t i = 0; i != ia.size(); ++i)//然后逐个输出元素
#36              std::cout << ia[i] << "\t";        //测试右值下标运算:只读
#37          std::cout << std::endl;
#38      }
#39
#40      int main() {
#41          IntArray ia;
#42
#43          fillArray(ia);                         //测试左值下标运算:可写
#44          printArray(ia);                        //测试右值下标运算:只读
#45      }
```

程序的输出结果如下：

```
10: 1   2   3   4   5   6   7   8   9   10
```

上述程序分别声明下标运算符函数的非 const 版本和 const 版本，这两个函数首先通过断言宏判断所给下标是否在合法范围，然后返回所给下标对应的元素。从函数定义看，它们几近相同，但是分别适用于不同场合。

函数 fillArray( )以左值形式调用了非 const 版本下标运算符函数，该函数用从 1 开始的连续整数填充数组 ia 的元素，为给非 const 对象 ia 的元素赋值，表达式 ia[i]调用了非 const 版本的下标运算符函数用作左值。

函数 printArray( )以右值形式调用了 const 版本下标运算符函数，该函数输出 const 对象 ia 的所有元素，表达式 ia[i]调用了 const 版本的下标运算符函数用作右值。

为了消除成员函数的 const 版本和非 const 版本重载之间出现的代码重复现象，一种广泛采用的办法就是用 const 版本实现非 const 版本。现将相关代码摘选出来重点说明。

```
#01      const int& IntArray::operator [] (size_t idx) const {  //用作右值
#02          assert(idx >= 0 && idx < sz);          //确保下标有效
#03          return parr[idx];                      //返回下标对应的元素
#04      }
#05
#06      int& IntArray::operator [] (size_t idx) {  //用作左值
```

```
#07         return const_cast<int&>(std::as_const(*this)[idx]);
#08     }
```

上述程序中，const int& operator [] (size_t idx) const;是基准代码，用它实现 int& operator [] (size_t idx);函数。实现的过程（第 7 行）主要是通过 std::as_const( )和 const_cast( )进行了两次类型转换，将该过程分解如下：

```
#01     int& IntArray::operator [] (size_t idx) {  //用作左值的下标运算
#02         IntArray& nonConstRef{*this};           //获取当前对象的引用
#03         const IntArray& constRef{as_const(nonConstRef)};//转化为常量引用
#04         const int& constResult{constRef[idx]}; //获取相应下标的常量元素
#05         return const_cast<int&>(constResult);  //将常量元素值转化为非常量
#06     }
```

因为要实现的下标运算是左值形式，适用于非 const 对象，this 指针为非 const 指针，所以在获取当前对象的引用后，就要通过 std::as_const( )函数将非 const 对象转化为 const 对象引用。std::as_const( )函数是 C++17 定义在头文件<utility>中的工具函数。接着通过表达式 constRef[idx]调用 const 版本的下标运算符函数。最后通过 const_cast<int&>(constResult)去掉结果中的 const 属性。关键字 const_cast 是 C++的类型转换运算符，它能够去除数据类型的 cv 修饰符。

上述过程理解起来可能不如原始的略带重复、直接实现过程直观，但是这种代码重用的方式有利于实现一致性和可维护性。

4.4.3 函数调用运算符的重载

1. 重载函数调用运算符( )

函数调用运算符是常见的运算符之一，其作为函数的本质往往被人忽略。以该运算符为基础，能够实现并扩展出许多非常有益的功能。函数调用运算符只能被重载为类的成员函数，其参数设置根据情况而各不相同。

【例 4.14】add 类：重载( )计算两个数的和。

```
#01     #include "xr.hpp"
#02
#03     class add {             //实现加法运算的类
#04     public:                 //以下重载 operator () 实现二元运算
#05         double operator () (double x, double y) { return x + y; }
#06     };
#07
#08     int main() {
#09         add a;              //生成对象
#10         xr(a(1, 2));        //由该对象调用 operator () 实现加法运算,输出 3
#11
#12         xr(add()(3, 4));//用默认构造的对象调用 operator () 实现加法运算,输出 7
#13     }
```

分析本例程，需要掌握函数调用运算符函数 operator ( ) ( )的定义方法。类 add 中重载了函数调用运算符 operator ( ) ( )，重载的目的是实现两个数求和。为此需要把两个操作数（double x 和 double y）设为运算符函数的参数，并以 double 类型返回所求的和。

分析本例程，还要掌握函数调用运算符的应用形式。这可以分为两种方法：第一种方法，首先定义类 add 的对象 a，然后通过该对象调用函数调用运算符，此时函数调用表达式为 a(1, 2)，当然从这个表达式丝毫看不出函数调用运算符函数的调用痕迹，其实该表达式的完整形式应该为

```
a.operator () (1, 2)
```

这样就看得很清楚了：对象 a 调用了运算符函数 operator ( ) ( )，其参数为 1 和 2。第二种方法，无须生成中间对象，直接用类 add 默认构造一个对象，如表达式 add( )所示，然后用该对象调用函数调用运算符，如表达式 add( )(3, 4)所示，实际上，表达式 add( )(3, 4)的完整形式如下：

```
(add()).operator () (3, 4)
```

函数调用运算符的定义和应用具有重要的作用，STL 中很多算法都需要用“重载了函数调用运算符的类的对象（即函数对象）”作为参数，后续讨论（如很多小巧的函数对象）都需要基于这个运算符而实现，因此请认真领会这个运算符的用法。

函数调用运算符常用的场合还有截取字符串的字串和实现下标运算，请读者自行实现。

2. 函数对象与 lambda 函数

所谓函数对象，泛指定义了函数调用运算符函数的类的对象。从前面的讨论中可以看出，只要类中定义了函数调用运算符，就可以对该类的对象直接调用函数调用运算符，如例 4.13 中 main( )函数中的表达式 a(1, 2)，这使其中的对象 a 看起来好像是函数一样，因此它被称为函数对象（function object），STL 中又称为仿函数（functor）。

其实，函数对象实现的功能都可以用 lambda 函数来代替，包括拥有状态参数等功能。相比于 lambda 函数，函数对象的定义及其在 STL 算法中的运用略显臃肿，而 lambda 函数的书写和运用则更为简洁高效。

函数对象和 lambda 函数是以不同策略实现算法的重要基础。例如，在排序时，可能需要按照升序排序，也可能需要按照降序来排序，在实现排序算法的函数中设置一个函数类型参数传入要排序的准则，这样一个算法可以实现多种方式排序。又如，在查找算法中，通过设置函数类型参数，可以表示要查找的某个特征值或某个条件，如偶数、小于 10 的数、质数等。类似的例子在 STL 中比比皆是，因此，为深刻理解各种 STL 算法并熟练应用，必须要深入学习函数对象和 lambda 函数。

【例 4.15】函数对象和 lambda 函数作为算法参数的应用示例。

```
#01     #include <iostream>
#02     #include <algorithm>
#03
#04     struct print {                                //输出数据的函数对象
#05         void operator () (int n) { std::cout << n << "\t"; }//输出参数 n
#06     };
#07
#08     class inc {                                   //实现自增的函数对象
#09     public:
```

```
#10        void operator () (int& n) { ++n; } //自增参数 n
#11    };
#12
#13    int main() {
#14        int a[]{ 2, 1, 3, 6, 5, 4, 9, 8, 7 };
#15        auto n{ sizeof(a) / sizeof(*a) };
#16
#17        std::for_each(a, a + n, inc());     //对每个元素自增
#18        std::for_each(a, a + n, print());   //输出元素 3 2 4 7 6 5 10 9 8
#19    }
```

上述程序以函数对象的方式实现对数组元素的操作。首先定义了类 print，并在其中重载了函数调用运算符输出参数数据。定义了类 inc，并在其中重载了函数调用运算符实现参数数据的自增。然后在 main( )函数中用它们的对象作为算法 for_each( )的参数，先后实现了数组 a 中元素的自增和输出。

其实为了更简洁地实现上述功能，也可以定义 lambda 函数。把上述 main( )函数中最后两行直接替换为如下，同时省略类 print 和 inc 的定义，可达到相同的目的。

```
#01        std::for_each(a, a + n,
#02            [](int& x) {++x; });             //lambda 函数：对每个元素自增
#03        std::for_each(a, a + n,
#04            [](int x){std::cout<<x<<"\t";});//lambda 函数：输出每个元素
```

4.4.4 转换运算符的重载

类的转换构造函数能够把该函数参数类型的数据转化为类的对象，转换运算符则可以实现相反方向的转换，因此从数据类型转换的方向来说，转换运算符恰好与转换构造函数的作用相反。一般来说，类中提供了什么样的转换构造函数，就应该同时提供相应的转换运算符。

转换运算符的语法形式比较特殊，如下是为类 T 定义的转换运算符函数原型：

```
explicit operator DestType();
```

其中，DestType 是目标数据类型，该运算符函数可以把 T 类的对象转换成 DestType 类的数据。转换运算符函数特殊在它没有返回类型，因为 DestType 就是该函数要返回的结果类型，所以无须再次指定返回类型。

转换运算符与数据类型转换联系紧密。在 4 种情况下易发生隐式数据类型转换：混合算术运算（自定义转换）；初始化或赋值运算（右操作数转换为左操作数的类型）；函数参数传递（把实参的类型转换成形参的类型）；返回函数值（把 return 表达式的值转换成函数返回类型的数据）。为抑制不期望的隐式类型转换，可以在转换运算符函数前加关键字 explicit。

【例 4.16】Rational 类：重载转换运算符。

```
#01    #include "xr.hpp"
#02
#03    class Rational {                        //定义有理数类型
#04    private:
#05        int numerator, denominator;         //分子,分母
#06    public:
```

```
#07         Rational(int n=0, int d=1) :numerator(n), denominator(d){}
#08         //以下分别把 Rational 转换为 int 和 double 类型
#09         explicit operator int() const { return numerator / denominator; }
#10         explicit operator double() const {
#11             return double(numerator) / denominator; }
#12     };
#13
#14     int fn(int n) { return n; }
#15     //把返回值 r 转换为函数的返回类型 double
#16     double fd(const Rational& r) { return double(r); }
#17
#18     int main() {
#19         Rational r{ 3, 2 };
#20
#21         int n{ r }; xr(n);        //赋值时的类型转换:r 转换为 int, 输出 1
#22         double d{ r }; xr(d);     //赋值时的类型转换:r 转换为 double, 输出 1.5
#23
#24         //算术运算时的类型转换:r 强制转换为 int, 输出 4
#25         xr(3 + static_cast<int>(r));
#26         //算术运算时的类型转换:r 强制转换为 double, 输出 4.5
#27         xr(3.0 + static_cast<double>(r));
#28
#29         xr(fn(int(r)));        //实参传给形参时的类型转换:r 转换为 int, 输出 1
#30         xr(fd(r));             //返回值时的类型转换:r 转换为 double, 输出 1.5
#31     }
```

上述程序首先定义了转换运算符 operator int ( ) const 把 Rational 类的对象转换为 int 数据，定义了转换运算符 operator double ( ) const 把 Rational 类对象转换为 double 类型的数据。关键字 explicit 抑制了所有可能的隐式转换，这意味着所有需要转换类型的场合都必须显式说明。main( )函数测试了在 4 种情况下转换运算符被调用的情况。

第一种情况：在变量初始化时发生的类型转换。语句 int n{r};把 Rational 类的对象转换为 int 类型的数据，语句 double d{r};把 Rational 类的对象转换为 double 类型的数据。

第二种情况：在混合算术运算时发生的类型转换。表达式 3 + static_cast<int>(r)先通过类型转换运算符 static_cast 把 Rational 类的对象转换为 int 类型的数据，然后实现加法计算；表达式 3.0 + static_cast<double>(r)先通过类型转换运算符 static_cast 把 Rational 类的对象转换为 double 类型的数据，然后实现加法计算。

第三种情况：参数传递过程中的数据类型转换。函数 fn( )需要类型为 int 的数据，但是函数调用表达式 fn(int(r))转换的对象是 Rational 类的对象 r，因此需要先进行强制类型转换 int(r)，把 Rational 类的对象 r 转换为 int 类型的数据。

第四种情况：返回值过程中的数据类型转换。函数 fd( )定义体中把 Rational 类的 const 引用转换为 double 类型的数据返回，这也需要先进行强制类型转换 double(r)。对于函数调用表达式 fd(r)来说，在返回 r 之前，会把实参 r（Rational 类的对象）强制转换为函数返回类型 double 类型的数据。

本章小结

本章深入讨论了 C++中运算符重载的重要机制。通过重载运算符，使类的对象能够直接调用 C++系统中丰富的运算符集，扩展了类的功能，增加了程序的简洁性和可读性。

1. 运算符重载的语法

在重载运算符时不能创建 C++中没有的运算符。不能改变所重载运算符的性质，如该运算符的优先级、结合性、操作数的个数及语法结构。所重载运算符的操作数不能都是基本数据类型数据。重载运算符还应尊重对该运算符功能的习惯性认识。

C++中有 5 个运算符不能被重载：成员访问运算符（.）、指向类成员的指针运算符（.*）、作用域解析运算符（::）、条件运算符（?:）、sizeof 运算符（sizeof）。

2. 运算符重载的形式

每个运算符都依赖于相应的运算符函数来实现。运算符函数既可以是类的成员函数，也可为类的友元函数。

以成员函数形式重载运算符时，一元运算符不能带有参数，此时其唯一的参数可以通过 this 指针访问得到；二元运算符只能带一个参数，且该参数对应于右操作数，左操作数通过 this 指针获得。以友元函数形式重载运算符时，一元运算符带一个参数，对应于其操作数；二元运算符带两个参数，分别对应于左右操作数。

当左操作数是本类的对象时，既可以采用成员函数形式的运算符重载，也可以采用友元函数形式的运算符重载。为了实现某些运算符的可交换性，当左操作数不是本类的对象时，要采用友元函数形式的运算符重载。对于流插入运算符和流提取运算符的重载，必须采用友元函数形式的运算符重载。

有些运算符只能被重载为成员函数形式：赋值运算符（=）、函数调用运算符（( )）、下标运算符（[]）、成员访问运算符（->）。

3. 返回引用

有的运算符函数需要返回引用，而有的运算符只能返回值。若函数返回引用，则其函数调用表达式可以用作左值。返回引用的成员函数可以被连续调用。成员函数所返回的引用经常对应于当前对象（*this）。若函数返回值，则其函数调用表达式只能用作右值。

（1）算术运算符函数返回值，它们对应于保存结果的临时对象。

（2）赋值运算符函数和复合赋值运算符函数返回引用，它们对应于左操作数。

（3）前置增量和前置减量运算符函数返回引用，后置增量和后置减量运算符函数返回值。

（4）用作左值的下标运算返回引用，用作右值的下标运算返回 const 引用（或值）。

（5）流插入运算符函数和流提取运算符函数返回引用，它们对应于该函数的第一个参数。

（6）所有希望“对当前对象继续进行计算处理”的成员函数可以返回引用。

4. 左值的常见形式

右值是指只能出现在赋值运算符右边的表达式。具有右值属性的表达式，具有只读能力。左值是指可以出现在赋值运算符左边的表达式。具有左值属性的表达式，具有可读可写能力。

（1）变量既可以用作左值，又可以用作右值。常量只能用作右值。

（2）赋值运算表达式可以用作左值，复合赋值运算表达式也可以用作左值。

（3）算术运算、关系运算、逻辑运算表达式只能用作右值。

（4）前增量表达式和前减量表达式可以用作左值。后增量表达式和后减量表达式只能用作右值。

（5）最后一个子表达式为左值的逗号表达式可以用作左值。当条件表达式中的两个备选子表达式都是左值表达式时，该条件表达式可以用作左值。

（6）所有正确返回引用的函数的调用表达式可以用作左值，这有4种情况：返回对全局变量的引用的函数可以用作左值；返回对局部静态变量的引用的函数可以用作左值；返回对堆对象的引用的函数可以用作左值；返回函数中引用类型参数的函数可以用作左值。例如，非const版下标运算（实现为下标运算符[]或函数调用运算符( )）和转换运算符表达式是左值，const版下标运算（实现为下标运算符[]或函数调用运算符( )）和转换运算符表达式是右值。

（7）正确返回指针的函数调用表达式可以用作左值，这也有4种情况：返回指向全局变量的指针的函数可以用作左值；返回指向局部静态变量的指针的函数可以用作左值；返回指向堆对象的指针的函数可以用作左值；返回与函数中指针类型参数相关的指针的函数可以用作左值。

（8）对于返回类型为引用的类成员函数，只要其返回对当前对象（*this）的引用，则它们的函数调用表达式也可以用作左值。

习 题

1. 用C++类CDouble封装double基本数据类型，实现该类型数据所有可能的运算。

2. 定义有理数类Rational，重载运算符实现有理数之间的算术运算（二元运算=、+、−、*、/、+=、−=、*=、/=，一元运算+、−、++、−−、! 等）、关系运算（<、<=、>、>=、==、!=），以及流运算（<</>>）。同时考虑实现Rational与int、double类型数据之间的运算。

3. 定义复数类Complex，重载运算符实现所有可能的算术运算。

4. 定义点Point类，重载减法运算符计算两点之间的距离，重载加法运算符实现从一个点移动到另一个点的动作（这可能需要定义另一个类表示移动的距离，包括方向）。

5. 定义日期类Date，重载增量运算符和减量运算符实现日期的自增和自减运算，重载减法运算符计算两个日期之间相隔的天数，重载加法运算符计算经过 n 天之后的日期，重载关系运算符比较两个日期之间的时间先后关系。

6．定义时间类 Time，计算当前时间的下一秒和前一秒，计算两个时间之间相差的秒数。

7．考虑实现一个完整描述时间的类 DateTime，它能够表示诸如“2012 年 2 月 26 日星期日 15 点 30 分 30 秒”的时间，重载运算符完成该类型数据之间可能的运算。

8．定义字符串类 MyString，重载运算符实现字符串的赋值、比较、连接、截取子串等操作。

9．定义学生类 Student，重载关系运算符按照不同准则比较学生对象，并考虑按照学号、姓名和成绩等准则进行排序。

10．定义类 Vector 模拟解析几何中的三维矢量，重载运算符计算点积与叉积。

11．定义矩阵类 Matrix，重载运算符实现下标运算，在此基础上实现矩阵的加、减、乘等运算。

12．以 STL 容器 vector 为基础实现集合类的运算，重载运算符实现集合的交、并、补、差等基本运算。

13．首先定义类 Item 描述多项式中的一项（包括该项的系数 coefficient 和次数 exponent），然后以 list 容器为基础定义一元多项式类 Polynomial，重载运算符实现多项式的加、减、乘运算。

14．以 STL 中的 string 类为基础定义大整型数类 HugeInt，以便对任意长度的整型数进行计算，在其中重载所有可行的常见运算符。

第 5 章　模　　板

模板（template）是 C++较为强大的功能之一，它使算法的实现及对数据的操作无关于数据的类型。使用模板能够轻易得到适用于任意数据类型的一组相关函数和类。模板实现了数据类型的参数化，并实现了代码重用。

C++的模板包括函数模板和类模板，这也是本章的重点。本章首先引出模板的概念，并详细讨论函数模板的定义、实例化。类模板的概念虽然抽象，但应用颇多，本章重点以数组类为例讨论类模板的定义、实例化等内容。

通过本章的学习，读者应理解模板的概念，掌握函数模板的定义及应用，理解类模板的定义，能够正确实例化类模板，能够较熟练地应用数组解决常见问题。

5.1　模 板 概 述

对于“为不同类型的数据执行相似的操作”的需求，函数重载提供了较好的解决方法。只要定义一组具有相同名称的函数，并为这些函数各自设置不同类型、不同个数的参数，即可得到一组合法的重载函数。函数重载的机制使程序具有良好的可读性。定义重载函数的关键在于保证这些同名函数具有不同的参数信息。

以计算两个数中的最大者为例，这里要计算的两个对象可能是 char、int、double 等不同数据类型的数据。如下程序定义了一组重载函数 mymax 实现了求最大值的任务。

【例 5.1】计算两个数中最大值的重载函数。

```
#01     #include "xr.hpp"
#02
#03     char mymax(char a, char b)          {return a > b ? a : b;}
#04     int mymax(int a, int b)             {return a > b ? a : b;}
#05     double mymax(double a, double b)    {return a > b ? a : b;}
#06
#07     int main() {
#08         xr(mymax('x', 'X')); //匹配 char mymax(char, char),输出 x
#09         xr(mymax(3, 5));     //匹配 int mymax(int, int),输出 5
#10         xr(mymax(3.14, 3.4));//匹配 double mymax(double, double),输出 3.4
#11     }
```

上述程序定义了 3 个名为 mymax 的函数实现求最大值的功能，它们分别针对 char、int、double 这 3 种类型的两个数据进行计算。

仔细观察上述 3 个函数，发现有这样两个问题值得注意：①如何减少重复编码，上述程序中代码冗余现象较为严重，这 3 个自定义函数功能相似、实现过程相同，唯有各自所处理的数据类型不同。对于这样一组只有细微差别（函数参数类型和返回类型不同）的函数，大部分代码是冗余的。如果对再多一些的数据类型编写同类函数，则其中大量重复编码的工作实属不值。②如何处理目前未知的数据类型，这是一个需要更深入、更严肃思考的问题。上述 3 个函数只是对目前已知的 3 种基本数据类型的数据进行了计算。若是为了计算其他类型的数据，则需要重新定义一个函数。更有甚者，对于一些目前尚未定义出来的数据类型，程序设计者又怎么把上述函数重新定义一遍呢？

对于这两个问题的思考，可以发现我们需要的是这样一种新的机制，它能够轻易地应付各种类型数据的计算，同时它具有较强“面向未来”的能力。第一种需求表明对每种数据类型重复编写一遍处理函数是不能接受的，而编写一个函数能够应付所有数据类型则是我们追求的。第二种需求意味着：除了能够处理当前已知类型的数据，该函数还应该能够处理将来可能由不同用户自定义的、为数众多的数据类型，这一点是最为重要的，让当前的程序能够不加改动地适应未来的需求，这使程序具有永恒的生命力。

其实这种机制就是 C++中的模板，它能够非常灵巧地适应上述两种需求。数据类型的参数化是模板的重要手段。为了便于理解，下面从两个层次来解释：数据的参数化和类型的参数化。

所谓数据的参数化，是对具体数据的形式化表示。这样的例子在数学中比比皆是，如为描述一组勾股数所具有的规律，如 $3^2+4^2=5^2$、$6^2+8^2=10^2$，可以用形式化的符号来表示这些算式中的可变部分，而对于规律性的、共同存在的部分则予以保留，这样可以得出勾股定理的公式为 $a^2+b^2=c^2$。这就是从具体数据到形式化符号的抽象过程。数据参数化的结果在程序设计中对应着定义函数时的形式参数，实际上，函数的形参代表着一类适合于调用该函数的数据，如形参 int n 表示可用作实参的整型数。这是一种初级的参数化形式，它实现了数据的参数化。

所谓类型的参数化，是对数据类型的形式化表示。以上述定义的函数 mymax 为例，它可以处理 int 类型的数据，也可以处理 char 类型的数据，还可以处理 double 类型的数据，依照参数化的思想，把其中在变的部分（数据类型）抽象化为一个形式符号 T，然后保留这些函数中不变的代码，结果得到如下形式。

```
#01     T mymax(T a, T b) {
#02         return a > b ? a : b;
#03     }
```

这就是模板的雏形。这个参数化的过程是对数据类型进行的，其中形式化符号 T 代表的是程序设计中的数据类型。从抽象化的程度来讲，这相比数据的参数化更进一层。在把数据类型设为形式参数之后，如何表明符号 T 作为数据类型代表的身份呢？而对应于该形式参数如何传递实际参数呢？这需要在后续内容讨论模板的定义及其实例化。

事实上，C++中模板的语法正是在上述代码的基础上增加了一些关于模板的标识和说明。如下是对应于上述代码的正确的函数模板定义。

```
#01     template <class T>
#02     T mymax(T a, T b) {
#03         return a > b ? a : b;
#04     }
```

其中，关键字 template 是模板的标识，尖括号部分<class T>是对数据类型形式参数 T 的说明，关键字 class 表明它是一个模板形式参数。其余代码与上述讨论完全相同。

模板是 C++语言的一个非常重要而又极为有用的特性。它分为函数模板和类模板，函数模板可认为是对一组功能相关函数的抽象描述，如上述函数模板 mymax，这个抽象描述暂时抛开了这些函数所面临的数据类型，而紧紧抓住了这组函数所要表达的关键操作和动作序列。类模板可以认为是对一组结构相同、功能相同的类的抽象描述，如上述模板 Array，这个模板更能刻画这一组类类型在结构和操作上的共同点。模板是创建类和函数的“图纸”。“图纸”上设计方案中的结构和组成可能都不会变，但是根据这个设计方案生成的实物则可能具有不同的颜色。

严格地说，模板并不是面向对象程序设计的特性，但是把面向对象程序设计与模板机制结合起来，能够得到异常强大的功能。虽然 C++模板的概念和语法都让人觉得难以理解，但它是标准模板库 STL 的基础，而 STL 在应用中具有非常多的用处，因此学好模板是熟练应用 STL 的第一步。

5.2　函 数 模 板

5.2.1　函数模板的定义

1. 基本概念

为了让函数具备操作任意类型数据的能力，一般需要把该函数定义为函数模板。以计算两个数中的最大者的函数模板 mymax 为例，下面讨论模板的定义及应用。

【例 5.2】函数模板 mymax：计算两个数中的最大者。

```
#01     #include <typeinfo>
#02     #include "xr.hpp"
#03
#04     template <typename T>                           //模板形参列表
#05     T mymax(T a, T b) {                             //注意函数形参和返回类型
#06         std::cout << typeid(T).name() << "\t"; //输出 T 的数据类型标识符
#07         return a > b ? a : b;                       //计算两个数中的最大者
#08     }
#09
#10     int main()
#11     {
#12         xr(mymax('x', 'X'));                    //以 char 类型测试函数模板
#13         xr(mymax(3, 5));                        //以 int 类型测试函数模板
#14         xr(mymax(3.14, 3.4));                   //以 double 类型测试函数模板
#15     }
```

程序的输出结果如下：

```
#12: mymax('x', 'X')    ==>char     x
#13: mymax(3, 5)        ==>int      5
#14: mymax(3.14, 3.4)   ==>double   3.4
```

在定义函数模板 mymax 之后，可以在 main( )函数中以任意类型数值作为实参调用该函数模板，如表达式 mymax('x', 'X')、mymax(3, 5)、mymax(3.14, 3.4)所示。对于这 3

个函数调用表达式所填入的实参，编译器能够自动判别出它们的数据类型，从而能够正确计算函数体中的表达式 a > b ? a : b。

函数模板能够自动判别模板形参 T 的另一个有力证据是运算符 typeid 的应用结果。运算符 typeid 提供了确定运行时类型信息的一种方法。为使用该运算符，必须包含头文件<typeinfo>。运算符 typeid 以 T 为参数构造一个 const type_info&对象，然后由该对象调用成员函数 name( )返回类型 T 的标识符所对应的字符串。以函数调用 mymax('x', 'X')为例，表达式 typeid(T).name( )能够正确判断实参'x'和'X'的所属类型为 char，并返回其名称字符串"char"。

2. 非类型模板参数

模板参数通常表示函数参数中可变的数据类型，但是有些模板参数不一定是数据类型，而是某类型的值，这类参数称为非类型模板参数。非类型模板参数的类型可以是整型，如 int、long 等；枚举类型；对象引用或指针；函数引用或指针；类成员指针等。需要注意的是，非类型模板参数一定要在编译期间计算得出，因此整型参数则应该是整型字面常量或整型编译期常量。

C++11 标准库中提供的容器 std::array<T, N>中的第二个模板参数 N 就是典型的非类型模板参数，它表示数组的长度，这个值在编译期确定，因而定义的是静态数组。使用非类型模板参数的一个典型场合就是在函数模板中传递固定长度的数组实参。

【例 5.3】函数模板 avg：输出数组元素求平均值。

在应用中，常需要针对任意长度、任意类型数组的元素计算，为此可以定义函数模板以实现此功能。

```
#01     #include "xr.hpp"
#02
#03     template <typename T, size_t N>
#04     T avg(const T(&arr)[N]) {
#05         T s{};
#06         for (auto i : arr)
#07             s += i;
#08         return s / N;
#09     }
#10
#11     int main() {
#12         double a[]{ 1.0, 2.0, 3.0, 4.0 };
#13         xr(avg(a));                               //输出: 2.5
#14
#15         xr(avg({1, 2, 3, 4}));                    //输出: 2
#16     }
```

函数模板 avg 设置一个数组引用类型的参数 arr，模板参数 T 和 N 分别表示其元素类型和长度。C++模板推导的功能足够强大，针对省略了长度的一维数组 a，该函数模板能够推导出元素类型为 double，长度 N 为 4，从而计算出正确的平均值。即使传入的实参是一个初始化列表{1,2,3,4}，该函数模板也能够推导出其元素类型为 int（因为输出结果是2，而不是2.5)，长度N为4。

3. 函数类型模板参数

模板参数除了基本数据类型、类类型和非类型，很多时候也需要把函数类型抽象为模板形参，因为函数作为实参具有重要的应用价值。

【例5.4】函数模板calculate：简易计算器的应用示例。

```
#01     #include <functional>
#02     #include "xr.hpp"
#03
#04     template <typename Arg1, typename Arg2, class BinaryFunc>
#05     decltype(auto) calculate(Arg1 a, Arg2 b, BinaryFunc bf) {
#06         return bf(a, b);                //对a和b施加运算bf运算,并返回结果
#07     }
#08
#09     double add(double a, double b) { return a + b; }        //加法运算
#10     double sqs(double a, double b) { return a * a + b * b; }//平方和运算
#11     bool cmp(double a, double b) { return a > b; }          //大于比较
#12
#13     int main() {
#14         double x{ 3 }, y{ 5 };
#15         xr(calculate(x, y, add));                           //8
#16         xr(calculate(x, y, sqs));                           //34
#17         xr(calculate(x, y, cmp));                           //0
#18         xr(calculate(x, y, std::multiplies<double>()));     //15
#19         xr(calculate(x, y, std::less<double>()));           //1
#20         xr(calculate(x, y,
#21             [](double a, double b) {return a > b ? a : b; }));//5
#22     }
```

上述程序应用函数类型模板形参实现了一个简易计算器，其中函数模板calculate设定了简易计算器的框架，该函数模板设定了操作数a、b及它们之间的计算规则bf，操作数a、b的类型可以是任意的，用模板形参Arg来表示，计算规则bf也可以用另一个模板形参BinaryFunc来描述，计算规则BinaryFunc表示了这样一类函数：带有两个类型为Arg的参数，且返回类型为Arg。

针对模板形参Arg，main( )函数以double作为操作数类型，并自定义了同属一种函数类型的3个函数add、sqs和cmp以匹配模板形参BinaryFunc。这3个函数所属的函数类型为带有两个类型都是double的参数；返回类型也是double型。这个函数类型能够匹配模板形参BinaryFunc的要求，因此能够把函数add、sqs和cmp用作与形参bf对应的实参。上述程序同时以STL的算术运算函数对象multiplies、关系运算函数对象less作为函数模板 calculate 的参数进行二元运算。这两种运算都实现为模板，程序运行结果说明作为函数模板参数的也可以是模板。最后定义了一个 lambda 表达式作为实参传给形参bf。

从上述程序也可以看到，模板形参表中也可以列出用逗号隔开的任意多个模板形参，只是每个形参名前需用关键字class或typename加以说明。

5.2.2 函数模板的实例化

1. 函数模板与模板函数

在前面使用函数模板时，都只是在 main( )函数中简单地填以函数实参，并以函数模板名进行函数调用，经过运算后，main( )函数中会得出相应的计算结果。实际上，从对函数模板的调用到得出最终的结果，中间要经过一系列的复杂过程，这个过程主要分为如下 3 步。下面的讨论以函数模板 mymax 为例，其程序代码如下。

```
#01     template <typename T>
#02     T mymax(T a, T b) {
#03         return a > b ? a : b;
#04     }
```

第一步，推断模板实参。从函数实参确定模板类型实参的过程称为模板实参推断（template argument deduction）。如果模板形参为数据类型，则编译器应该从函数实参中推断出该类型形参所表示的真实数据类型。

对于 main( )函数中的调用表达式 mymax('x', 'X')，由于实参'x'和'X'的类型为 char，因此编译器确定模板形参 T 表示的实参应该为 char。同样，对于函数调用 mymax(3, 5) 和 mymax(3.14, 3.4)，编译器都能够正确推断出模板形参 T 表示的数据类型分别为 int 和 double。

关于模板实参推断，有一个需要注意的问题是，如果一个模板形参用于多个函数形参，则根据每个函数实参推断出的模板实参类型必须完全相同，否则模板实参推断过程失败，引发编译错误。例如，函数模板 mymax 的函数形参 a 和 b 的类型都是模板形参 T，因此根据函数实参推断出来的模板类型实参应该一致。例如，对于函数调用表达式 mymax(2, 3.5)来说，根据第一个函数实参 2，编译器推断模板类型实参应该为 int，但是根据第二个函数实参 3.5，编译器推断模板类型实参应该为 double，这样就产生了关于模板形参 T 的二义性。尽管 int 类型和 double 类型可以相互转换，但是对于“根据一个模板形参推断后产生了两个不同的结果”这一事实是不可接受的。

第二步，函数模板实例化（instantiation）。根据第一步推断的结果，编译器把函数模板中所有模板形参 T 全部替换为相应的类型实参，从而得到关于这种类型实参的函数版本，这个函数称为模板函数。

在得出函数模板调用 mymax('x', 'X')所对应的模板实参类型为 char 之后，编译器把函数模板中的形式化符号 T 都替换为 char 类型，从而得到模板函数的代码如下：

```
#01     char mymax(char a, char b) {
#02         return a > b ? a : b;
#03     }
```

这是一个真实存在的函数，可以进一步调用。类似地，对于函数模板调用 mymax(3, 5)，编译器会产生如下的模板函数：

```
#01     int mymax(int a, int b) {
#02         return a > b ? a : b;
#03     }
```

关于函数模板和模板函数，需要说明的是，函数模板实例化后产生的函数称为模板函数。虽然这两个概念几近相同，但是它们却是天壤之别。函数模板是一个“虚”的程序代码，如果没有对它进行调用，即编译器不会对它进行实例化，则这个函数模板形同虚设，毫无用处。只有在程序编译期间，编译器对函数模板进行了实例化，得出了真实存在的模板函数，这时函数模板才显示了它的生命力。同时，产生的模板函数是一个真实的、实际存在的、可以运行的函数。这是函数模板和模板函数之间的区别。

第三步，函数调用。在得出关于某种数据类型的模板函数之后，函数调用才能真正开始。此时函数调用的过程与普通函数在栈空间上执行的过程相同，无须赘言。

下面再举一例说明函数模板的实例化。下列函数模板 print 实现了各种类型数组元素的打印输出。

```
#01     template <typename T>
#02     void print(T* a, int n) {
#03         for (int i = 0; i < n; ++i)
#04             std::cout << a[i] << "\t";
#05         std::cout << std::endl;
#06     }
```

若以有 dn 个元素的 double 型数组 darr 作为函数实参调用该函数模板 print(darr, dn)，则针对该调用，编译器会产生如下模板函数：

```
#01     void print(double* a, int n) {
#02         for (int i = 0; i < n; ++i)
#03             std::cout << a[i] << "\t";
#04         std::cout << std::endl;
#05     }
```

2. 隐式实例化与显式实例化

大多数情况下，函数模板实例化的过程是在编译期间由编译器自动完成的，生成模板函数也不需要用户的参与。一般来说，模板参数表中的每一个类型形参至少要在函数参数表中出现一次，这样便于系统根据函数调用的实参推断该模板形参所表示的类型，这就是隐式实例化（implicit instantiation）。例如，编译器根据函数调用 mymax('x', 'X')把函数模板实例化：

```
#01     char mymax(char a, char b) {
#02         return a > b ? a : b;
#03     }
```

所谓显式实例化（explicit instantiation），是指由用户指定模板实参，其格式为在函数名称后面附加尖括号指明模板实参。例如，在调用函数 mymax('x', 'X')时，可以由用户指定模板实参为 char，从而把调用表达式写为 mymax<char>('x', 'X')，这就是显式实例化的格式。

显式实例化一般有两种用途：①把可能不一致的函数实参强制转换为模板实参类型。②为作为函数返回类型的模板形参指定实参。

作为第一种用途的例子，如果在调用函数模板 mymax 时提供的函数实参为'x'和 88（字符'X'的 ASCII 值），则函数调用 mymax('x', 88)将会引发编译时错误“模板参数 T 是模糊的”。之所以“模糊”，是因为实参'x'和 88 将分别得出形参 T 对应于 char 和 int 两种不同的类型，这当然会导致模板实例化的二义性。为了允许函数调用 mymax('x', 88)，可以对它进行显式实例化，同时指明模板参数 T 对应的实参为 char，这样函数调用表达式应该写为 mymax<char>('x', 88)，这个显式指定的模板实参将会把两个函数实参强制转换为 char 类型。

第二种用途则服务于作为函数返回类型的模板形参。这些模板参数出现于模板形参列表，但是没有应用于函数形参列表，编译系统对于这类模板形参的推断则显得无能为力，这时需要用到显式实例化。下面是一个显式实例化的典型例子。

【例 5.5】转换数据类型的函数模板。

```
#01     #include "xr.hpp"
#02
#03     template <typename U, typename V>       //U 表示目标类型,V 表示源类型
#04     U v2u(V v) {                            //把 V 类型的数据转换为 U 类型
#05         return v;                           //把值 v 转换为返回类型 U
#06     }
#07
#08     int main() {
#09         xr(v2u<int>('X'));                  //把 char 转换成 int,输出 88
#10         xr(v2u<char>(88));                  //把 int 转换成 char,输出 X
#11         xr(v2u<int>(3.14));                 //把 double 转换成 int,输出 3
#12     }
```

函数模板 v2u 带有两个模板参数 U 和 V，它能够把类型为 V 的数据转换为类型 U。模板参数 V 用作函数形参类型，对它的推断可由编译器自动完成。模板参数 U 用作函数的返回类型，编译器不能推断它对应的实参，必须由用户指定，否则引发编译错误“不能为 U 推断模板实参”。因此需要在调用函数模板 v2u 时以显式实例化的形式指明数据类型转换的目标类型。表达式 v2u<int>('X')表示把 char 型数据'X'转换成 int 类型的数据；表达式 v2u<char>(88)表示把 int 型常量 88 转换为 char 类型的数据；表达式 v2u<int>(3.14)表示把 double 型常量 3.14 转换为 int 类型的数据。

3. 函数模板的默认模板参数

C++98 同时引入了函数模板和类模板，但是只允许类模板在声明时指定默认模板参数。自 C++11 起，函数模板也允许指定默认模板参数。类模板在指定默认模板参数时一般按照从右往左的顺序指定，但是函数模板在指定默认模板参数时则比较随意，默认模板参数可以出现在任意位置。

```
#01     template <typename T1, typename T2 = int>
#02     void fun1(T1 t1, T2 t2) {}
#03
#04     template <typename T1 = int, typename T2>
#05     void fun2(T1 t1, T2 t2) {}
#06
#07     int main() {
#08         fun1(3.14, 'a'); //fun1<double, char>(3.14, 'a')
#09         fun2(1.0, 3.14); //fun2<double, double>(1.0, 3.14)
#10     }
```

上述示例中，默认模板参数的指定（第 1、4 行）并没有遵守从右往左的顺序，编译器认为都可以。

在推导函数模板的模板实参时，如果能够从函数实参中推导出模板参数的实际类型，则指定的默认模板参数就不会被使用，否则指定的默认模板参数就会被采用。

5.2.3 应用举例

【例 5.6】使用 C++17 的“constexpr if”实现类型判断。

C++17 引入的“constexpr if”极大地简化了编译期间关于类型的判断。很多时候我们需要在编译期间针对不同的数据类型采取不同的计算过程，如输出数组和一个单独的数是不一样的。

```
#01     #include <iostream>
#02     #include <type_traits>
#03
#04     template <typename T>
#05     void print(const T& t) {                     //输出类型 T 的数据
#06         if constexpr (std::is_array_v<T>) {//编译期判断 T 的类型，如果是数组
#07             for (const auto& i : t)          //用 ranged-for 方式输出
#08                 std::cout << i << "\t";
#09             std::cout << std::endl;
#10         } else {                             //不是数组
#11             std::cout << t << ": ";          //输出标量值
#12         }
#13     }
#14
#15     int main() {
#16         int a[]{ 10, 20, 30, 40, 50 };
#17         auto n = sizeof(a) / sizeof(*a);
#18
#19         print(n); print(a);                  //5: 10  20  30  40  50
#20     }
```

上述程序对模板参数 T 代表的数据类型进行判断，如果 T 是一个数组，则采用 range-based for 实现输出；如果是一个单独的数，则直接输出。由于模板参数的推导发生在编译期间，所以需要用“constexpr if”进行判断。注意：“if-else”是在运行时进行的判断。

【例 5.7】my_for_each( )函数的应用示例。

STL 算法 for_each 同样具有广泛的应用，它能够把某个操作施加到区间中的每个元素。下面是对该函数的模拟实现。

```
#01     #include <iostream>
#02
#03     template <typename T, class UnaryFunc>      //迭代器类型和一元函数类型
#04     UnaryFunc my_for_each(T beg, T end, UnaryFunc ufo) {
#05         for (; beg != end; ++beg)                //对区间中每个元素
#06             ufo(*beg);                           //应用一元函数对象
#07         return ufo;                              //返回该一元函数对象
```

```
#08
#09     }
#10
#11     void out(int n) {std::cout << n << "\t";}  //输出元素
#12     void inc(int& n) {++n;}                    //自增元素
#13
#14     int main() {
#15         int a[] {1, 2, 3, 4, 3, 2, 1};         //源数组
#16         auto const n = sizeof(a) / sizeof(*a); //元素个数
#17
#18         my_for_each(a, a + n, out);            //对每个元素应用函数 out()
#19         std::cout << std::endl;                //输出换行
#20
#21         my_for_each(a, a + n, inc);            //对每个元素应用函数 inc()
#22
#23         my_for_each(a, a + n, out);            //对每个元素应用函数 out()
#24         std::cout << std::endl;                //输出换行
#25     }
```

程序的输出结果如下：

```
1   2   3   4   3   2   1
2   3   4   5   4   3   2
```

函数模板 my_for_each( )把某个操作 ufo( )（类型为 UnaryFunc）施加到区间[beg,end)中的每个元素，该函数最后返回该操作。表示操作的对象 ufo( )只需带有一个参数，其类型应该与区间元素的类型相同。至于该操作的返回类型，则没有明确要求，没有也可以，返回任意类型也可以。

对应于需要施加的操作，上述程序定义了函数 out( )输出数据，函数 inc( )对数据自增，注意它们传递函数参数的方式不相同，这表明它们对区间元素施加操作之后的结果也不同。函数 inc( )以引用传递参数，这会使区间元素都被修改，而函数 out( )以值传递参数，它只是简单地读取区间元素。函数 out( )和 inc( )分别演示了读取数据和修改数据两类操作的定义方式。

5.3 类 模 板

5.3.1 类模板的定义

当类需要操作各种类型的数据时，为了保持操作的一致性和代码的统一性，可以采用类模板（class template）来实现这些类型。与函数模板相似，类模板也需要在模板形参列表中列出类要处理数据的类型，大多为数据成员的类型，而定义在类模板中处理这些数据成员的成员函数则都应该为函数模板。

数组和链表等容器类数据类型经常实现为类模板。因为在这些容器中需要存放不同类型的数据，而且对这些数据的各种操作都是相同的。例如，数组，存储数据时都需要知道存储的起始地址和需要存储元素的个数，访问元素时则都需要根据下标运算符来进

行，并且存储在数组中的元素都需要排序。为了让这些容器以统一的结构和代码存储、操作不同类型的数据，有必要将它们定义为类模板。

算术运算类函数对象、关系运算类函数对象和逻辑运算类函数对象是另一类典型的类模板。以算术运算符函数对象为例，int、char、double 等类型的数据都可以进行加、减、乘、除等算术运算，因此它们也应该实现为类模板。下面分别实现算术运算类函数对象和数组这两个类模板。

【例 5.8】算术运算类函数对象（以二元加法为例）的应用示例。

```
#01     #include "xr.hpp"
#02
#03     template <typename T>                       //操作数和返回值的类型
#04     struct my_plus {                            //计算 left + right
#05         T operator() (const T& left, const T& right) const {
#06             return (left + right);
#07         }
#08     };
```

类模板 my_plus<>以结构类型定义为加法运算函数对象，实现了运算符“+”的功能，模板形参 T 表示操作数和返回值的类型，重载的函数调用运算符函数以类型 T 的两个对象作为参数，并返回它们的和。

```
#09     int main() {
#10         xr(my_plus<int>() (1, 2));              //测试函数对象 my_plus
#11     }
```

程序的输出结果如下：

```
#10: my_plus<int>() (1, 2)          ==>3
```

main( )函数对上述定义的二元加法函数对象进行了测试。对于加法运算函数对象 my_plus<int>( )，<int>部分指明模板类型参数 T 所代表的实际数据类型，my_plus<int> 是对类模板 my_plus 进行实例化之后得到的模板类，表达式 my_plus<int>( )则默认构造了模板类 my_plus<int>的对象。

限于篇幅，下面不附二元减、乘、除、取余运算的函数对象及一元加、减函数对象的类模板代码。

需要说明的是，自 C++98 起，允许类模板在声明的时候提供默认模板参数，指定的顺序必须严格按照从右往左，例如：

```
#01     template <typename T1, typename T2 = int>
#02     class MyClass1;
#03
#04     template <typename T1 = int, typename T2>
#05     class MyClass2;     //引发编译错误
```

具有默认模板参数的类模板在实例化时可以从左往右提供模板实参。

STL 容器类型 vector<>具有动态分配内存、随机访问等优点，常用作基本类型数组的替代类型。下面定义类模板 Array<>对 vector<>类型进行模拟实现。类模板 Array<> 支持根据给定的数据类型和长度动态生成数组对象；具有复制、转移、赋值、析构的能力；提供能用作左值和右值的下标运算能力。

【例 5.9】定义类模板 Array<>。

```
#01     #include <iostream>
#02     #include <cassert>                              //for assert
#03
#04     template <typename T>                           //数组元素的类型
#05     class Array {                                   //动态数组类模板
#06     private:
#07         T* pa;                                      //存放数组元素的首地址
#08         size_t sz;                                  //元素个数
#09     public:
#10         explicit Array(size_t n = 10) noexcept;//构造函数:默认 10 个元素
#11         Array(const Array<T>& other);               //复制构造函数
#12         Array(Array<T>&& moved) noexcept;           //转移构造函数
#13         ~Array() noexcept;                          //析构函数
#14
#15         Array<T>& operator=(const Array<T>& rhs);//复制赋值运算符函数
#16         Array<T>& operator=(Array<T>&& rhs) noexcept;//转移赋值运算符函数
#17         size_t size() const { return sz; }          //访问数组元素个数
#18
#19         T& operator [] (size_t idx);                //下标运算:用作左值
#20         const T& operator [] (size_t idx) const;//下标运算:用作右值
#21     };
```

在上述类模板 Array<>定义中，数据成员 pa、sz 分别表示数组元素存储的起始地址、数组元素的个数。构造函数 Array(int n)以给定的长度 n 构造数组，默认能够存放元素的个数为 10。复制构造函数 Array(const Array<T>& other)实现同类型左值数组对象之间的复制。转移构造函数 Array(Array<T>&& moved)实现同类型数组对象之间的右值复制。析构函数~Array( )释放在构造数组时动态申请的内存。复制赋值运算符函数 Array<T>& operator = (const Array<T>& rhs)实现同类型数组对象之间的复制赋值。转移赋值运算符函数 Array<T>& operator = (Array<T>&& rhs)实现同类型数组对象之间的转移赋值。成员函数 size( )提供了访问数组元素个数的接口。下标运算符函数 T& operator [] (int idx) 和 const T& operator [] (int idx) const 分别提供左值运算和右值运算能力。

```
#22     template <typename T>
#23     Array<T>::Array(size_t n) noexcept : sz{ n }, pa{new T[n]}
#24     {} //按给定元素个数生成动态数组: 设定元素个数,申请内存
```

构造函数 Array(size_t n)以参数 n 设定数组长度，然后据此长度动态申请内存赋给指针 pa。需要注意的是，在用 new 运算符申请动态数组时，类型参数为 T，会调用 T 的默认构造函数。

```
#25     template <typename T>
#26     Array<T>::Array(const Array<T>& other) {    //复制构造动态数组
#27         if (this != &other) {                   //防止自复制
#28             sz = other.sz;                      //取得样本的长度
#29             pa = new T[sz];                     //申请内存:需要默认构造
#30             assert(pa != nullptr);              //确保申请成功
#31             for (size_t i = 0; i < sz; ++i)     //取得样本的元素
#32                 pa[i] = other.pa[i];            //需要 T 类的赋值运算符函数
#33         }
#34     }
```

复制构造函数 Array(const Array<T>& other)首先判断当前对象（this 所指向）与要复制的对象（other）是否是同一个对象，以防止自复制。在复制对象 other 时，首先取得 other 的长度，然后按照这个长度申请内存，最后通过 for 循环复制对象 other 的内容。在调用此复制构造函数时，同样需要类型 T 定义有默认构造函数，因为要定义 T 类对象的数组 pa。此外，为了支持表达式 pa[i] = a.pa[i]，需要类型 T 定义有复制赋值运算符函数。

```
#35     template <typename T>
#36     Array<T>::Array(Array<T>&& moved) noexcept //转移构造动态数组
#37         :pa(moved.pa), sz(moved.sz)           //获取被转移数组的内存及长度
#38     {
#39         moved.pa = nullptr;                   //被转移后，指针置空
#40     }
```

转移构造函数 Array(Array<T>&& moved) noexcept 径直转移获取对象 moved 的内存资源，获得它的长度，然后把被转移对象的内存指针置空，因为它已经不再拥有这段内存了。

```
#41     template <typename T>
#42     Array<T>::~Array() noexcept {          //析构函数
#43         delete[] pa;                       //释放内存:需要 T 类的析构函数
#44         pa = nullptr;                      //指针置空
#45         sz = 0;                            //长度清零
#46     }
```

析构函数~Array( )释放在构造数组时所申请的内存，并把两个数据成员都置零。

```
#47     template <typename T>
#48     Array<T>& Array<T>::operator=(const Array<T>& rhs){//复制赋值运算符
#49         if (this != &rhs) {                      //防止自赋值
#50             if (sz != rhs.sz) {                  //若两操作数的内存长度不等
#51                 sz = rhs.sz;                     //首先取得右操作数的长度
#52                 delete[] pa;                     //然后释放旧有内存
#53                 pa = new T[sz];                  //据新长度申请内存
#54                 assert(pa != nullptr);           //确保申请成功
#55             }                                    //至此两操作数具有相同长度
#56             for (size_t i = 0; i < rhs.sz; ++i)//取得右操作数的元素
#57                 pa[i] = rhs.pa[i];               //逐个元素赋值
#58         }
#59         return *this;                            //返回当前对象(左操作数)
#60     }
```

复制赋值运算符函数 Array<T>& operator = (const Array<T>& rhs)首先判断当前对象（this 所指）与要复制的对象（rhs）是否是同一个对象，以防止自赋值。在实现数组复制赋值时，首先通过表达式 sz != rhs.sz 判断左操作数的内存是否与右操作数的内存长度相等，若两者现有内存长度相等，则直接通过 for 循环复制右操作数的内容即可。否则需要比照右操作数的内存调整左操作数的内存，具体过程为，首先取得右操作数的数组长度（sz = rhs.sz），然后释放左操作数的旧有内存（delete [] pa），最后按照新长度重新申请内存（pa = new T[sz]）。在处理完左操作数的现有内存之后，通过循环获取右操作数的内容。在调用类 Array 的赋值运算符函数时，也需要类型 T 定义有默认构造函数，

因为要定义 T 类对象的数组 pa。此外，为了支持表达式 pa[i] = a.pa[i]，需要类型 T 定义有复制赋值运算符函数。

```
#61     template <typename T>
#62     Array<T>&Array<T>::operator=(Array<T>&&rhs)noexcept{//转移赋值运算符
#63         if (this != &rhs) {                     //防止自赋值
#64             sz = rhs.sz;                        //取得右操作数的长度
#65             delete[] pa;                        //释放左操作数的旧有内存
#66             pa = rhs.pa;                        //获得右操作数的内存及其元素
#67             rhs.pa = nullptr;                   //右操作数的内存指针置空
#68         }
#69         return *this;                           //返回当前对象(左操作数)
#70     }
```

转移赋值运算符函数 Array<T>& operator = (Array<T>&& rhs) noexcept 首先判断当前对象（this 所指）与要复制的对象（rhs）是否是同一个对象，以防止自赋值。在实现数组转移赋值时，首先取得右操作数的数组长度（sz = rhs.sz），然后释放左操作数的旧有内存（delete [] pa），接着转移获取右操作数的内存（pa = rhs.pa），最后将右操作数的指针置空（rhs.pa = nullptr）。

```
#71     template <typename T>
#72     T& Array<T>::operator [] (size_t idx) {     //下标运算:用作左值
#73         return const_cast<T&>(std::as_const(*this)[idx]);//重用 const 版
#74     }
#75     template <typename T>
#76     const T& Array<T>::operator[] (size_t idx) const {//下标运算:用作右值
#77         assert(idx >= 0 && idx < sz);           //确保下标有效
#78         return pa[idx];                         //返回下标对应的元素
#79     }
```

先实现右值版本（即 const 版本）的下标运算，然后重用该函数实现左值版本（即非 const 版本）的下标运算。实现右值版本的下标运算时，首先判断给定下标是否在合法范围[0, sz)内，若是，则返回指定下标处的元素。实现左值版本的下标运算时，先把当前对象转为 const 引用，（重用右值版本的下标运算）访问获取相应下标处的元素值，然后将该元素值转为左值。这两个成员函数之所以声明不同，是因为非 const 版本的下标函数 T& operator [] (int idx)提供左值运算能力，通过该函数能够修改数组元素，该成员函数通常由非 const 对象和引用调用。const 版本的下标函数 const T& operator [] (int idx) const 则提供右值运算能力，通过该函数只能读取数组元素，该成员函数只能由 const 对象和引用调用。

```
#80     template <typename T, size_t N>
#81     auto makeArray(T(&a)[N]) {          //工厂函数：根据内置数组创建 Array 对象
#82         Array<T> tmp(N);                //构造有 N 个 T 类型元素的空数组
#83         for (size_t i = 0; i < N; ++i)       //逐个元素赋值
#84             tmp[i] = a[i];                   //访问左值形式的下标运算
#85         return tmp;                          //返回生成的 Array 对象
#86     }
```

函数模板 makeArray( )作为工厂函数根据内置数组 a 创建 Array<>对象。内置数组 a 有 N 个类型为 T 的元素，以引用方式传递。首先生成长度为 N 的 Array<>对象 tmp，然后通过左值形式的下标运算将数组元素逐个存放入对象 tmp 中。这里的赋值操作 tmp[i] = a[i]，需要类型 T 定义有复制赋值运算符函数。注意：函数模板 makeArray( )以值形式返回临时变量 tmp，这恰好是转移语义的用武之地。如果返回的临时变量 tmp 用于构造另一个对象，则会调用类的转移构造函数，如果返回的临时变量 tmp 用于给另一个对象赋值，则会调用类的转移赋值运算符函数。当然如果类 Array<>不支持转移语义而只支持复制语义，则会对应调用类的复制构造函数和复制赋值运算符函数。

```
#87     template <typename T>
#88     auto rev(const Array<T>& a) {                   //生成与a中元素反序的另一数组
#89         Array<T> tmp(a.size());                     //生成长度相等的空数组
#90         for (size_t i = 0; i < a.size(); ++i)//逐个元素复制
#91             tmp[i] = a[a.size() - i - 1];          //分别调用左值和右值下标运算
#92         return tmp;                                 //返回结果数组
#93     }
```

函数模板 rev( )对类模板 Array<>进行了简单的测试，它生成一个元素顺序与参数对象 a 的元素完全相反的数组对象。表达式 Array<T> temp(a.size( ))生成与对象 a 具有同等长度的临时对象，这测试了类模板 Array<>的构造函数（也包括析构函数）和成员函数 size( )。表达式 temp[i] = a[a.size( )−i−1]同时测试了类模板 Array<>的左值下标运算（temp[i]）和右值下标运算（a[a.size( )−i−1]），这个赋值操作需要类型 T 定义有复制赋值运算符函数，如工厂函数 makeArray( )，函数模板 rev( )以值形式返回临时变量 tmp，这恰好是转移语义的用武之地。如果返回的临时变量 tmp 用于构造另一个对象，则会调用类的转移构造函数，如果返回的临时变量 tmp 用于给另一个对象赋值，则会调用类的转移赋值运算符函数。当然如果类 Array<>不支持转移语义而只支持复制语义，则会对应调用类的复制构造函数和复制赋值运算符函数。

```
#94     int main() {
#95         int arr[]{ 1, 2, 3, 4, 5, 6, 7, 8, 9, 10 };
#96         Array<int> a{ makeArray(arr) }, b{};     //生成Array对象a和b
#97         for (size_t i = 0; i < a.size(); ++i)   //逐个元素输出
#98             std::cout << a[i] << "\t";           //测试下标运算
#99         std::cout << std::endl;                  //输出换行
#100
#101        b = rev(a);                              //逆转a，生成b
#102        for (size_t i = 0; i < b.size(); ++i)   //逐个元素输出
#103            std::cout << b[i] << "\t";           //测试下标运算
#104        std::cout << std::endl;                  //输出换行
#105    }
```

main( )函数首先调用工厂函数 makeArray( )构造对象 a，然后默认构造对象 b。在构造对象 a 时，工厂函数 makeArray( )构造并返回临时对象 tmp，然后由 tmp 转移构造 a，随后临时对象 tmp 被析构。接着在 for 循环中通过下标运算符函数输出数组对象 a 中的数据。对象 b 被赋值为函数 rev( )的返回值，由于函数 rev( )返回临时对象 tmp，用该值给对象 b 赋值时，会调用类的转移赋值运算符函数，随后临时对象 tmp 被析构。最后输出逆转之后的数组元素值。

从上述类模板定义可以看出，类模板的定义都以下面的语法作为开始：

```
template <class T>
```

这是模板定义的标志，它表示该类模板有一个模板类型形参 T，这是数组容器所能容纳元素的类型。

由于类模板中的成员函数都是函数模板，因此，在定义这些成员函数时，也需要用函数模板定义的语法来定义这些成员函数，每个成员函数的定义也是以 template <typename T>开始的。

从上述程序也请分析复制语义和转移语义的适用场合。上述程序使用了转移语义。如果将程序中转移构造函数和转移赋值运算符函数都注释掉，只保留复制构造函数和复制赋值运算符函数，也就是说类 Array 不支持转移语义而只支持复制语义，则 main( ) 函数中围绕对象 a、b 所调用的函数是不一样的。请自行分析。

另外需要说明的是，上述程序对于复制赋值运算符函数和转移赋值运算符函数的实现过程是一个比较基本的实现，并没有考虑异常和优化。读者可以采纳更具异常安全性的复制后交换技术来实现复制赋值运算符函数，以及使用转移后交换技术来实现转移赋值运算符函数。

5.3.2 类模板的显式实例化

与函数模板相似，类模板只是一个虚的“图纸”。只有在编译期间，编译器根据给定的模板类型实参生成实实在在的模板类，这才是真实存在的类代码。函数模板实例化后会生成模板函数，类模板实例化后则会生成模板类。

与函数模板根据函数实参自动推断模板形参不同，类模板的实例化必须由程序显式指定模板类型实参。例如，想利用上述定义的类模板 Array<>生成存放 int 元素的数组类，则可以在尖括号中指明模板实参类型为 int，即 Array<int>就是类模板的实例化，它会引发编译器在编译阶段的代码生成工作。所生成的代码大致如下（下面仅给出类的接口定义代码）。

```
#01     template <>
#02     class Array<int> {                                //T 实例化为 int
#03     private:
#04         int* pa;                                      //元素类型为 int
#05         int sz;
#06     public:
#07         Array(int n = 10) noexcept;
#08         Array(const Array<int>& a);                   //元素类型为 int
#09         ~Array() noexcept;
#10
#11         Array<int>& operator = (const Array<int>& rhs);//元素类型为 int
#12         int size() const {return sz;}
#13
#14         int& operator [] (int idx);                   //元素类型为 int
#15         const int& operator [] (int idx) const;//元素类型为 int
#16     };
```

作为一个真实存在的模板类，Array<int>定义的所有数组容器对象都只能存储 int 类型的数据。如果为了存储其他类型的数据，如 double 类型，或者自定义类 Student 类型，则必须以它们作为模板类型实参重新对类模板 Array<>进行实例化，这样得到的模板类 Array<double>和 Array<Student>是完全相互独立、完全不同的类，它们能够存储的数据也只能是 double 类型和 Student 类型。因此，对类模板给定不同的模板类型实参，实例化的结果则会得到完全不同的模板类。

在为不同模板实参类型实例化生成模板类时，编译器会为每种数据类型都生成一个模板代码的副本，所以结果会导致代码体积增大。因此，在实际调用过程中，编译器会有选择地实例化类模板中的成员函数，只有那些被调用了的函数，它对应的类模板成员函数才会被编译器实例化并生成。这就是类模板的选择性实例化。

例如，在例 5.9 中，main( )函数并没有调用到模板类 Array<int>的赋值运算符函数，因此，编译器并不会为 Array<int>类生成赋值运算符函数。

函数模板和类模板的模板形参可以是数据类型，也可以是非数据类型（而只是数值），这种类型的模板参数称为非类型模板参数（non-type template parameter）。类模板的非类型模板参数一般应为编译期常数。

【例 5.10】具有非类型参数的类模板的实例化。

```
#01     #include <iostream>
#02     #include <cassert>                         //for assert
#03
#04     template <typename T, int N>               //模板形参为常量,而不是类型
#05     class Array {
#06     private:
#07         T pa[N];                               //由编译期常量 N 生成静态数组
#08     public:
#09         T& operator [] (int idx);              //用作左值的下标运算
#10         const T& operator [] (int idx) const;  //用作右值的下标运算
#11     };
#12
#13     template <class T, int N>
#14     T& Array<T, N>::operator [] (int idx) {//实现左值下标运算
#15         assert(idx >= 0 && idx < N);           //确保下标有效
#16         return pa[idx];                        //返回下标对应的元素
#17     }
#18     template <class T, int N>
#19     const T& Array<T, N>::operator [] (int idx) const {//实现右值下标运算
#20         assert(idx >= 0 && idx < N);           //确保下标有效
#21         return pa[idx];                        //返回下标对应的元素
#22     }
#23
#24     int main() {
#25         Array<int, 3> a;                       //数组类型:长度为3,元素类型为int
#26         for (int i = 0; i < 3; ++i)
#27             a[i] = i + 1;                      //测试用作左值的下标运算
#28
#29         Array<int, 3> const b(a);              //测试系统提供的复制构造
#30         for (int i = 0; i < 3; ++i)
#31             std::cout << b[i] << "\t";         //测试用作右值的下标运算
```

```
#32         std::cout << std::endl;                 //以上输出: 1    2    3
#33
#34         //? Array<int, 4> c(a);                 //a 与 c 类型不同,不能相互复制
#35         //? Array<double, 3> d(a);              //a 与 d 类型不同,不能相互复制
#36     }
```

上述程序定义了类模板 Array<>，其模板形参列表中有两个模板形参，T 是模板类型形参，编译期常量 N 为非类型模板形参，这为在编译阶段生成静态数组 T pa[N]奠定了基础。类模板 Array<>中仅提供了用作左值和右值的下标运算符函数。

main( )函数以模板类型实参 int 和 3 实例化类模板 Array<>，对象 a 和 b 都是模板类 Array<int, 3> 的实例，由于它们所属类的类型相同，因此通过复制构造运算 Array<int, 3> const b(a)进行相互构造（调用了系统提供的默认复制构造函数）。通过这两个对象，main( )函数分别测试了两个下标运算符函数。

在实例化具有非类型模板参数的类模板时，要注意对非类型模板参数指定不同的模板实参，就会得到不同的模板类。因此，模板类 Array<int, 3>与 Array<int, 4>是不同的类型，故不能用对象 a 复制构造对象 c。模板类 Array<double, 3>与 Array<int, 3>也是不同的类型，故不能用对象 a 复制构造对象 d。

细心的读者可能会把例 5.9 和例 5.10 进行比较，它们都以类模板 Array<>实现了数组容器。但是前者仅针对容器中要存放数据的类型设置了一个模板形参 T，而后者除数据元素的类型 T 外，数组长度 N 也是模板参数。例 5.9 把数据元素的类型 T 设为模板形参，只有在把该参数实例化为不同类型时，相应的模板类才是不同类型，如 Array<int> 和 Array<double> 是不同的类型。这与数组长度无关，即语句 Array<int> a(3), b(4);构造的两个对象 a 和 b 虽然具有不同的长度，但是它们仍然是相同类型的两个对象，因而可以相互复制构造和赋值。例 5.10 把数据元素的类型 T 和数组长度 N 同时设为模板形参，这使 Array<T, N>和 Array<T, N−1>都是不同的模板类，虽然数据元素的类型 T 都相同，但因为第二个模板参数不同，所以实例化后的类 Array<T, N>和 Array<T, N−1>不能是相同类型。这就是说，语句 Array<T, N> a;和 Array<T, N−1>b;构造的对象 a 和 b 不能相互复制构造，也不能相互赋值。

上述讨论在实例化类模板时一定要注意。当然，这两种做法各有利弊。以例 5.9 方式实现的数组容器能够构造任意长度的数组，但是其中用到动态内存分配，涉及深复制，因而实现过程具有一定难度。以例 5.10 方式实现的数组容器在编译期间以静态方式生成数组，这降低了程序的复杂度和出错的概率。但这为生成不同长度的数组带来了不便，如在类 Array<T, N>的作用域访问类 Array<T, N−1>的成员可能是不允许的，因为它们是不同的类型，相互访问需要授予友元的权限，这需要进行友元关系声明。

需要说明的是，如果一个模板参数是另外一个类模板，则会出现连续两个右尖括号>在一起的现象，如 A<B<int>>。在 C++98/03 时，为了避免与右移移位运算符“>>”混淆，要求两个右尖括号之间必须留一个空格。但是自 C++11 起，允许两个右尖括号连续书写在一起，如 A<B<int>>。

5.4 变长模板

5.4.1 变长函数模板

在 C++98 中，函数模板和类模板的模板参数，以及函数模板的函数参数的个数都是确定的。C++11 支持变长模板（variadic template）和参数折叠（fold expression），这会给程序设计带来极大的便利。一个典型的示例就是 C++11 中的 tuple<>类模板及其工具函数 make_tuple( )，如下是它的一个典型应用。

【例 5.11】使用 tuple 实现 Student 类。

```
#01     #include <iostream>
#02     #include <string>
#03     #include <algorithm>
#04     #include <utility>
#05     using namespace std;
#06     int main() {                                    //以下用tuple模拟定义Student类
#07         using Student = tuple<string, string, size_t, double>;
#08         Student s[] { make_tuple("001", "Tom", 18, 80), //生成对象
#09                       make_tuple("003","Jack",20, 89),
#10                       make_tuple("002","Jerry",19, 98)};
#11         size_t n = sizeof(s) / sizeof(*s);
#12         auto print = [](const Student& s) {//定义输出单个对象的 lambda 函数
#13             auto [id, name, age, score] = s;
#14             cout << id << "\t" << name << "\t"
#15                 << age << "\t" << score << endl;
#16         };
#17         auto print_all = [&](){for_each(s, s + n, print);};
#18         cout << "before sorted: " << endl;
#19         print_all();                                //定义之前先输出原始数据
#20         //定义排序准则
#21         auto cmp_score = [](const Student& a, const Student& b) {
#22             return get<3>(b) < get<3>(a);   //比较第 4 个属性,注意是大于比较
#23         };
#24         sort(s, s + n, cmp_score);                  //对数组元素排序
#25         cout << "after sorted: " << endl;
#26         print_all();                                //排序之后输出有序数据
#27     }
```

程序的输出结果如下：

```
before sorted:
001     Tom     18      80
003     Jack    20      89
002     Jerry   19      98
after sorted:
002     Jerry   19      98
003     Jack    20      89
001     Tom     18      80
```

定义类一般使用 struct 或 class 完成，而上述运用了 tuple 类模板来模拟实现 Student 类。std::tuple<std::string, std::string, size_t, double>封装了 4 个数据依次模拟 Student 类的学号、姓名、年龄和成绩等属性，并用 using 指令将该类型简记为 Student 类型。对象数组 s 中存放了若干个对象，它们都是用工具函数 std::make_tuple( )将各个属性值封装成一个对象。

lambda 函数 print 实现单个 Student 对象的输出。为了简化对各个数据成员（即 tuple 所封装的数据）的访问，上述程序运用到 C++17 中的结构化绑定 auto [id, name, age, score] = s 将每个 tuple 对象中所封装的数据绑定到一个有意义的属性，即学号、姓名、年龄和成绩等，从而简化了 lambda 函数 print 的访问输出过程。lambda 函数 print_all 借用算法 for_each 和函数 print 输出数组 s 中的 n 个对象。

上述程序借用了算法 sort 对数组 s 中的 n 个对象按照成绩从高到低排序，排序准则定义为 lambda 函数 cmp_score，注意它对成绩按照“>”比较，而成绩属性的获取是通过 tuple-like API get<3>( )访问得到的。tuple 元素的索引号是从 0 开始的。

最后需要说明的是，访问 tuple 元素有 3 种方式：①通过 tuple 函数 get<Ith>(t)访问 tuple 对象 t 的索引号为 Ith 的元素；②通过 tuple 函数 tie( )将若干个属性绑定到一起，如 tie(id, name, age, score) = s。如果不需要获取某个属性值，可以用 ignore 占用相应位置，如 tie(ignore, ignore, ignore, score) = s 只获取第四个属性值作为 score；③最为简洁的用法即结构化绑定，如上述程序中的 auto [id, name, age, score] = s，其中也可以用 ignore 忽略某些属性。

tuple 函数 std::tuple_size<T>( )获取 tuple 类型 T 中所封装的元素个数，如上述 Student 为 4。也可以通过 std::tuple_size_v<T>在编译期获取 tuple 类型 T 中所封装的元素个数。

【例 5.12】变长函数模板的应用示例。

```
#01     #include <string>
#02     #include "xr.hpp"
#03
#04     template <typename...Types>              //变长函数模板参数
#05     auto sum(Types...ts) {                   //变长函数参数
#06         std::cout << sizeof...(Types) << ": ";//获取参数个数
#07         return (ts + ...);                   //参数解包
#08     }
#09
#10     int main() {
#11         xr(sum(1, 2, 3, 4, 5));              //输出 5: 15
#12         xr(sum(std::string{ "Hello" },
#13            std::string{ "World" }));//输出 2: string("HelloWorld")
#14     }
```

实现变长模板，有 3 个要点：①定义模板参数包，如 template <typename...Types> 所示，标识符 Types 之前使用了省略号（3 个圆点）表示该模板参数是变长的，Types 就是模板参数包（template parameter pack），包中封装了任意个模板参数；②定义函数参数包，如 sum(Types...ts)所示，模板参数包在模板推导时，会针对模板参数包中的每个模板参数进行推导，这是一个解包（pack expansion）的过程，对模板参数包 Types 解包的位置在函数 sum( )的参数列表中，ts 之前使用了省略号（3 个圆点）表示函数参数是变长的，ts 就是函数参数包（function parameter pack），包中封装了任意个函数参数；③对函数参数包 ts 进行解包，解包的位置是在运算符“+”之后，如 return (ts + ...)所示，意味着所有的函数参数会通过“+”连接起来。这里有一个对运算符“+”递归运用的过程，C++17 中称之为折叠表达式（fold expression）。注意：需要用圆括号“()”将表达式括起来。

C++11 中还引入了一个新运算符“sizeof...”（sizeof 后面加上省略号），其作用是计算参数包中参数的个数，输出结果中的 5 和 2 就是该运算符计算的结果。

5.4.2 变长类模板

变长类模板涉及模板参数的特化，它需要设置与递归类似的递推动作和终止条件，而这两步通常需要定义类模板的不同特化来实现，因而实现过程较为复杂。变长类模板的模板参数可以是类型参数，也可以是非类型参数。下面仅举一例说明变长类模板中的参数包和解包。

【例 5.13】变长类模板的应用示例。

```
#01     #include "xr.hpp"
#02
#03     template <long...N> struct Multiply;    //变长类模板参数
#04
#05     template <long N0, long...Nm>
#06     struct Multiply<N0, Nm...> {            //每次递推分解出一个参数
#07         static const long value = N0*Multiply<Nm...>::value;//执行乘法
#08     };
#09
#10     template <>
#11     struct Multiply<> {                     //定义没有模板参数时的值
#12         static const long value = 1;
#13     };
#14
#15     int main() {
#16         xr((Multiply<20, 3, 5>::value));        //300
#17         xr((Multiply<1, 2, 3, 4, 5>::value));   //120
#18     }
```

类模板 Multiply<>将任意个模板参数相乘，只是这里乘法的过程发生在编译期间，想想通常乘法是发生在运行期间。类中乘法的结果保存在 static const 数据成员 value 中。声明模板参数包如 template <long...N>所示，这一行也给出了完整的 Multiply<>类模板声明。为了逐个提取出模板参数相乘，如 template <long N0, long...Nm>所示，将类模板特化成一个递推动作，将模板参数包分解成最左边一个参数 N0 和其余的参数包 Nm，这样模板参数包中的参数个数逐渐减少，当再没有模板参数可提取时，就达到类似递归中的出口条件，也就是如 template <>所示特化成的没有模板参数的类实例。在各种特化下，通过数据成员 value 保存计算的结果。

本 章 小 结

本章主要讨论了 C++中的模板机制，模板实现了数据类型的参数化，它使算法和数据结构的实现及对数据的操作无关于具体数据的类型。C++模板包括函数模板和类模板，函数模板能够对参数类型进行自动推断，而类模板则必须进行显式实例化。

1. 函数模板

函数模板描述了对数据操作的指令集合，它对不同类型的数据以统一的方式执行相应操作。对函数模板的直接调用会使系统依次执行：模板参数的推断、模板函数的产生、模板函数的调用等一系列过程。其中，函数模板的实例化（模板类型参数推断和模板函数的产生）都是在编译期间由系统自动完成的。

由于函数模板能够自动推断模板参数，因此一般只需要由系统对函数模板进行隐式实例化即可。显式实例化常用于两种场合：①把可能不一致的函数实参强制指认为模板实参类型。②为作为函数返回类型的模板形参指定实参。

为了让函数模板运行成功，需要分析其模板类型参数 T 需要提供哪些运算支持，这就是函数模板对数据类型的需求。分析的目的是在自定义类型中提供这些运算。

2. 类模板

当类需要操作各种类型的数据时，为了保持操作的一致性和代码的统一性，可采用类模板来实现这些类型。类模板统一描述了数据存储、操作的各种接口。

与函数模板不同，类模板需要显式实例化，给定不同的模板实参，就会得到不同的模板类。对模板类的实例化，就得到具体的对象。特化为类模板提供了很多重要的运用。

为了在类模板中定义友元函数，需要以适当的方式声明友元关系以在不同的范围授予友元访问的权限。有时候由于声明的依赖性，还需要对声明中出现的标识符（如类模板）进行正确的声明。

关于这两类模板，需要注意的是函数模板与模板函数、类模板与模板类这两组概念的区别。函数模板与类模板都是一个虚的程序代码，只有在编译期间根据它们分别生成的模板函数、模板类才是一个真正可以执行的实际代码。

3. 变长模板

变长函数模板和变长类模板实现了模板参数个数不固定时的计算，这为数据处理带来很大的方便，其中模板参数包和解包是较为重要的概念。

习 题

1. 编写函数模板，模拟实现 minmax( )，同时计算两个数中的最小值、最大值，并注意重载该函数模板实现 C 风格字符串的计算。

2．编写函数模板，模拟实现算法 all_of( )/any_of( )/none_of( )的功能。

3．编写函数模板 sort( )，对数组 a 中的 n 个元素排序。

4．统计区间中某元素的出现次数，以及符合某条件的元素个数。

5．计算区间中值最大、最小的元素，以及元素的平均值。

6．编写函数模板 palindrome( )，应用递归方法判断区间元素是否回文（正向逆向输出的结果是一样）。

7．定义函数模板计算两个数之间的最大值，并以 Student 类进行测试，要求分别以学号、姓名和成绩为准则进行比较计算。

8．编写一个类似 apply( )/invoke( )功能的函数模板，它作为一个框架能够实现所有二元运算，并定义不同的运算进行测试。

9．STL 算法 find( )能够在区间中查找与某值相同元素的首次出现位置，而算法 find_if( )把查找对象由某一元素值扩展为元素所具有的特征（如该元素是偶数，该元素大于 60 且小于 90 等），请编写函数模板分别实现这两个算法。

10．自定义类模板实现算术运算类的所有函数对象。

11．自定义类模板实现关系运算类函数对象和逻辑运算类函数对象。

12．以动态内存分配实现类模板 Array<>，在其中封装数组常用操作：构造/析构、复制/转移、下标、排序、逆序等。然后以非类型模板参数实现静态数组的类模板 Array<>，在其中封装数组常用操作：构造/析构、复制、赋值、下标、排序、逆序等。

13．自定义类模板 Matrix<>，以动态内存实现数据的存储，并实现矩阵的加减运算。

14．自定义类模板 Matrix<>实现矩阵的加减运算，但设置非类型模板参数以静态内存实现数据的存储。

15．应用 STL 算法和 string 类，统计字符串中大写字母、数字、标点等各类字符出现的次数。

16．用类模板实现有序链表的定义，提供构造/析构、复制/转移、输出、查找、插入、删除等常用算法，然后在此基础上实现一元多项式的算术运算。

第6章　标准模板库

泛型（genericity）是标准模板库（STL）的核心思想。常用的STL组件主要有算法、函数对象、容器和迭代器。STL泛型算法以统一的形式、方便地实现各类应用。泛型容器能够容纳各种类型的对象和元素，这些容器具有相似的操作接口。借助于迭代器，程序能够以方便、统一的形式访问不同数据类型、不同存储形式的元素。

本章首先引出泛型的概念。然后讨论函数对象的概念，并重点讨论常见算法的应用。由于前面章节已讨论了vector、list的用法，本章继续讨论容器deque及关联式容器set/multiset、map/multimap的应用。最后简要讨论各种迭代器的用法。

通过本章的学习，读者应理解函数对象的概念，并能结合STL算法和容器，熟练定义函数对象用于各种用途；熟练掌握常用容器的接口和操作；能够综合应用算法、容器解决常见问题。

6.1　概　　述

6.1.1　泛型编程

先从一个简单的例子引出泛型的概念。以数组的线性查找算法为例，为了在int型数组a的前n个元素中查找特征值key是否存在及其首次出现的位置，可以实现为如下算法和测试程序。

【例6.1】算法myfind( )的原始形式：int型数组的线性查找算法。

```
#01     #include <iostream>
#02     //在数组 a 的前 n 个元素中查找元素 key
#03     size_t myfind(int a[], size_t n, int key) {
#04         size_t idx {0};                          //从零下标开始查找
#05         while (idx < n && a[idx] != key)         //还没有找到目标
#06             ++idx;                               //下标前移
#07         return idx;                              //返回结果下标
#08     }
#09
#10     int main() {
#11         int a[]{9, 8, 7, 6, 5, 4, 6, 2, 1};      //源数组
#12         auto n {sizeof(a) / sizeof(*a)};         //数组长度
#13
#14         int key{6};                              //待查找的对象
#15         auto pos{ myfind(a, n, key) };           //调用函数进行查找
#16
#17         if (pos != n)                            //查找成功
#18             std::cout << a[pos] << " is found at " << pos << ".\n";
```

```
#19         else                                        //查找失败
#20             std::cout << key << " doesnot exist.\n";
#21     }
```

程序的输出结果如下：

```
6 is found at 3.
```

上述程序定义了线性查找算法 myfind( )，其中数组 a 是要查找对象所存放的首地址，它是必需的参数，n 指明集合中元素的个数，同时表明相对首地址 a 的最大相对距离，这两者指明了要搜寻元素的“区间” [a, a + n)，key 是要查找的特征值。

该算法的实现过程为，首先定义循环变量 idx，它起着“指针”的作用，总是指向当前要比对的“位置”。然后通过 while 循环从数组的首元素（idx = 0）开始，依次比对数组元素是否与待查找对象 key 相等，直到循环变量达到区间的最后一个位置，或者在此之前找到与 key 相等的第一个元素。因此算法的返回值 idx 要么是相等元素首次出现的下标，要么是区间终点对应的下标 n。

在分析上述算法实现的过程时，强调了这样几个概念：“区间”“指针”“位置”。给定数组首地址 a 和元素个数 n，则确定合法区间为[a, a + n)，在这个区间中的元素都是以指针形式表示的元素存放位置。注意：这是个半开半闭区间，虽然指针 a + n 所指的位置不可达，但是它可以计算（通过运算符!=比较），并明确地指定了元素的界限。

仔细考虑上述算法 myfind( )，发现它至少有如下可改进之处，下面同时探讨改进措施。

（1）维护一个与必需参数 a 不太相关的元素位置相对值 idx，无论是算法的存储效率（额外多存放一个变量），还是对元素进行存取运算的效率（表达式 a[idx]先计算相对地址 a + idx，再间接引用*(a + idx)，这比直接累加指针再间接引用要麻烦），都是一种损失。

改进措施：直接以指针形式设置区间的起点位置和终点位置，同时可以应用指针累加运算从起点到达终点。

（2）算法 myfind( )对是否到达终点的比较，是以表达式 idx < n 实现的。若换成指针后，则对指针进行关系运算，如 p < q，这要求指针 p 和 q 必须位于同一段连续内存的某两个地址，这对指针有点苛刻。

改进措施：把表达式 p < q 换成对指针的相等性测试 p != q，这种运算只要求指针 p 和 q 同类型即可（不要求位于同一段连续的内存地址上）。

（3）返回下标值不利于函数 myfind( )的调用表达式作为操作数继续参加下一次运算，如输出所查找位置的元素值。

改进措施：返回以指针形式表示的元素位置。

（4）该算法适用范围有限，只能在 int 型数组中查找。

改进措施：把该函数实现为函数模板。

经过上述改进之后，算法 myfind( )已经初步超离于具体数据类型，即对任意数据类型元素集合的查找都可以采用函数 myfind( )进行了。算法 myfind( )的初步改进形式可以如下：

```
#01     template <typename T>                           //函数模板
```

```
#02    T* myfind(T* beg, T* end, const T& key) {//在区间[beg, end)中查找 key
#03        while (beg != end && *beg != key)        //尚未找到目标
#04            ++beg;                               //指针前移
#05        return beg;                              //返回结果指针
#06    }
```

其实，对上述初步改进之后的算法 myfind( )还有改进的余地，如能否以更好的形式封装指针；指针的类型 T 是否与特征值的类型 T 一定要相同，在考虑这两个因素之后，就得到较为完善、与 STL 实现过程较为接近的形式如下：

```
#01    template <class Iterator, class Type>//区间类型 Iterator,元素类型 Type
#02    Iterator myfind(Iterator beg, Iterator end, const Type& key) {
#03        while (beg != end && *beg != key)
#04            ++beg;
#05        return beg;
#06    }
```

在上述算法 myfind( )中，指针 beg 和 end 所属类型 Iterator 与特征值的类型 Type 分属不同的两个类型，对类型 Iterator 和 Type 的要求是，只要对指针 beg 去引用后，能与对象 key 进行不等比较就可以了，而不再要求类型 Iterator 的对象 beg 和 end 位于同一连续内存地址空间，像链表一样的离散内存空间也可以。上述算法对数据类型 Type 提出了一个需求条件：能够对该类型对象进行不等于运算*beg != key。运算!=和++则是任意类型指针都支持的运算。因此上述形式的算法以最小需求条件对类型 Iterator 和 Type 进行运算，必然能够获得最大程度的应用。

遗憾的是，上述算法只能查找值等于 key 的区间元素，若要查找满足其他条件的特征值，又如何表达这种特征并把它传入函数内部呢？因此对上述算法仍有改进的余地，这需要用到函数对象的概念。

以上是把针对具体类型的函数逐渐改进为能够操作任意数据类型，并且具有较高效率，能够获得最大程度应用的函数模板的一个例子。从这个过程中可以看出，依赖于具体数据类型的特性逐渐被“泛化”，最后得到的算法只要指明两点：

（1）用于描述算法实现过程的代码集合。

（2）指定参数类型必须满足的一组条件。

如此形成函数的过程就是“泛型编程”的初步思路，所形成的函数也就是“泛型函数”。因此，泛型编程使数据的操作与数据的类型和存储形式无关，从而能够操作任意类型的数据。

STL 把泛型作为该标准库的重要原则，并以模板为基础，在实现该标准库时始终坚持这个原则。因此 STL 中的各大部分，如算法、容器、迭代器等，都实现为类模板、函数模板而组成相互关联的泛型组件。

6.1.2 STL 组件与标准头文件

1. STL 组件

STL 包括六大组件：算法（algorithms）、容器（containers）、迭代器（iterators）、函

数对象（functors）、适配器（adapters）和配置器（allocators）。这些组件都需要相互配合使用。

（1）算法包括了对数据集合查找、计数、替换、去除、排序、复制等操作，它们都实现为函数模板。

（2）容器是各种数据结构，如 vector<>、list<>等，主要用于存放数据。各个容器实现为类模板。

（3）迭代器有力地“黏合”着容器与算法，它实际上是一种“智能指针”，其中封装了指针的常用操作，如 operator*、operator->、operator++、operator--等。迭代器实现为类模板。

（4）函数对象也称为仿函数，它实现为重载了运算符函数 operator( )的类或类模板。

（5）适配器主要用于修饰、更改函数参数等，分为容器适配器、函数对象适配器和迭代器适配器等。

（6）配置器主要用于为各类容器配置并管理内存空间，它实现为类模板。鉴于内存管理的复杂性，本书不讨论配置器。

STL 中包括的这些不同类型组件只有相互配合使用，才能更好地发挥出各自的威力。在后续讨论中，将重点讨论函数对象、算法、容器、迭代器等组件的常用功能，并包括适配器的部分内容。

2. 标准头文件

为了更好地理解并使用 STL 组件，需要了解它们的组织方式及所在的头文件。

C++标准头文件都没有扩展名.h 或.hpp，并且其中的所有标识符都声明于标准命名空间 std 中。C++标准头文件主要有如下 3 类。

（1）C 标准头文件：如<stdlib.h>、<math.h>、<assert.h>、<string.h>和<ctype.h>等，当它们用于 C++中时，要在头文件名称前加上前缀 c，同时去掉文件的扩展名，如<cstdlib>、<cmath>、<cassert>、<cstring>和<cctype>。

（2）C++标准头文件：如<iostream>、<iomanip>、<limits>、<fstream>、<string>、<typeinfo>、<stdexcept>等。注意头文件<cstring>和<string>的区别，包含前者是为了应用诸如 strcpy、strlen 等字符串处理函数；包含后者是为了应用 string 类及其操作。

（3）STL 常用组件函数对象、算法、容器和迭代器：其主要分布在 16 个标准头文件中，如表 6-1 所示，该表同时简要说明了常用头文件及在该头文件中声明的函数或类型等标识符。

表 6-1　STL 标准头文件

类别	标准头文件	主要函数或类型
Functor	functional	算术运算、关系运算和逻辑运算类函数对象和函数适配器
Algorithm	algorithm	常用算法的函数模板
Container	array	array<>容器及其常用操作
	vector	vector<>容器及其常用操作
	list	list<>容器及其常用操作

续表

类别	标准头文件	主要函数或类型
Container	forward_list	forward_list<>容器及其常用操作
	deque	deque<>容器及其常用操作
	set	set<>/multiset<>容器及其常用操作
	map	map<>/multimap<>容器及其常用操作
	stack	stack<>容器适配器及其常用操作
	queue	queue<>容器适配器及其常用操作
	string	string 字符串类及其常用操作
Iterator	iterator	各种迭代器类型及其常用操作
其他	numeric	常用数值算法
	memory	内存分配及管理的全局函数，unique_ptr<>、shared_ptr<>等类及其常用操作
	utility	pair<>、tuple<>、initializer_list<>等类型及其常用操作，以及其他工具函数，如 move( )、swap( )等

6.1.3 区间

STL 中的算法多以区间作为函数参数，即使是作为整体的容器中的元素集合，也可以取出其元素集合的区间传入函数，这样能够更灵活地处理不同范围的元素集合。因此对区间概念的正确理解，将有助于更好地应用 STL 算法。

区间中的元素可以是数值集合，但在 STL 中大多是数据存放位置的集合。表示元素位置可以用指针形式，也可以用指针的高级形式——迭代器。

以指针形式为例，以原生指针表示的区间形如[a, a+ N)，其中区间的起点 a 为指向数组首元素的指针，即数组的首地址，N 是数组元素的个数，a + N 为区间的终点。注意：在这种半闭半开区间表示法中，指针 a + N 所指位置是达不到的，即不能对该指针去引用（dereference，或 indirection），表达式*(a + N)会引起非法访问。指针 a + N 仅表示一个界限，可以对这个不可访问的指针进行运算，如 p != a + N。以这种方式表示的区间，可以很容易计算得到区间中元素的个数为 N，即区间的终点减去起点，而避免了加 1 或减 1 的烦扰。

在 STL 中，要求区间[beg, end)具备两个有效性条件：①区间中的每个位置（指针）都是可以去引用的；②从区间的起点 beg 出发，经过多次累加（即++beg）可以到达区间的终点 end。区间(end, beg]就不是一个有效区间，因为无法从起点 end 累加到终点 beg。

当区间的起点和终点相同时，如[p, p)，它表示一个空区间，即区间中的元素个数为 0，但它是一个有效区间。若指针 mid 是区间[beg, end)中的一个元素，则区间[beg, mid)和[mid,end)都是有效区间。

6.2 函数对象与算法

6.2.1 算法概述

在本书第 1 章中讲解数组应用时，讨论了部分 STL 常用算法。STL 算法大都实现为函数模板，因此它们能够通用于各种类型的数据。大多数 STL 算法以序列元素作为操作对象，并以表示元素位置的迭代器作为函数参数，注意它们一般不直接以要操作的容器对象为函数参数，而是以构成区间的迭代器传递要操作数据集合的范围，这样能够更加灵活地处理不同长度的数据集合。

1. 算法的分类

对 STL 算法分类的标准很多，下面转引 Nicolai M Josuttis 的著作 *The C++ Standard Library：A Tutorial and Reference* 中对算法分类的方法。按照算法是否会改变数据内容及算法的功能和目的，可以分为如下 7 类。

（1）第一类是不变序列算法（non-modifying sequence algorithms），算法执行完毕，序列中的数据元素仍然保持原有状态，其值和次序都不改变。例如，区间元素性质判断 all_of( )/any_of( )/none_of( )、计数 count( )、查找 find( )、比较 equal( )、min_element( )/max_element( )/minmax_element( )等。

（2）第二类是可变序列算法（modifying sequence algorithms），序列中数据元素的数值或个数在经这些算法操作后大多会发生改变，这些改变可能就地发生于原区间中，也可能发生于复制旧区间而得到的新区间中。例如，复制 copy( )/copy_if( )/copy_n( )、填充元素 fill( )/fill_n( )、generate( )/ generate_n( )、转换 transform( )、替换 replace( )、replace_copy( )等。

（3）第三类是去除元素算法（removing algorithms），这类算法去除区间中的特征值，这种去除操作可能就地发生于原区间中，也可能发生于复制旧区间而得到的新区间中。例如，remove( )、remove_copy( )、unique( )、unique_copy( )等。实际上 STL 算法的去除操作并没有真正删除元素的存储位置，只是覆盖了该位置上的值，并修改了有效元素的终点位置。

（4）第四类是序列变序算法（mutating algorithms），这类算法主要改变元素顺序，如逆序 reverse( )、旋转 rotate( )和分割 partition( )等。

（5）第五类是序列排序算法（sorting algorithms），这类算法对区间元素排序，如判断有序 is_sorted( )、快速排序 sort( )、稳定排序 stable_sort( )、部分排序 partial_sort( )及堆排序的 6 个函数。

（6）第六类是已序序列算法（sorted range algorithms），这类算法主要在已序区间上进行操作，如折半查找 binary_search( )、lower_bound( )，合并区间 merge( )，以及集合运算的 5 个算法。

（7）第七类是数值算法（numeric algorithms），如累加求和 accumulate 和转换绝对值与相对值的算法等。

2. 算法的参数

STL 算法的参数可以表示 3 种意义：操作对象在一个区间；以不同策略执行操作；操作对象在多个区间。

1）操作对象在一个区间

许多算法只需要对一个区间中的数据集合进行操作，因此算法的参数多是表示区间起点和终点位置的两个迭代器。例如，排序算法 sort( )，其函数原型如下：

```
template <class RndAccessIterator>
void sort(RndAccessIterator First, RndAccessIterator Last);
```

对该函数的调用可以如下形式：

```
sort(a, a + N);                          //对数组 a 中的前 N 个元素排序
sort(v.begin(), v.end());                //对容器 v 中的所有元素排序
```

又如，对元素计数的算法 count( )，其函数原型如下：

```
template <class InputIterator, class T>
size_t count(InputIterator First, InputIterator Last, const T& Value);
```

对该函数的调用可以如下形式：

```
count(a, a + N, key);           //在数组 a 中的前 N 个元素中统计 key 出现的次数
count(v.begin(), v.end(), key);//在容器 v 中的所有元素中统计 key 出现的次数
```

【例 6.2】对单个区间操作的算法的应用示例。

```
#01    #include "print.hpp"
#02    #include "xr.hpp"
#03
#04    int main() {
#05        int a[] {2, 1, 3, 6, 5, 4, 9, 8, 7};    //源数组
#06        size_t n {sizeof(a) / sizeof(*a)};      //数组长度
#07
#08        xrv(print(a, a + n));                   //输出排序之前的元素
#09        std::sort(a, a + n);                    //数组排序
#10        xrv(print(a, a + n));                   //输出排序之后的元素
#11
#12        std::string s{"One World One Dream"};
#13        char key {'e'};
#14        n = std::count(s.begin(), s.end(), key);//统计 key 出现的次数
#15        std::cout << key << " presents " << n << " times." << std::endl;
#16    }
```

程序的输出结果如下：

```
#08: print(a, a + n)    ==>2    1    3    6    5    4    9    8    7
#10: print(a, a + n)    ==>1    2    3    4    5    6    7    8    9
e presents 3 times.
```

如函数调用表达式 sort(a, a + n)和 count(s.begin( ), s.end( ), key)所示，对于只需要单区间参数的算法 sort( )和 count( )，径直传入以指针形式、以迭代器形式表示的区间起点和终点。

为了方便输出区间元素的数据，本书编者设计了算法 print( )专用于输出区间数据，这也是一个操作单个区间的算法，其实现过程存放于自定义头文件"print.hpp"中，该头文件包含了 C++标准头文件<iostream>、<algorithm>和<string>。

2）以不同策略执行操作

很多时候，可以使用不同的方式去做一件事情，如从小到大排序，也可以从大到小排序。因此 STL 中很多算法都会附加一个函数对象作为参数，表示实现算法操作的不同策略。例如，以不同方式排序的算法 sort( )的函数原型如下：

```
template <class RndAccessIterator, class BinaryPredicate>
void sort(RndAccessIterator First, RndAccessIterator Last,
        BinaryPredicate Comp);
```

其中，第三个参数 Comp 是函数对象，表示比较准则，在调用该函数时需要把该准则定义为函数对象类型。

又如，在查找元素时，为了查找满足不同条件的元素，需要用一个函数对象表示待查找元素的特征，故算法 find_if( )的函数原型如下：

```
template <class InputIterator, class Predicate>
InputIterator find_if(InputIterator First, InputIterator Last,
                     Predicate Pred);
```

其中，第三个参数 Pred 是谓词型函数对象，表示待查找元素具有的特征。

作为这类函数的实参，函数对象和满足条件的普通函数都可以满足要求。

【例 6.3】以不同策略执行操作的算法的应用示例。

```
#01     #include <functional>
#02     #include <cctype>                          //for isdigit
#03     #include "print.hpp"
#04     #include "xr.hpp"
#05
#06     int main() {
#07         int a[] {2, 1, 3, 6, 5, 4, 9, 8, 7};
#08         size_t n {sizeof(a) / sizeof(*a)};
#09
#10         std::sort(a, a + n/*, std::less<int>()*/); //以默认比较准则排序
#11         xrv(print(a, a + n));                      //输出排序结果
#12
#13         std::sort(a, a + n, std::greater<int>());//以">"作为比较准则
#14         xrv(print(a, a + n));                      //输出排序结果
#15
#16         std::string s{"Beijing 2008 Olympic Games"};
#17         xr(s);                          //以下查找数字字符的首次出现
#18         auto iter{ std::find_if(s.begin(), s.end(), isdigit) };
#19         std::cout << "first digit is at " << iter - s.begin() << std::endl;
#20     }
```

程序的输出结果如下：

```
#11: print(a, a + n)    ==>1    2    3    4    5    6    7    8    9
#14: print(a, a + n)    ==>9    8    7    6    5    4    3    2    1
#17: s  ==>Beijing 2008 Olympic Games
first digit is at 8
```

上述程序分别以不同的排序准则对区间元素[a, a + n)排序，由于算法 sort( )默认采用 less<T>( )作为排序准则，所以 sort(a, a + n /*, less<int>( )*/)的第三个参数可有可无；sort(a, a + n, greater<int>( ))则以 greater<int>( )作为排序准则以便从大到小排序。less 和 greater 是定义于标准头文件<functional>中的算术运算类函数对象。find_if(s.begin( ), s.end( ), isdigit)传给算法 find_if( )作为查找策略的参数 isdigit( )是 C 标准函数，该算法调用会在 string 对象 s 中查找第一个数字字符的位置。

3）操作对象在多个区间

有时候需要对分别在两个或多个不同区间中的数据元素进行操作，如把源区间的数据复制到目标区间的算法 copy( )，其函数原型如下：

```
template<class InputIterator, class OutputIterator>
OutputIterator copy(InputIterator First, InputIterator Last,
                    OutputIterator DestBeg);
```

这类算法往往完整给出源区间[First, Last)的起点和终点，但是只给出目标区间的起点 DestBeg，这是因为目标区间的终点可以计算为 DestBeg+(Last−First)，该终点值通常会被算法返回。应用这类算法时，注意目标区间中的元素个数不能少于源区间中的元素个数。

又如，转换区间元素的算法 transform( )可以同时操作 3 个区间，它对区间[First1, Last1)和以 First2 为起点的区间元素施行 Func( )运算，并把运算结果存入以 Result 为起点的第三个区间，其函数原型如下：

```
template<class InputIterator1, class InputIterator2,
         class OutputIterator, class BinaryFunction>
OutputIterator transform(InputIterator1 First1, InputIterator1 Last1,
    InputIterator2 First2, OutputIterator Result, BinaryFunction Func);
```

该算法完整给出第一个区间[First1, Last1)，同时给出第二个区间的起点 First2，以及结果区间的起点 Result，这样能够访问第二个区间和结果区间中元素的个数都是 Last1−First1。参数 Func( )是二元函数对象。该算法返回结果区间的终点位置。

3. 算法名称的扩展名

（1）很多算法名称会附以扩展名 if，如算法 count_if( )、find_if( )、replace_if( )和 remove_if( )等，这表示：相对于无扩展名的同名算法，这些带有扩展名的算法往往需要传入一个表示操作方式的函数对象或函数指针类型参数。例如，常规算法 count( )只能统计查找与某特征值相等的元素个数，但是算法 count_if( )则可以统计符合特定特征的元素个数，如偶数、大于 10 的数等，当然这需要为该算法传入表示特征的函数对象。

但是，有些算法也需要用函数对象作为参数表示执行策略，而不带扩展名 if，如排序算法 sort( )、区间比较算法 equal( )等。

（2）大多改变区间元素的算法也会有一个同名，但是附加扩展名 copy 的算法，如 remove( )和 remove_copy( )、replace( )和 replace_copy( )、reverse( )和 reverse_copy( )等。这些有扩展名 copy 的算法在对区间执行某变动性操作时，把执行结果复制到另一个区间，而保持原区间不变。例如，remove_copy( )算法会在复制区间元素到另一个区间的同时，去除特定值的元素，reverse_copy( )算法也是同时执行 reverse 操作和 copy 操作之后的结果。

【例 6.4】扩展名为 if 或 copy 的算法的应用示例。

```
#01     #include <vector>
#02     #include "print.hpp"
#03     #include "xr.hpp"
#04
```

```
#05     bool iseven(int n) {return n % 2 == 0;}//一元谓词:判断是否是偶数
#06
#07     int main() {
#08         int a[]{2, 1, 3, 3, 4, 6, 3};
#09         auto n{ sizeof(a) / sizeof(*a) };
#10
#11         std::vector<int> va, vb(n);
#12
#13         va = std::vector<int>{a, a + n};//把数组元素存放到容器 va 中
#14         auto iter{ std::remove(va.begin(), va.end(), 3) };
                                         //去除值为 3 的元素
#15         xrv(print(va.begin(), iter));   //输出不含值为 3 的元素的区间
#16
#17         va = std::vector<int>{a, a + n};   //重新存放元素到容器 va 中
#18         iter = std::remove_copy(va.begin(), va.end(), vb.begin(), 3);
#19         xrv(print(va));                  //容器 va 不变
#20         xrv(print(vb.begin(), iter));   //容器 vb 不含值为 3 的元素
#21
#22         va = std::vector<int>{a, a + n};   //重新存放元素到容器 va 中
#23         iter = std::remove_if(va.begin(), va.end(), iseven);
                                             //去除偶数
#24         xrv(print(va.begin(), iter));       //输出不含偶数的区间
#25
#26         va = std::vector<int>{a, a + n};   //重新存放元素到容器 va 中
#27         iter = std::remove_copy_if(va.begin(), va.end(), vb.begin(), iseven);
#28         xrv(print(va));                     //容器 va 不变
#29         xrv(print(vb.begin(), iter));       //容器 vb 不含偶数元素
#30     }
```

程序的输出结果如下：

```
#15: print(va.begin(), iter)    ==>2    1    4    6
#19: print(va)  ==>2    1    3    3    4    6    3
#20: print(vb.begin(), iter)    ==>2    1    4    6
#24: print(va.begin(), iter)    ==>1    3    3    3
#28: print(va)  ==>2    1    3    3    4    6    3
#29: print(vb.begin(), iter)    ==>1    3    3    3
```

上述程序对 remove( )算法的 4 种形式 remove( )、remove_copy( )、remove_if( )、remove_copy_if( )的应用分别进行了示范。注意：动作 remove( )并没有真正地删掉元素，它们的内存单元仍在，只是把元素移到区间的后面，然后调整区间的终点（即函数的返回值）为被去除的第一个元素的位置。函数调用表达式 remove(va.begin( ), va.end( ), 3)从容器 va 中去除值为 3 的元素；函数调用表达式 remove_copy(va.begin( ), va.end( ), vb.begin( ), 3)把值不为 3 的元素从容器 va 中复制到容器 vb 中；函数调用表达式 remove_if(va.begin( ), va.end( ), iseven)从容器 va 中去除值为偶数的元素；函数调用表达式 remove_copy_if(va.begin( ), va.end( ), vb.begin( ), iseven)把值不是偶数的元素从容器 va 中复制到容器 vb 中。

6.2.2 函数适配器、函数对象、lambda 函数

为了更好地理解并应用那些“需要传入一个表示操作方式、执行策略的函数对象”的算法，本节先讨论函数适配器的概念及其定义，然后应用 STL 提供的函数适配器、函数对象和 lambda 函数构造出满足需求的函数对象。

1. 函数适配器

对于一些较为简单的用途，借助于 STL 中的函数适配器，对 STL 中已有的算术运算类、关系运算类和逻辑运算类函数对象进行适当的适配，就可以得到各个用途的函数对象。所谓函数对象适配器也是一种函数对象，它能够把函数对象与另一个函数对象（如值或普通函数）组合成一个新的函数对象。函数适配器定义于 C++标准头文件<functional>中。自 C++11 起，函数适配器 bind1st、bind2nd、not1、not2、mem_fun_ref、mem_fun 等逐渐被废弃，一些功能更为强大、使用更为灵活的函数适配器引入到 C++的新标准中，如表 6-2 所示。

表 6-2 自 C++11 起的 STL 函数适配器及其功能

函数适配器及其应用形式	功能
bind(f, Args...)	调用函数 f，可以用 Args 参数包中的参数绑定任意位置的函数参数
_1, _2, _3, _4...	用于 bind( )中的参数占位符
bind_front(f, Args...)	调用函数 f，可以用 Args 参数包中的参数绑定前面的函数参数
not_fn(op)	!(op(arg...))，对函数 op 调用表达式的值求反
function<>	通用的函数 wrapper，对任意 callable 对象按照指定的函数签名进行包装
mem_fn(op)	根据指向成员函数的指针 op 创建一个函数对象

如下是一些应用函数适配器产生函数对象的例子。

（1）为定义函数对象判断“某 int 型数值是否大于 10”，可以采用如下表达式：

```
using namespace std::placeholders;
int x{10};
auto f { std::bind(std::greater<int>(), _1, x) };
```

函数适配器 bind( )把函数对象 greater<int>( )的第二个参数绑定为 x，则对任一 int 型值 n，函数 f(n)判断 n > x。

（2）为判断“某 int 型数值是否是偶数”，可以采用如下表达式：

```
std::not_fn(std::bind(std::modulus<int>(), _1, 2))
```

表达式 std::bind(std::modulus<int>( ), _1, 2)将算术函数对象 modulus<int>( )的第二个参数绑定为 2，即对 2 取余，所得到的函数对象对奇数返回 true，函数适配器 not_fn( )将其结果取反，则得到判断偶数的函数对象。

（3）C 标准函数 isupper( )判断字母是否是大写，为判断其相反情况“某字母是否不是大写字母”，可以采用如下表达式：

```
not_fn(isupper)
```

函数适配器 not_fn( )把普通函数 isupper( )转换成函数对象，然后把所得函数对象取反。

（4）C 标准函数 strcmp( )是带两个参数的普通函数，为把它用作单参数函数，如为

判断 C-string 是否是非空字符串，可以用函数适配器产生如下函数对象：

```
using namespace std::placeholders;
std::bind(strcmp, _1, "");
```

函数适配器 bind( )把函数 strcmp( )的第二个参数绑定为空字符串""。若遇到空字符串，上述函数对象判断的结果为 0，因为当两个字符串相等时函数 strcmp( )返回值为 0，所以上述函数对象只能判断某字符串是否是非空字符串。若要判断是否是空字符串，使用 not_fn( )对上述函数对象继续进行适配。

2. 自定义函数对象和 lambda 函数

所谓函数对象，可以泛指重载了函数调用运算符( )的类的对象。所以自定义函数对象的过程也就是定义类，并在其中重载函数调用运算符的过程。STL 算法需要的函数对象通常是一元函数对象和二元函数对象，即对应类中定义的函数调用运算符需要带有一个参数或两个参数。很多时候也可以定义 lambda 函数作为算法的参数，使程序更为简洁。下面的程序讨论了一元函数对象和二元函数对象的定义。

【例 6.5】比较的准则。

STL 算法 find_if 能够在区间中查找具有某种特征的元素，因此需要逐个元素比较是否符合特征。在该算法实现过程中，常用谓词（predicate）表示特征，所谓谓词即返回 bool 类型的函数对象。

```
#01     #include <iostream>
#02     #include <algorithm>
#03     #include <functional>
#04
#05     class EqualTo {                          //一元谓词:判断两数是否相等
#06     private:
#07         int e;                               //比较的目标:是否与 e 相等
#08     public:
#09         explicit EqualTo(int m) : e(m) {}         //设定比较的目标值
#10         bool operator () (int n) const {return n == e;}//重载运算符()
#11     };
#12     int main() {
#13         int a[]{1, 2, 3, 4, 5, 6};
#14         auto n{ sizeof(a) / sizeof(*a) };
#15
#16        auto p{ std::find_if(a, a + n, EqualTo(3)) };//查找与 3 相等的元素
#17
#18         //using namespace std::placeholders;//引入占位符所在的命名空间
#19         //auto p{ std::find_if(a, a + n,
#20         //std::bind(std::equal_to<int>(), _1, 3)) };//查找与 3 相等的元素
#21
#22         if (p != a + n)                      //查找成功
#23             std::cout << "found 3 at " << (p - a) << std::endl;
#24
#25         int x{5};                            //以下查找大于 x 的第一个元素
#26         p = std::find_if(a, a + n, [x](int y){return x < y;});
```

```
#27         if (p != a + n)                    //查找成功
#28             std::cout << "first number greater than " << x << " at "
#29             << (p - a) << std::endl;           //输出下标
#30                                                //以下查找第一个偶数
#31         p = std::find_if(a, a + n, [](int x){return x % 2 == 0;});
#32         if (p != a + n)                        //以下输出其下标
#33             std::cout << "first even at " << (p - a) << std::endl;
#34     }
```

程序的输出结果如下：

```
found 3 at 2
first number greater than 5 at 5
first even at 1
```

上述程序首先定义类 EqualTo，用于判断某数是否与参数 m 相等。在 main( )函数的表达式 find_if(a, a + n, EqualTo(3))中，函数对象 EqualTo(3)作为 STL 算法 find_if( )的第三个参数，以查找与 3 相等的第一个元素。

应用 STL 中的标准函数对象 equal_to<>也可以实现该目的：

```
p = find_if(a, a + n, std::bind(std::equal_to<int>(), _1, 3));
```

bind( )是 C++11 新增的函数适配器，它把标准函数对象 equal_to<>( )的第二个参数绑定为 3，_1 是 C++11 新增的机制，表示函数参数的占位符 placeholders，在这里代表函数对象 std::equal_to<int>( )的第一个参数，表达式 std::bind(std::equal_to<int>( ), _1, 3)构造出判断与 3 相等的函数对象。为了简洁应用该占位符，需要用指令 using namespace std::placeholders;引入它所在的命名空间。

为了查找大于某数的数，上述程序采用了第三种方法，使用 lambda 函数定义比较的准则，main( )函数中的表达式 find_if(a, a + n, [x](int y){return x < y;})以 lambda 函数[x](int y){return x < y;}表示比 x 大的数据，其中 x 是在同一作用域中已定义的变量，在定义 lambda 函数时以值形式[x]捕捉 x。上述程序最后以 lambda 函数[](int x){return x % 2 == 0;}定义了要查找的第一个偶数。

6.2.3 算法应用

1. 不变序列算法

典型不变序列算法及其功能如表 6-3 所示，这类算法不改变区间中元素的值和次序。

表 6-3 典型不变序列算法及其功能

算法及其应用形式	功能
for_each(beg, end, op)	对区间[beg, end)中每个元素执行不可改变操作 op(e)
for_each_n(beg, n, op)	对区间[beg, beg+n)中每个元素执行不可改变操作 op(e)
all_of(beg, end, pr)	是否区间中的所有元素都使谓词 pr 为真
any_of(beg, end, pr)	是否区间中至少有一个元素使谓词 pr 为真
none_of(beg, end, pr)	是否区间中没有元素使谓词 pr 为真
count(beg, end, val)	返回区间[beg, end)中“值等于 val 的元素”个数
count_if(beg, end, op)	返回区间[beg, end)中“使 op(e)为 true”的元素个数
min_element(beg, end)	返回区间[beg, end)中第一个值最小元素的位置

续表

算法及其应用形式	功能
max_element(beg, end)	返回区间[beg, end)中第一个值最大元素的位置
minmax_element(beg, end)	返回区间[beg, end)中值最小和最大元素的位置
find(beg, end, val)	返回区间[beg, end)中“第一个值为 val 的元素”位置
find_if(beg, end, op)	返回区间[beg, end)中“第一个使 op(e)为 true”的元素位置
find_if_not(beg, end, op)	返回区间[beg, end)中“第一个使 op(e)为 false”的元素位置

注：表达式 op(e)中的标识符 e 表示区间[beg, end)中的任一元素的值。

【例 6.6】常用不变序列算法的应用示例。

```
#01     #include <iostream>
#02     #include <algorithm>
#03     #include "xr.hpp"
#04
#05     int main() {
#06         int a[]{76, 85, 54, 89, 45, 85, 85, 98};
#07         auto n = sizeof(a) / sizeof(*a);
#08
#09         int k{ 85 };
#10         auto m = std::count(a, a + n, k);        //对 k 进行统计
#11         xr(m);                                   //输出其出现次数 3
#12
#13         auto m2 = std::count_if(a, a + n,
#14             [](int x){return x % 2 == 0;});     //对偶数进行统计
#15         xr(m2);                                  //输出其出现次数 3
#16
#17         auto p = std::find(a, a + n, k);         //查找 k 第一次出现的位置
#18         xr(p - a);                               //输出其下标 1
#19
#20         p = std::find_if(a, a + n,
#21             [](int n){return n % 3 == 0;});//查找第一个为 3 的倍数的元素位置
#22         xr(p - a);                           //输出其下标 2
#23
#24         p = std::min_element(a, a + n);      //第一个值最小元素的位置
#25         xr(p - a);                           //输出其下标 4
#26     }
```

上述程序以算法 count( )、count_if( )、find( )、find_if( )和 min_element( )为例测试了它们的基本用法。count(a, a + n, k)计算区间[a, a + n)（即数组 a 的前 n 个元素）中值为 k 的元素的个数；std::count_if(a, a + n, [](int x){return x % 2 == 0;})计算区间[a, a + n)中第一个偶数的位置；find(a, a + n, k) 查找区间[a, a + n)中值为 k 的第一个元素的位置；std::find_if(a, a + n, [](int n){return n % 3 == 0;})查找区间[a, a + n)中第一个为 3 的倍数的元素的位置；min_ element(a, a + n)计算区间[a, a + n)中第一个值最小元素的位置。

2. 可变序列算法

典型可变序列算法及其功能如表 6-4 所示。这类算法常用赋值操作改变区间中元素的值。

表 6-4 典型可变序列算法及其功能

算法及其应用形式	功能
for_each(beg, end, op)	对区间[beg, end)中每个元素执行可改变操作 op(e)
for_each_n(beg, n, op)	对区间[beg, beg+n)中每个元素执行可改变操作 op(e)
copy(srcbeg, srcend, dstbeg)	复制源区间[srcbeg, srcend)元素到以 dstbeg 为起点的目标区间
copy_if(srcbeg, srcend, dstbeg, pr)	把源区间[srcbeg, srcend)中使谓词 pr(e)为真的元素复制到以 dstbeg 为起点的目标区间
copy_n(srcbeg, n, dstbeg)	复制源区间[srcbeg, srcbeg+n)元素到以 dstbeg 为起点的目标区间
move(srcbeg, srcend, dstbeg)	转移源区间[srcbeg, srcend)元素到以 dstbeg 为起点的目标区间
transform(srcbeg, srcend, dstbeg, op)	把源区间[srcbeg, srcend)元素经 op 运算的结果存放到以 dstbeg 为起点的目标区间
fill(beg, end, val)	把区间[beg, end)中所有元素赋值为 val
fill_n(beg, n, val)	把区间[beg, beg+n)中所有元素赋值为 val
generate_n(beg, num, op)	把以 beg 为起点的区间中前 num 个元素赋值为表达式 op( )的值
replace(beg, end, oldval, newval)	把区间[beg, end)中所有 oldval 值替换为 newval 值
reverse(beg, end)	逆转区间[beg, end)中元素的顺序

注：表达式 op(e)中的标识符 e 表示区间[beg, end)中的任一元素的值。

【例 6.7】常用可变序列算法的应用示例。

```
#01     #include <iostream>
#02     #include <algorithm>
#03     #include <iterator>
#04     #include "print.hpp"
#05
#06     int main() {
#07         const size_t N = 10;                        //定义常量
#08         int a[N];                                   //定义静态数组
#09         auto func = [&]() {//用 copy 输出数组，定义为一个 lambda 函数
#10             std::copy(a,a+N,std::ostream_iterator<int>{std::cout,"\t"});
#11             std::cout << std::endl;
#12         };
#13
#14         std::generate_n(a, N, []() {return 10 + rand() % 90; });
#15         func();                                   //输出数组区间
#16
#17         std::transform(a, a+N, a,[](int x) { return 2*x; });//扩大为 2 倍
#18         func();                                   //输出数组区间
#19     }
```

程序的输出结果如下：

```
51  27  44  50  99  74  58  28  62  84
102 54  88  100 198 148 116 56  124 168
88  100 148 116 56  124
```

上述程序说明了 3 个典型算法的使用，算法 copy(a, a + N, std::ostream_iterator<int>{std::cout, "\t"})向屏幕输出数组区间[a, a + N)，它被封装在一个 lambda 函数中以备重用。表达式 generate_n(a, N, []( ){return 10 + rand( ) % 90;})向数组 a 中填充 N 个随机数，它们的取值范围为[10, 99]。表达式 transform(a, a + N, a, [](int x){return 2*x;})把数组中的元素扩大为 2 倍。

3. 去除元素算法

典型去除元素算法及其功能如表 6-5 所示。这类算法从区间中去除重复元素或满足条件的元素。

表 6-5　典型去除元素算法及其功能

算法及其应用形式	功能
remove(beg, end, val)	去除区间[beg, end)中所有值为 val 的元素
remove_copy(srcBeg, srcEnd, dstBeg, val)	将区间[srcBeg, srcEnd)中的元素复制到以 dstBeg 为起点的目标区间，并在复制过程中移除与 val 相等的所有元素
remove_if(beg, end, op)	去除区间[beg, end)中所有使 op(e)值为 true 的元素
unique(beg, end)	去除区间[beg, end)中连续相等的元素，保留第一次出现的元素
unique_copy(srcBeg, srcEnd, dstBeg)	将区间[srcBeg, srcEnd)中的元素复制到以 dstBeg 开始的目标区间，并去除重复元素

注：表达式 op(e)中的标识符 e 表示区间[beg, end)中的任一元素的值。

【例 6.8】常用去除重复元素算法的应用示例。

```
#01     #include "print.hpp"
#02     #include "xr.hpp"
#03
#04     int main() {
#05         int a[]{ 2, 2, 2, 1, 3, 3, 5, 5, 4, 6 };
#06         auto n = sizeof(a) / sizeof(*a);
#07
#08         std::sort(a, a + n);                     //从小到大排序
#09         xrv(print(a, a + n));                    //输出排序结果
#10
#11         auto p = std::unique(a, a + n);          //去除连续相等的元素
#12         xrv(print(a, p));                        //输出结果区间
#13                                                  //以下去除 3 的倍数
#14         p = std::remove_if(a, p, [](int x) {return x % 3 == 0; });
#15         xrv(print(a, p));                        //输出数组区间
#16     }
```

程序的输出结果如下：

```
#09: print(a, a + n)    ==>1    2    2    2    3    3    4    5    5    6
#12: print(a, p)        ==>1    2    3    4    5    6
#15: print(a, p)        ==>1    2    4    5
```

上述程序中，表达式 sort(a, a + n)对数组排序，以使相同的元素相邻。unique(a, a + n)去除排序之后数组元素中的重复值，返回值 p 表示非重复元素的区间终点。表达式 remove_if(a, p, [](int x){return x % 3 == 0;})把数组中值为 3 的倍数的元素都删除掉，实际将不是 3 的倍数的元素向前移动并覆盖那些需要删除的元素，返回值表示不是 3 的倍数的元素的区间终点。

4. 序列变序算法

典型序列变序算法及其功能如表 6-6 所示。这类算法多以改变区间元素的相对次序为目的。

表 6-6 典型序列变序算法及其功能

算法及其应用形式	功能
reverse(beg, end)	把区间[beg, end)元素全部逆序
rotate(beg, newbeg, end)	旋转区间[beg, end)元素，使 newbeg 成为首元素
next_permutation(beg, end)	改变区间[beg, end)元素次序，以成为当前排列的下一个
random_shuffle(beg, end[,op])	随机重排区间[beg, end)元素次序
shuffle(beg, end, eng)	随机重排区间[beg, end)元素次序，使用给定的随机数引擎 eng
partition(beg, end, op)	把区间[beg, end)中使 op(e)为 true 的元素移到前面
is_partitioned(beg, end, pr)	如果区间[beg, end)中所有满足谓词 pr 的元素都在那些不满足谓词的元素的前面，则返回 true

注：表达式 op(e)中的标识符 e 表示区间[beg, end)中的任一元素的值。

【例 6.9】常用变序算法的应用示例。

```
#01     #include <random>
#02     #include "print.hpp"
#03     #include "xr.hpp"
#04
#05     int main() {
#06         int a[]{5, 4, 7, 6, 2, 3};
#07         auto n = sizeof(a) / sizeof(*a);
#08
#09         std::sort(a, a + n);                         //从小到大排序
#10         xrv(print(a, a + n));                        //输出排序结果
#11
#12         std::shuffle(a, a + n,                       //随机重排以打乱顺序
#13             std::default_random_engine());           //随机数引擎
#14         xrv(print(a, a + n));                        //输出结果区间
#15
#16         std::next_permutation(a, a + n);             //当前顺序的下一个排列
#17         xrv(print(a, a + n));                        //输出结果区间
#18
#19         std::reverse(a, a + n);                      //逆转数组元素
#20         xrv(print(a, a + n));                        //输出结果区间
#21
#22         std::rotate(a, a + 2, a + n);                //旋转区间元素
#23         xrv(print(a, a + n));                        //输出结果区间
#24
#25         std::stable_partition(a, a + n,
#26             [](int n) {return n % 2 == 0;});         //把偶数划分到区间前段
#27         xrv(print(a, a + n));                        //输出结果区间
#28     }
```

程序的输出结果如下：

```
#10: print(a, a + n)  ==>2  3   4   5   6   7
#14: print(a, a + n)  ==>4  5   3   6   7   2
#17: print(a, a + n)  ==>4  5   3   7   2   6
#20: print(a, a + n)  ==>6  2   7   3   5   4
#23: print(a, a + n)  ==>7  3   5   4   6   2
#27: print(a, a + n)  ==>4  6   2   7   3   5
```

上述程序中，sort(a, a + n)对区间[a, a + n)排序；shuffle(a, a + n, default_random_engine( ))以默认构造的随机数引擎随机重排打乱区间[a, a + n)有序的顺序；next_permutation(a, a + n)取得区间[a, a + n)的下一个排列；reverse(a, a + n)逆转区间[a, a + n)元素的顺序；rotate(a, a + 2, a + n)把区间[a, a + n)的前两个元素放在后 3 个元素的后面；stable_partition(a, a + n, [](int n){return n % 2 == 0;})把区间[a, a + n)中的偶数放到区间前部。

5. 序列排序算法

典型序列排序算法及其功能如表 6-7 所示。这是一类特殊的变序算法，它们使区间元素有序。

表 6-7 典型序列排序算法及其功能

算法及其应用形式	功能
is_sorted(beg, end)	检查区间[beg, end)元素是否按照非递减顺序排列
is_sorted_until(beg, end)	检查区间[beg, end)元素，找出自 beg 开始的最大区间，其中的元素已经按照非递减顺序排列
sort(beg, end[,op])	对区间[beg, end)元素排序
stable_sort(beg, end)	与 sort 算法功能相同，只是保持元素的相对顺序
partial_sort(beg, sortend, end)	在区间[beg, end)中挑选元素，使区间[beg, sortend)元素最小
nth_element(beg, nth, end)	对区间[beg, end)元素排序，使在位置 nth 上的元素就位，其前元素小于或等于其后元素

【例 6.10】常用排序算法的应用示例。

```
#01     #include <random>
#02     #include "print.hpp"
#03     #include "xr.hpp"
#04
#05     int main() {
#06         int a[]{ 5, 4, 1, 2, 3, 6, 9, 8 };
#07         auto n = sizeof(a) / sizeof(*a);
#08
#09         xr(std::is_sorted(a, a + n));        //判断区间是否是非递减有序
#10         auto p = std::is_sorted_until(a+2, a+n);//自 a+2 开始最大的有序区间
#11         xrv(print(a+2, p));                  //输出最大有序区间
#12
#13         std::stable_sort(a, a + n);          //稳定排序
#14         xrv(print(a, a + n));                //输出结果区间
#15
#16         std::shuffle(a, a+n, std::default_random_engine());//随机重排
#17         xrv(print(a, a + n));                //输出结果区间
#18
#19         std::partial_sort(a, a + 3, a + n);//部分排序
#20         xrv(print(a, a + n));                //输出结果区间
#21
#22         std::shuffle(a, a + n, std::default_random_engine());//随机重排
#23         xrv(print(a, a + n));                //输出结果区间
#24
#25         std::nth_element(a, a + 4, a + n); //使第 4 个元素就位
```

```
#26         xrv(print(a, a + n));                    //输出结果区间
#27     }
```

程序的输出结果如下：

```
#09: std::is_sorted(a, a + n) ==>  false
#11: print(a+2, p)    ==>1  2   3   6   9
#14: print(a, a + n)  ==>1  2   3   4   5   6   8   9
#17: print(a, a + n)  ==>3  9   2   8   6   1   5   4
#20: print(a, a + n)  ==>1  2   3   9   8   6   5   4
#23: print(a, a + n)  ==>3  4   2   5   6   1   8   9
#26: print(a, a + n)  ==>4  1   2   3   5   6   8   9
```

上述程序中，is_sorted(a, a + n)判断区间是否有序。auto p = is_sorted_until(a + 2, a + n)找出自 a + 2 开始的最大有序区间，其终点存放在返回值 p 中。stable_sort(a, a + n)对区间[a, a + n)进行稳定排序。shuffle(a, a + n, std::default_random_engine( ))通过随机重排打乱区间[a, a + n)有序的顺序。partial_sort(a, a + 3, a + n)对区间[a, a + n)进行部分排序，使前 3 个元素最小。nth_element(a, a + 4, a + n)使元素 a + 4 就位，其前 4 个元素小于或等于其后 33 个元素。

6. 已序序列算法

典型已序序列算法及其功能如表 6-8 所示。这类算法常在已序区间查找、合并两个已序区间。

表 6-8　典型已序序列算法及其功能

算法及其应用形式	功能
binary_search(beg, end, val)	判断已序区间[beg, end)中是否存在值为 val 的元素
lower_bound(beg, end, val)	返回已序区间[beg, end)中“第一个大于等于 val”的元素位置
upper_bound(beg, end, val)	返回已序区间[beg, end)中“第一个大于 val”的元素位置
equal_range(beg, end, val)	返回已序区间[beg, end)中“与 val 相等元素的集合”起点和终点
merge(beg1, end1, beg2, end2, dstBeg)	合并两个有序区间[beg1, end1)和[beg2, end2)，将结果存放在以 dstBeg 为起点的区间中
inplace_merge(beg, mid, end)	把两个连续有序区间[beg, mid)和[mid, end)合并成一个有序区间[beg,end)
include(beg1, end1, beg2, end2)	如果有序区间[beg2, end2)是有序区间[beg1, end1)的子序列(不要求一定连续)，则返回 true

【例 6.11】常用已序区间的查找算法的应用示例。

```
#01     #include "print.hpp"
#02     #include "xr.hpp"
#03
#04     int main() {
#05         int a[]{ 5, 3, 4, 1, 2, 3, 6, 3, 8, 3 };
#06         auto n = sizeof(a) / sizeof(*a);
#07         int k{ 3 };
#08
#09         std::stable_sort(a, a + n);               //稳定排序
#10         xrv(print(a, a + n));                     //输出排序结果
#11
#12         if (std::binary_search(a, a + n, k))    //查找 k 是否存在
```

```
#13             std::cout << k << " is found.\n";
#14
#15         auto p = std::lower_bound(a, a + n, k);//查找 k 第一次出现的位置
#16         if (p != a + n)
#17             std::cout << "lower bound of " <<k<< " is at " << p-a << ".\n";
#18
#19         p = std::upper_bound(a, a + n, k); //查找第一个大于 k 的元素
#20         if (p != a + n)
#21             std::cout << "upper bound of " <<k<< " is at " << p-a << ".\n";
#22
#23         //以下查找 k 出现的下标区间
#24         auto pr = std::equal_range(a, a + n, k);
#25         std::cout << k << " is found in[" << pr.first - a //起点下标
#26             << ", " << pr.second - a << ").\n";     //终点下标
#27     }
```

程序的输出结果如下：

```
#11: print(a, a + n)    ==>1    2    3    3    3    3    4    5    6    8
3 is found.
lower bound of 3 is at 2.
upper bound of 3 is at 6.
3 is found in[2, 6).
```

上述程序中，stable_sort(a, a + n)对区间[a, a + n)进行稳定排序；binary_search(a, a + n, k)查找值为 k 的元素是否存在；lower_bound(a, a + n, k)查找值不小于 k 的第一个元素所出现的位置；upper_bound(a, a + n, k)查找值大于 k 的第一个元素所出现的位置；auto pr = equal_range(a, a + n, k)综合 lower_bound(a, a + n, k)和 upper_bound(a, a + n, k)的功能，查找所有值为 k 的元素组成的区间的下标，注意 pr 类型其实为 pair<>，其起点为 pr.first，其终点为 pr.second。

7. 数值算法

典型数值算法及其功能如表 6-9 所示。这类算法主要用于数值计算、在相对值和绝对值之间转换。

表 6-9　典型数值算法及其功能

算法及其应用形式	功能
accumulate(beg, end, initval)	返回 initval + *beg + *(beg+1) + ... + *(end−1)
inner_product(beg1, end1, beg2, initval)	返回 initval + (*beg1 * *beg2) + (*(beg1+1) * *(beg2+1)) + ... + (*(end1−1) * *(beg2+(end1−beg1)−1))
partial_sum(beg, end, dstbeg)	把相对值转换为绝对值，即以 dstbeg 为起点的区间是下列数据序列： *beg, *beg + *(beg+1), *beg + *(beg+1) + *(beg+2), ... , *beg + *(beg+1) + ... + *(end−1)
adjacent_difference(beg, end, dstbeg)	把绝对值转换为相对值，即以 dstbeg 为起点的区间是下列数据序列： *beg, *(beg+1) − *beg, *(beg+2) − *(beg+1), ... , *(end−1) − *(end−2)

【例 6.12】常用数值算法的应用示例。

```
#01     #include <numeric>
```

```
#02     #include <functional>
#03     #include "print.hpp"
#04     #include "xr.hpp"
#05
#06     int main() {
#07         const size_t N{ 5 };                //定义常量
#08         int a[N], b[N];                     //生成静态数组
#09                                             //填充[1, 10]范围的随机整数
#10         std::generate_n(a, N, []() {return 1 + rand() % 10; });
#11         xrv(print(a, a + N));               //输出结果区间
#12
#13         std::fill_n(b, N, 1);               //填充N个1
#14         xrv(print(b, b + N));               //输出结果区间
#15
#16         xr(std::accumulate(a, a + N, 0));//累加N个元素:1+2+...+N
#17         std::multiplies<int> m;             //用于乘法的函数对象
#18         xr(std::accumulate(a, a + N, 1, m));    //累乘N个元素:1*2*...*N
#19
#20         xr(std::inner_product(a, a + N, b, 0));//对应元素相乘,然后累加
#21         std::partial_sum(a, a + N, b); //计算区间中每个元素的部分和
#22         xrv(print(b, b + N));               //输出结果区间
#23
#24         std::adjacent_difference(b, b + N, a); //相邻元素相减
#25         xrv(print(a, a + N));               //输出结果区间
#26     }
```

程序的输出结果如下：

```
#11: print(a, a + N)    ==>2    8    5    1    10
#14: print(b, b + N)    ==>1    1    1    1    1
#16: std::accumulate(a, a + N, 0)       ==>26
#18: std::accumulate(a, a + N, 1, m)    ==>800
#20: std::inner_product(a, a + N, b, 0)==>26
#22: print(b, b + N)    ==>2    10   15   16   26
#25: print(a, a + N)    ==>2    8    5    1    10
```

上述程序中，generate_n(a, N, []( ){return 1 + rand( ) % 10;})以[1, 10]范围内的随机数填充数组a的前N个元素；fill_n(b, N, 1)把数组b的前N个元素都填充为1；accumulate(a, a + N, 0)计算数组a的N个元素的累加和；multiplies<int> m构造乘法对象，accumulate(a, a + N, 1, m)对数组a的N个元素进行累乘；inner_product(a, a + N, b, 0)计算数组a和b的内积；partial_sum(a, a + N, b)计算数组a的部分和，并把结果存放到数组b中；adjacent_difference(b, b + N, a)计算数组b的相邻差，并把结果存放到数组a中。

6.3 容　　器

6.3.1 容器分类

STL容器可用于存放、容纳各种不同类型的数据，它们实现为类模板。实例化为类

型T的容器类能够存放T类型的对象。STL提供有常用容器：数组array<>、向量vector<>、双端队列deque<>、链表list<>、前向链表forward_list<>、集合set<>、多重集合multiset<>、映射map<>、多重映射multimap<>等。此外，STL还提供3种容器适配器：栈stack<>、队列queue<>、优先级队列priority_queue<>。所谓容器适配器，就是通过改变其他容器的接口，以实现自己的功能。例如，stack<>默认基于deque<>而实现，也可以利用任何支持函数back( )、push_back( )和pop_back( )的容器来实现，如vector<>，此时stack<T, vector<T>>表示基于vector<>实现的用于存放T类型元素的stack<>容器类型。

依照元素存放的顺序及其相互关系，可以把这些容器分为两种类型：顺序容器（sequence container）和关联容器（associative container）。

（1）顺序容器：以线性方式存储序列元素，并且这些序列元素有“头”有“尾”，依次存放。序列的“头”是序列的首元素，序列的“尾”是序列的末元素。对于这些元素的访问，总可以从首元素出发，渐次访问每个中间元素，并到达最后一个元素。向量vector<>、双端队列deque<>、链表list<>是典型的顺序容器。

对顺序容器中元素的访问可以用两种方式进行：随机访问和顺序访问。随机访问者如向量vector<>和双端队列deque<>，对这些容器中任一元素的访问不依赖于其他元素，给定下标则可以直接映射到相应元素。顺序访问者如链表 list<>，对链表中任一元素的访问必须从首元素开始逐渐递进到目标元素。

（2）关联容器：其中的元素不具有如顺序容器般的严格线性关系，所以其中的元素没有首元素和尾元素之分。对于关联容器中的元素一般通过索引方式访问，而且这种访问方式往往具有更高的效率。

6.3.2 容器共有操作

所有顺序容器和关联容器都提供了共同的操作，它们有着相同的接口，这给使用者带来了方便。

1. 容器的构造、析构

所有容器类都提供了默认构造函数，先以这种方式默认构造出空容器对象，然后采用插入等方法向其中加入元素。所有容器类都提供了构造函数从已有数据区间中复制数据作为初始值来构造容器。所有容器类提供了一个复制构造函数，能够以现有对象为样本复制生成相同的另一个容器。所有容器都提供了一个析构函数，以便释放容器元素所占用的存储空间。所有容器都提供了赋值运算符及通过元素内容交换实现的赋值。

2. 关系运算

所有容器都支持基于元素数据的大小比较和相等性比较。在应用这些关系运算符比较两个容器时，要求这两容器的类型必须一致，即同容器类型、同元素类型。这些运算符比较两个容器的大小关系时，以字典顺序为比较准则。

3. 容器的大小和容量

所有容器都提供了关于容器大小和容量的访问函数，如 size( )、empty( )等。

4. 容器元素的访问

所有容器都提供了迭代器类型及基于迭代器的访问函数，如 begin( )/end( )、cbegin( )/cend( )、rbegin( )/rend( )、crbegin( )/crend( )等。

5. 插入、删除等操作

所有容器都提供了插入元素和删除元素的方法，以及清空数据元素的方法，如 insert( )、erase( )、clear( )等。

此外，对于顺序容器，下列函数 front( )、back( )、push_back( )、pop_back( )可以访问首尾元素，并在首尾位置插入、删除元素。

对于 STL 各种容器类，在使用时，应根据不同的需求选用不同的容器。例如，数组，容器 vector<>的使用是非常方便的。允许随机存取元素是 vector<>的显著优势。vector<>连续存储、结构简单，因此应该优先选用 vector<>。若需要经常在首尾进行操作，如插入、删除元素，则应优先选用 deque<>。若需要经常在序列中插入、删除元素，而且操作位置不常是首尾，则应选择 list<>。

6.3.3 序列式容器之 deque<>

与容器类 vector<>极为类似，容器类 deque<>（double ended queue，发音 deck）也是基于动态数组实现的，并具备随机存取的能力，而且所有操作接口也与 vector<>相同。不同的是，在 deque<>容器首尾的操作（插入、删除元素）具有更高的效率，而 vector<>容器只有在末尾的操作才具有较高的效率。

6.3.4 关联式容器之 set<>/multiset<>

容器类 set<>/multiset<>之所以被称为关联式容器，是因为它们都是把一个键值 key 与一个元素值 value 相联系，并以该键值 key 作为准则来执行查找、插入和删除等操作，只是 set<>/multiset<>的键值 key 和元素值 value 都是同一个元素，即序列中的每个元素既是排序键，又是存储的值。前缀 multi 表示容器中允许重复元素的存在，否则该容器中不允许存在重复元素。

这些容器都是基于平衡二叉树实现的，因而具有较好的查找、插入和删除操作效率。同时由于元素在存放到容器中时都是自动排序，因为一般不允许直接修改键值 key，只能先删除旧键值，然后插入新键值。这些限制也反映在容器的操作中：不能直接存取元素，而只能通过迭代器存取。

容器类 multiset<>与 set<>的不同主要在于：容器 set<>不允许重复元素的存在，而容器 multiset<>允许重复元素的存在。

6.3.5 关联式容器之 map<>/multimap<>

容器类 map<>/multimap<>之所以被称为关联式容器，是因为它们都是把一个键值 key 与一个元素值 value 相联系，并以该键值 key 作为准则来执行查找、插入和删除等操作。前缀 multi 表示容器中允许重复元素的存在，否则该容器中不允许存在重复元素。

这些容器都是基于平衡二叉树实现的，因而具有较好的查找、插入和删除操作效率。同时元素在存放到容器中时都会以 key 为比较准则自动排序，一般不允许直接修改键值 key，只能先删除旧键值，然后插入新键值。这些限制也反映在容器的操作中：不能直接存取元素，而只能通过迭代器存取。

与容器类 set<>/multiset<>不同，容器类 map<>/multimap<>的键值 key 和元素值 value 分别是两个元素，它们经常组成一个 pair<>；此外，容器类经常用作关联式数组，可以用 key 作为下标访问对应的 value。

6.4 迭 代 器

6.4.1 基本概念

对数组元素的访问，可实现随机访问的方式，通常使用数组首地址和下标来定位各个元素，如 a[i]，这个表达式首先访问到地址 a+i，它会从首地址向地址增加的方向偏移 i 个数据单位（注意数据单位相关于数组元素的数据类型）。然后对该地址去引用，得到存放于该地址中的数据。这种以指针定位各数据元素的方式就是迭代器的雏形。

所谓迭代器是经过封装后指针的高级形式，它提供了对各种类型数据、各种存储形式的常用访问操作，这些操作以运算符函数形式提供，如通过自增运算符++使迭代器前移，通过去引用运算符*获取迭代器所指位置上的数据。引入迭代器的概念后，访问基本类型的数组元素的迭代器实际上还是该类型的指针，如对于 int a[10]，int*p 可以作为迭代器访问其各个元素。

有了迭代器，用户无须关心数据的存储形式，只要应用迭代器操作函数，就能够访问序列或容器中的元素。所有容器都定义有自己的迭代器类型，这些迭代器的结构都是一致的。同时，STL 算法都以迭代器表示的区间作为操作对象，这样增加了数据处理的灵活性。因此，迭代器作为算法和容器之间的“胶合剂”，它有力地把算法和容器等 STL 组件联系在一起。

6.4.2 迭代器操作

所有迭代器都提供一组相同的接口，以便访问迭代器所指位置中的数据，并驱动迭代器在合法区间上移动。如表 6-10 所示是迭代器常用的操作接口和函数，注意这些操作依赖于迭代器所属类型。

表 6-10 迭代器常用的操作接口和函数

表达式	功能
Container<T>::iterator iter	定义容器的迭代器
Container<T>::const_iterator citer	定义容器的 const 迭代器
c.begin( ), c.cbegin( ), c.rbegin( ), c.crbegin( )	返回指向容器 c 中首元素的迭代器，const 迭代器，reverse 迭代器，const reverse 迭代器
c.end( ), c.cend( ), c.rend( ), c.crend( )	返回指向容器 c 中末元素后一个位置的迭代器，const 迭代器，reverse 迭代器，const reverse 迭代器
begin(c), cbegin(c), rbegin(c), crbegin(c)	返回指向容器 c 中首元素的迭代器，const 迭代器，reverse 迭代器，const reverse 迭代器
end(c), cend(c), rend(c), crend(c)	返回指向容器 c 中末元素后一个位置的迭代器，const 迭代器，reverse 迭代器，const reverse 迭代器
size(c), ssize(c)	返回容器 c 中的元素个数，ssize 以编译期常量的形式返回元素个数
empty(c)	判断容器 c 是否为空
data(c)	返回指向容器 c 元素存储地址的指针
iter1 = iter2	迭代器赋值
*iter	返回迭代器所指位置中的数据
++iter,iter++,--iter,iter--	前移/后移迭代器所指位置
iter1 == iter2,iter1 != iter2	判断迭代器所指位置是否相同

STL 容器所提供的迭代器支持两种能力：只读、可写。Container<T>::iterator 类型的迭代器允许读写元素，而 Container<T>::const_iterator 类型的迭代器则只能读取而不允许修改数据元素。

【例 6.13】迭代器常用操作的应用示例。

```
#01     #include <iostream>
#02     #include <vector>
#03
#04     int main() {
#05         int a[]{ 2, 3, 1, 4, 7, 6, 5 };
#06         auto n = sizeof(a) / sizeof(*a);
#07
#08         for (auto p{ a }; p != a + n; ++p)        //通过指针访问元素
#09             std::cout << *p << "\t";
#10         std::cout << std::endl;
#11
#12         std::vector<int> l{ a, a + n };
#13
#14         for (auto iter = l.begin(); iter != l.end(); ++iter)
#15             *iter *= 10;                          //通过迭代器修改元素
#16
#17         for (auto citer = l.begin(); citer != l.end(); ++citer)
#18             std::cout << *citer << "\t";          //只能通过迭代器读取元素
#19         std::cout << std::endl;
#20     }
```

程序的输出结果如下：

```
2   3   1   4   7   6   5
20  30  10  40  70  60  50
```

上述程序中应用了 3 种类型迭代器。第一种类型：原生指针 p。第一个 for 循环以原生指针形式的迭代器访问输出数组中的各个元素，在这两行中依次用到运算符=、+、!=、++、*分别给指针赋值，对指针执行算术运算，判断指针是否相等，前移指针，对指针去引用。

第二种类型：以 auto 自动推导的迭代器 iter（实为 vector<int>::iterator 类型）。通过该左值类型迭代器，第二个 for 循环可以修改容器中的各个元素，在这两行中依次用到运算符=、!=、++、*分别给迭代器赋值，判断迭代器是否相等，前移迭代器，对迭代器去引用等。

第三种类型：以 auto 自动推导的迭代器 citer（实为 vector<int>::const_iterator 类型）。通过该 const 迭代器，第三个 for 循环只能访问容器中的各个元素。

6.4.3　迭代器分类

如同函数参数分为输入参数和输出参数，有些迭代器负责提取数据，有些迭代器负责写入数据，而某些迭代器既能提取数据又能写入数据。因此，迭代器能够操作数据的能力取决于其所属类型（categories）。

STL 迭代器分为 5 种类型：输入迭代器（input iterator）、输出迭代器（output iterator）、前向迭代器（forward iterator）、双向迭代器（bidirectional iterator）、随机访问迭代器（random access iterator）。这 5 种迭代器继承的层次结构如图 6.1 所示。

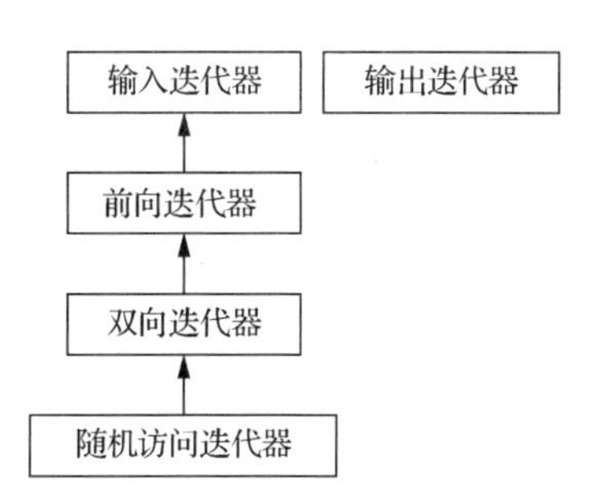

图 6.1　5 种迭代器继承的层次结构

（1）输入迭代器只能向前逐个“输送”数据，其典型例子就是从标准输入流中提取数据的迭代器，数据一个一个向前被提取，不可能重复。输入迭代器有起点和终点，因此可以判断两个输入迭代器是否指向同一个位置及迭代器位置是否有效。输入迭代器是所有迭代器都能够达到的最低能力标准。

常用输入迭代器作为参数类型的典型算法如计数 count( )，它只需要以输入迭代器向算法中传递要遍历的区间即可。类似地，最大/最小值算法 min_element( )/max_element( )/minmax_element( )、查找算法 find( )、区间比较算法 equal( )的参数类型也是输入迭代器。

（2）输出迭代器只能向前逐个“输出”数据，不可重复地向序列中输出数据。其典型例子是向标准输出流中写入数据的迭代器，若在相同位置上重复写入数据，则会覆盖先前的数据。输出迭代器只有起点，没有终点，它没有比较运算能力，因此也不可以比较输出迭代器是否到达终点，因此，尽管向输出迭代器中写入数据。输出迭代器的功能是大多数迭代器所拥有的。

常用输出迭代器作为参数类型的典型算法有如复制 copy( )，该算法的第三个参数是要写入数据的目标区间起点，因此设为输出迭代器类型，前两个参数表示要复制数据的源区间，故设为输入迭代器类型。类似地，带有扩展名 copy 的算法都需要设置一个输出迭代器类型参数以传递要输出的数据，如 remove_copy( )、reverse_copy( )、replace_copy( )等。

（3）前向迭代器具有输入迭代器的全部能力，但是只具有输出迭代器的部分能力。与输出迭代器相比，前向迭代器有两点不同：①前向迭代器可以重复操作某个位置上的元素；②前向迭代器具备比较运算能力，可以判断迭代器位置是否相同、是否有到达终点的能力，因此必须保证前向迭代器在一个合法区间操作。通过前向迭代器，对元素可读可写。

常用前向迭代器作为参数类型的算法有如交换区间元素算法 swap_range( )，在交换数据时，需要同时对区间元素读写数据，因此它的 3 个参数都设为前向迭代器类型。类似地，替换元素算法 replace( )、去除元素算法 remove( )、去除重复元素算法 unique( )也需要前向迭代器类型参数传递区间参数。

（4）双向迭代器具有前向迭代器的全部能力，同时它能够后向移动。双向迭代器有如 list<>、set<>、multiset<>、map<>、multimap<>等容器类的迭代器。

常用双向迭代器作为参数类型的典型算法有如逆转元素次序算法 reverse( )，为了同时从区间的两端读写数据，它需要双向迭代器类型的参数。类似地，排列元素算法 next_permutation( )/prev_permutation( )、前移元素算法 partition( )也选用双向迭代器传递区间参数。

（5）随机访问迭代器具有双向迭代器的全部能力，还能够实现随机访问，这是所有迭代器能够达到的最高能力标准。随机访问迭代器有如 vector<>、deque<>、string 等容器类的迭代器，以及数组的原生指针形式迭代器。

常用随机访问迭代器作为参数类型的典型算法有如排序算法 sort( )，在排序过程中，需要读写各位置上的元素，以随机访问迭代器传递算法区间参数，能够提高数据访问效率及排序效率。因此所有排序算法（包括堆相关的 4 个函数）都采用随机访问迭代器传递算法区间参数。又如，随机重排元素次序算法 random_shuffle( )/shuffle( )、排列元素算法 next_permutation( )/prev_permutation( )等，为排列区间元素，这些算法需要随机访问元素，故以随机访问迭代器类型传递该算法的区间参数。

6.4.4 迭代器相关的函数

STL 提供了迭代器操作的常用算法：advance( )、next( )/prev( )、distance( )、iter_swap( )，其调用形式和功能如表 6-11 所示。

表 6-11 迭代器操作算法

函数及其调用形式	功能
advance(iter, n)	当 n>0 时，使迭代器 iter 前进 n 个元素；当 n<0 时，使迭代器 iter 后退 n 个元素。对于随机访问迭代器，相当于 iter += n
next(iter), next(iter, n)	使迭代器 iter 前进 1 个位置，或 n 个位置
prev(iter), prev(iter, n)	使迭代器 iter 后退 1 个位置，或 n 个位置
distance(iter1, iter2)	计算从 iter1 到 iter2 的相对距离。对于随机访问迭代器，相当于 iter2 – iter1
iter_swap(iter1, iter2)	交换 iter1 和 iter2 所指元素的数据

算法 advance( )驱使迭代器前进或后退 n 个位置，移动的方向因 n 的符号而定。算法 next( )/prev( )驱使迭代器前进或后退 1 个或 n 个位置。算法 distance( )计算两个迭代器的相对距离，要求这两个迭代器是指向同一容器的迭代器，并且从第一个迭代器出发，

向前行一定能够到达第二个迭代器。算法 iter_swap( )交换两个迭代器所指元素中的数据，不一定要求这两个迭代器类型相同，只要迭代器的数据类型可以相互赋值即可。

6.4.5 Insert 迭代器

通过 Insert 迭代器，可以很方便地向空容器中插入元素。STL 中提供 3 种 Insert 迭代器：back inserters、front inserters、general inserters，它们的类名分别为 back_insert_iterator<>、front_insert_iterator<>、insert_iterator<>。这 3 种迭代器的区别在于插入元素的位置不同，主要是因为它们分别调用容器类的成员函数 push_back( )用后向插入方式安插元素；调用容器类的成员函数 push_front( )用前向插入方式安插元素、调用容器类的成员函数 insert( )安插元素。这需要容器类支持相应的操作函数，因此只能对 vector<>、deque<>、list<>、string 等类的对象应用 back inserters 迭代器，只能对 deque<>、list<>、forward_list<>等类的对象应用 front inserters 迭代器，对所有标准容器（array<>和 forward_list<>除外）都可使用 general inserter，因为那些容器都提供有 insert( )成员函数。

对这 3 种迭代器赋值，实际就是在做安插操作。在应用这 3 种迭代器时，直接应用它们提供的快捷函数 back_inserter( )、front_inserter( )和 inserter( )即可，如表 6-12 所示是各种 Insert 迭代器的应用形式。

表 6-12　Insert 迭代器

Insert 迭代器类型	生成函数及调用形式	实现功能
back_insert_iterator<>	back_inserter(c)	以 push_back(val)方式向容器 c 中安插元素 val
front_insert_iterator<>	front_inserter(c)	以 push_front(val)方式向容器 c 中安插元素 val
insert_iterator<>	inserter(c, pos)	以 insert(pos,val)方式向容器 c 中安插元素 val

注：c 表示容器对象；pos 表示迭代器。

6.4.6 Stream 迭代器

应用 Stream 迭代器，可以直接进行流 I/O 操作。通过标准输入流 istream 迭代器，可以从标准输入设备提取数据；通过标准输出流 ostream 迭代器，可以向标准输出设备写入数据。

在构造输入流 istream 迭代器时，必须提供一个输入流对象作为参数，表示从该流对象中提取数据，这样构造的迭代器往往作为输入流的起点，如 std::istream_iterator<int> begReader{std::cin}。输入流迭代器是有终点的，对于输入流终点的构造，只需调用输入流 istream 迭代器的默认构造函数，这样即可得到 end-of-stream 迭代器，如 std::istream_iterator<int> eosReader;。

在构造输出流 ostream 迭代器时，必须提供一个输出流对象作为参数，表示向该流对象中写入数据，这样构造的迭代器往往作为输出流的起点，如 std::ostream_iterator<int> screen{std::cout,"\t"};。输出流迭代器没有终点，因此无须判断是否到达输出流的终点。

流迭代器应用的一个典型例子是，把从标准输入设备提取的数据直接插入标准输出设备。应用算法 copy( )可以简单地实现这个目的：

```
copy(istream_iterator<string>(cin),                //构造输入流的起点
```

```
        istream_iterator<string>(),                       //构造输入流的终点
        ostream_iterator<string>(cout, "\t"));            //构造输出流的起点
```

6.4.7 Move 迭代器

自 C++11 起，STL 提供 Move 迭代器，用来对区间元素执行 move 操作。Move 迭代器适用于将元素从一个源区间转移至某个目标区间的场合。

本 章 小 结

本章围绕 C++标准模板库 STL，主要讨论了 STL 中常用的四大组件：函数对象、算法、容器和迭代器，其中函数对象、算法和常用顺序容器 array<>、vector<>、list<>、string 是重点。函数对象常用作算法的参数，表示执行操作的方式。STL 算法提供了非常强大、全面的功能集合，这些算法都具有非常高的通用性和运行效率，在实践中要加强对各类算法的理解和应用。对迭代器的理解是应用 STL 的关键和难点，在学习中要多类比指针以理解迭代器的概念。

1. 函数对象

函数对象是指类中重载了函数调用运算符的类对象，这种对象能够以函数形式被调用。很多 STL 算法需要一个函数对象类型的参数以表示执行操作的方式和策略。对于这种类型参数，既可以填入类型匹配的普通函数作为实参，更多的时候是自定义符合要求的函数对象类型，然后生成函数对象填入算法作为实参。

在自定义函数对象时，一般要从 STL 提供的结构类型 unary_function<>和 binary_function<>继承而来，这样能更好地配合函数适配器的使用而定制出不同的函数对象。

函数适配器也是一种函数对象，它的作用是修改已有函数或函数对象的接口而产生具有不同功能的函数对象。

2. 算法

算法是 STL 的重要组成部分，它们都实现为函数模板形式，因而具有较好的通用性，并且具有良好的运行效率。算法的操作对象多是以迭代器形式表示的区间，这样能够更灵活地处理不同存储形式、不同范围的数据。根据算法的功能及是否修改区间元素，STL 算法可以分为不变序列算法，典型算法如计数 count( )等；可变序列算法，典型算法如填充元素 fill( )；去除元素算法，典型算法如去除元素 remove( )；序列变序算法，典型算法如 reverse( )；序列排序算法，典型算法如排序 sort( )；已序序列算法，典型算法如折半查找 binary_search( )；数值算法，典型算法如 accumulate( )。

3. 容器

容器提供了数据存储、组织的形式。STL 容器实现为类模板，它们都具有较好的通

用性和效率。一般把 STL 容器分为顺序容器和关联容器两大类型：顺序容器包括 array<>、vector<>、list<>、forward_list<>、deque<>、string 等，这些容器以线性序列存放元素，从序列起点出发，能够逐个元素访问，直到终点。关联容器包括 set<>、multiset<>、map<>、multimap<>，这些容器中的元素多以索引方式相互关联。

在学习这些容器类型时，应先从它们的共有操作入手，因为它们的很多操作具有统一的接口和构成形式，如顺序容器都提供有访问首尾元素数据的方法。不同的容器在实现插入操作和去除操作时，参数构成大多也是相似的，掌握这些规律后，就基本掌握了所有容器的常用操作。

对于一些特殊容器如 list<>，虽然通用 STL 算法也能够处理 list<>对象中的数据，但是 list<>容器类中自带的算法具有更高的效率，如排序算法 sort( )，因此应该优先选用各个容器类自带算法。

4. 迭代器

迭代器是构成 STL 的基础，它是对指针封装后的高级形式。通过迭代器，也可以如同指针一样对各种类型数据、各种存储形式的数据进行存取操作，不同类型的迭代器的操作接口都是一样的。迭代器作为算法和容器之间的“胶合剂”，它有力地把算法和容器等 STL 组件联系在一起。

STL 迭代器分为 5 种类型：输入迭代器、输出迭代器、前向迭代器、双向迭代器、随机访问迭代器。各种迭代器具有不同的能力。在选用或设计算法时，需要根据不同的目的选用合适的迭代器。

Insert 迭代器和 Stream 迭代器是两种特殊形式的迭代器。Insert 迭代器借助于不同容器在不同位置上插入数据的函数，较方便地实现了容器元素的添加。Stream 迭代器提供了流 I/O 操作的另外一种方式。Move 迭代器可以将元素从一个源区间转移至某个目标区间。

习　　题

1．定义函数对象和 lambda 函数，应用 STL 算法统计分析容器中的学生成绩：最高分/最低分，各分数段人数，总和及平均分，前十名等，注意比较运用函数对象、lambda 函数等实现操作策略的不同。

2．以不同类型的数据填充不同的容器（vector<>、list<>、deque<>），运用迭代器输出容器中的元素。对 string 对象用迭代器和下标方式输出字符元素。在此基础上，测试去除、替换、逆序、排序、查找、合并、比较等算法。

3．自定义算法 min_element( )/max_element( )/minmax_element( )，计算区间元素中最小/大的值。

4．定义 Student 类型，用容器存放它的对象，实现查找、求最大成绩、统计分数段、排序、去除等操作。

5．算法 unique( )在去除重复数据之前需要对序列排序，重新定义该算法对区间不排序而去除重复元素。

6．定义 Student 类并应用 map 容器存储学生类对象，以学号 sid 作为索引，访问某学生的姓名、成绩等信息。

7．以 multimap<>容器实现一个小型词典，输出一个单词的所有释义。

8．分别应用 list<>、deque<>容器模拟实现自己的栈类 MyStack<>和队列类 MyQueue<>。

第 7 章　继承与派生

通过分类描述事物和概念的属性和行为，人们认识了继承的重要机制。继承性（inheritance）是 C++和面向对象程序设计的重要特性之一，它是描述事物和概念之间层次关系、实现代码重用的重要手段。通过继承能够得到事物的共性，并能扩展和增添新功能。

本章首先讲述继承的概念，以及 3 种不同的继承方式。派生类对象的构造和析构是本章的重点之一，本章接着讨论成员初始化值列表语法形式及派生类对象构造和析构的过程。本章还分小专题介绍了继承的典型应用。赋值兼容规则是继承的重要内容，本章进行较为详细的讨论。本章最后还讨论多重继承与虚基类。

通过本章的学习，应理解继承的概念及其机制，掌握派生类对象构造的语法形式和过程，理解赋值兼容规则，了解多重继承和虚基类，能够熟练地应用继承设计适当的程序解决常见问题。

7.1　基 本 概 念

7.1.1　继承的概念

继承模拟了人类社会代际传承的现象。大而言之，人类文明经过各种智慧的累积和不同文化的交汇，亘古及今，形成了人类文明史上的各种华美乐章。这些精神文明和物质文明的传承使后来者在一个更为优越和深厚的基础上继续创造文明的奇迹。小而言之，一个家族的光荣传统总能在后辈身上得以辉映，其禀性和特质也使不同家族之间相互区别。继承就是这样加强着群体之间的交融和延续。

继承是 C++和面向对象程序设计的三大特性之一。从某种意义上说，封装性描述了单个个体的属性和行为。通过提取某类事物所共有的属性和行为，把它们以类的封装机制加以形式化描述，就得到了抽象的类，再通过定义类的对象与真实个体相对应，就实现了从具体到抽象、再从抽象到具体的认识事物和处理事物的一般过程。封装性实现了单类个体的计算和处理，而继承性则实现了多个概念和事物之间联系的描述。通过继承，多个具有相同属性和行为的类及其对象可以用一种更为紧密的方式联系在一起，然后用一些更为自然而灵活的方式加以计算处理，从中可以体现用继承性来加强事物和概念之间联系的优越性。

继承也是人们认识事物要把握主要方面的认识方法的总结。人们总是通过分类来了解事物和概念之间的联系和区别，内涵相同的概念总是有着相似的外延。把握了事物的内涵，就把握了这类事物的共同属性。即使它们在外延上有着或大或小的区别，这也不妨碍对一般规律的了解。例如，对所有飞行器的设计来说，空气动力学是最基础的理论。

因此无论设计什么新型的飞机或火箭，都需要进行风洞试验。又如，对于任何运动项目来说，肌肉的持久力和运动员坚毅的品质是获取的重要因素，是教练在制定训练计划时要重点把握的训练科目。对于要求更高的竞技项目，运动员的爆发力、即时反应和良好的心理素质则成为日常训练的重点之一。

继承是软件工程中实现代码重用的一种重要手段。面对现有大量具有优异表现的软件程序，如面向各种计算的代码库，盲目地复制和抄袭是有违良好道德的行为。通过继承实现对现有代码和功能的复用，则是非常重要的机制。通过继承，新类可以得到现有类的全部属性和方法，这些方法的接口可以在新类中保持不变，从而保证了应用的一致性。对于从现有类得到的不太满足需求的函数，新类可以通过重定义来改写它们的功能。同时新类还可以增加新的属性和方法，这些新的属性和方法使新类区别于现有类。继承是应用大型商业程序库的有力工具。

从 C++和面向对象程序设计来说，用户更为关心继承的两方面用途：对事物和概念之间关系的描述；该描述在程序设计中的实现。

1. 描述层次关系

事物和概念之间的联系是千姿百态的。通过分类找出它们之间的关系是一种重要的方法。分类的结果是有着相同内涵、不同外延的概念的出现，这些概念呈现出明显的层次关系。继承是描述这种层次关系的重要机制。

【例 7.1】图元类层次结构关系。

以二维 CAD 系统实现平面基本图元的绘制为例。点、直线、曲线、长方形、圆、椭圆、文本等是计算机图形学研究的基本内容。为了实现对它们的绘制和计算，首先要对它们分类。总体而言，它们可以统称为图元（Element），都具有颜色（color）、大小（size，也称为线宽）和边界矩形（border）等共有属性，具有绘制（Draw）、擦除（Erase）、移动（MoveTo）、计算边界矩形（GetBorder）等共有操作。细致分来，可以把它们分为点（Point）、线段（Segment）、区域（Region）和文本（Text）4 种类型。点具有所有图元都具有的共有属性和方法。线段包括直线（Line）、曲线（Curve）、圆弧（Arc）、自由曲线（Freeform）、任意曲线（Scribble）等，除共有属性外，它们都有起点（start）和终点（end）、线型（style）等属性，都具有各自不同的绘制方法、计算边界矩形的方法。区域则包括圆（Circle）、椭圆（Ellipse）、三角形（Triangle）、长方形（Rectangle）、正方形（Square）、多边形（Polygon）等，除共有属性外，它们都有填充模式（pattern）、透明度（transparency）等属性，也都具有各自不同的绘制方法、计算边界矩形的方法。文本除共有属性外，还有所用字体（font）和倾斜方向（orientation）等属性。它们之间的层次关系如图 7.1 所示。

在描述层次关系时，外延宽泛的概念画在较高层，外延狭小的概念则画在较低层，相互关联的概念则用线相连，并让箭头从下指向上。居于上面的概念具有比较抽象的属性，居于下面的概念则具有更为具体的属性。上层的概念是对下层概念的共同点的概括和提炼，下层概念是对上层概念的细化和延伸。下层概念除了具有自有的属性和方法，还具有上层概念所传递下来的共有属性和方法。

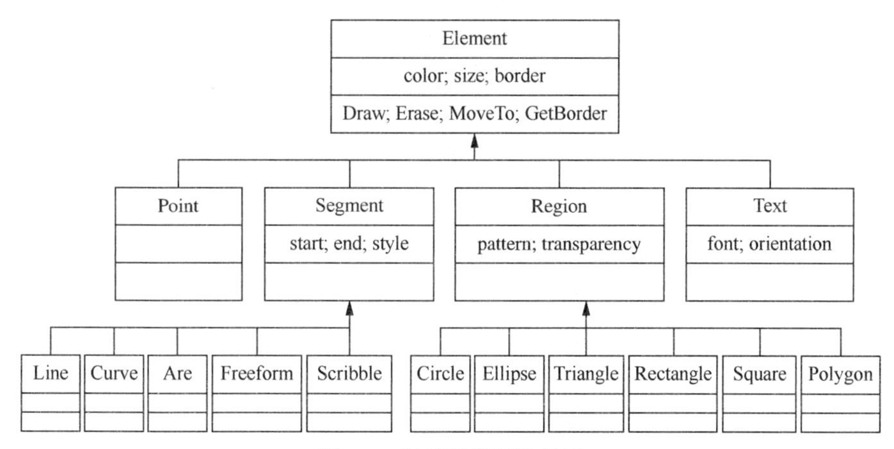

图 7.1　图元的类层次关系

按照分类的方法描述事物和概念之间的关系，除具有表达清晰、层次分明的优点外，更重要的意义在于可以用一致的接口对不同的对象进行统一操作。例如，所有的图元都实现了自己的绘制方法（Draw）及计算边界矩形的方法（GetBorder），注意不同的图形对这两个操作的实现是有很大区别的。尽管如此，“所有图形都是图元（Element）”这一事实是不容否定的，这意味着可以用一个图元的容器来存放不同的图形对象，也意味着图元对象能够代表不同的图形对象去处理和绘制相应图形的消息、擦除图形的消息、移动图形的消息及计算边界矩形的消息。其实，更意味着能够用一个统一的图元对象句柄实现各种操作的一般化（这属于下一章所讨论的多态性），这对于简化用户的操作具有非常重要的意义。

2. *有效组织程序*

很多时候，内涵相同的概念在实现中存在大量相似的代码，但是它们不同的外延又使它们的实现代码具有细微的差别。如何减少这些程序中的冗余代码，有效组织程序呢？这涉及代码重用问题。

接着讨论图形类的实现，以其中的圆和椭圆为例。如果没有对各种图形进行分类处理，按照上述分析，圆（Circle）应该包括颜色、线宽、边界矩形、填充模式、透明度等共有属性，以及圆心点（center）和半径（radius）等自有属性。它需要实现的方法则包括绘制、擦除、移动、计算边界矩形等共有操作，以及构造函数。这样类 Circle 的定义代码大致如表 7-1 左列所示，假设其中用到的类型颜色（Color）、矩形（Rectangle）、填充模式（Pattern）、点（Point）已经事先定义好。

椭圆（Ellipse）应该包括颜色、线宽、边界矩形、填充模式、透明度等共有属性，以及圆心点（center）、长半轴长度（long_radius）和短半轴长度（short_radius）等自有属性。它需要实现的方法则包括绘制、擦除、移动、计算边界矩形等共有操作，以及构造函数。这样类 Ellipse 的定义代码大致如表 7-1 右列所示。

表 7-1 类 Circle 和 Ellipse 定义代码比较

Circle	Ellipse
#01 class Circle {	#01 class Ellipse {
#02 private:	#02 private:
#03 Color color;	#03 Color color;
#04 int size;	#04 int size;
#05 Rectangle border;	#05 Rectangle border;
#06 Pattern pattern;	#06 Pattern pattern;
#07 double transparency;	#07 double transparency;
#08	#08
#09 Point center;	#09 Point center;
#10 int radius;	#10 int long_radius;
#11	#11 int short_radius;
#12 public:	#12 public:
#13 Circle(const Point& c,	#13 Ellipse(const Point& c,
#14 int r);	#14 int l,int s);
#15	#15
#16 void Draw() const;	#16 void Draw() const;
#17 void Erase();	#17 void Erase();
#18 void MoveTo(Point p);	#18 void MoveTo(Point p);
#19 Rectangle GetBorder();	#19 Rectangle GetBorder();
#20 };	#20 };

在共有方法中，函数 Draw( )、Erase( )分别实现图形的绘制和擦除，函数 MoveTo( )把图形移动到以点 p 为参考点的位置，函数 GetBorder( )根据图形的中心点和半径计算边界矩形。构造函数 Circle(const Point& c, int r)根据给定的圆心点 p 和半径 r 构造一个圆，构造函数 Ellipse(const Point& c,int l, int s)根据给定的圆心点 p 和长半轴长度 l 和短半轴长度 s 构造一个椭圆。

分析这两个类的实现代码，发现其中大部分的代码是重复的，因此有必要消除冗余，提高编码效率。

较好的办法就是采用分类的机制，以不同的类实现不同层次的属性和方法的封装。然后通过继承，把它们关联起来。通过继承，可以得到已有类的属性和行为，并能够对其进行改写或覆盖，得到满足自己需要的功能。这样处理之后，得到较为理想的程序组织方式，如下所示。

```
#01    class Element {                              //图元类
#02    private:                                     //具有如下属性
#03        Color        color;                      //线条颜色
#04        int          size;                       //线宽
#05        Rectangle    border;                     //边界矩形
#06    public:                                      //具有如下方法
#07        void Draw() const;                       //绘制图形
#08        void Erase();                            //擦除图形
#09        void MoveTo(Point p);                    //移动图形
#10        Rectangle GetBorder();                   //计算边界矩形
#11    };
#12
```

```
#13     class Region : public Element {                //区域图形是图元的一种
#14     private:                                       //同时具有如下属性
#15         Pattern     pattern;                       //填充模式
#16         double      transparency;                  //透明度
#17     };
#18
#19     class Circle : public Region {                 //圆是区域图形的一种
#20     private:                                       //同时具有如下属性
#21         Point       center;                        //圆心点
#22         int         radius;                        //半径
#23     public:                                        //还具有如下方法
#24         Circle(const Point& c, int r);             //构造一个圆
#25     };
#26
#27     class Ellipse : public Region {                //椭圆是区域图形的一种
#28     private:                                       //同时具有如下属性
#29         Point       center;                        //圆心点
#30         int         long_radius;                   //长半轴长度
#31         int         short_radius;                  //短半轴长度
#32     public:                                        //还具有如下方法
#33         Ellipse(const Point& c, int l, int s); //构造一个椭圆
#34     };
```

按照概念分类的方法，上述程序首先定义了类 Element，其中封装了所有图元都具有的属性（color、size、border）和都支持的方法（Draw、Erase、MoveTo、GetBorder）。然后定义了类 Region，其中封装了区域图形所共有的属性（pattern、transparency）。最后定义了类 Circle 和类 Ellipse，它们各自封装了自有属性和方法。

最为重要的是，上述程序通过继承实现了类之间的关联。类 Region 定义后面的冒号“:”就是 C++中继承实现的方式，其后的关键字 public 表示继承的方式，紧随其后的 Element 则是继承的起点，这个上层类显然是类 Region 的“祖先”，而类 Region 是类 Element 的“子孙”。冒号表示了“类 Region 从类 Element 继承（或派生）”这一关系。同样，类 Circle 从类 Region 派生，类 Ellipse 从类 Region 派生。

上述程序组织方式符合面向对象分析和设计中的软件分层原则，通过分层实现各个子系统，减低了系统的复杂性，提高了代码的重用程度，使整个程序的结构显得更为清晰。

7.1.2 继承的机制

通过上述分析，可以看出，继承的机制能够实现代码重用、功能扩展这两大重要功能。

1. 代码重用

代码重用是继承最基本的功能。类 Region 从类 Element 派生，则类 Region 得到了类 Element 的属性和方法。这也就是说，类 Region 的对象自动具有类 Element 的数据成员，并能够调用类 Element 提供的方法。这显得很神奇，因为这些可用的属性和方法并

没有显式出现在类 Region 中，作为类 Element 的后代，类 Region 天然就具有这一家族的特征和能力。这就是对类 Element 实现代码的重用，这种重用比通过简单的复制代码更为有效。

把共有的属性和方法定义在上层类中，使它们成为“胖”父辈，让下层类中只定义自有属性和方法，使它们成为“瘦”子辈，这样明确地划分功能界限、确定合理的接口，使所有类都承担合理的责任，并具有广泛的实用性和持久的生命力。

重用代码能够保持接口的一致性和功能的延续性。例如，所有图形的移动功能都是借助函数 MoveTo( )实现的，这个函数定义在类 Element 中，其原型为 void MoveTo(const Point& p);。只要计算出了图元的边界矩形，把这个矩形移动到参考点 p 是异常简单的事情。这个实现过程对所有的图形对象都适用，所有的图形类都直接重用这个函数就可以了，无须对接口和实现进行任何修改。这保证了移动功能在所有图形类中都得以延续。因此，继承使类具有共同的属性和行为。

重用代码，并不意味着需要被重用类或函数的实现代码。很多大型商业软件只提供需要被重用的编程单元的头文件和二进制的目标文件（如扩展名为.lib 的库文件和.dll 的动态链接库文件），头文件提供编程单元的接口（如类的定义和函数原型），目标文件提供编程单元的实现（如类中成员函数的定义和其他函数的定义）。

2. 功能扩展

功能扩展是继承最令人兴奋的能力，它包括两个方面：直接添加新的成员和间接修改所得成员。除了得到“父辈”的属性和方法，“子辈”还可以在自己的类定义中添加自己需要的属性和方法。例如，类 Circle 除了得到其“父辈”Region 的属性（pattern、transparency）和方法（当然也通过继承 Region 而得到了类 Element 的属性和方法），它还添加了新的数据成员 center 和 radius，以及构造函数，这些都是构造圆所需要的。

除了直接增添新的成员，功能扩展还允许“子辈”修改从“父辈”那里得到的方法。当然，扩展的前提是要保持接口的一致性（如函数名称、函数参数和返回类型等）。之所以要扩展，是因为对于不同类型的对象，所采用的实现方法是不同的。例如，对于“父辈”Region 来说，它计算边界矩形的方法可能很简单，直接在函数 GetBorder( )中返回一个面积为 0 的矩形（因为对于一个区域来说，界限不清，计算其边界矩形可能有些勉强）。但是对于“子辈”Circle 来说，边界矩形的计算就不能返回零矩形了。有了中心点和半径，就需要精确地算出其边界矩形。这意味着类 Circle 在实现成员函数 GetBorder( )时，要采用与类 Region 不同的实现方法。

继承的最大优点是它支持渐进式软件开发。它允许用户在已有代码中引进新的代码，并避免了对现有代码的修改，保证了错误产生的局部化（即错误的产生与已有代码无关）。例如，在现有基础上再实现其他图形类型的计算和处理就显得比较容易。新的图形类型只需要从已有类型派生，通过重用和扩展，很容易就得到各种属性及方法。

7.1.3 继承的语法

C++中定义继承关系是通过冒号语法实现的。为了表示“区域图形类 Region 从图元类Element继承而来”，可以通过下列语法定义这种关系：

```
class Region : public Element {          //继承关系:区域图形是图元的一种
        //...
};
```

冒号出现在Region的类头之后，表示继承关系。冒号之后的关键字public表示继承的方式。相应于3种访问控制权限，也有3种继承方式，这在后面会详加讨论。关键字public之后的类名Element是在继承关系中处于上层的类，即“父辈”，称为基类。类Region则称为派生类。上述继承关系是在定义派生类Region的同时定义的，需要注意的是，基Element需要在此之前定义或声明。

对于圆Circle与区域图形类Region之间的继承关系，可以通过下列形式来实现。

```
class Circle : public Region {           //继承关系:圆是一种区域图形
        //...
};
```

同样，下列语法表示了“椭圆Ellipse从区域图形类Region派生”。

```
class Ellipse : public Region {          //继承关系:椭圆是一种区域图形
        //...
};
```

如果在定义继承关系时，没有在冒号之后、基类之前声明继承方式，则取默认的private继承方式，如下列程序段所示。

```
class Ellipse : /*public*/ Region {      //继承关系:椭圆是一种区域图形
        //...
};
```

【例7.2】类Person与类Student的应用示例。

每个人都有姓名name和年龄age等属性，类Person封装了这些属性，并提供了访问这些属性的方法。每个学生除具有姓名name和年龄age等属性外，还具有分数score等属性，类Student封装了这些属性及其访问方法，并从类Person派生。

```
#01     class Person {                                      //定义"人"数据类型
#02     private:                                            //以下为具有的属性
#03         std::string name;                               //姓名
#04         int age;                                        //年龄
#05     public:                                             //以下为访问属性的方法
#06         const std::string& Who() const {return name;}  //访问姓名
#07         int HowOld() const {return age;}                //访问年龄
#08     };
#09
#10     class Student : public Person {                     //学生是"人"的一种
#11     private:                                            //同时具有如下属性:
#12         double score;                                   //成绩
#13     public:                                             //同时具有如下方法
#14         double Score() const {return score;}            //访问成绩
#15     };
```

类Student从类Person派生，得到了类Person的属性和方法。这可以从两方面加以证实（所需代码，请按后续叙述自行添加）。首先，观察类Person和类Student的大小，通过在main( )函数中输出表达式sizeof(Person)和sizeof(Student)，可以看到类Person的大小为 36 字节，类 Student 的大小为 48 字节。在没有发生继承时，类 Student 的大小为 8 字节。这增加的字节数说明：通过继承，类 Student 得到了类 Person 的数据成员 name 和 age。至于增加的数量为 40 字节，而不是 36 字节，这是因为数据成员在内存中对齐（alignment）所致。

其次，观察类 Student 的对象能够调用的成员函数。如果生成了类 Student 的对象 s，并把它的 name、age 和 score 分别设为"Tom"、20 和 85，则通过该对象可以调用函数 s.Who( )，并得到返回值"Tom"，也可以调用函数 s.HowOld( )而得到返回值 20。调用函数 s.Score( )得到返回值 85 则是理所当然的。这说明：通过继承，类 Student 得到了类 Person 的成员函数 Who( )和 HowOld( )。虽然这两个函数没有定义在类 Student 中，但是该类的对象可以调用它们如同已有。

7.1.4 几个概念

1. 基类与派生类

在描述事物或概念之间的层次关系时，处于较高层的类称为基类，处于较低层的类称为派生类。在定义继承关系时，出现在冒号后面的类，称为基类，冒号之前的类称为派生类。有时称基类为超类，派生类为子类。

由于“区域图形类 Region 从图元类 Element 继承而来”，所以类 Region 是派生类，类 Element 是基类。在圆 Circle 与区域图形类 Region 之间的继承关系中，类 Region 是基类，类 Circle 是派生类。对于“椭圆 Ellipse 从区域图形类 Region 派生”的关系，类 Region 是基类，类 Ellipse 是派生类。

继承是一种泛化的关系。在 UML 中，通常用向上的空心箭头表示继承关系，基类是箭头所指向的类，派生类则画在箭头离开的位置。如图 7.2（a）所示，是上述 3 组继承关系的 UML 描述。

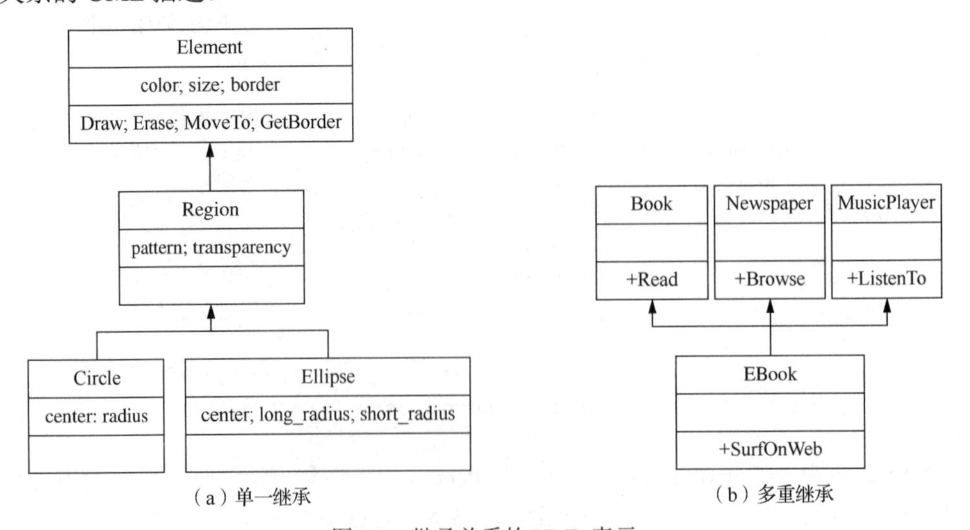

（a）单一继承　　（b）多重继承

图 7.2　继承关系的 UML 表示

派生类继承了基类的属性和方法。但是基类的构造函数和析构函数不能被继承，因为它们只能对本类的对象进行构造和析构，这会导致在整个继承层次中所有类的构造函数和析构函数都会被调用。自 C++11 起，派生类可以使用 using 声明来继承基类的构造函数，这样把基类的构造函数全部继承到派生类中，派生类的构造函数就不需要调用基类的构造函数了。

基类的赋值运算符函数也不能被继承，但是它们可以在派生类的相应函数中被调用。

基类与派生类都是相对的。在某一个继承关系中的基类可能作为另一个继承关系中的派生类，而派生类在新的继承关系中可能作为基类。

2. 直接基类与间接基类

继承关系具有传递性，但是不具有自反性和等价性，因而表示继承关系的图是有向无环图（directed acycline graph，DAG）。例如，区域图形类 Region 从图元类 Element 派生，派生类 Region 得到了基类 Element 的属性和方法。圆 Circle 从区域图形类 Region 派生，派生类 Circle 直接得到了基类 Region 的属性和方法，同时间接从基类 Region 得到了类 Element 的属性和方法。因此继承关系从基类 Element 和派生类 Region 之间传递到基类 Region 和派生类 Circle 之间。

在如图 7.2（a）所示的多层继承关系中，基类的基类称为间接基类，如类 Element 是类 Circle 和类 Ellipse 的间接基类。直接相连、没有经过传递的继承关系中的基类则是直接基类，如类 Element 是类 Region 的直接基类，类 Region 是类 Circle 和类 Ellipse 的直接基类。

之所以讨论直接基类和间接基类，是因为在继承关系中，派生类和基类具有各自明确的功能，派生类需要对基类履行一定的责任（如后面要讨论的构造派生类对象中的基类成员）。但是这个责任不能累积，也不能越权，只能对自己的直接基类承担。每个派生类对自己的直接基类负责，则整个系统中的职责划分就清晰。

3. 单一继承与多重继承

在继承关系中，若某一派生类具有多个基类，则称为多重继承（或多继承）。若某一派生类只具有一个基类，则称为单一继承（或单继承）。这两者的区别在图 7.2 中有所反映。

通过多重继承，派生类同时具有了多个基类的属性和方法。在定义继承关系时，也需要用到冒号语法，只是要在冒号后面要列出所有的基类。

【例 7.3】电子阅读器的定义。

随着科技的发展，电子阅读器 EBook 既能够用作书籍 Book 阅读，又能够作为报刊 Newspaper 浏览，还能够用作音乐播放器 MusicPlayer 听音乐，同时还能够上网冲浪。下面是对这种关系的定义。

```
#01    class Book {                                          //定义"书籍"类型
#02    public:
#03        void Read() {}                                    //方法:可以阅读
#04    };
#05
#06    class Newspaper {                                     //定义"报纸"类型
#07    public:
#08        void Browse() {}                                  //方法:可以浏览
#09    };
#10
#11    class MusicPlayer {                                   //定义"音乐播放器"类型
#12    public:
#13        void ListenTo() {}                                //方法:可以听音乐
#14    };
#15                                                          //如下定义"电子阅读器"类型
#16    class EBook : public Book, public Newspaper, public MusicPlayer {
#17    public:
#18        void SurfOnWeb() {} //除了基类的方法,同时具有方法:上网冲浪
#19    };
```

如图 7.2（b）所示，类 EBook 继承了类 Book、Newspaper、MusicPlayer，从而具有了它们的功能（即得到它们的成员函数），同时类 EBook 还有自己独有的功能（即定义有自己的成员函数 SurfOnWeb( )）。

在定义多重继承关系时，需要在冒号后面、每个基类之前声明继承方式。例如，在上面定义的继承关系中，派生类 EBook 从基类 Book、Newspaper 和 MusicPlayer 继承的方式都是 public 方式。

7.1.5 继承与复合

类的复合与继承都是软件重用的重要方式。但是它们表达的概念（描述的关系）和实现的方式有着很大的区别。

1. 概念的区别

继承描述了类与类之间“is-a”的关系，这是泛化（generalization）与特化（specialization）的关系。“老虎是动物”，“老虎”的概念与“动物”的概念是具体与抽象的关系，“老虎”除具有“动物”一般的特征外，还具有自己的一些习性。因此，“老虎”概念是对“动物”概念的细化。

复合描述了类与类之间“has-a”的关系，这是整体与部分的关系。整体的属性和行为与部分的属性和行为之间可能没有任何关联，它们仅仅是构成的关系。根据整体与部分之间依赖性的强弱及共享性，复合可分为聚合（aggregation）和组合（composition）。聚合、组合和泛化的 UML 表示如图 7.3 所示。

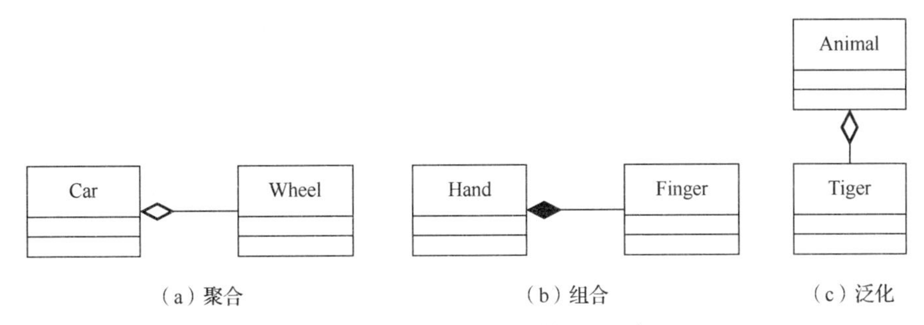

图 7.3　聚合、组合和泛化的 UML 表示

聚合的例子有如“汽车有 4 个车轮”，“车轮”是“汽车”的组成部分之一。“汽车”没有了，“车轮”可能还在，而且“车轮”可以用于这个“车”，也可以用于另外一个“车”。聚合用空心菱形表示。

组合的例子有如“手有 5 个手指”，“手指”是“手”的组成部分之一，它们具有相同的存在时间，而且一个手指不能在两只手之间共享。组合用实心菱形表示。

此外，概念之间还有“使用”与“知道”的关系。某类的成员函数使用另一个类的对象作为函数参数，这是“使用”的关系。某类的对象包含了指向另一个类的对象指针或对象引用，因而可以知道另一个对象。此时就说一个对象和另一个对象之间具有“知道”的关系。

2. 实现的区别

当概念之间具有明显的整体与部分关系时，应该选用复合来实现。复合把类 A 的对象用作类 B 的数据成员，在类 B 的内部隐藏了类 A 的所有接口。复合常用于改变已有类的接口，而不希望直接使用现有类的接口。

【例 7.4】栈 stack<>的实现。

STL 容器适配器 stack<>的实现过程是复合方法的典型应用。所谓容器适配器，是指通过改变其他容器的接口来实现自己功能的容器，它依赖于其他容器而存在。STL 把栈 stack<>、队列 queue<>、优先级队列 priority_queue<>都实现为容器适配器。栈是一种后进先出（last in fist out，LIFO）的容器，其存取元素的位置限制在容器的一端，存放于该容器的元素只能以与进栈相反的顺序出栈，因此该容器类型常用于颠倒元素或操作的顺序。栈的典型操作有元素入栈 push( )、元素出栈 pop( )、访问栈顶 top( )。栈 stack<>的实现代码大致如下。

```
#01    template <class T, class Container = std::deque<T> >
#02    class stack {
#03    private:
#04        Container c;                          //被适配的容器
#05    public:
#06        bool empty() const {                  //检测容器是否为空
#07            return (c.empty());               //重用 c 的方法 empty()
#08        }
#09        size_type size() const {              //计算容器中元素的个数
#10            return (c.size());                //重用 c 的方法 size()
```

```
#11          }
#12          T& top() {                              //访问栈顶元素,用作左值
#13              return (c.back());                  //重用 c 的方法 back()
#14          }
#15          const T& top() const {                  //访问栈顶元素,用作右值
#16              return (c.back());                  //重用 c 的方法 back()
#17          }
#18          void push(const T& val) {               //把数据 val 压入栈
#19              c.push_back(val);                   //重用 c 的方法 push_back()
#20          }
#21          void pop() {                            //弹出栈顶元素
#22              c.pop_back();                       //重用 c 的方法 pop_back()
#23          }
#24      };
```

栈 stack<>并没有通过“辛勤的劳动”来获取自己的能力，它“寄生于”其他容器类来实现自己的功能。为此，它封装了一个其他容器 Container<>的对象 c 作为自己的数据成员。容器 Container<>实现为类模板，其模板类型参数为 T。该容器 Container<>取默认值 deque<T>，这表明 stack<>默认是基于双端队列 deque<>而实现的。

仔细看看 stack<>是如何实现自己的功能。成员函数 bool empty( ) const 检测容器是否为空，它借助于对象 c 的成员函数 c.empty( )来实现。成员函数 size_type size( ) const 计算容器中元素的个数，它借助于对象 c 的成员函数 c.size( )来实现。成员函数 T& top( ) 访问栈顶元素，用作左值，它借助于对象 c 的成员函数 c.back( )来实现。成员函数 const T& top( ) const 访问栈顶元素，用作右值，它借助于对象 c 的成员函数 c.back( )来实现。成员函数 void push(const T& val)把数据 val 压入栈，它借助于对象 c 的成员函数 c.push_back(val)来实现。成员函数 void pop( )弹出栈顶元素，它借助于对象 c 的成员函数 c.pop_back( )来实现。没有一个成员函数是 stack<>从零开始实现的，它大量借助容器 Container<>提供的接口实现了自己的功能。只要容器 Container<>提供了成员函数 empty( )、size( )、back( )、push_back( )、pop_back( )，就可以作为 stack<>的底层容器（如 STL 容器 vector<>、deque<>、list<>）。这就是适配器，改造一个接口，获得新的接口。

这就是复合：封装其他类型的对象作为数据成员，借助该对象的成员函数来实现自己的功能。

设想一下：如果栈 stack<>从容器 deque<>派生，那么它会从 deque<>获得大量的接口和操作，无论这些接口对 stack<>有用还是没用、有意义还是没有意义，如 push_front( )、insert( )、erase( )等，它们都被给予了 stack<>，这是不必要的，因此让 stack<>从 deque<>继承是不合理的。上面的例子让 stack<>复合 deque<>，情况就不一样了。deque<>类中的哪些操作对 stack<>有用，就在 stack<>中通过适当的接口调用这些操作，那些不需要的操作就没有机会被调用，从而也不可能通过 stack<>暴露出去。

当概念之间具有明显的泛化与特化关系时，应该选用继承来实现。继承从类 A 派生出类 B，则类 B 拥有了类 A 的属性和方法，并且类 A 的接口通过类 B 全部暴露出来。继承允许用户通过派生类直接访问基类的接口，而不是隐藏基类的接口。

7.2　继承方式与访问控制

7.2.1　继承方式

派生类继承了基类的数据成员和大部分成员函数。继承之后，对基类成员的访问控制会在派生类中发生变化。例如，基类中的 public 成员在派生类中不一定再是 public 权限，这些变化会直接影响派生类对于基类成员的访问。

讨论继承方式和访问控制（access control），就是要分析清楚：在不同的继承方式下，基类成员的访问权限在派生类中将会发生什么变化，这有助于正确地访问类的成员和清晰地理解继承的工作机制。对这个内容的讨论，主要着眼于派生类的非 static 成员函数和派生类的对象能够访问基类中哪些权限的成员。由于派生类的 friend 函数能够访问成员的范围基本与派生类的非 static 成员函数相同，因此在后面的讨论中把派生类的非 static 成员函数和派生类的 friend 函数归为一类。

先回顾在没有继承发生时单个类中的访问权限控制情况。类成员的访问控制权限有 public、protected 和 private 这 3 种。类的非 static 成员函数和 friend 函数可以访问类中具有任何权限的成员，但是通过类的对象（在类的作用域之外），则只能访问该类的 public 成员。

类的继承方式有 public 继承、protected 继承和 private 继承 3 种，默认的继承方式为 private。不同的继承方式，导致原有基类成员在派生类中的访问属性也有所不同。下面首先在表 7-2 中列出 3 种继承方式下的访问控制规则，然后举例说明。

表 7-2　不同继承方式下的访问控制权限

基类成员的权限	不同继承方式		
	public 继承	protected 继承	private 继承
public	在派生类中为 public	在派生类中为 protected	在派生类中为 private
	派生类的非 static 成员函数、friend 函数和非成员函数都可以直接访问	派生类的非 static 成员函数、friend 函数可以直接访问	派生类的非 static 成员函数、friend 函数可以直接访问
protected	在派生类中为 protected	在派生类中为 protected	在派生类中为 private
	派生类的非 static 成员函数、friend 函数可以直接访问	派生类的非 static 成员函数、friend 函数可以直接访问	派生类的非 static 成员函数、friend 函数可以直接访问
private	在派生类中被隐藏	在派生类中被隐藏	在派生类中被隐藏
	派生类的非 static 成员函数、friend 函数不能直接访问，但可以通过基类的 public、protected 成员函数访问	派生类的非 static 成员函数、friend 函数不能直接访问，但可以通过基类的 public、protected 成员函数访问	派生类的非 static 成员函数、friend 函数不能直接访问，但可以通过基类的 public、protected 成员函数访问

在表 7-2 中有一种权限变化需要注意，3 种继承方式下，基类的 private 成员在派生类中总是“被隐藏”，这意味着它在派生类中不可访问（inaccessible），即不能被派生类的成员函数及其友元函数访问，所以不可用。现将 3 种继承方式下访问控制权限的变化情况总结如下：

（1）public 继承时，基类成员的访问控制权限在派生类中基本保持不变。

派生类的非 static 成员函数、friend 函数可以直接访问基类中的 public、protected 成员，以及本类所有权限的成员，唯一不能访问的是基类的 private 成员。但是，对于基类 private 成员，可以通过基类的 public、protected 成员函数访问。

在类的作用域之外的派生类对象只能访问基类的 public 成员和本类的 public 成员。

（2）protected 继承时，基类中的 public 和 protected 成员变为派生类中的 protected 成员，而基类中的 private 成员在派生类中不可用。

派生类的非 static 成员函数、friend 函数可以直接访问基类中的 public、protected 成员，以及本类所有权限的成员，唯一不能访问的是基类的 private 成员。但是，对于基类 private 成员，可以通过基类的 public、protected 成员函数访问。

在类的作用域之外的派生类对象不能访问基类所有权限的成员，但可以访问本类的 public 成员。

（3）private 继承时，基类中的 public 和 protected 成员变为派生类中的 private 成员，而基类中的 private 成员在派生类中不可用。

派生类的非 static 成员函数、friend 函数可以直接访问基类中的 public、protected 成员，以及本类所有权限的成员，唯一不能访问的是基类的 private 成员。但是，对于基类 private 成员，可以通过基类的 public、protected 成员函数访问。

在类的作用域之外的派生类对象不能访问基类所有权限的成员，但可以访问本类的 public 成员。

总结这 3 种继承方式的访问控制权限，可以发现：

（1）基类的 private 成员永远不能被派生类的非 static 成员函数、friend 函数和派生类的对象直接访问，除非通过基类中相应权限的成员函数。

（2）如图 7.4 所示，private 继承和 protected 继承的区别在于：假设类 B 从类 A 继承，同时类 B 被类 C 继承。若类 B 继承类 A 的方式是 private 继承，则无论类 C 以什么方式继承类 B，类 A 中所有权限的成员在类 C 中都被隐藏而不可用。若类 B 继承类 A 的方式是 protected 继承，则类 A 中 public、protected 成员有可能在类 C 中被访问，条件是类 C 继承类 B 的方式不是 private 继承，因为这会使类 A 中 public、protected 成员在类 C 中保持为 protected 权限而获得一定范围的访问。

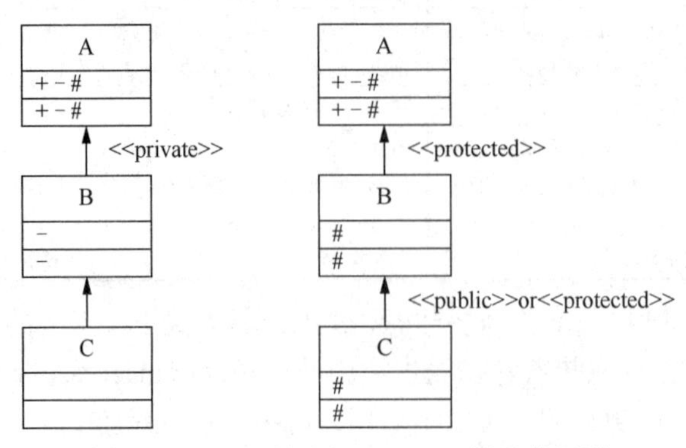

图 7.4 private 继承与 protected 继承的区别

（3）在 private、protected 继承方式下，基类成员的权限都发生较大的变化，因此在应用中较少使用这两种继承方式，本书以 public 继承方式为主。

7.2.2　public 继承

在 public 继承方式下，基类所有权限的成员变成派生类中同等权限的成员。具体来说，基类的 public、protected 成员在派生类中保持访问控制权限不变，而基类的 private 成员在派生类中不可用。

因此，派生类的非 static 成员函数、friend 函数能够访问本类所有权限的成员，同时能够访问基类中除 private 成员外的所有成员。在类的作用域之外的派生类对象，则只能访问从基类的 public 成员，以及派生类自己的 public 成员。

【例 7.5】public 继承的访问控制。

```
#01     #include <iostream>
#02
#03     class Base {
#04     private:                                    //private 成员
#05         int a;
#06         void f() {std::cout << a << std::endl;}//类作用域中访问成员
#07     public:                                     //public 成员
#08         int b;
#09         void g() {std::cout << b << std::endl;}//类作用域中访问成员
#10     protected:                                  //protected 成员
#11         int c;
#12         void k() {std::cout << c << std::endl;}//类作用域中访问成员
#13     };
#14
#15     class Derived : public Base {           //public 继承
#16     public:                                 //public 成员函数
#17         void df() {                         //类作用域之内的成员函数
#18             //? std::cout << a;             //不能访问基类私有成员
#19             std::cout << b << std::endl;    //可以访问基类公有成员
#20             std::cout << c << std::endl;    //可以访问基类保护成员
#21
#22             //? f();                        //不能访问基类私有成员
#23             g();                            //可以访问基类公有成员
#24             k();                            //可以访问基类保护成员
#25         }
#26     };
#27
#28     void test() {                           //类作用域之外的全局函数
#29         Base bas;                           //基类对象
#30         //? std::cout << bas.a;             //不能访问私有成员
#31         std::cout<< bas.b << std::endl;     //可以访问公有成员
#32         //? std::cout << bas.c;             //不能访问保护成员
#33         //? bas.f();                        //不能访问私有成员
#34         bas.g();                            //可以访问公有成员
#35         //? bas.k();                        //不能访问保护成员
```

```
#36
#37        Derived der;                         //派生类对象
#38        der.df();                            //可以访问公有成员
#39        der.b = 200;                         //可以访问基类公有成员
#40        der.g();                             //可以访问基类公有成员
#41    }
#42
#43    int main() {
#44        test();                              //测试上述访问规则
#45    }
```

上述程序在基类 Base 中定义有 3 种权限的成员，派生类 Derived 以 public 继承方式从类 Base 派生。程序中以//?形式注释的一些语句因为不符合访问控制规则而出错。

分析本例程，应掌握 public 继承方式的访问控制权限，主要观察点有以下 3 个。

（1）定义于类的作用域之外的类对象的访问范围：定义于全局函数 test( )中的基类 Base 的对象 bas 显然是在类 Base 的作用域之外，此时它只能访问本类的 public 成员，如数据成员 b 和成员函数 g( )。对于 protected 成员（数据成员 c 和成员函数 k( )）和 private 成员（数据成员 a 和成员函数 f( )）的访问则是非法的。

（2）派生类成员函数的访问范围：在派生类的 public 成员函数 df( )中，可以访问本类所有的成员，以及从基类 Base 中得到的、除 private 成员外的所有成员。因此，对于基类 private 数据成员 a 和 private 成员函数 f( )的访问是不允许的，但是对于基类中 public、protected 成员 b、c、g( )和 k( )的访问能够如愿进行。

（3）定义于类的作用域之外的派生类的对象的访问范围：定义于全局函数 test( )中的派生类 Derived 的对象 der 显然是在类 Derived 的作用域之外，此时它只能访问基类的 public 成员（数据成员 b 和成员函数 g( )），以及本类的 public 成员（成员函数 df( )）。

7.2.3 类的 protected 成员

类的 public 成员一般作为类的接口提供给外部访问。private 权限主要用于保护和隐藏类的关键数据，在类的作用域之外，本类对象不能访问 private 成员，类的非 static 成员函数和 friend 函数则可以访问它们。

在 public 继承方式下，派生类成员函数唯独不能访问基类的 private 数据成员，此外的所有成员（本类所有权限的成员，基类的 public 和 protected 成员）都可以访问。但是很多时候，恰恰需要在派生类的成员函数中访问基类的 private 成员，这是一个矛盾。

为了达到“既要保护关键数据，又要提供访问机会”的目的，可以对 private 权限进行折中（该权限限制太严），其结果就是把基类数据成员的访问权限设置为 protected。protected 权限界于 public 权限和 private 权限之间。一方面，protected 权限实现了数据成员的保护和隐藏，另一方面，在 public 继承方式下，派生类的成员函数是能够访问基类的 protected 成员的。“用于基类的数据成员”才是 protected 权限的真正用途。只要某类有可能用作基类，就应该把它的数据成员设为 protected 权限。

【例 7.6】protected 权限的应用示例。

```
#01    class Person {                                  //定义基类
```

```
#02     protected:                                   //不应设为private权限
#03         std::string name;
#04         int age;
#05     };
#06
#07     class Student : public Person {              //定义派生类
#08     private:
#09         double score;
#10     public:
#11         void Print() const {
#12             std::cout << name << "\t" << age << "\t"//访问基类的保护成员
#13                 << score << std::endl;           //访问本类的私有成员
#14         }
#15     };
```

上述程序需要在派生类 Student 的成员函数 Print( )中输出对象的所有属性：姓名 name、年龄 age 和成绩 score。但是数据成员 name 和 age 是从基类继承而来的，为了能够直接访问这两个数据成员，基类 Person 把它们的权限设置为 protected，从而使派生类的成员函数 Print( )有了访问它们的机会。

应该看到，protected 权限是有两面性的。protected 权限使派生类的成员函数能够直接访问基类的关键数据，提高了访问效率。但是 protected 权限有损于类的封装性。public 权限实现了接口和操作的开放，private 权限实现了关键数据的保护和隐藏，这两种权限完美地实现了类的封装机制。但是通过 protected 权限，部分开放了对于关键数据的访问，失去了对关键数据的保护。这就是关于 protected 权限的评价。

7.3　派生类对象的构造和析构

7.3.1　派生类的构造函数

通过继承，派生类得到了基类的属性和行为。这时对于派生类的对象来说，它的数据成员中既有自己的数据成语，也有从基类继承得到的数据成员。在构造派生类对象时，需要对其数据成员进行初始化等构造工作。派生类自己的数据成员当然由派生类的构造函数负责初始化，但是对于派生类对象中的基类成员，由谁负责对它的构造工作呢？析构派生类对象时，其中的清理机制又是怎样的呢？在这些构造过程中，派生类的构造函数又应该起到什么样的“协调”作用？

实际上，在 C++中，类的机制非常清楚、严格地划分了各自的权限和责任。是哪个类的操作，必须由哪个类调用；是哪个类的责任，必须由哪个类完成。是谁的对象，就必须由该类的构造函数来完成对其构造的工作。因此，对派生类中基类成员的构造，必须由基类构造函数完成，而不能由派生类的构造函数“越俎代庖”去构造。

由于基类的构造函数不能被继承，在派生类中，如果对派生类新增的成员进行初始化，就必须为派生类添加新的构造函数。但是派生类的构造函数只负责对派生类新增的成员进行初始化，对所有从基类继承来的成员，其初始化工作还是需要由基类的构造函数完成。派生类构造函数应该肩负的责任是，调用基类构造函数，并提供基类构造函数所需的参数。

下面分两种情况讨论派生类对象的构造：第一种情况，若基类中定义有默认构造函数，且该默认构造函数对派生类对象中基类成员的构造能够达到要求，则派生类构造函数无须显式调用基类构造函数，直接（隐式）调用基类的默认构造函数即可，这是一种较为简单的情况。第二种情况，若基类中没有定义默认构造函数，或者所定义的默认构造函数不能完成派生类对象中基类成员的构造，必须通过派生类构造函数显式向基类构造函数传递参数，这需要用到“成员初始化值列表”的语法。

在分析派生类对象构造时，除了要注意构造的形式，还需要注意对其构造和析构过程的分析。在构造派生类对象时，需要首先调用基类的构造函数以初始化从基类继承而来的数据成员（即使基类没有数据成员可被继承，也会这样做），然后调用派生类自己的构造函数以初始化派生类自己的数据成员。在析构派生类对象时，首先需要调用派生类自己的析构函数对自己的数据成员进行清理，然后调用基类的析构函数清理从基类继承而来的数据成员。

下面对第一种情况举例讨论。

【例 7.7】派生类构造函数调用基类的默认构造函数。

```
#01     #include <iostream>
#02
#03     class Base {                                    //定义基类
#04     protected:                                      //注意权限
#05         int n;
#06     public:
#07         Base() noexcept : n(0) {std::cout << "Base::Base\n";}
#08         ~Base() noexcept {std::cout << "Base::~Base\n";}
#09     };
#10
#11     class Derived : public Base {                   //定义派生类
#12         int m;
#13     public:
#14         Derived(int a) : m(a) {std::cout << "Derived::Derived\n";}
#15         ~Derived() noexcept {std::cout << "Derived::~Derived\n";}
#16         void Print() const {std::cout << n << "\t" << m << std::endl;}
#17     };
#18
#19     int main() {
#20         Derived d{1};                               //构造派生类对象
#21         d.Print();
#22     }
```

程序的输出结果如下：

```
Base::Base
Derived::Derived
0    1
Derived::~Derived
Base::~Base
```

分析本例程，首先需要理解派生类对象的构造形式。对于派生类 Derived 的构造函数 Derived(int a)来说，它在实现构造的时候，以成员初始化值列表的形式用所带参数 a 初始化数据成员 m，这使 main( )函数中对象 d 的数据成员 m 取值为 1。但是对象 d 的另一个数据成员 n（别忘了，从基类 Base 继承而来）好像没有初始化，因为没有看到派生类 Derived 的构造函数采取什么措施来初始化 n 或引发对 n 的初始化。从对象 d 对函数 Print( )的调用结果来看，数据成员 n 被初始化为 0。这说明基类 Base 的默认构造函数被调用了，只是对该构造函数的调用“无声无息”“了无痕迹”。

分析本例程，还要理解派生类对象的构造和析构过程。在 main( )函数中构造对象 d，这会引发对其构造函数 Derived(int a)的调用，但是在执行该构造函数之前，需要先调用基类 Base 的构造函数。在析构对象时则相反，首先调用派生类 Derived 的析构函数，然后调用基类的析构函数。程序的输出结果证实了这一点。

从上面两点分析，可以看出：在构造派生类的对象时，一定会首先调用基类的构造函数，不管基类有没有数据成员被继承，也不管基类是否定义了构造函数。如果派生类的构造函数没有显式调用基类的构造函数，那么这会隐式调用基类的默认构造函数，其结果是把从基类得到的数据成员初始化为默认值。

分析本例程，要注意：由于基类 Base 的数据成员 n 具有 protected 权限，这使它能够被派生类的成员函数 Print( )访问，因而能够通过该函数输出数据成员 n 的取值。

7.3.2 成员初始化值列表

派生类构造函数隐式调用基类的默认构造函数，只能够把派生类对象中的基类数据成员初始化为默认值，这在很多时候是不合理的。为了让基类的数据成员也具有从参数传递的任意值，必须对它们调用带有参数的基类构造函数。还有一个问题，传给基类构造函数的参数从哪里来？这当然需要从派生类构造函数的参数列表中获取。总之，派生类构造函数显式调用基类构造函数，并以派生类构造函数参数列表中的参数作为基类构造函数的调用参数，这就是派生类对象构造的成员初始化值列表语法。相比前面讨论的第一种情况，这是应用更为普遍的派生类对象构造方式，需要熟练掌握。

【例 7.8】派生类构造函数显式调用基类的构造函数。

```
#01     #include <iostream>
#02     #include <string>
#03
#04     class Person {                                  //定义基类
#05     private:
#06         std::string name;                           //姓名
#07         int age;                                    //年龄
#08     public:
#09         Person(const char* n, int a):name(n), age(a) {}
#10         void PrintPerson(std::ostream& os = std::cout) const {
#11             os << name << "\t" << age << "\n";
#12         }
#13     };
#14
```

```
#15    class Student : public Person {              //定义派生类
#16    private:
#17        double score;                            //成绩
#18    public:
#19        Student(const char* n, int a, double s)
#20            :Person(n, a), score(s)              //成员初始化值列表语法
#21        {}
#22        void PrintStudent(std::ostream& os = std::cout) const {
#23            PrintPerson(os);                     //调用基类函数辅助输出
#24            os << score << std::endl;
#25        }
#26    };
#27
#28    int main() {
#29        Person Tom("Tom", 20);                   //测试基类构造函数
#30        Tom.PrintPerson();
#31
#32        Student Jerry("Jerry", 18, 90);          //测试派生类构造函数
#33        Jerry.PrintStudent();
#34    }
```

程序的输出结果如下：

```
Tom     20
Jerry   18
90
```

分析本例程，需要注意成员初始化值列表语法的形式。这表现在派生类 Student 的构造函数。

```
Student(const char* n, int a, double s)
    :Person(n, a), score(s)
{}
```

该构造函数在参数列表(const char*n, int a, double s)后面以冒号的形式发起对基类构造函数的调用 Person(n, a)，这会初始化从基类继承而来的数据成员 name 和 age，表达式 score(s)会以参数 s 初始化数据成员 score。

这就是以冒号语法实现的成员初始化值列表形式：在定义派生类构造函数时，以冒号语法显式列出对基类构造函数的调用。当然，调用基类的构造函数，如 Person(const char*n, int a)，就意味着要把该函数的参数也增列在派生类构造函数的参数列表中，如 Student(const char*n, int a, double s)，这是定义派生类构造函数的经验性做法。

至此，对成员初始化值列表语法进行简单总结。在 3 种情况下必须使用成员初始化值列表语法形式：对象成员的初始化；const 数据成员和引用类型数据成员的初始化；显式调用基类构造函数初始化派生类对象中的基类数据成员。当然，基本类型数据成员的初始化也可以用成员初始化值列表语法的形式完成。

7.3.3 初始化直接基类

基类有直接基类和间接基类之分。在类的继承层次结构中有箭头直接相连的基类是派生类的直接基类，直接基类的所有基类是派生类的间接基类。在讨论派生类的构造函

数时提及，每个派生类需要负责初始化它的直接基类。

【例 7.9】直接基类与间接基类的应用示例。

```
#01     #include <iostream>
#02     #include <string>
#03
#04     class Person {                                  //定义基类
#05     protected:                                      //注意访问权限
#06         std::string name;                           //姓名
#07         int age;                                    //年龄
#08     public:
#09         Person(const char* n, int a):name(n), age(a) {}
#10         void PrintPerson(std::ostream& os = std::cout) const {
#11             os << name << "\t" << age << "\n";
#12         }
#13     };
#14
#15     class Student : public Person {                 //学生类型
#16     protected:                                      //注意访问权限
#17         double score;                               //成绩
#18     public:
#19         Student(const char* n, int a, double s)
#20             :Person(n, a), score(s)          //调用直接基类的构造函数
#21         {}
#22         void PrintStudent(std::ostream& os = std::cout) const {
#23             os << name << "\t" << age << "\t"
#24                 << score << std::endl;
#25         }
#26     };
#27
#28     class Undergraduate : public Student {          //本科生类型
#29     private:
#30         std::string speciality;                     //专业
#31     public:
#32         Undergraduate(const char* n, int a, double s, char* sp)
#33             :Student(n, a, s), speciality(sp)//调用直接基类的构造函数
#34         {}
#35         void PrintUndergraduate(std::ostream& os = std::cout) const {
#36             os << name << "\t" << age << "\t"
#37                 << score << "\t" << speciality << std::endl;
#38         }
#39     };
#40
#41     int main() {
#42         Person Tom{"Tom", 20};                      //测试 Person 类的构造函数
#43         Tom.PrintPerson();
#44
#45         Student Jerry{"Jerry", 18, 90};             //测试 Student 类的构造函数
#46         Jerry.PrintStudent();
#47                                          //测试 Undergraduate 类的构造函数
```

```
#48         Undergraduate Mickey{"Mickey", 22, 85, "MBA"};
#49         Mickey.PrintUndergraduate();
#50     }
```

程序的输出结果如下：

```
Tom     20
Jerry   18  90
Mickey  22  85  MBA
```

分析本例程，主要目的在于理解直接基类和间接基类的区别。派生类构造函数一般要在成员初始化值列表中调用基类的构造函数，但是经过多层继承之后，派生类的间接基类有多个，直接基类只有一个（单一继承的情况）。这里提出的问题是，派生类构造函数是否要在成员初始化值列表中调用所有基类的构造函数。

问题的答案是否定的。对于每个派生类来说，它只需要在成员初始化值列表中发起对其直接基类构造函数的调用即可。例如。派生类 Student 的构造函数 Student(char*n, int a,double s)在其成员初始化值列表中只调用了直接基类的构造函数 Person(n, a)；派生类 Undergraduate 的构造函数 Undergraduate(char*n, int a, double s, char*sp)在其成员初始化值列表中只调用了直接基类 Student 的构造函数 Student(n, a, s)，而没有调用间接基类 Person 的构造函数 Person(n, a)。

只要每个派生类承担好初始化直接基类数据成员的责任，那么沿着继承的类层次结构向上，每个基类的数据成员都会被正确地初始化。

7.4 单一继承的典型应用

7.4.1 基类描述共性

当多个类具有相同的属性和操作时，可以把这些共同的操作和属性封装到一个基类中，然后从该基类派生出满足要求的各个派生类，从而达到消除冗余代码、加强类之间的联系、保持程序良好扩展性的目的。基类描述共性是面向对象分析和设计的重要原则。

【例 7.10】形状类的面积计算。

```
#01     #include "xr.hpp"
#02
#03     class Square {                                  //描述正方形
#04     private:
#05         double length;                              //边长
#06         double area;                                //共有属性:面积
#07     public:
#08         Square(double l) : length(l) {
#09             area = length * length;
#10         }
#11         double Area() const {return area;}          //共有方法:计算面积
#12     };
#13
#14     class Circle {                                  //描述圆
#15     private:
```

```
#16         double radius;                            //半径
#17         double area;                              //共有属性:面积
#18     public:
#19         Circle(double r) : radius(r) {
#20             area = 3.14 * radius * radius;
#21         }
#22         double Area() const {return area;}        //共有方法:计算面积
#23     };
#24
#25     int main() {
#26         Square s{10}; xr(s.Area());               //输出 100
#27         Circle c{10}; xr(c.Area());               //输出 314
#28     }
```

上述程序首先定义了正方形类 Square，其中封装了数据成员 length、area 分别表示边长和面积。构造函数 Square(double l)用参数 l 初始化 length，同时计算面积。访问函数 Area( )返回所求面积。然后定义了圆类 Circle，其中封装了数据成员 radius、area 分别表示半径和面积。构造函数 Circle(double r)用参数 r 初始化 radius，同时计算面积。访问函数 Area( )返回所求面积。

分析上述程序，可以发现有更好的实现方式。类 Square 和 Circle 有相同的属性（数据成员 area）和行为（成员函数 Area( )），它们是冗余代码。这可以通过把它们独立出来、封装成为一个基类 Shape 而消除冗余，并通过基类 Shape 把类 Square 和 Circle 紧密联系起来。这样实现出来的程序如下。

```
#01     #include "xr.hpp"
#02
#03     class Shape {                                 //定义基类描述共性
#04     protected:
#05         double area;                              //共有属性:面积
#06     public:
#07         double Area() const {return area;}        //共有方法:计算面积
#08     };
#09
#10     class Square : public Shape {                 //从基类继承,得到共有成员
#11     private:
#12         double length;                            //自有成员
#13     public:
#14         Square(double l) : length(l) {
#15             area = length * length;
#16         }
#17     };
#18
#19     class Circle : public Shape{                  //从基类继承,得到共有成员
#20     private:
#21         double radius;                            //自有成员
#22     public:
#23         Circle(double r) : radius(r) {
#24             area = 3.14 * radius * radius;
```

```
#25         }
#26     };
#27
#28     int main() {
#29         Square s(10); xr(s.Area());              //输出 100
#30         Circle c(10); xr(c.Area());              //输出 314
#31     }
```

main( )函数保持不变，是因为通过继承，派生类 Square 和 Circle 得到基类 Shape 的数据成员 area 和成员函数 Area( )。同时使这两个派生类的实现变得尤为简洁，相互联系也变得更为紧密。

7.4.2 扩展基类功能

如果基类没有提供满足需求的能力，或者从基类继承而来的操作不能满足派生类的要求，则可以继承该基类，在派生类中重新定义该操作，对其实现过程进行改写，以满足实际需求。也可以增加基类没有实现的功能，包括数据成员。以这种方式获得自己的数据类型，既保留了原有类的所有功能，保持了函数接口的一致性，同时新增了自己的功能，提高了程序设计的效率。

【例 7.11】定义自己的容器类型 my_list。

STL 容器 list 以双向链表高效地实现了元素的各种操作，在程序设计中获得了广泛应用。由于链表元素不是连续存储，因此它不能进行类似数组、vector、string 等所拥有的下标运算，如 a[0]返回数组（或 vector、string 的对象）a 的首元素，这似乎是一个遗憾。重新设计一个 list 容器类型又显得“心有余而力不足”。没有关系，有了继承，可以很容易达成这个愿望，这只需要扩展 list 容器并增加一个下标函数即可。如下面代码所示范的做法。

```
#01     #include <list>
#02     #include "xr.hpp"
#03
#04     template <class T>
#05     class my_list : public std::list<T> {        //在基类现有功能上扩展
#06     public:
#07         my_list(T* beg, T* end):std::list<T>(beg, end) {}//区间构造方式
#08
#09         const T& at(size_t pos) const {          //增添新方法
#10             size_t idx{0};                       //定义下标,从零开始
#11             auto iter{this->begin()};            //定义迭代器,从头开始
#12             while (idx != pos && iter != this->end())  //尚未到达目的地
#13                 ++idx, ++iter;                   //同步前移
#14             return *iter;                        //返回下标对应的元素
#15         }
#16
#17         const T& front() const {return at(0);} //覆盖从基类得到的方法
#18     };
#19
#20     int main() {
#21         double a[]{1, 2, 3, 4, 5, 6};
```

```
#22         auto n{sizeof(a) / sizeof(*a)};
#23
#24         my_list<double> l{a, a + n};        //测试派生类构造函数
#25         for (auto i : l)                    //以 ranged-for 方式输出
#26             std::cout << i << "\t";         //输出 1   2   3   4   5   6
#27         std::cout << std::endl;
#28         std::cout << l.front() << std::endl;//测试派生类方法,输出 1
#29     }
```

为了达到扩展现有容器 list<>的目的，上述程序自定义了容器类型 my_list<>。STL 容器 list<>是一个具有两个模板类型参数的类模板，第一个模板类型参数表示容器中的元素类型，第二个参数是较为复杂的内存配置器类型，但是常用它的默认值即可。因此自定义类型 my_list<>带有一个模板类型参数 T，以与 list<>对应并作为 list<>的模板类型参数。这样就有如下所示的自定义类型 my_list<>的类头形式和继承形式。

```
template <class T>
class my_list : public std::list<T> {};
```

为了给 my_list<>提供下标运算能力，定义下标函数 at( )，它具有一个 size_t 类型参数 pos，表示元素的下标，该函数返回对应元素的值。由于链表元素的不连续存储，不能直接计算对应下标 pos 处的元素，需要从链表首元素所在的位置 this->begin( )开始，一步一步走到下标 pos 对应的元素位置处。具体实现过程为，首先 size_t idx{0}定义下标 idx 从 0 开始出发，同时 auto iter{this->begin( )}定义迭代器 iter 从首元素位置出发，注意此处 auto 自动推断迭代器 iter 所具有的类型，很显然该类型继承自基类 list<>。然后在 while 循环中驱动下标 idx 和迭代器 iter 同时向前移动。注意条件 idx != pos 和 iter != this->end( )要求同时成立，在退出 while 循环之后，或者下标 idx 先达到 pos，这说明所给下标 pos 合法；或者迭代器 iter 先达到位置 this->end( )，这说明下标 pos 大过合法下标，此时最好以异常处理机制抛出一个 C++标准异常 out_of_range。无论如何，最后返回迭代器 iter 所在位置的元素值*iter。此处对迭代器 this->begin( )、this->end( )的访问能力也是继承自基类 list<>，this 指针表明这是通过派生类对象访问的，也说明通过继承派生类对象 my_list<>拥有了这种访问能力。

注意下标函数 at( )是派生类 my_list<>相对于基类 list<>新增的功能。基于这个函数，重定义了从基类 list<>得到的返回首元素值的成员函数 front( )，在派生类 my_list<>中实现时，该函数的功能实际等同于 at(0)，即返回下标为 0 的元素。

至此，已经达成了“重定义容器 list<>类提供下标运算”的目的。为了在 main( )函数中测试这些能力，需要首先定义一个 my_list<>容器对象，如以数组 a 对应的区间[a, a + n)构造容器对象 l。为此，需要提供派生类 my_list<>的构造函数 my_list(T*beg, T*end)以区间[beg, end)构造容器，这只需要以成员初始化值列表语法调用基类 list 的相应构造函数就可以了，如下所示：

```
my_list(T* beg, T* end) : std::list<T>(beg, end) {}
```

随后，main( )函数对上述 3 个运算进行了测试。

这里需要说明两个问题：

① 重定义函数 front( )不是本例的真正目的，而提供下标运算 at( )倒是可以借鉴，当然最好在其中添加异常机制处理下标越界。实际上函数 front( )在类 list<>中的实现已

经极为高效，大致如下：

```
const T& front() const {return *begin();}
```

本例只是以函数 front( )为例说明“重新定义从基类继承而来的函数”的可行性和做法，以函数 at( )为例说明“扩展基类功能”的可行性和做法。

② 限于篇幅，派生类 my_list<>只提供了下标运算的右值能力（即上述函数 const T& at(size_t pos) const），实际上还应该提供用作左值的下标运算，如 T& at(size_t pos)，具体实现方法可以借鉴前面章节所讲解的“用 const 版实现非 const 版”技术。同理，函数 front( )也应该提供左值运算能力，更进一步还可以提供函数 back( )返回末元素，这些都请读者自行完成。

7.4.3 成员名限定法

如果派生类定义有与基类相同的成员，则派生类除了自定义的成员，还拥有另一份从基类继承而来的该成员。但是派生类成员会覆盖与基类相同的成员，这意味着：派生类对象默认访问本类自己的成员。如果需要访问基类的成员，则需要使用成员名限定法。

【例 7.12】Vehicle 类与 SUV 类的应用示例。

自定义类 Vehicle 和类 SUV，模拟输出各自不同的用途。

```
#01     #include "xr.hpp"
#02
#03     class Vehicle {                                  //定义基类
#04     public:
#05         void Usage() {std::cout << "driving...";}//基类方法
#06     };
#07
#08     class SUV : public Vehicle {                     //定义派生类
#09     public:
#10         void Usage() {                               //覆盖基类方法
#11             Vehicle::Usage();                        //成员名限定法
#12             std::cout << "sport utility\n";
#13         }
#14     };
#15
#16     int main() {
#17         SUV bmw;
#18         xrv(bmw.Usage());                            //访问派生类方法
#19         xrv(bmw.Vehicle::Usage());                   //成员名限定法
#20     }
```

程序的输出结果如下：

```
#18: bmw.Usage()              ==>driving...sport utility
#19: bmw.Vehicle::Usage()     ==>driving...
```

基类 Vehicle 定义有操作 Usage 模拟汽车用于驾驶的用途，而派生类 SUV 有更为具体的用途，因此它重定义了操作 Usage 模拟汽车的运动用途。在 main( )函数中，输出 SUV 对象 bmw 的用途，作为 SUV 来说，它的用途由重定义的函数 Usage( )给出（即 bmw.Usage( )），但是它也有作为 Vehicle 的一般用途，为了获得这个结果，需要访问对象 bmw 作为基类对象时的函数（即 bmw.Vehicle::Usage( )）。

所谓成员名限定法，是指在成员名前以二元作用域运算符限定成员的类属关系。对于表达式 bmw.Vehicle::Usage( )来说，派生类对象 bmw 具有基类对象的行为 Usage( )，由于基类的该函数 Usage( )被派生类的同类型函数 Usage( )所覆盖（否则可以直接用派生类对象访问基类的行为 bmw.Usage( )），为了访问这个被覆盖的基类成员，需要在该成员名 Usage 前指明所属的类型 Vehicle。bmw.Vehicle::Usage( )就是成员名限定法的应用形式。

所谓成员覆盖的现象，是指对于基类的某成员，如果在派生类中以完全相同的方式再定义一遍，则派生类对象优先访问本类重定义的该成员（而不是访问基类的该成员），这好像派生类的成员遮蔽住了基类的该成员。为了访问被覆盖的成员，需要用到成员名限定法。

在重定义基类操作时，派生类函数一般会借助基类函数实现部分功能，由于它们的函数签名一般相同，因此需要在派生类函数中以类名和二元作用域运算符指明基类函数的类属关系，如类 SUV 在定义函数 Usage( )时，以 Vehicle::Usage( )形式调用基类的函数。请记住一定要指明其类属关系，否则会让编译器认为这是一个递归函数调用（函数 Usage( )中再次调用了函数 Usage( )），这样会造成程序运行时错误。

7.4.4 隐藏基类成员

派生类继承基类，就会从基类同时得到必要的和不必要的属性和行为。通过调整访问控制权限或显式删除“=delete”，可以达到隐藏基类成员的目的。

【例 7.13】类 Computer 与类 NetBook 的应用示例。

```
#01     class Computer {                          //基类:定义"计算机"类型
#02     public:                                   //注意权限
#03         void Compute() {}                     //基类方法,权限为public
#04         void PlayGame() {}                    //基类方法,权限为public
#05         void SurfOnWeb() {}                   //基类方法,权限为public
#06     };
#07
#08     class NetBook : public Computer {         //派生类:定义"上网本"类型
#09     private:                                  //注意权限
#10         using Computer::Compute;              //调整访问权限为private
#11         using Computer::PlayGame;             //调整访问权限为private
#12     };
#13
#14     int main() {
#15         NetBook nb;                           //构造派生类对象
#16         //? nb.Compute();                     //不能访问private的成员
#17         //? nb.PlayGame();                    //不能访问private的成员
#18         nb.SurfOnWeb();                       //可以访问public的成员
#19     }
```

类 Computer 模拟定义了计算机常用的一些功能，如大型计算 Compute( )，玩三维游戏 PlayGame( )，上网冲浪 SurfOnWeb( )等。类 NetBook 模拟定义了上网本的一些功能，虽说上网本是计算机的一种，但是它专注于网络应用，而弱化了大型计算 Compute( )、玩三维游戏 PlayGame( )等功能。因此，虽然类 NetBook 继承了类 Computer，得到了类 Computer 的所有属性和行为，但是对于不应有的 Compute( )和 PlayGame( )功能，可以通过调整访问控制权限来禁止对它们的访问。

在基类 Computer 中，成员函数 Compute( )和 PlayGame( )具有 public 访问控制权限，通过 public 继承，它们在派生类 NetBook 中的访问控制权限继续保持为 public。但是派生类 NetBook 类中的下列声明：

```
private:
    using Computer::Compute;
    using Computer::PlayGame;
```

把从基类中继承来的函数 Compute( )和 PlayGame( )的访问控制权限调整为 private。这禁止了 main( )函数中派生类对象 nb 对这两个成员函数的访问。

在派生类中调整基类成员的访问控制权限时，只需要在新访问权限下以“using 类名::成员名”的形式声明即可，不需要详写数据成员的数据类型，也不需要说明成员函数的返回类型和参数列表。

其实，显式删除“=delete”可能是一种更为简单的办法。修改类 NetBook 的定义如下，可以更简洁地达到目的。

```
#01     class NetBook : public Computer {          //派生类:定义"上网本"类型
#02         void Compute() = delete;               //显式删除该函数
#03         void PlayGame() = delete;              //显式删除该函数
#04     };
```

显示删除“=delete”声明将函数 Compute( )和 PlayGame( )从基类继承得到的派生类功能中删除（deleted）。

7.4.5 禁止复制语义或转移语义

编译器往往会为自定义类型提供一些功能，如默认构造函数、默认析构函数、复制构造函数、转移构造函数、复制赋值运算符函数和转移赋值运算符函数等，但是这些自动提供的功能并不总是受到欢迎。如果某类不应支持复制语义（如 unique_ptr<>和 I/O 流对象），则应禁止对复制构造函数和复制赋值运算符函数的访问。如果某类不应支持转移语义，则应禁止对转移构造函数和转移赋值运算符函数的访问。

以禁止复制语义为例。实现的方式至少有 3 种：①直接显式地把该类实现复制语义的复制构造函数和复制赋值运算符函数声明为 private。②定义一个基类，把它实现复制语义的复制构造函数和复制赋值运算符函数声明为 private，然后让所有需要禁止复制语义的类从该基类派生即可。③也可以使用“=delete”显式删除将实现复制语义的成员函数删除。限于篇幅，这里仅给出第二种实现方法。

【例 7.14】禁止复制语义的类的应用示例。

```
#01     class noncopyable {                        //定义基类
#02     protected:                                 //注意权限
#03         noncopyable() noexcept {}              //构造函数:只允许派生类访问
#04         ~noncopyable() noexcept {}             //析构函数:只允许派生类访问
#05     private:                                   //注意权限
#06         noncopyable( const noncopyable& ); //禁止复制
```

```
#07         const noncopyable& operator = ( const noncopyable& );//禁止赋值
#08     };
#09
#10     class Test : private noncopyable {      //定义派生类:注意继承方式
#11     public:
#12         Test(int i = 0) noexcept {}         //提供构造方法
#13     };
#14
#15     int main() {
#16         Test s{1};                          //允许构造和析构
#17         //? Test t1{s};                     //不能复制构造
#18         //? Test t2; t2 = s;                //不能复制赋值
#19     }
```

本例引自 boost 库的实用工具类 noncopyable。该类把复制构造函数和复制赋值运算符函数都声明为 private 权限。如果基类具有不能使用的复制构造函数或复制赋值运算符函数，则编译器为派生类生成的复制构造函数和复制赋值运算符函数也就不能使用。因此派生类 Test 失去复制构造和复制赋值的能力，main( )函数中对 s 的复制构造 Test t1{s} 和对 t2 的赋值 t2=s 就被禁止了。以这种方式（从基类 noncopyable 派生）实现禁止复制和赋值的目的，具有概念清晰和实现过程简洁的优点。

关于基类 noncopyable 的应用和实现，需要注意如下 3 个方面：①继承方式。一般在定义继承关系时多采用 public 继承方式，但是在使用类 noncopyable 时，最好使用 private 继承，这种继承方式只是为了从基类 noncopyable 继承一些功能，并不表示基类与派生类之间的“is-a”关系。②提供默认构造函数。定义类 noncopyable 的默认构造函数 noncopyable( )noexcept 和默认析构函数~noncopyable( ) noexcept，只是因为派生类的构造函数需要调用（只要基类的默认构造函数即可），而编译器不会为基类 noncopyable 自动提供默认构造函数（因为自定义了复制构造函数）。③访问权限。把类 noncopyable 的默认构造函数和默认析构函数的访问权限声明为 protcctcd 是为了防止生成类 noncopyable 的对象，同时为派生类提供访问机会。

如果要禁用类的转移功能，可以仿照上述方法定义基类 nonmovable。如果要同时禁用类的复制语义和转移语义，可让类同时从基类 noncopyable、nonmovable 派生。

7.5 赋值兼容规则

7.5.1 LSP：派生类对象是基类对象

再来分析“老虎是一种动物”这一说法。前已述及，这是继承关系的典型应用，并已经用程序实现了这一关系的描述。继续深入思考，发现这一说法还蕴含着：概念“老虎”应该能够适用于概念“动物”的应用场合。这是因为“动物”所具有的属性和行为，“老虎”也应该都具有，并且表现得更为具体和细化。例如，如果命题“动物吃肉”，是成立的，那么把其中的“动物”换成“老虎”，即“老虎也吃肉”，这一命题也应该成立，这是按照“三段论”进行逻辑推理的必然结果。

这一事实说明了这样一个规则：public 继承时，派生类对象是基类对象。或者说，public 继承时，派生类对象可以用作基类对象，凡是基类对象能够应用的场合，派生类对象也应该能够适用。这是因为派生类对象中包含了与基类对象相同的属性和方法。请注意，只有在 public 继承时，才能说“派生类对象是基类对象”。protected 继承和 private 继承会让派生类对象丢失基类的部分属性和方法，所以在这两种继承方式下不能得出“派生类对象是基类对象”的说法。

Barbara Liskov 在 1988 年提出了著名的 LSP 原则（liskov substitution principle）：使用基类对象指针或引用的函数必须能够在不了解派生类的条件下使用派生类的对象。如上面所述及，凡是基类对象能够应用的场合，派生类对象也应该能够适用，并且替换为派生类也不会引发任何错误或异常，使用者不需要知道是基类还是派生类。

【例 7.15】派生类对象是基类对象：形状类 Shape、正方形类 Square、圆类 Circle 的应用示例。

```
#01     #include <iostream>
#02     #include <vector>
#03     #include <string>
#04
#05     class Shape {                                   //定义基类
#06     protected:
#07         std::string name;                           //图形的名称
#08         double area;                                //图形的面积
#09     public:
#10         const char* Name() const { return name.c_str(); }//访问图形名称
#11         double Area() const { return area; }    //访问图形面积
#12     };
#13
#14     class Square : public Shape {                   //定义正方形派生类
#15     private:
#16         double length;                              //正方形边长
#17     public:
#18         Square(double l = 0) noexcept : length(l) {//初始化数据成员
#19             name = "Square";                        //设定图形的名称
#20             area = length * length;                 //计算图形的面积
#21         }
#22     };
#23
#24     class Circle : public Shape {                   //定义圆派生类
#25     private:
#26         double radius;                              //圆的半径
#27     public:
#28         Circle(double r = 0) noexcept : radius(r) {//初始化数据成员
#29             name = "Circle";                        //设定图形的名称
#30             area = 3.14 * radius * radius;      //计算图形的面积
#31         }
#32     };
#33
#34     void printShape(Shape* s) {                     //输出图形名称及其面积
```

```
#35         std::cout << s->Name() << ": " << s->Area() << std::endl;
#36     }
#37
#38     int main() {
#39         Shape* s[]{new Square{10}, new Circle{10} };    //生成派生类对象
#40         printShape(s[0]);                         //输出Square: 100
#41         printShape(s[1]);                         //输出Circle: 314
#42
#43         delete s[0]; delete s[1];                 //释放内存资源
#44     }
```

通过public继承，派生类Square具有了基类Shape的属性name（图形的名称）、area（图形的面积）及共有的方法Name( )（访问图形的名称）、Area( )（获取图形的面积）。虽然各派生类还具有自己的属性边长length、半径radius，但是这不妨碍它用作基类的对象。

函数printShape( )检测并证实了这一点，它的参数类型为基类Shape*，貌似只能传入基类Shape的对象指针，但是main( )函数以派生类Square的对象new Square{10}和派生类Circle的对象new Circle{10}作为实参调用函数printShape( )，从函数运行的结果可以看出，该函数正确地输出了各个对象的属性值。这表明函数printShape( )认可这样一个事实："派生类对象是基类对象"。

实际上，编译系统在支持这一规则时，采用了对象分割（object slice）的技术。如图7.5所示，派生类所具有的基类属性和行为使它的对象能够用作基类的对象，但是毕竟派生类对象还具有它自己的属性和行为。在把派生类对象用作基类对象时，就需要撇开派生类自己的属性和行为，这就像把派生类中基类的属性和行为切割出来，然后把它视为基类对象，只应用其中基类部分的属性和行为。

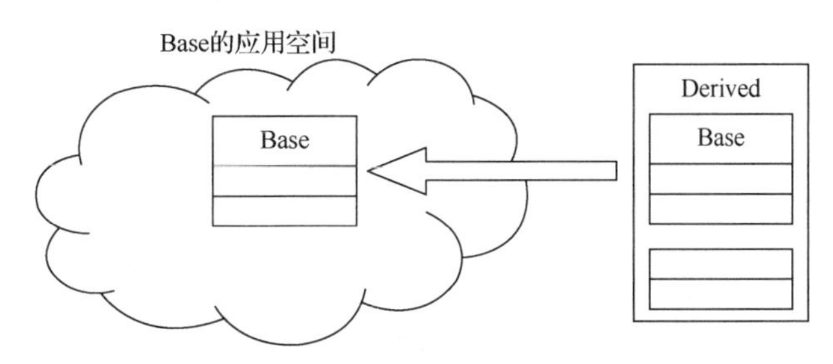

图7.5 将派生类对象切割为基类对象

7.5.2 赋值兼容规则的表现形式

前已述及，在public继承时，派生类对象是基类对象，因而派生类对象能够用作基类对象。这里的应用包括把派生类实参传递给基类形参、用派生类对象给基类对象赋值等。但是请注意，派生类与基类毕竟是不同的数据类型，派生类对象也可能包含自有的属性和方法，而这些是基类对象所不拥有的，因此基类与派生类之间的运算就需要符合一定的规则，这就是赋值兼容规则，其表现形式主要有以下4点：

（1）本类的对象指针和对象引用可以指向本类对象。

（2）基类指针和基类引用可以指向派生类对象，基类对象也可以被赋值为派生类对象。

（3）基类指针和基类引用可以指向派生类指针或派生类引用。

（4）反方向的引用和转换都会引发语法错误，如基类指针不能直接赋值给派生类指针。即使通过强制类型转换，也可能引发运行时错误。

【例 7.16】基类和派生类之间的赋值操作：形状类 Shape、正方形类 Square、圆类 Circle 的应用示例。

在例 7.15 所定义的形状类 Shape、正方形类 Square、圆类 Circle 的基础上，实现基类和派生类之间的各种赋值操作。

① 本类的对象指针和对象引用可以指向本类对象。

```
#01     int main() {
#02         Square s{ 10 };                             //定义派生类 Square 的对象
#03         Square* ps{&s}; ps->Name(); ps->Area();//派生类指针指向派生类对象
#04         Square& rs{s}; rs.Name(); rs.Area();//派生类引用绑定到派生类对象
#05
#06         Circle c{ 10 };                             //定义派生类 Circle 的对象
#07         Circle* pc{&c}; pc->Name();  pc->Area();//派生类指针指向派生类对象
#08         Circle& rc{c}; rc.Name(); rc.Area();//派生类引用绑定到派生类对象
#09     }
```

同类对象句柄之间相互赋值或初始化是天经地义的事。类 Square 的指针 ps 和引用 rs 指向类对象 s，类 Circle 的指针 pc 和引用 rc 指向类对象 c，通过它们访问各类的函数 Name( )、Area( )。

② 基类对象也可以被赋值为派生类对象，基类指针和基类引用可以指向派生类对象。

```
#01     int main() {
#02         Square s{ 10 };                         //定义派生类 Square 的对象
#03         Circle c{ 10 };                         //定义派生类 Circle 的对象
#04
#05         Shape sh; sh = s; sh = c;               //基类对象被赋值为派生类对象
#06         Shape* psh{ &s }; psh = &c;             //基类指针指向派生类对象
#07         Shape& rsh{ s }; rsh = c;               //基类引用绑定到派生类对象
#08     }
```

使用派生类对象初始化基类对象、基类指针、基类引用时，可以通过基类句柄访问到派生类对象中基类的属性和行为。

③ 基类指针和基类引用可以指向派生类指针或派生类引用。

```
#01     int main() {
#02         //定义派生类 Square 的对象、指针和引用
#03         Square s{ 10 }; Square* ps{ &s }; Square& rs{ s };
#04
#05         //定义派生类 Circle 的对象、指针和引用
#06         Circle c{ 10 }; Circle* pc{ &c }; Circle& rc{ c };
#07
#08         Shape* psh{ ps }; psh = pc;       //基类指针指向派生类指针
#09         Shape& rsh{ rs }; rsh = rc;       //基类引用绑定到派生类引用
#10     }
```

使用派生类指针或引用初始化基类指针、基类引用时，可以通过基类句柄访问到派

生类对象中基类的属性和行为。

赋值兼容规则在实际编程中有几点用处：①使基类和派生类的不同对象形态之间可以相互赋值，如上述 4 点内容所示；②把派生类对象存储在基类容器中；③把派生类实参传递给基类形参；④以基类类型返回派生类对象。后面 3 个用途的示例如下。

a．把派生类对象存储在基类容器中。

```
#01    int main() {
#02        //以基类数组存储派生类对象
#03        Shape s[]{ Square{10}, Circle{10} };
#04
#05        std::vector<Shape*> vsp;              //基类 Shape 指针容器
#06        vsp.push_back(new Square{ 10 });      //存储派生类 Square 指针
#07        vsp.push_back(new Circle{ 10 });      //存储派生类 Circle 指针
#08    }
```

以基类类型作为容器的模板类型实参，可以获得存储时的灵活性。基类数组 s 中实际存放的有派生类对象 Square{10}和 Circle{10}。vector 对象 vsp 定义为存储基类指针的容器，它能够存储派生类对象 Square{10}和 Circle{10}，这些能够存储不同类型元素的容器称为异质容器，元素类型完全相同的容器称为同质容器。

b．把派生类实参传递给基类形参。

```
#01    void printArea(const Shape& s) {    //基类 Shape 形参
#02        std::cout << s.Area() << std::endl;
#03    }
#04
#05    int main() {
#06        Square s{ 10 }; printArea(s);   //派生类 Square 实参，输出 100
#07        Circle c{ 10 }; printArea(c);   //派生类 Circle 实参，输出 314
#08    }
```

函数 printArea( )输出形状的面积，它把基类 Shape 的 const 引用设为函数参数。在 main( )函数中，实际传递给该函数的对象包括派生类 Square 和 Circle 的对象。

c．以基类类型返回派生类对象。

```
#01    enum {SQUARE, CIRCLE};
#02
#03    Shape* makeShape(int flag) {        //工厂函数
#04        switch (flag) {
#05        case SQUARE:
#06            return new Square{ 10 };    //返回派生类 Square 对象指针
#07        case CIRCLE:
#08            return new Circle{ 10 };    //返回派生类 Circle 对象指针
#09        }
#10    }
#11
#12    int main() {
#13        std::cout<<makeShape(SQUARE)->Area() << std::endl; //输出 100
#14        std::cout<<makeShape(CIRCLE)->Area() << std::endl; //输出 314
#15        //注意释放 new 申请的内存
#16    }
```

工厂函数 makeShape( )根据不同的标记生成不同派生类对象，但是该函数的返回类型都统一设置为基类指针 Shape*。尽管如此，编译器仍然能够正确辨识该函数所返回的指针对象，因此 main( )函数中能够计算正确的面积值。

综观上述种种做法，以基类名义访问或存放派生类对象，具有很多好处，这可以忽略所有派生类对象的差别，而以基类的名义实现对象操作的一般化（即把派生类对象视为基类对象去统一调用基类所提供的统一方法），这是后续用虚函数实现多态性的基础。

7.6 多 重 继 承

7.6.1 定义与语法

多重继承时一个类的直接基类多于一个，则该类得到多个基类的属性和行为。定义多重继承的语法类似于单一继承，只是要在冒号后面列出每个基类的名称和继承方式。对于多个基类的初始化，也需要采用成员初始化值列表形式完成。

与单一继承类似，在构造多基类的派生类对象时，需要首先调用基类的构造函数，然后执行派生类的构造函数。这里需要注意，对于多个基类构造函数的调用，是以声明继承关系时所列基类的顺序进行的，而不是以在成员初始化值列表中所列基类构造函数调用的顺序进行的。

【例 7.17】多重继承时派生类的构造函数。

```
#01     #include <iostream>
#02     using namespace std;
#03     class BaseA {                                   //定义基类
#04         int n;
#05     public:
#06         BaseA(int m) :n(m) {
#07             cout << "BaseA::BaseA: n = " << n << endl;
#08         }
#09         ~BaseA() noexcept {cout << "BaseA::~BaseA: n = " << n <<endl;}
#10     };
#11
#12     class BaseB {                                   //定义基类
#13         double d;
#14     public:
#15         BaseB(double c) :d(c) {
#16             cout << "BaseB::BaseB: d = " << d << endl;
#17         }
#18         ~BaseB() noexcept {cout << "BaseB::~BaseB: d = " << d << endl;}
#19     };
#20
#21     class Derived : public BaseA, public BaseB {//多重继承
#22         char ch;
#23     public:
#24         Derived(int m, double c, char cc)
#25             :ch(cc), BaseB(c), BaseA(m) {         //调用基类构造函数
```

```
#26                 cout << "Derived::Derived: ch = " << ch << endl;
#27         }
#28         ~Derived() noexcept {
#29             cout << "Derived::~Derived: ch = " << ch << endl;
#30         }
#31     };
#32
#33     int main() {
#34         Derived d{1, 2.5, 'A'};                    //测试派生类构造函数
#35     }
```

程序的输出结果如下：

```
BaseA::BaseA: n = 1
BaseB::BaseB: d = 2.5
Derived::Derived: ch = A
Derived::~Derived: ch = A
BaseB::~BaseB: d = 2.5
BaseA::~BaseA: n = 1
```

分析本例程，首先要掌握多重继承关系声明时的语法。派生类 Derived 同时继承类 BaseA 和类 BaseB，继承关系的声明如下：

```
class Derived : public BaseA, public BaseB
```

这表明类 Derived 首先以 public 方式继承类 BaseA，然后以 public 方式继承类 BaseB，这是对基类的继承顺序。

其次要掌握派生类构造函数定义时的成员初始化值列表语法。在定义派生类 Derived 的构造函数时，需要初始化从基类 BaseA 和 BaseB 中得到的数据成员及派生类 Derived 的自有数据成员，因此派生类构造函数 Derived 在成员初始化值列表中列出了对 3 个数据成员初始化的表达式：

```
Derived(int m, double c, char cc) :ch(cc), BaseB(c), BaseA(m) {}
```

这表示用参数 cc 初始化数据成员 ch，用参数 c 初始化基类 BaseB 的数据成员，用参数 m 初始化基类 BaseA 的数据成员。成员初始化值列表首先列出的是对基类 BaseB 构造函数的调用，然后列出的是对基类 BaseA 构造函数的调用，这是成员初始化值列表对基类构造函数的调用顺序。

最后要掌握派生类对象构造和析构的顺序。这里要注意一个顺序问题，实际构造派生类对象时调用基类构造函数的顺序是以对基类继承的顺序（public BaseA, public BaseB）为准，而不是在成员初始化值列表中列出的对基类构造函数的调用顺序（BaseB(c), BaseA(m)）。因此派生类对象构造和析构的完整顺序如表 7-3 所示。

表 7-3　多重继承时派生类对象的构造和析构

序号	类型	过程	目的
1	构造	调用基类 BaseA 的构造函数	初始化基类 BaseA 的数据成员
2		调用基类 BaseB 的构造函数	初始化基类 BaseB 的数据成员
3		调用派生类 Derived 的构造函数	初始化派生类 Derived 的数据成员
4	析构	调用派生类 Derived 的析构函数	清理派生类 Derived 的数据成员
5		调用基类 BaseB 的析构函数	清理基类 BaseB 的数据成员
6		调用基类 BaseA 的析构函数	清理基类 BaseA 的数据成员

在多重继承时，如果多个基类中定义有相同的成员，则派生类对这些成员的访问存在二义性。为了消除二义性，需要用到成员名限定法。

【例 7.18】消除成员访问中的二义性。

```
#01    #include "xr.hpp"
#02
#03    class Freshman {                                    //描述大学一年级学生
#04    public:                                             //行为特征:勤奋学习
#05        void DoSomething() {std::cout << "Freshman: studying hard.\n";}
#06    };
#07    class Sophomore {                                   //描述大学二年级学生
#08    public:                                             //行为特征:耽于游戏
#09        void DoSomething() {std::cout << "Sophomore: playing game.\n";}
#10    };
#11    class Junior {                                      //描述大学三年级学生
#12    public:                                             //行为特征:坠入爱河
#13        void DoSomething() {std::cout << "Junior: falling in love.\n";}
#14    };
#15    class Senior {                                      //描述大学四年级学生
#16    public:                                             //行为特征:疲于觅职
#17        void DoSomething() {std::cout << "Senior: hunting a job.\n";}
#18    };
#19    class UnderGraduate : public Freshman, public Sophomore,
#20        public Junior, public Senior                    //描述本科生
#21    {};
#22
#23    int main() {
#24        UnderGraduate u;
#25        //? u.DoSomething();                      //二义性:不可直接访问
#26
#27        xrv(u.Freshman::DoSomething());         //作为基类 Freshman 的行为
#28        xrv(u.Sophomore::DoSomething());        //作为基类 Sophomore 的行为
#29        xrv(u.Junior::DoSomething());           //作为基类 Junior 的行为
#30        xrv(u.Senior::DoSomething());           //作为基类 Senior 的行为
#31    }
```

程序的输出结果如下：

```
#27: u.Freshman::DoSomething() ==>Freshman: studying hard.
#28: u.Sophomore::DoSomething()==>Sophomore: playing game.
#29: u.Junior::DoSomething()    ==>Junior: falling in love.
#30: u.Senior::DoSomething()    ==>Senior: hunting a job.
```

上述程序分别定义了类 Freshman、Sophomore、Junior 和 Senior 模拟大学 4 年学生的主要行为，注意模拟主要行为的成员函数 DoSomething( )都具有相同的接口。每个大学生都将经历这 4 个阶段并可能具有这些行为，因此类 UnderGraduate 从这 4 个类派生，从而在其对象的内存空间中得到成员函数 DoSomething( )的 4 个副本，这可能会引发成员访问时的二义性。

main( )函数用派生类对象 u 测试了它所具有的行为。表达式 u.DoSomething( )意欲直接访问它所得到的成员函数，但是对这个函数调用的解析出现二义性，成员函数

DoSomething 分别来自 4 个基类，表达式 u.DoSomething( )没有表达清楚所调用函数 DoSomething( )的来源。

为了消除对成员函数 DoSomething( )访问的二义性，有两种方法：或者重命名各个基类中的该函数；或者使用成员名限定法。后面一种做法有如表达式 u.Freshman:: DoSomething( )所示，它要表达的意图是，把派生类对象 u 视为基类 Freshman 的对象，访问它所具有的行为。毫无疑问，这会调用从基类 Freshman 中得到的成员函数。其余 3 个表达式 u.Sophomore::DoSomething( )、u.Junior::DoSomething( )、u.Senior::DoSomething( ) 具有相同的用途。

7.6.2　虚基类

1. 虚基类的作用与定义

在多重继承时，若基类又有共同的基类，则派生类对间接基类的访问存在二义性。如图 7.6（a）所示，该图模拟定义了博士类 Doctor、教师类 Teacher、院士类 Academician 之间的继承关系，其中类 Doctor 和类 Teacher 都有着共同的基类 Person。类 Person 具有属性姓名 name 和年龄 age，具有访问姓名和年龄的行为 Name 和 Age。类 Doctor 具有属性 focus 表示研究兴趣，具有行为 Research 表示科研工作。类 Teacher 具有属性 title 表示职称，具有行为 Teach 表示教学工作。类 Academician 具有行为 Contribute 表示在某领域的重大贡献。

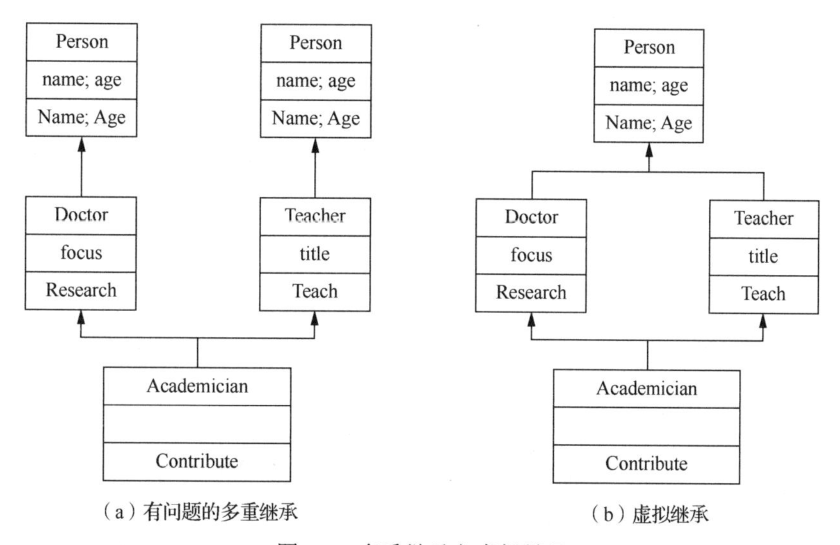

图 7.6　多重继承之虚拟继承

实现上述继承关系的代码可以如下：

```
#01     class Person {};                                    //公共基类
#02
#03     class Doctor : public Person {};                    //派生类的直接基类
#04     class Teacher : public Person {};                   //派生类的直接基类
#05
#06     class Academician : public Doctor, public Teacher {};  //派生类
```

对于上述多重继承关系，派生类 Academician 的直接基类 Doctor 和 Teacher 具有共同的基类 Person。这意味着类 Academician 通过直接基类 Doctor 得到间接基类 Person 的属性和行为，同时通过直接基类 Teacher 再次得到间接基类 Person 的属性和行为，这样，派生类 Academician 的对象在内存空间就会拥有基类 Person 的属性和行为的多个副本，这会导致对这些成员的访问出现二义性，即如下代码会引发编译错误：

```
#01        Academician a;
#02        //? a.Name();                          //具有二义性的访问
#03        //? a.Age();                           //具有二义性的访问
```

该编译错误表示：派生类 Academician 的对象 a 对成员函数 Name( )和 Age( )的访问具有二义性。

前已述及，对这些出现冲突的成员进行无二义性访问的方法是成员名限定法，但是这不能消除产生问题的根源：派生类中存在共同基类成员的多个副本。

为了让共同基类 Person 不管经过什么路径被继承，最终汇合到派生类中的基类成员只有一份，如图 7.6（b）所示，这需要用到虚拟继承，让这个共同基类 Person 成为虚基类。这样不管怎么继承，虚基类在所有派生类中都只会保留一个副本，这样就消除了对派生类对象中虚基类成员访问的二义性。

相对于普通继承关系的定义，声明虚拟继承关系只需要在虚基类继承方式之前（或者后面）加以关键字 virtual 即可。注意：只要把“以虚基类作为直接基类的继承关系”声明为虚拟继承即可。修改之后实现继承关系的代码可以如下：

```
#01     class Person {};                              //公共基类
#02
#03     class Doctor : virtual public Person {};      //虚拟继承
#04     class Teacher : public virtual Person {};     //虚拟继承
#05
#06     class Academician : public Doctor, public Teacher {};  //派生类
```

这样，再由派生类 Academician 的对象 a 访问成员函数 Name( )和 Age( )，就完全正确了。

```
#01        Academician a;
#02        a.Name();                          //正确的访问,不具二义性
#03        a.Age();                           //正确的访问,不具二义性
```

2. 虚基类的初始化

相对于普通继承关系，虚拟继承时派生类对象的构造和析构略显复杂。简而言之，关于虚基类的初始化，有如下两条规则。

（1）所有从虚基类直接或间接派生的类必须在该类构造函数的成员初始化值列表列出对虚基类构造函数的调用，但是只有实际构造对象的派生类的构造函数才会引发对虚基类构造函数的调用，而其他基类在成员初始化值列表中对虚基类构造函数的调用都会被忽略，从而保证了派生类对象中虚基类成员只会被初始化一次。

（2）若某类构造函数的成员初始化值列表中同时列出对虚基类构造函数和非虚基类构造函数的调用，则会优先执行虚基类的构造函数。

【例 7.19】虚基类的应用示例。

```
#01    #include <string>
#02    #include "xr.hpp"
#03
#04    class Person {                                    //公共基类
#05    private:
#06        std::string name;                             //姓名
#07        int age;                                      //年龄
#08    public:
#09        Person(const char* sn, int a)
#10            :name(sn), age(a)
#11        {}
#12        const std::string& Name() const { return name; }   //访问姓名
#13        int Age() const { return age; }               //访问年龄
#14        void Print() const { std::cout << name << "\t" << age << std::endl; }
#15    };
#16
#17    class Doctor : virtual public Person {            //虚拟继承:博士类
#18    protected:
#19        std::string focus;                            //研究方向
#20    public:
#21        Doctor(const char* sn, int a, const char* f)
#22            :Person(sn, a), focus(f)
#23        {}                                            //以下方法访问研究方向
#24        void Research(){std::cout<<"research on " << focus << std::endl; }
#25        void Print() const {
#26            std::cout<<Name()<<"\t"<<Age() << "\t" << focus << std::endl;
#27        }
#28    };
#29
#30    class Teacher : public virtual Person {           //虚拟继承:教师类
#31    protected:
#32        std::string title;                            //职称
#33    public:
#34        Teacher(const char* sn, int a, const char* t)
#35            :Person(sn, a), title(t)
#36        {}                                            //以下方法访问职称
#37        void Teach() { std::cout << "serve as " << title << std::endl; }
#38        void Print() const {
#39            std::cout<<Name()<<"\t"<<Age() << "\t" << title << std::endl;
#40        }
#41    };
#42
#43    class Academician : public Doctor, public Teacher {//派生类:院士类
#44    public:
#45        Academician(const char* sn, int a, const char* f, const char* t)
#46            :Person(sn, a), Doctor(sn, a, f), Teacher(sn, a, t)
#47        {}
#48        void Contribute() {
```

```
#49                 std::cout << "as a " << title
#50                     << ", make great contributions to " << focus << std::endl;
#51             }
#52             void Print() const {
#53                 std::cout << Name() << "\t" << Age() << "\t"
#54                     << title << "\t" << focus << std::endl;
#55             }
#56         };
#57
#58         int main() {
#59             Academician a{"Tom", 55, "Robotics", "Professor"};
#60             xrv(a.Person::Print());     //输出作为基类 Person 时的信息
#61             xrv(a.Doctor::Print());     //输出作为基类 Doctor 时的信息
#62             xrv(a.Teacher::Print());    //输出作为基类 Teacher 时的信息
#63
#64             xrv(a.Print());             //输出作为派生类 Academician 时的信息
#65             xrv(a.Research());          //访问从基类得到的方法
#66             xrv(a.Teach());             //访问从基类得到的方法
#67             xrv(a.Contribute());        //访问派生类自己的方法
#68         }
```

程序的输出结果是：

```
#60: a.Person::Print()  ==>Tom  55
#61: a.Doctor::Print()  ==>Tom  55  Robotics
#62: a.Teacher::Print() ==>Tom  55  Professor
#64: a.Print()          ==>Tom  55  Professor   Robotics
#65: a.Research()       ==>research on Robotics
#66: a.Teach()          ==>serve as Professor
#67: a.Contribute()     ==>as a Professor, make great contributions to
Robotics
```

分析本例程，需要达到如下 3 个目的。

第一，要理解虚拟继承的声明方式。派生类 Doctor 从基类 Person 虚拟继承，该关系声明如下：

```
class Doctor : virtual public Person {};
```

派生类 Teacher 从基类 Person 虚拟继承，该关系声明如下：

```
class Teacher : public virtual Person {};
```

这两个派生类 Doctor 和 Teacher 直接从类 Person 派生，故需要把它们的继承方式声明为虚拟继承。但是派生类 Academician 在继承类 Doctor 和类 Teacher 时，无须采用虚拟继承方式，如下所示：

```
class Academician : public Doctor, public Teacher {};
```

第二，要理解虚基类构造函数的调用。虚基类 Person 的直接派生类 Doctor 和 Teacher 需要在定义构造函数时在成员初始化值列表中列出对虚基类构造函数的调用，如下所示：

```
Doctor(const char* sn, int a, const char* f) :Person(sn, a), focus(f) {}
Teacher(const char* sn, int a, const char* t) :Person(sn, a), title(t) {}
```

这应该能够理解，因为每个派生类需要调用其直接基类的构造函数。但是虚基类 Person 的间接派生类 Academician 也在定义构造函数时在成员初始化值列表中列出对虚基类构造函数的调用，如下所示：

```
Academician(const char* sn, int a, const char* f, const char* t)
        :Person(sn, a), Doctor(sn, a, f), Teacher(sn, a, t)
{}
```

这好像有违“每个派生类只需调用其直接基类的构造函数”。其实，这就是虚拟继承与普通继承的区别之一。这并不意味着每个派生类的构造函数真的会调用该虚基类构造函数一次，而是由最终生成对象的派生类调用虚基类的构造函数，这确保了虚基类构造函数沿着整个类继承层次只被调用一次，从而使派生类对象只拥有一份虚基类成员。

第三，要理解虚基类的作用。虚基类的出现是为了消除基类成员访问的二义性，这个例证出现在类 Academician 的函数 Print( )中，该函数输出对象的所有信息，为此需要访问基类成员 name 和 age，这通过函数 Name( )和 Age( )实现。虽然这两个函数沿着两条继承路径汇合到派生类 Academician 中，但是由于虚基类的作用，最终只有一份虚基类成员存在于派生类对象的内存空间，因此在函数 Print( )中直接访问函数 Name( )和 Age( )就不再有二义性。

7.6.3　应用举例

多重继承有很多有意思的应用，下面聊举两例。

1. DateTime 类

【例 7.20】日期类 Date 与时间类 Time 的应用示例。

```
#01     #include <iostream>
#02     #include <time.h>
#03
#04     class Date {                                 //定义日期类
#05     private:
#06         int year, month, day, weekday;           //年,月,日,星期
#07     public:
#08         Date(int y, int m, int d, int w)         //构造一个具体日期
#09             :year(y), month(m), day(d), weekday(w)
#10         {}
#11         void Print(std::ostream& os = std::cout) const {//输出日期信息
#12             os << year << "-" << month << "-" << day << " ";//格式:y-m-d
#13             switch (weekday) {
#14                 case 0: os << "Sunday ";       break;  //整数 0 对应星期日
#15                 case 1: os << "Monday ";       break;  //整数 1 对应星期一
#16                 case 2: os << "Tuesday ";      break;  //整数 2 对应星期二
#17                 case 3: os << "Wednesday ";    break;  //整数 3 对应星期三
#18                 case 4: os << "Thursday ";     break;  //整数 4 对应星期四
#19                 case 5: os << "Friday ";       break;  //整数 5 对应星期五
#20                 case 6: os << "Saturday ";     break;  //整数 6 对应星期六
#21             }
#22         }
#23     };
#24
```

```
#25     class Time {                                          //定义时间类
#26     private:
#27         int hour, minute, second;                         //小时,分钟,秒
#28     public:
#29         Time(int h, int m, int s)                         //构造一个时间
#30             :hour(h), minute(m), second(s)
#31         {}
#32         void Print(std::ostream& os = std::cout) const {//输出时间信息
#33             os << hour << ":" << minute << ":" << second;//格式为h:m:s
#34         }
#35     };
#36
#37     class DateTime : public Date, public Time {//定义时刻类
#38     public:
#39         DateTime(int y, int mo, int d, int w, int h, int mi, int s)
#40             :Date(y, mo, d, w), Time(h, mi, s) //构造一个时刻
#41         {}
#42         void Print(std::ostream& os = std::cout) const {//输出时刻信息
#43             Date::Print(os);                              //首先输出日期
#44             Time::Print(os);                              //然后输出时间
#45         }
#46         static DateTime Now() {                           //返回当前时刻
#47             __int64 ltime;                                //存储当前秒数
#48             _time64( &ltime );                            //获得以秒表示的当前时间
#49
#50             struct tm now;                                //tm为系统时间结构
#51             if (_localtime64_s( &now, &ltime )) {//秒数转换为tm结构
#52                 std::cout << "由于参数无效, 致使函数_localtime64_s失败.\n";
#53                 exit(1);
#54             }
#55
#56             DateTime dt(now.tm_year + 1900,               //当前时间的年份
#57                 now.tm_mon + 1,                           //当前时间的月份
#58                 now.tm_mday,                              //当前时间的日期
#59                 now.tm_wday,                              //当前时间的星期
#60                 now.tm_hour,                              //当前时间的小时
#61                 now.tm_min,                               //当前时间的分钟
#62                 now.tm_sec);                              //当前时间的秒
#63             return dt;                                    //返回当前时刻
#64         }
#65     };
#66
#67     int main() {
#68         DateTime::Now().Print();                          //输出程序运行的时刻
#69     }
```

本例程序主要演示了多重继承的一般用法。类 Date 实现了日期的描述，数据成员 year 表示年，month 表示月，day 表示日，weekday 表示星期。构造函数 Date(int y, int m, int d, int w)以 4 个参数构造一个具体日期对象。成员函数 void Print(ostream& os = cout) const

以类似“2021-5-23 Sunday”的格式输出日期。

类Time实现了时间的描述，数据成员hour表示小时，minute表示分钟，second表示秒。构造函数Time(int h, int m, int s)以3个参数构造一个具体时间对象。成员函数void Print(ostream& os = cout) const以类似“20:31:19”的格式输出时间。

类DateTime继承类Date和Time，实现了日期和时间的精确描述。构造函数DateTime(int y, int mo, int d, int w, int h, int mi, int s)分别调用基类的构造函数Date(y, mo, d, w)和Time(h, mi, s)构造一个精确的日期和时间对象。成员函数void Print(ostream& os = cout) const以类似“2021-5-23 Sunday 20:31:19”的格式输出一个精确的日期和时间。

这个程序有意思的地方在于派生类DateTime实现的static成员函数static DateTime Now( )，它调用系统函数获取当前时间，并构造为DateTime对象。之所以为static，是因为这个函数不操作某个对象，只依赖于类DateTime而存在。实现过程应用到了两种数据类型：结构类型struct tm是系统定义类型，表示时间信息。类型__int64表示64bit整型数。这两种数据类型分别为函数_time64( )和_localtime64_s( )所需要，函数_time64( )获取以秒表示的当前时间并存放在变量ltime中，该秒数从1970年1月1日零点开始计数。函数_localtime64_s( )把变量ltime表示的秒数转换为时间结构变量now。static成员函数Now( )最后用该结构变量生成类DateTime的对象。main( )函数中的表达式DateTime::Now( ).Print( )测试了所有3个类的功能。运行该程序，可以得到类似“2021-5-23 Sunday 20:31:19”的当前时间。

2. 可变类型的类

【例7.21】可变类型的类Variant的应用示例。

```
#01     #include <iostream>
#02     #include <string>
#03
#04     class Int {                                       //封装 int 类型
#05     private:
#06         int n;
#07     public:
#08         explicit Int(int m=0) noexcept :n(m) {}//int→Int
#09         explicit operator int() const { return n; }//Int→int
#10     };
#11
#12     class Double {                                    //封装 double 类型
#13     private:
#14         double d;
#15     public:
#16         explicit Double(double b=0) noexcept :d(b){}//double→Double
#17         explicit operator double() const{return d;}//Double→double
#18     };
#19
#20     class Char {                                      //封装 char 类型
#21     private:
#22         char ch;
```

```
#23     public:
#24         explicit Char(char c=0) noexcept :ch(c) {}//char→Char
#25         explicit operator char() const { return ch; }//Char→char
#26     };
#27
#28     class String {                                  //封装 string 类型
#29     private:
#30         std::string str;
#31     public:
#32         explicit String(const char* s = "") noexcept
#33                     : str(s) {}                     //string→String
#34
#35         explicit operator std::string()const {return str;}//String→string
#36     };
#37
#38     class Variant : public Int, public Double,
#39         public Char, public String {                //通过继承得到基类的能力
#40     public:
#41         Variant(int m) : Int(m) {}                  //可由 int 构造
#42         Variant(double d) : Double(d) {}            //可由 double 构造
#43         Variant(char c) : Char(c) {}                //可由 char 构造
#44         Variant(const char* s) : String(s) {}       //可由 string 构造
#45     };
#46
#47     int main() {
#48         Variant cv(65);                         //把 int 用作 Variant
#49         std::cout << int(cv) << std::endl; //把Variant转换为int, 输出 65
#50
#51         cv = 3.14;                              //赋值为 double 类型
#52         std::cout << double(cv) << std::endl;//转换回 double 类型, 输出 3.14
#53
#54         cv = 'A';                               //赋值为 char 类型
#55         std::cout << char(cv) << std::endl;//转换回 char 类型, 输出 A
#56
#57         cv = "Hello";                           //赋值为 string 类型
#58         std::cout<<std::string(cv)<<std::endl;//转回 string,输出 Hello
#59     }
```

本例程是多重继承的典型应用。类 Int、Double、Char、String 分别实现了基本数据类型 int、double、char 及 STL 字符串类型 string 的封装。每个类提供了一个转换构造函数（同时支持默认构造）把标准类型转换为自定义类型，如 Int(int m = 0)把 int 数据转换为 Int 对象。同时提供一个转换运算符实现反方向的转换，即把自定义类型对象转换为标准类型数据，如 operator int ( ) const 把 Int 对象转换为 int 数据。

类 Variant 同时继承类 Int、Double、Char、String，这使它具有了这 4 个类的所有能力。类 Variant 针对 int、double、char、string 这 4 种类型各提供一个构造函数，这使它能够把标准类型数据转换构造为 Variant 对象，实际上这是通过类 Int、Double、Char、String 的构造函数完成的。

本例程序所具有的最重要的意义由 main( )函数说明了：类 Variant 实现了一个可以用作任意类型的类。这一点类似于 Python 和 Matlab 语言中的一个特性：不管数据的类型，只管给它赋值。赋值为整数，该变量就是整型变量；赋值为字符，该变量就是字符型变量；而且可以在随后任意修改赋值。

类 Variant 就具有这样的能力。main( )函数首先构造类 Variant 的对象 cv，并存放 int 值 65，强制类型转换表达式 int(cv)把对象 cv 还原为 int 数据 65，这调用了基类 Int 提供的类型转换的能力 operator int ( ) const。然后把类 Variant 的对象赋值为 double 值 3.14，强制类型转换表达式 double(cv)把对象 cv 还原为 double 数据 3.14，这调用了基类 Double 提供的类型转换的能力 operator double ( ) const。接着把类 Variant 的对象赋值为 char 值'A'，强制类型转换表达式 char(cv)把对象 cv 还原为 char 数据'A'，这调用了基类 Char 提供的类型转换的能力 operator char ( ) const。最后把类 Variant 的对象赋值为 string 值 string("Hello")，强制类型转换表达式 string(cv)把对象 cv 还原为 string 数据"Hello"，这调用了基类 String 提供的类型转换的能力 operator string( ) const。

实现上述功能的一种更好的方法是使用类模板。类 Int、Double、Char、String 中具有大量相似的代码，把它们封装为如下类模板 Type。

```
#01      template <class T>
#02      class Type {                                //把 T 类型封装为 Type 类型
#03      private:
#04          T t;
#05      public:
#06          explicit Type(const T& a = T()) noexcept :t(a) {}//把 T 转换为 Type
#07          explicit operator const T&()const {return t;}  //把 Type 转换为 T
#08      };
```

然后修改类 Variant 的定义如下：

```
#01      class Variant : public Type<int>, public Type<double>,
#02          public Type<char>, public Type<std::string> {
#03      public:
#04          Variant(int m) :        Type<int>(m) {}      //与 int 互换
#05          Variant(double d) :     Type<double>(d) {}  //与 double 互换
#06          Variant(char c) :       Type<char>(c) {}     //与 char 互换
#07          Variant(const char* s):Type<std::string>(s) {} //与 string 互换
#08      };
```

感兴趣的读者可以继续扩充本例，使类 Variant 可以与更多数据类型相互存储和运算。

C++17 标准库新增容器类 any 用于存储任意类型的单个值。可以通过构造函数或赋值运算符“=”向 any 对象中随时存入任意类型的值。成员函数 has_value( )判断对象中是否含有一个值。成员函数 type( )返回所容纳值的 typeid。全局函数 any_cast( )获取所容纳的值。关于该容器的详细用法，请参考 STL 相关文档。为了使用类 any，需要包含头文件<any>。C++17 同时新增类模板 variant<>表示一个类型安全的 union。variant 对象在任何时刻只能容纳一个值。

本 章 小 结

本章围绕类的继承这一主题，讨论了继承的基本概念、继承的方式与访问控制、派生类对象的构造与析构、继承的典型应用、赋值兼容规则、多重继承等内容。

1. 继承的概念

分类是人们认识事物的有效方法，有利于分辨事物和概念之间的共性和特性。作为C++的三大特性之一，继承机制提供了描述事物共性的工具。它能够描述事物和概念之间“is-a”的层次关系，并提供了实现方法。继承是软件工程中实现代码重用的一种重要手段，利用继承能够得到现有功能、扩展新增功能，从而提高代码的组织效率。在实际应用中，要注意区别继承与复合的联系与区别。

2. 继承的方式与访问控制

类的继承有 3 种方式：public 继承、protected 继承、private 继承。继承方式的不同，主要影响基类成员在派生类中的访问控制。在 public 继承方式下，基类成员的访问权限在派生类中基本保持不变，这使它在程序设计中有着更多的应用。protected 权限在继承中应用很多，它实现了数据成员的封装和保护，同时为派生类成员函数提供了访问基类数据成员的机会。

3. 派生类对象的构造和析构

学习这部分内容，需要注意派生类对象构造的形式和过程两方面。构造派生类对象需要同时初始化从基类继承而来的数据成员，这经常需要在成员初始化值列表中调用基类的构造函数。在构造派生类对象时，首先调用基类的构造函数，然后调用派生类的构造函数。在析构派生类对象时，首先调用派生类的析构函数，然后调用基类的析构函数。如果类中含有对象成员，则情况显得有些麻烦。每个派生类需要负责调用其直接基类的构造函数，一般不直接调用其间接基类的构造函数。

4. 继承的典型应用

继承的最大优势在于描述一类事物和概念的共性，因此在程序设计中要多定义基类描述共性。通过继承，派生类得到了基类的属性和方法，很多时候，派生类还需要对基类的功能进一步扩展，扩展意味着增添新的功能。当派生类定义有与基类相同的成员时，派生类对基类成员的访问会出现二义性，这一般通过成员名限定法消除二义性。通过调整基类成员在派生类中的访问权限，可以达到隐藏基类成员的目的。基类 noncopyable 以巧妙的方式实现了禁止派生类具有复制语义的目的。

5. 赋值兼容规则

赋值兼容规则最大的动力来源于“在 public 继承时，派生类对象是基类对象”这一规则。为了实现这一规则，应该允许派生类对象应用于基类对象所使用的场合，这表现为4种情况：①不同派生类对象形态和基类对象形态之间可以相互赋值；②把派生类对象存储在基类容器中；③把派生类实参传递给基类形参；④以基类类型返回派生类对象。

6. 多重继承

多重继承允许某类从多个基类派生，这使派生类具有丰富的功能。定义派生类的构造函数同样需要使用成员初始化值列表语法。虚基类的出现，是为了消除基类成员访问的二义性。

习　题

1．正方形是一种特殊的长方形。定义类描述它们之间的关系并计算各自的面积和周长。

2．每个人 Person 都有姓名 name、年龄 age 等属性。每个学生 Student 都有学习成绩 score 等属性。本科生 Undergraduate 则具有主修专业 speciality 等属性。研究生 Graduate 则具有研究方向 focus 等属性。请定义类描述各个概念，并提供必要的操作。

3．STL 序列式容器 vector<>、deque<>、list<>、string 具有共同的操作，请定义基类 Container<>封装这些共性操作，然后描述容器 vector<>、deque<>、list<>、string 与基类的继承关系，最后描述各容器的接口。

4．实现计算机 Computer 的面向对象描述。每个计算机配件 ComputerAccessory 都有制造商 manufacturer 和价格 price 两种属性。主板 MotherBoard、内存 Memory、显示器 Monitor 是典型的计算机配件。芯片组 chipset、内存容量 capacity、显示器类型 mtype 分别是这 3 种配件的重要特征。主板、内存、显示器是计算机 Computer 的重要组成部分。请定义类描述各类事物，并提供必要的操作，计算装配一台计算机需要的价钱。

5．实现一个小型的工资计算系统。普通员工 Employee 具有姓名 name、工号 id、工资 salary 等属性。销售人员 Salesman 是员工的一类，他具有属性：每月销售量 sales 和按劳提取酬金的比率 rate。经理 Manager 也是员工的一类，他具有属性：每月固定工资 monthly_salary。销售经理 SalesManager 兼具销售人员和经理的属性和行为。请定义类描述上述 4 种人员及其相互关系，并提供必要的操作，计算各人的工资。

第 8 章　虚函数与多态性

多态性（polymorphism）是C++和面向对象程序设计的第三大特性。虚函数是实现多态性的基础。多态性描述了派生类相对于基类的差异和个性，并使系统的扩展和维护变得异常简单。

本章首先讨论程序的静态绑定和动态绑定机制，然后引出虚函数的概念及其定义语法，讨论虚函数的应用及虚函数表。本章还分析多态性的概念及C++关于多态性的机制。纯虚函数与抽象基类是本章的重要内容之一，本章讨论它们的概念及应用。

通过本章的学习，读者应理解动态绑定的机制和工作方式；重点掌握虚函数、多态性、纯虚函数和抽象基类等 4 个重要概念；并熟练应用虚函数或纯虚函数，以及抽象基类解决比较简单的问题。

8.1　概　　述

8.1.1　问题的引出

继承描述了共性。通过继承，类的属性和行为得以延伸，所有派生类都具有与基类相同的接口和方法。这些类按照外延的大小形成类层次结构（class hierarchy）。沿着类层次结构向上（从派生类到基类），派生类对象可以用作基类对象。沿着类层次结构向下（从基类到派生类），基类的共性逐渐扩展。

本章的讨论是对第 7 章的延续：在 public 继承时，派生类对象是基类对象。派生类对象与基类对象之间的相互操作满足赋值兼容规则。利用继承机制，把共有的属性和方法尽可能放置到类层次结构的更高层次，从而把派生类对象都视为基类对象，有利于简化程序逻辑。

从基类继承而来的方法，有的能够适用于派生类，有的需要派生类自己定义或改写。对于前者，面向对象方法称为实现继承（implementation inheritance），这一类方法往往在类层次结构的较高层次上实现具体功能，这样使派生类从基类继承这些方法，并且保持基类对该函数的定义。对于需要派生类自行定义的方法，面向对象方法称为接口继承（interface inheritance），这一类方法往往在类层次结构的较低层次实现具体功能。基类规定这些方法一致的接口（即具有相同的函数签名），并确保类层次结构中的对象都以同样的接口调用它们，但是派生类需要自行提供这些方法的实现过程（往往具有细微的差别）。

对于实现继承的方法，把派生类对象用作基类对象，一般能够对这些方法进行适当的调用。对于接口继承的方法，按照赋值兼容规则进行派生类对象和基类对象的相互操作时，可能会得不到预料的结果。

【例 8.1】形状类的名称与面积[反例]的应用示例。

定义基类 Shape，它具有面积属性 area 和返回面积的方法 Area( )。从类 Shape 派生出正方形类 Square 和圆类 Circle，计算各自的面积。

```
#01     #include <iostream>
#02
#03     class Shape {                                    //定义基类
#04     protected:
#05         double area;
#06     public:
#07         double Area() const {return area;}           //基类函数:返回图形面积
#08         const char* Name() const {return "Shape";}//基类函数:返回图形名称
#09     };
#10
#11     class Square : public Shape {                    //定义派生类
#12     private:
#13         double length;
#14     public:
#15         Square(double l = 0) noexcept : length(l) {area = length * length;}
#16         const char* Name()const{return "Square";}//派生类函数:返回图形名称
#17     };
#18
#19     class Circle : public Shape {                    //定义派生类
#20     private:
#21         double radius;
#22     public:
#23         Circle(double r=0)noexcept:radius(r) {area=3.14*radius*radius;}
#24         const char* Name()const{return "Circle";}//派生类函数:返回图形名称
#25     };
#26
#27     void Print(Shape *ps) {            //以下通过基类指针访问成员函数
#28         std::cout << ps->Name() << ": " << ps->Area() << std::endl;
#29     }
#30
#31     int main() {
#32         Square s{10};
#33         Print(&s);                  //为派生类 Square 对象 s 调用成员函数
#34
#35         Circle c{10};
#36         Print(&c);                  //为派生类 Circle 对象 c 调用成员函数
#37     }
```

程序的输出结果如下：

```
Shape: 100
Shape: 314
```

基类 Shape 定义有两个方法，函数 double Area( ) const;返回图形的面积；函数 const char*Name( ) const;返回表示图形名称的字符串。作为实现继承和接口继承的对比，派生类 Square 和 Circle 继承了函数 Area( )的功能实现，继承了函数 Name( )的接口定义。换而言之，派生类 Square 和 Circle 仍然沿用基类方法 Area( )的实现，而自行定义基类方法 Name( )以返回不同的图形名称。

函数 void Print(Shape *ps);对方法 Area( )和 Name( )进行了测试，它先后输出图形的名称及其面积。由于函数 Print( )的参数类型为基类 Shape 的指针，按照赋值兼容规则，基类指针可以指向派生类对象。这样，main( )函数先后以派生类 Square 和 Circle 的对象 s 和 c 的地址作为实参调用函数 Print( )，期望能够输出对象 s 和 c 的所属图形的名称和面积。

从输出结果可以看出，通过基类指针 ps，能够正确调用提供实现继承的函数 Area( )，从而输出正确的面积。但是对提供接口继承的函数 Name( )的调用没有达到预想的目标，在输出对象 s 和 c 所属图形的名称时，结果都输出了基类的图形名称。这是按照赋值兼容规则访问基类方法时出现的问题。

分析该问题的产生，可以发现：在函数 Print( )中，基类指针 ps 对函数 Name 的访问 ps->Name( )并没有针对所指对象的类型而调用不同的函数，当所指对象为 s 时，应该调用派生类 Square 的成员函数 Name( )；而当所指对象为 c 时，应该调用派生类 Circle 的成员函数 Name( )。相反，它们都直接根据指针 ps 的类型调用了基类 Shape 中的成员函数。

为了解决这个问题，需要系统具备这样一种能力：根据对象指针或对象引用所指向对象的真实类型（基类或派生类），有选择地调用适当的函数。这涉及绑定（binding）的问题。

所谓绑定，即函数调用与函数定义相联系的过程。按照发生的时间，绑定有两种方式：静态绑定（static binding）和动态绑定（dynamic binding）。静态绑定发生在编译期间，又称为早期绑定（early binding）；动态绑定发生在运行期间，又称为滞后绑定（late binding）。下面分别讨论。

8.1.2 静态绑定

在编译期间，系统根据函数调用定位到待执行函数的定义体，即在运行前，已经确定了目标代码的地址。C 语言编译都会采用静态绑定，按照这种绑定方法，程序执行具有较高的效率。

对于面向对象的静态绑定，需要注意：对于类继承层次结构中的共有方法，如果通过对象（或对象指针、对象引用）来调用，那么只能调用该对象（或对象指针、对象引用）所属类的成员函数，而不会根据对象指针（或对象引用）所指实际对象的类型（基类或派生类）来调用该类的成员函数。

对于例 8.1 所定义的基类 Shape 和派生类 Square、Circle，下列函数调用都按照静态绑定机制完成。

```
#01         Shape sh;        sh.Area();  sh.Name();  //调用基类 Shape 的函数
#02         Shape *p{&sh};   p->Area();  p->Name();  //调用基类 Shape 的函数
#03         Shape &r{sh};    r.Area();   r.Name();   //调用基类 Shape 的函数
#04
#05         Square s{10};    s.Area();   s.Name();   //调用派生类 Square 的函数
#06         p = &s;          p->Area();  p->Name();  //调用基类 Shape 的函数
#07         r = s;           r.Area();   r.Name();   //调用基类 Shape 的函数
#08
#09         Circle c{10};    c.Area();   c.Name();   //调用派生类 Circle 的函数
#10         p = &c;          p->Area();  p->Name();  //调用基类 Shape 的函数
#11         r = c;           r.Area();   r.Name();   //调用基类 Shape 的函数
```

在上面的函数调用中，虽然通过表达式 p = &s 让基类 Shape 的指针 p 指向派生类 Square 的对象 s，但是函数调用 p->Area( )和 p->Name( )仍然调用的是基类 Shape 的函数，而不是派生类 Square 的函数，这显然不是令人满意的绑定方式。同样的“遭遇”也发生在引用 r 身上。

8.1.3 动态绑定

为使例 8.1 的输出结果如下：

```
Square: 100
Circle: 314
```

需要让基类方法 Name( )具有动态绑定的能力，即函数 Print( )能够根据指针参数 ps 所指对象的真实类型（派生类），自动选择调用派生类的函数 Name( )。也就是说，当所指对象为 s 时，函数调用表达式 ps->Name( )匹配派生类 Square 的成员函数 Name( )；当所指对象为 c 时，函数调用表达式 ps->Name( )匹配派生类 Circle 的成员函数 Name( )。这就是动态绑定的工作方式。

需要动态绑定的对象是那些“由于派生类的不同工作方式而具有不同实现过程的基类方法”。基类方法 Area( )对所有派生类都能够适用，是因为它的实现过程能够满足所有派生类对该方法的需求，对它采用静态绑定即可。基类方法 Name( )在不同派生类中具有不同的实现过程，当通过基类指针或基类引用访问该函数时，为调用正确的派生类方法，必须采用动态绑定的方式。

如果让基类方法 Area( )和 Name( )都具有动态绑定的能力，那么下列函数调用将具有完全不同的工作方式。

```
#01        Shape sh;        sh.Area();   sh.Name();   //调用基类 Shape 的函数
#02        Shape *p{&sh};   p->Area();   p->Name();   //调用基类 Shape 的函数
#03        Shape &r{sh};    r.Area();    r.Name();    //调用基类 Shape 的函数
#04
#05        Square s{10};    s.Area();    s.Name();    //调用派生类 Square 的函数
#06        p = &s;          p->Area();   p->Name();   //调用派生类 Square 的函数
#07        r = s;           r.Area();    r.Name();    //调用派生类 Square 的函数
#08
#09        Circle c{10};    c.Area();    c.Name();    //调用派生类 Circle 的函数
#10        p = &c;          p->Area();   p->Name();   //调用派生类 Circle 的函数
#11        r = c;           r.Area();    r.Name();    //调用派生类 Circle 的函数
```

相比于静态绑定，面向对象的动态绑定能够实现：对于类继承层次结构中的共有方法，如果通过对象指针（或对象引用）来调用，会根据对象指针（或对象引用）所指实际对象的类型（基类或派生类）来调用该类的成员函数，因此具有更好的灵活性。

8.2 虚 函 数

8.2.1 定义语法

为了实现动态绑定，需要虚函数（virtual function）的机制。虚函数是“在声明时用关键字 virtual 修饰的成员函数"，而且该成员函数是类的非 static 成员函数。下列程序段在类 Shape 中声明了一个虚函数 Name( )以返回字符串形式的图形名称。

```
#01     class Shape {
#02     public:
#03         virtual const char* Name() const {return "Shape";} //定义虚函数
#04     };
```

关键字 virtual 需要放置在成员函数的函数原型前，在类定义体外定义虚函数时，无须重复出现关键字 virtual。例如，下列定义方式：

```
#01     class Shape {
#02     public:
#03         virtual const char* Name() const;                  //函数原型
#04     };
#05
#06     const char* Shape::Name() const {return "Shape";}  //函数定义
```

在基类中声明为 virtual 的函数，在派生类中保持为虚函数。这使有的程序员选择"省略派生类虚函数声明时的 virtual 关键字"。但是"用关键字 virtual 显式声明派生类的虚函数"使程序具有更好的可读性。例如，下列类定义：

```
#01     class Shape {
#02     public:
#03         virtual const char* Name() const {return "Shape";} //定义虚函数
#04     };
#05
#06     class Square : public Shape {
#07     public:
#08         virtual const char* Name() const {return "Square";}//继承虚函数
#09     };
```

当然，为了保持派生类中虚函数自动延续的特性，需要确保该函数的所有信息（即函数签名，包括函数名称、函数参数与返回类型）与基类函数完全相同，即确保接口一致。否则，不能认为派生类中的函数自动是虚函数。例如，下列程序段：

```
#01     class Shape {
#02     public:
#03         virtual const char* Name() const {return "Shape";} //定义虚函数
#04     };
#05
#06     class Square : public Shape {
#07     public:
#08         const char* Name(){return "Square";}//不是继承基类 Shape 中的虚函数
#09     };
```

一个成员函数被声明为虚函数，这意味着它可以采用动态绑定方式实现调用。如果调用虚函数的句柄是对象，则只能采用静态绑定。只有当调用虚函数的句柄是对象指针或对象引用时，才能够实现动态绑定。例如，当基类 Shape 中的函数 Name( )声明为虚函数时，下列程序段成功测试了该函数的动态绑定工作方式。

```
#01     void Print(Shape *ps) {                    //通过指针调用虚函数以实现动态绑定
#02         std::cout << ps->Name() << ": " << ps->Area() << std::endl;
#03     }
```

```
#04
#05     Square s{10};
#06     Print(&s);                          //输出: Square: 100
#07
#08     Circle c{10};
#09     Print(&c);                          //输出: Circle: 314
```

通过基类指针 ps 调用虚函数 Name( )，当所指对象为 s 时，函数调用表达式 ps->Name( )动态绑定到派生类 Square 的成员函数 Name( )；当所指对象为 c 时，函数调用表达式 ps->Name( )动态绑定到派生类 Circle 的成员函数 Name( )。

如果把函数 Print( )参数传递方式改为基类对象引用，同时调整实参传递形式，也可以得出相同的结果。

```
#01     void Print(Shape &rs) {             //通过引用调用虚函数以实现动态绑定
#02         std::cout << rs.Name() << ": " << rs.Area() << std::endl;
#03     }
#04
#05     Square s{10};
#06     Print(s);                           //输出: Square: 100
#07
#08     Circle c{10};
#09     Print(c);                           //输出: Circle: 314
```

通过基类引用 rs 调用虚函数 Name( )，当所引用对象为 s 时，函数调用表达式 rs.Name( )动态绑定到派生类 Square 的成员函数 Name( )；当所引用对象为 c 时，函数调用表达式 rs.Name( )动态绑定到派生类 Circle 的成员函数 Name( )。

但是把函数 Print( )参数传递方式改为基类对象，不能采用动态绑定。

```
#01     void Print(Shape s) {               //通过对象调用虚函数不能实现动态绑定
#02         std::cout << s.Name() << ": " << s.Area() << std::endl;
#03     }
#04
#05     Square s{10};
#06     Print(s);                           //输出: Shape: 100
#07
#08     Circle c{10};
#09     Print(c);                           //输出: Shape: 314
```

通过基类对象 s 调用虚函数 Name( )，无论实参对象属于哪个派生类，都不能调用该派生类中的虚函数，而只能根据基类对象采用静态绑定，结果全部调用基类的函数 Name( )。

8.2.2　应用举例

虚函数机制可以使软件开发商在不公开源代码的情况下发布软件，只要发布声明有函数接口的头文件和包含完整实现的二进制目标文件，客户就可以利用继承机制从现有类中派生出新类，这些派生类既可以保持虚函数的实现过程，又可以重新定义虚函数完成自己的功能。

一个成员函数被声明为虚函数，这也意味着不同的派生类对该函数有着不同的实现过程（即接口继承），当然派生类也可以保持基类对该函数的实现（即实现继承）。如果派生类不重新定义该虚函数，则它使用直接基类（或其基类）中该虚函数的定义，这也是实现继承。很多时候，虚函数既能够实现接口继承，又可以实现实现继承。

【例 8.2】Person 类及其派生类的应用示例。

```
#01     #include <iostream>
#02     #include <string>
#03
#04     class Person {                                    //定义基类
#05     protected:                                        //注意权限设置
#06         std::string name;                             //姓名
#07         int age;                                      //年龄
#08     public:
#09         Person(const char* sn = "", int a = 0) noexcept :name(sn), age(a) {}
#10         virtual void Print(std::ostream& os=std::cout) const {//虚函数
#11             os << name << "\t" << age << std::endl;
#12         }
#13     };
#14
#15     class Worker : public Person {                    //定义派生类
#16     public:
#17         Worker(const char* sn = "", int a = 0) noexcept :Person(sn, a) {}
#18     };
#19
#20     class Student : public Person {                   //定义派生类
#21     protected:
#22         double score;                                 //学生成绩
#23     public:
#24         Student(const char* sn = "", int a = 0, double s = 0) noexcept
#25             :Person(sn, a), score(s)
#26         {}
#27         virtual void Print(std::ostream& os = std::cout) const {
#28             os << name << "\t" << age << "\t" << score << std::endl;
#29         }
#30     };
#31
#32     class Graduate : public Student {                 //定义派生类
#33     protected:
#34         std::string focus;                            //研究方向
#35     public:
#36         Graduate(const char* sn = "", int a = 0,
#37             double s = 0, const char* f = "") noexcept
#38             :Student(sn, a, s), focus(f)
#39         {}
#40         virtual void Print(std::ostream& os = std::cout) const {
#41             os << name << "\t" << age << "\t"
#42                 << score << "\t" << focus << std::endl;
#43         }
#44     };
```

```
#45
#46     int main() {
#47         Person* pa[4];                           //基类指针数组
#48         pa[0] = new Person{"Tom", 20};           //指向基类堆对象
#49         pa[1] = new Worker{"Goofy", 25};         //指向派生类堆对象
#50         pa[2] = new Student{"Jerry", 18, 90};    //指向派生类堆对象
#51         pa[3] = new Graduate{"Mickey", 22, 88, "IS"};//指向派生类堆对象
#52
#53         for (int i = 0; i != 4; ++i) {
#54             pa[i]->Print();                      //调用虚函数,实现动态绑定
#55             delete pa[i];                        //释放堆内存
#56         }
#57     }
```

程序的输出结果如下：

```
Tom     20
Goofy   25
Jerry   18  90
Mickey  22  88  IS
```

基类 Person 定义了虚函数 Print( )用于输出每个人的属性（姓名 name 和年龄 age）。派生类 Worker 继承并保持了基类 Person 对于虚函数 Print( )的实现过程。类 Student 从类 Person 继承，它需要重定义虚函数 Print( )以输出新增的属性（分数 score）。类 Graduate 从类 Student 继承，它也需要重定义虚函数 Print( )以输出新增的属性（研究兴趣 focus）。

通过继承，虚函数保持了所有派生类在实现输出函数 Print( )时的一致性。main( )函数定义了基类 Person 的对象指针数组 pa，并向该数组中存放了基类和派生类的不同对象。由于所有这些对象都具有输出属性的方法 Print( )，因此能够在 for 循环中把它们都视为基类的对象指针而采用统一的调用方式 pa[i]->Print( )依次输出各个对象的属性，程序的输出结果也验证了这种操作方式的可行性。main( )函数最后在 for 循环中通过表达式 delete pa[i]逐个释放堆对象所占的内存资源。

通过本例程可以清楚地看出：虚函数 Print( )通过基类指针调用实现了动态绑定。当 pa[0]所指为基类 Person 的对象时，函数调用表达式 pa[0]->Print( )所调用的函数 Print( )是基类 Person 的成员函数。与此类似，当 pa[1]指向派生类 Worker 的对象时，表达式 pa[1]->Print( )调用的是派生类 Worker 的成员函数（实为基类的函数 Print( )）。当 pa[2]指向派生类 Student 的对象时，表达式 pa[2]->Print( )调用的是派生类 Student 的成员函数。当 pa[3]指向派生类 Graduate 的对象时，表达式 pa[3]->Print( )调用的是派生类 Graduate 的成员函数。

尽管不同的派生类对虚函数有着不同的实现过程，但是它们都保持了相同的接口形式，这就为实现“操作的一般化”奠定了重要的基础。所谓“操作的一般化”，如同 main( )函数通过 for 循环以统一的形式 pa[i]->Print( )处理不同的对象，这有利于简化程序设计的处理逻辑。

【例 8.3】计算器类 Calculator 及其派生类的应用示例。

```
#01     #include <iostream>
#02     #include <vector>
```

```
#03
#04    class Calculator {                              //定义计算器基类
#05    public:
#06        virtual const char* DoWhat()const{return "Computing";}//运算名称
#07        virtual double Compute(double a,double b){return 0;}//运算过程
#08    };
#09
#10    class Add : public Calculator {                 //定义加法器派生类
#11    public:
#12        virtual const char* DoWhat() const {return "Add";}
#13        virtual double Compute(double a, double b) {return a + b;}
#14    };
#15
#16    class Sub : public Calculator {                 //定义减法器派生类
#17    public:
#18        virtual const char* DoWhat() const {return "Sub";}
#19        virtual double Compute(double a, double b) {return a - b;}
#20    };
#21
#22    class Mul : public Calculator {                 //定义乘法器派生类
#23    public:
#24        virtual const char* DoWhat() const {return "Mul";}
#25        virtual double Compute(double a, double b) {return a * b;}
#26    };
#27
#28    class Div : public Calculator {                 //定义除法器派生类
#29    public:
#30        virtual const char* DoWhat() const {return "Div";}
#31        virtual double Compute(double a, double b) {return a / b;}
#32    };
#33
#34    int main() {
#35        std::vector<Calculator *> vpc;              //存储计算器对象的容器
#36        vpc.push_back(new Add());                   //存储加法器对象
#37        vpc.push_back(new Sub());                   //存储减法器对象
#38        vpc.push_back(new Mul());                   //存储乘法器对象
#39        vpc.push_back(new Div());                   //存储除法器对象
#40
#41        for (size_t i = 0; i != vpc.size(); ++i) {
#42            std::cout << vpc[i]->DoWhat() << ": "       //输出运算的名称
#43                << vpc[i]->Compute(12, 4) << std::endl; //实现运算的过程
#44            delete vpc[i];                               //释放运算器对象
#45        }
#46    }
```

程序的输出结果如下：

```
Add: 16
Sub: 8
Mul: 48
Div: 3
```

基类 Calculator 定义了方法 DoWhat( )表示计算的性质，以及方法 Compute( )实施具体的计算过程。基类 Calculator 存在的意义就是规定它的继承层次结构中方法 DoWhat( )和 Compute( )的共同接口。派生类加法器 Add 自定义虚函数 DoWhat( )返回"Add"表示加法计算，并自定义 Compute 计算参数 a 和 b 的和。与此类似，派生类减法器 Sub 自定义虚函数 DoWhat( )返回"Sub"表示减法计算，并自定义 Compute 计算参数 a 和 b 的差。派生类乘法器 Mul 自定义虚函数 DoWhat( )返回"Mul"表示乘法计算，并自定义 Compute 计算参数 a 和 b 的积。派生类除法器 Div 自定义虚函数 DoWhat( )返回"Div"表示除法计算，并自定义 Compute 计算参数 a 和 b 的商。

main( )函数以“一般化的操作”测试了各派生类所具有的能力。首先在 vector<>容器对象 vpc 中以基类指针形式存放各派生类对象，然后通过 for 循环统一访问各对象的方法 vpc[i]->DoWhat( )，并以 12 和 4 作为实参调用函数 vpc[i]->Compute(12, 4)测试了 4 种计算。当 i 分别取值为 0、1、2、3 时，指针 vpc[i]分别指向加法器 Add 对象、减法器 Sub 对象、乘法器 Mul 对象和除法器 Div 对象，这样，函数调用表达式 vpc[i]->DoWhat( )和 vpc[i]->Compute(12, 4)分别绑定到这 4 个派生类中的虚函数。

分析本例程，要理解“对象响应消息”的机制。这个机制实现了“把消息发送给对象，让对象考虑怎么做”的函数动态绑定过程。基类 Calculator 定义了两个消息（DoWhat( )和 Compute( )），各派生类对这两个消息的实现方法不尽相同，如对消息 DoWhat( )的响应有 4 种方式。选取哪一种方法来响应消息，这需要由对象来决定，如当 vpc[i]所指对象为加法器 Add 对象时，对消息 DoWhat( )的响应由方法 Add::DoWhat( )来完成，而对消息 Compute( )的响应由方法 Add::Compute( )来完成。这就是面向对象的消息响应机制：对象决定消息响应的方法。

通过本例程，还可以看出虚函数具有扩展程序代码的功能。只要程序通过基类接口通信，就能够保证程序的可持续性。因为无论派生类如何扩展基类的功能，它总具有基类的一般特征和方法，只要确保基类接口不变，那些使用基类接口的函数就可以不经任何修改而同样能够应用派生类的接口，这意味着这些函数的应用范围从基类扩展到派生类。对基类 Calculator 继续派生，如派生出计算两数平方和的计算器等，只要该派生类按照相同的接口定义了虚函数 DoWhat( )和 Compute( )，那么使用这些接口的函数（如 main( )函数）就不需要进行任何改动，只要把这个派生类的对象视为基类对象加入容器 vpc 中，就能够保证 main( )函数的正确执行。

8.2.3 虚函数表

指向派生类对象的基类指针（或基类引用）能够调用正确的虚函数，这种动态绑定机制使对象具有了“神奇的”选择能力和自我决定能力，这是通过虚函数表（virtual function table，vftable）实现的。

编译器会为含有虚函数的类创建一个虚函数表，并在该表中记录各虚函数的地址。在生成该类的对象时，通常会在该对象的首地址放置一个虚函数指针（vfptr），并把该指针初始化为虚函数表的地址。在通过基类指针（或基类引用）调用虚函数时，编译器会首先获得（基类或派生类）对象的虚函数指针，据此找到派生类的虚函数表，然后在虚函数表中查询虚函数的地址，从而完成动态绑定，并调用正确的虚函数。这就是虚函数大致的工作机制。当然，设置每个类的虚函数表，初始化每个对象的虚函数指针，为虚函数调用插入代码，所有这些都由系统自动完成。

【例 8.4】含有虚函数的类和不含虚函数的类的应用示例。

```
#01 class Test {
#02 private:
#03     int n;
#04 public:
#05     virtual void f() {}
#06 };
#07 int main() {
#08     Test t;
#09     xr(sizeof(t));  //8
#10     xr(&t);//与虚函数指针的地址相同
#11 }
```

```
#01 class Test {
#02 private:
#03     int n;
#04 public:
#05     void f() {}
#06 };
#07 int main() {
#08     Test t;
#09     xr(sizeof(t));  //4
#10     xr(&t);//与数据成员 n 的地址相同
#11 }
```

上面的程序说明了含有虚函数的类与不含虚函数的类的区别。在右边的程序中，类 Test 定义有成员函数 f( )，这使类 Test 的对象 t 只具有数据成员 n 的大小（4 字节），而且对象 t 的存储地址与数据成员 n 的地址相同，这说明数据成员 n 是对象 t 中的第一个成员。左边的程序仅把成员函数 f( )声明为虚函数，情况大有不同：对象 t 具有 8 字节的大小，这除了数据成员 n 的 4 字节，还包含对象中虚函数指针的 4 字节。另外，对象 t 的存储地址不再与数据成员 n 的地址相同，而与对象中虚函数指针的地址相同，这说明虚函数指针是对象 t 中的第一个成员。

下面通过例子简要说明虚函数表的初始化、更新及应用。

【例 8.5】虚函数表与动态绑定的应用示例。

```
#01     #include "xr.hpp"
#02
#03     class Base {
#04     private:
#05         int n;
#06     public:
#07         void nvf() {std::cout << "Base::nvf\n";}
#08         virtual void vf1() {std::cout << "Base::vf1\n";}
#09         virtual void vf2() {std::cout << "Base::vf2\n";}
#10         virtual void vf3() {std::cout << "Base::vf3\n";}
#11     };
#12
#13     class Derived : public Base {
#14     public:
#15         void nvf() {std::cout << "Derived::nvf\n";}//覆盖基类同名函数
#16         virtual void vf1(){std::cout<<"Derived::vf1\n";}//重定义基类虚函数
#17         virtual void vf2(){std::cout<<"Derived::vf2\n";}//重定义基类虚函数
#18     };
#19
#20     int main() {
#21         Derived d;
#22         Base *p{ &d };
```

```
#23         xrv(p->nvf());                    //静态绑定到基类版本
#24         xrv(p->vf1());                    //动态绑定到派生类版本
#25         xrv(p->vf2());                    //动态绑定到派生类版本
#26         xrv(p->vf3());                    //动态绑定到派生类版本(实为基类版本)
#27     }
```

程序的输出结果如下：

```
#23: p->nvf()   ==>Base::nvf
#24: p->vf1()   ==>Derived::vf1
#25: p->vf2()   ==>Derived::vf2
#26: p->vf3()   ==>Base::vf3
```

构造函数主要用于初始化数据成员。此外，在构造具有虚函数的类对象时，必须在构造函数中要把该对象的虚函数指针初始化为虚函数表的地址，在此之前不能进行任何虚函数调用。一旦虚函数指针被初始化为指向相应的虚函数表，对象就知道自己的类型信息了。main( )函数调用系统提供的默认构造函数构造派生类 Derived 的对象 d，这会把对象 d 的虚函数指针 vfptr 初始化为派生类 Derived 的虚函数表 vftable 的地址。

派生类会继承基类的虚函数表。在派生类中重定义虚函数时，派生类虚函数表把该虚函数的地址更新为派生类的函数地址。那些没有被重定义的虚函数，则保持为基类函数的地址。基类 Base 中定义有 3 个虚函数 vf1( )、vf2( )和 vf3( )，如图 8.1（a）所示，类 Base 的虚函数表按照这 3 个函数声明的顺序把它们依次列为表项，每个表项是一个函数指针，指向定义了该虚函数的成员函数。注意，类 Base 中的函数 nvf( )不是虚函数，不能列在虚函数表中。如图 8.1（b）所示，派生类 Derived 继承了基类 Base 的虚函数表，但是重新定义了虚函数 vf1( )和 vf2( )，因此派生类 Derived 的虚函数表对指向这两个函数的函数指针进行了更新，而保持第三个函数指针仍然指向基类 Base 的成员函数 vf3( )。

虚函数是通过 3 层指针和复杂的数据结构实现的。如图 8.1（b）所示，第一层指针是指向派生类（或基类）对象的基类指针（或基类引用），通过它可以找到对象的虚函数指针 vfptr。第二层指针是每个对象的虚函数指针 vfptr，它指向类的虚函数表 vftable。第三层指针是虚函数表中的每一项函数指针，它指向实际调用的成员函数。这些表项按照 4 字节的偏移连续存放。

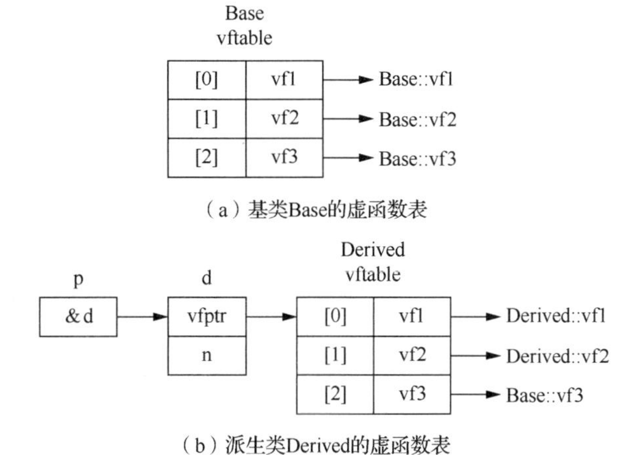

图 8.1　虚函数表与动态绑定

main( )函数通过基类Base指针p指向派生类Derived的对象d，测试了各成员函数的绑定方式。成员函数nvf( )不是虚函数，采用静态绑定，所以函数调用p->nvf( )根据指针p所属类型Base绑定到基类Base的成员函数nvf。成员函数vf1( )、vf2( )和vf3( )都是虚函数，采用动态绑定，指针p所指对象d的类型为Derived，通过查询类Derived的虚函数表，确定函数调用p->vf1( )、p->vf2( )和p->vf3( )分别绑定到派生类Derived的成员函数vf1( )和vf2( )，以及基类Base的成员函数vf3( )。

从上面的分析可以看出，对虚函数的调用，绝不等同于对普通函数的调用。它需要存储对象的虚函数指针和类的虚函数表，这需要占用内存空间。还需要复引用指针，以及通过虚函数表项的偏移来访问相应函数，这需要占用执行时间。

8.2.4 虚析构函数

构造函数不能是虚函数，但是析构函数应该经常定义为虚函数。如果类中声明有虚函数，则其析构函数也应定义为虚函数，即虚析构函数（virtual destructor）。即使虚析构函数什么也不做，它也能确保该类的派生类的析构函数能被正确调用。把基类的析构函数声明为虚函数，这使所有派生类的析构函数都变成虚函数，即使这些析构函数的名称不同。

如果用delete运算符释放指向派生类对象的基类指针，为了正确地删除派生类的对象，必须把基类析构函数声明为虚函数，才会调用合适的析构函数。请注意，删除派生类对象时，该对象中的基类成员也会被删除，而且在执行完派生类析构函数之后会自动执行基类的析构函数。

【例8.6】虚析构函数的必要性[反例]的应用示例。

```
#01     #include <iostream>
#02
#03     class Base {
#04     public:
#05         Base() noexcept {std::cout << "Base::Base\n";}//以下暂不为虚函数
#06         /*virtual*/~Base() noexcept {std::cout<<"Base::~Base\n";}
#07     };
#08
#09     class Derived : public Base {
#10     public:
#11         Derived() noexcept {std::cout << "Derived::Derived\n";}
#12         ~Derived() noexcept {std::cout << "Derived::~Derived\n";}
#13     };
#14
#15     int main() {
#16         Base *p = new Derived();
#17         delete p;                                  //此处不能正确释放内存
#18     }
```

程序的输出结果如下：

```
Base::Base
Derived::Derived
Base::~Base
```

上述程序在 main( )函数中首先生成派生类堆对象 new Derived( )，并用基类指针 p 指向它，随后通过基类指针 p 释放该派生类对象。在生成派生类对象时，首先调用基类构造函数初始化基类成员，然后调用派生类构造函数初始化派生类成员。但是在释放该对象时，只是针对指针 p 的类型调用了基类的析构函数，而没有沿着类层次结构首先调用派生类的析构函数。这种不正确的析构函数调用有时会导致不正确的内存释放，如派生类析构函数需要释放动态内存，但是偏偏跳过了对该析构函数的调用。

为了解决不正确调用析构函数的问题，需要把基类 Base 的析构函数声明为虚函数（去掉本例中 Base 析构函数定义前的注释符即可），这会使派生类 Derived 的析构函数也成为虚函数。在释放派生类对象时，会依次调用派生类的析构函数和基类的析构函数，从而得到正确的结果：

```
Base::Base
Derived::Derived
Derived::~Derived
Base::~Base
```

8.3　多　态　性

8.3.1　多态性的概念

继承模拟了人类社会代际传承的现象，而多态性模拟了传承过程中的创造与发展。无论是人类文明中瑰丽的精神文明财富和物质文明财富，还是具有明显家族印迹的禀性和特质，在一代代的传承和延续中，总会出现不同于以往的杰出创造和无法磨灭的嬗变，这些创造和嬗变在沿着旧有轨道行进中或有偏离，或有分岔，但是总体上都是在丰富着文明的历史。

封装性、继承性和多态性是 C++和面向对象程序设计的三大重要特性。封装性侧重于单个概念和事物的属性和方法的计算和处理，继承性实现了多个概念和事物之间共同属性和方法（即“共性”）的描述，而多态性则提供了描述和处理概念和事物之间的差异（即“个性”）的灵活手段和重要方法。通过继承，概念和事物之间的“共性”得以延续，但是处理概念和事物之间的“个性”似乎更为重要，因为处于类继承层次结构中的不同类在属性和方法上必然具有或多或少的差异，以可持续的方法处理类层次结构中现有的、将来的类对于程序设计具有更重要的意义。

继承是软件工程中实现代码重用的一种重要手段，而多态性是软件工程中实现系统扩展的重要方法。通过继承，新类可以得到现有类的属性和方法，新类既可以继承现有方法的实现过程，又可以保持现有方法的接口不变而自行定义其过程和功能。多态性的重要意义在于实现了“操作的一般化”，它把类继承层次结构中较低层的类向上映射，并以虚函数机制把通过基类指针（或基类引用）调用的函数向下映射为派生类的自定义方法。“一般化的操作”包括了现在的情况，同时考虑了未来的情况。只要新类型遵循了“一般化的接口”，它的对象就能够响应现有命令，这意味着现有程序代码无须重新编译仍可以正确运行，这就是对现有系统的扩展。

在继承机制中，“派生类对象是基类对象”是一个重要的原则，其指导意义在于：通过 public 继承，派生类对象能够适用于基类对象的应用场合。但是通过静态绑定机制，派生类对象只能在“分割”后被视为基类对象，而且只能展现出基类的共性。只有通过虚函数和动态绑定，派生类对象才能展现出有别于基类的个性。因此，多态性使“派生类对象是基类对象”这一原则完整而丰富。

8.3.2 C++的多态性

所谓多态性，是指“呈现不同形态的能力”。以 C++运算符为例，C++提供的功能丰富的运算集能够对各种基本类型数据进行操作，其中最为典型的是赋值运算符“=”。只要满足数据类型转换规则，赋值运算就能够在 char、int、float、double 等基本类型的数据之间进行赋值。对于自定义数据类型而言，只要定义了转换构造函数（把其他类型数据转换为本类对象）和转换运算符（把本类对象转换为其他类型数据），赋值运算就能够适用于该自定义类型和其他类型。不论这些赋值运算的过程是简单还是复杂（如浅复制和深复制），都可以用同一个表达式“lhs=rhs”（lhs 和 rhs 分别表示左操作数和右操作数）来表示它们，至于具体赋值过程，则由运算对象根据自身类型进行动态选择。因此，对于运算符“=”来说，它具有多态性的能力。

多态性有静态多态性和动态多态性之分。所谓静态多态性，是在编译期间通过静态绑定实现的多态性，函数重载和运算符重载是其典型代表。此外，如果派生类重定义基类的非虚函数，则对该函数采用静态绑定，如果通过基类指针（或基类引用）调用该函数，则调用基类中的该成员函数。如果通过派生类指针（或派生类引用）调用该函数，则调用派生类中的该成员函数。所谓动态多态性，是在运行期间通过虚函数和动态绑定实现的多态性。在用基类指针（或基类引用）调用虚函数时，C++会对与该指针（或引用）相关联的对象选择正确的函数。

C++多态性的重要作用就在于“以非常灵巧的机制和简单的工作实现了系统扩展”，虚函数机制使面向对象类型系统的处理和扩展变得异常简单。下面以图形绘制系统的实现为例说明。若以传统的处理方法，在绘制二维区域类 Region 图形时，需要对圆 Circle、椭圆 Ellipse、三角形 Triangle、长方形 Rectangle、正方形 Square、多边形 Polygon 等分别定义函数 DrawCircle( )、DrawEllipse( )、DrawTriangle( )、DrawRectangle( )、DrawSquare( )、DrawPolygon( )进行绘制。每当有绘制图形的命令到来时，需要根据命令参数给定的图形类型，通过 switch/case 语句进行命令分发而调用不同的图形绘制函数。主要伪代码如下：

```
#01        switch(RegionType) {
#02            case CIRCLE:        DrawCircle();       break;
#03            case ELLIPSE:       DrawEllipse();      break;
#04            case TRIANGLE:      DrawTriangle();     break;
#05            case RECTANGLE:     DrawRectangle();    break;
#06            case SQUARE:        DrawSquare();       break;
#07            case POLYGON:       DrawPolygon();      break;
#08        }
```

这种设计和实现具有直观的优点，但是在维护和扩展方面存在缺陷。例如，如果系统需要实现一种新的区域图形菱形 Diamond 的绘制，则需要改进的地方有：定义绘制菱形的函数 DrawDiamond( )；更改 switch 控制逻辑（增加新的 case 语句）；重新编译 switch/case 语句所在的单元。这需要较大的修改，对相关语句的跟踪和更新非常耗时，且易出错。

如果应用虚函数和多态性改进 switch 控制逻辑，则用户的编程工作变得非常简洁：在基类 Region 中定义虚函数 Draw( )；每个子类重定义该函数实现自绘制；将绘制图形的消息传递给某图形对象，由该图形对象激活它自己的 Draw( )函数以响应绘制消息。这样，上述设计简化为如下伪代码：

```
#01        Region *p = new RegionType;
#02        p->Draw();
```

指针 p 能够根据所指对象的实际类型，把函数调用 p->Draw( )动态绑定到该类型的虚函数。只要这个绘图函数的接口保持不变，无论图形类型系统有何扩展，上述代码总是正确的。这简化了程序维护和扩展的工作，减少了出错的概率。

C++的多态性也指"同一消息引发不同的响应"，这种消息称为多态性消息。在面向对象类型系统中，任何消息都可能有多个方法与之关联，而在类继承层次结构中，不同类对方法的实现是独立的，这就使该消息在各个派生类中的实现过程是不同的，尽管如此，对该消息的响应却能够以完全一致的代码调用完全不同的函数。例如，在上述图形绘制系统中，消息 Draw( )是一个多态消息，圆 Circle、椭圆 Ellipse、三角形 Triangle、长方形 Rectangle、正方形 Square、多边形 Polygon 等派生类都有各自的绘制方法，即对该消息有着不同的实现。但是函数调用 p->Draw( )能够以统一的形式完成不同图形类型中绘制方法的调用，如当 p 所指为圆 Circle 的对象时，虚函数 Draw( )动态绑定到类 Circle 的成员函数 Draw( )。当 p 所指为椭圆 Ellipse 的对象时，虚函数 Draw( )动态绑定到类 Ellipse 的成员函数 Draw( )。这是典型的"对象决定消息响应的方法"的面向对象的消息响应机制。对程序员来说，只管把消息发送给对象，让对象考虑怎么做。

在 C++中实现多态性需要满足的条件有：①基类中必须定义有虚函数，派生类可以用实现继承或接口继承的方式继承该函数。②继承层次结构中的类必须满足赋值兼容规则。③必须通过基类指针或基类引用访问虚函数，以实现动态绑定。

8.4 抽 象 类

8.4.1 纯虚函数

基类通过虚函数定义了类层次结构中共同的方法，派生类则重定义该虚函数以彰显个性。有时候对虚函数的定义显得不太必要，或者说在某些上下文环境中，类中的虚函数不应该被调用，它的实现过程没有明显的意义。例如，下列程序代码定义图形基类 Shape，并在其中提供计算面积的虚函数 Area( )。

```
#01     class Shape {
#02     public:
#03         virtual double Area() const {return 0;}//定义虚函数，似有不妥
#04     };
```

对于类型Shape而言，谈论面积的计算方法没有太大的意义，即使在函数中返回0也不是万全之策。类似这种太过抽象、无须具体实现过程的虚函数，可以把它进一步声明为纯虚函数（pure virtual function），从而就不需要在类中定义它。如下是对纯虚函数的声明：

```
#01     class Shape {
#02     public:
#03         virtual double Area() const = 0;        //声明为纯虚函数
#04     };
```

可以看出，声明纯虚函数只需要“把虚函数的函数原型初始化为0”即可。把函数原型初始化为0，实际是把该函数指针所指地址置空。对于虚函数来说，这等于告诉编译器在该类的虚函数表中为该虚函数保留一个空的位置，但是该位置的函数指针不指向任何成员函数。只要类中存在有一个纯虚函数，则该类的虚函数表就是不完整的。

与虚函数相比，纯虚函数不需要定义，只需要函数原型即可。虚函数除了需要函数原型，还必须要定义，即使其函数定义是一个空的定义体。

8.4.2 抽象基类

类中定义有一个或多个纯虚函数的类就是抽象类（abstract class）。所谓抽象类，是因为其外延太过宽泛而无法定义具体对象的类。能够实例化为具体对象的类则称为具体类（concrete class）。对于圆Circle类来说，它能够生成不同的对象（对应大小不一的圆形），每个对象都能够调用计算面积的函数Area( )按照圆的面积公式计算它们的面积，因此类Circle是具体类。但是如果把圆视为一般的图形类Shape，则这个类太过抽象，无法生成大小不一的图形，无法定义其计算面积的函数Area( )（只能声明为纯虚函数），因此类Shape是抽象类。

抽象类不能实例化对象，否则会引发编译错误。例如，下列程序代码：

```
#01     class Shape {                               //抽象类
#02     public:
#03         virtual double Area() const = 0;        //声明有纯虚函数
#04     };
#05
#06     Shape s;                                    //错误:不能定义对象
```

上述程序企图生成抽象类Shape的对象s，这会引发错误提示信息“不能实例化抽象类”（cannot instantiate abstract class）。

抽象类不能实例化对象，这也意味着“不能以值传递的方式设置抽象类的形参”和“不能设置抽象类对象值形式的函数返回类型”。例如，下列两个函数原型：

```
#01     void f(Shape s);                  //错误:不能以值形式传递抽象类对象
#02     Shape g();                        //错误:不能以值形式返回抽象类对象
```

函数f( )需要抽象类的对象作为实参，函数g( )返回抽象类的对象，这都会引发同样的错误提示信息“不能实例化抽象类”。

虽然不能定义抽象类的对象，但是可以定义抽象类的指针或引用。通过抽象类的指针和抽象类的引用调用虚函数（或纯虚函数）是引发多态性的重要手段。经常以抽象类指针或抽象类引用作为函数参数类型。

由于抽象类不能实例化对象，它往往作为抽象基类（abstract base class）被继承，而且派生类必须重定义从基类得到的纯虚函数，若有多于一个的纯虚函数没有被重新定义，则该派生类也保持为抽象类。因此纯虚函数存在的目的就是提供一个统一的接口，而且强制要求派生类必须重新定义它。

抽象基类存在的意义在于：为类继承层次结构提供一组公共的接口。这些接口都声明为纯虚函数的形式，这强制派生类必须重新定义这些纯虚函数，否则这些派生类也只能用作抽象类。在许多面向对象系统中，抽象基类往往位于类继承层次结构的顶部，用于定义纯虚函数形式的公共接口，以便于系统的维护和扩展。

8.4.3　应用举例

【例 8.7】图形的面积计算的应用示例。

```
#01     #include <iostream>
#02     #include <vector>
#03
#04     class Shape {                           //抽象基类:提供统一接口
#05     public:
#06         virtual double Area() const = 0;    //纯虚函数:计算图形面积
#07         virtual const char* Name() const = 0;//纯虚函数:返回图形名称
#08     };
#09
#10     class Square : public Shape {           //定义派生类
#11     protected:
#12         double length;
#13     public:
#14         Square(double l = 0) noexcept : length(l) {}
#15         virtual double Area() const {return length * length;}
#16         const char* Name() const {return "Square";}
#17     };
#18
#19     class Rectangle : public Shape {        //定义派生类
#20     protected:
#21         double length, width;
#22     public:
#23         Rectangle(double l=0, double w=0) noexcept: length(l),width(w){}
#24         virtual double Area() const {return length * width;}
#25         const char* Name() const {return "Rectangle";}
#26     };
#27
#28     class Circle : public Square {          //定义派生类
#29     public:
#30         Circle(double r = 0) noexcept:Square(r) {}
#31         virtual double Area() const {return 3.14 * length * length;}
#32         virtual const char* Name() const {return "Circle";}
#33     };
#34
```

```
#35    class Ellipse : public Rectangle {      //定义派生类
#36    public:
#37        Ellipse(double l = 0, double w = 0) noexcept:Rectangle(l, w) {}
#38        virtual double Area() const {return 3.14 * length * width;}
#39        virtual const char* Name() const {return "Ellipse";}
#40    };
#41
#42    void Print(Shape *ps) {      //以下通过抽象基类指针调用纯虚函数
#43        std::cout << ps->Name() << ":\t" << ps->Area() << std::endl;
#44    }
#45
#46    int main() {
#47        std::vector<Shape *> vps;                   //抽象基类指针容器
#48        vps.push_back(new Square{10});              //存入基类 Square 对象
#49        vps.push_back(new Rectangle{10, 20});       //存入基类 Rectangle 对象
#50        vps.push_back(new Circle{10});              //存入基类 Circle 对象
#51        vps.push_back(new Ellipse{10, 20});         //存入基类 Ellipse 对象
#52        for (size_t i = 0; i != vps.size(); ++i) {
#53            Print(vps[i]);                          //统一调用派生类各函数
#54            delete vps[i];                          //释放内存
#55        }
#56    }
```

程序的输出结果如下：

```
Square:     100
Rectangle:  200
Circle:     314
Ellipse:    628
```

抽象基类Shape定义了图形类型的两个公共接口，纯虚函数Area( )计算图形的面积，纯虚函数Name( )返回表示图形名称的字符串。派生类Square、Rectangle、Circle、Ellipse分别继承了这两个接口，并按照自己的方式实现了它们。函数Print( )以抽象基类Shape的指针ps作为函数参数，分别调用了这两个纯虚函数。main( )函数向容器vps中存入4个派生类的堆对象，并在for循环中通过Print( )函数依次调用4个类的成员函数Area( )和Name( )，这会实现纯虚函数的动态绑定。

在定义派生类Circle时，从基类Square派生。虽然public继承方式表示基类Square和派生类 Circle 之间的“is-a”关系比较牵强，但是由于这两个类具有相近的属性（正方形边长length可视为圆半径radius），实现它们之间的继承可以简化程序代码。基于同样的道理，派生类Ellipse从基类Rectangle派生。

8.5 override 与 final

8.5.1 override

前已述及，基类中声明为virtual的函数，在派生类中默认为virtual，从而不需要在派生类函数中用virtual关键字再次声明，这样就简化了书写。这也称为派生类重载（或

改写）了基类的函数。但是这种“默认行为和简化”需要满足一定的要求，那就是派生类中的虚函数一定要保持与基类虚函数的函数签名一致。不幸的是，因为一些主客观原因（如疏忽，继承层次的不断增长或复杂），很难保证这些要求。

【例 8.8】override 的用法示例。

```
#01     class Base {
#02     public:
#03         virtual void f0();
#04         virtual void f1() const;
#05         virtual void f2(float);
#06         virtual void f3() &;
#07         void f4() const;
#08     };
#09
#10     class Derived : public Base {
#11     public:
#12         void f0();                              //对比 Base::f0
#13         void f1();                              //对比 Base::f1
#14         void f2(double);                        //对比 Base::f2
#15         void f3() &&;                           //对比 Base::f3
#16         void f4() const;                        //对比 Base::f4
#17     };
```

因为编译器并不对上述不一致的情况进行错误/警告提示，所以程序员可能会意识不到上述错误。

为了使重载/改写行为正确发生，需要满足的要求有：①基类和派生类中的函数名称必须一致（析构函数除外），第 3、12 行中函数名注意阿拉伯数字 0 和英文字母 O 的区别；②基类和派生类中函数的 const 性质必须完全一致，第 4、13 行不满足；③基类和派生类中的函数的形参类型必须完全一致，第 5、14 行不满足；④基类和派生类中的函数引用修饰词（reference qualifier）必须完全一致，此要求自 C++11 引入，第 6 行函数供左值调用，第 15 行函数供右值调用；⑤基类中的函数必须是虚函数，第 7、16 行不满足；⑥基类和派生类中的函数返回值和异常规格必须兼容。

自 C++11 起，为了帮助程序员在复杂的继承结构层次中保持正确的重载（或改写）行为，引入关键字 override 显式声明派生类的虚函数，这意味着该函数必须是对基类同名函数的重载，否则会引发编译错误。

```
#01     class Base {
#02     public:
#03         virtual void f0();
#04         virtual void f1() const;
#05         virtual void f2(float);
#06         virtual void f3() &;
#07         void f4() const;
#08     };
#09
#10     class Derived : public Base {
#11     public:
```

```
#12         void f0() override;
#13         void f1() override;
#14         void f2(double) override;
#15         void f3() &&  override;
#16         void f4() const override;
#17     };
```

在上述程序的第 12～16 行显式加上关键字 override，则编译器对每一行的不一致都会给出错误/警告提示。解决这些错误/警告的办法就是修改派生类或基类中的函数使之符合上述 6 条要求。

8.5.2 final

通常基类中的 virtual 函数在派生类中总是可以被重载或改写。但在某些场合，这些 virtual 函数在派生类（或其派生类中）并不需要被重载或改写，这就可以用关键字 final 来阻止函数被重载或改写。

【例 8.9】final 的用法示例。

```
#01     class Grandparents {                        //祖辈
#02     public:
#03         virtual void plant() = 0;               //要耕作
#04     };
#05
#06     class Parents : public Grandparents{        //父辈
#07     public:
#08         void plant() final {}       //也要耕作,但是阻止了其下辈的同类行为
#09         virtual void eBusiness() {}//做电商
#10     };
#11
#12     class Youth : public Parents { //当代青年
#13     public:
#14         //? void plant() {}         //不需要再耕作,不能重写该函数
#15        virtual void eBusiness() {} //做电商
#16     };
#17
#18     int main() {
#19        Parents p; p.plant();        //可以继续调用该函数
#20        Youth y; //? y.plant();      //不能调用函数plant
#21        y.eBusiness();
#22     }
```

声明于派生类 Parents 的函数 plant( )后面的关键字 final 阻断了 Parents 的派生类 Youth 对该虚函数的继续重载或改写，第 14 行对该函数的定义会引发编译错误。

需要注意的是，关键字 final 主要用于声明派生类中的虚函数，实际上它也可以用于声明基类中的虚函数，但如果这样，该虚函数就没法被重载或改写，也就失去了虚函数的意义。因此，关键字 final 主要用于阻断继承层次中间的某些重写行为。

本 章 小 结

本章深入讨论了C++的虚函数机制和面向对象程序设计中多态性的概念。虚函数是实现多态性的基础。多态性描述了派生类相对于基类的差异和个性，并使系统的扩展和维护变得异常简单。

1. 静态绑定与动态绑定

函数调用关联到函数定义的过程称为绑定。静态绑定发生在编译期间，具有较高的效率，是常用的绑定方式。动态绑定发生在运行期间，具有更好的灵活性，主要适用于那些“由于派生类的不同工作方式而具有不同实现过程的基类方法”。

在静态绑定时，如果通过对象（或对象指针、对象引用）来调用类继承层次结构中的共有方法，那么只能调用该对象（或对象指针、对象引用）所属类的成员函数。对于动态绑定而言，会根据对象指针（或对象引用）所指对象的实际类型（基类或派生类）来调用该类的成员函数。

2. 虚函数及其应用

虚函数是“在声明时用关键字 virtual 修饰的成员函数”，而且该成员函数是类的非 static 成员函数。在基类中声明为 virtual 的函数，在派生类中保持为虚函数。为了保持派生类对基类虚函数的自动延续，需要确保派生类函数的所有信息与基类虚函数完全一致。

虚函数是实现动态绑定的基础。当调用虚函数的句柄是对象指针或对象引用时，才能够实现动态绑定。派生类既可以对虚函数有着不同的实现过程（即接口继承），也可以保持基类对该函数的实现（即实现继承）。

在构造函数和析构函数中调用的虚函数只能采用静态绑定，它们所调用的虚函数只能是本类和基类中定义的函数。

虚函数表是实现虚函数和动态绑定的基础。

如果类中声明有虚函数，则其析构函数也应定义为虚函数，即虚析构函数。

3. 多态性的概念

多态性提供了描述和处理概念和事物之间的差异（即“个性”）的灵活手段和重要方法。多态性是软件工程中实现系统扩展的重要方法。多态性的重要意义在于实现了“操作的一般化”，它把类继承层次结构中较低层的类向上映射，并以虚函数机制把通过基类指针（或基类引用）调用的函数向下映射为派生类的自定义方法。

所谓多态性，是指“呈现不同形态的能力”。C++的多态性也指“同一消息引发不同的响应”，这种消息称为多态性消息。多态性有静态多态性和动态多态性之分。前者又如函数重载和运算符重载。后者是在运行期间通过虚函数和动态绑定实现的多态性。在用基类指针（或基类引用）调用虚函数时，C++会对与该指针（或引用）相关联的对象选择正确的函数。

实现多态性需要满足 3 个条件：①基类中必须定义有虚函数，派生类可以用实现继承或接口继承的方式继承该函数。②继承层次结构中的类必须满足赋值兼容规则。③必须通过基类指针或基类引用访问虚函数，以实现动态绑定。

4. 纯虚函数与抽象基类

声明纯虚函数只需要“把虚函数的函数原型初始化为 0”。与虚函数相比，纯虚函数不需要定义，只需要函数原型即可。虚函数除了需要函数原型，还必须要定义，即使其函数定义是一个空的定义体。

类中定义有一个或多个纯虚函数的类就是抽象类。抽象类不能实例化对象，但是可以定义抽象类的指针或引用，通过抽象类的指针和抽象类的引用调用虚函数（或纯虚函数）是引发多态性的重要手段。

抽象基类存在的意义在于：为类继承层次结构提供一组公共的接口。这些接口都声明为纯虚函数的形式，这强制派生类必须重新定义这些纯虚函数，否则这些派生类也只能用作抽象类。

5. override 与 final

关键字 override 使基类和派生类中的行为强制为一致，从而确保了继承行为的确定性和一致传承。关键字 final 的使用，给程序员带来更大的控制力，它可以任意地中断在继承过程中某个接口和虚函数的重写行为。

习　　题

1．编写程序模拟计算不同专业学生的成绩管理，如计算机类学生与英语类学生采用不同的成绩评定方式和构成。设置不同的函数调用方式，并比较静态绑定和动态绑定的不同结果。

2．一个卡通娃娃由多个图形构成，如正三角形、圆、正方形、长方形、菱形，计算该图案的面积及周长。

3．定义点类 Point，提供计算两点之间距离的函数。对于线段类 Segment 和曲线类 Curve 而言，线段长度由起点和终点决定，曲线长度用相邻两点的距离逼近，编写程序计算一把折扇的周长。

4．分析点 Point、圆 Circle、球 Sphere 之间的区别与联系，分别计算它们的面积或体积。

5．商品都有生产日期和保质期。编写程序检查各种库存商品是否过期，若过期则给出提示。

6．每个人都有年龄、性别、职业。定义基类 Person，并派生出表示不同职业的类，统计不同年龄和性别的人的从业状况。

7．乐谱有 7 个音符，编写程序模拟各自的键位和乐音。给定一段乐谱，模拟演奏并输出其旋律。

8．设计简易的工资管理系统计算公司不同员工 Employee 的薪水。兼职技术员 Technician 按照服务时间计算薪水。销售员 Salesman 按照当月销售额提取酬金（提成比例可以设定）。经理 Manager 具有固定的月薪。销售经理 SalesManager 同时按照销售员和经理的标准领取薪水。

9．计算整系数方程组的解可以用穷举法试探，计算一般系数方程组的解可用克莱姆法则。定义抽象基类封装求解方法的接口，实现不同的求解方法。

10．容器需提供元素操作的算法，如插入元素、删除元素、排序、计算元素个数等。数组和链表是两种不同类型的容器，定义抽象基类 Container 提供元素操作的接口，实现数组和链表的操作算法。

第 9 章　C++的 I/O 流

为了使程序能够获得数据或输出数据，系统必须提供与程序交互的输入、输出能力。基于继承、模板等技术，C++的 I/O 流提供了统一的、易于使用的输入、输出功能，并使程序具有重要的可扩展能力。C++中的 I/O 功能都是面向对象的，借助于 I/O 机制，任何类型的数据都能够非常轻松地与系统进行输入、输出操作。

本章首先简要介绍 C++流的概念，然后分别讨论 C++中的 3 种流类：标准 I/O 流、文件 I/O 流和字符串 I/O 流，其中前两种流是本章的重点内容。本章还对常用格式控制的各种实现方式进行介绍和讨论。本章最后介绍流错误状态及其处理。

通过本章的学习，读者应加深理解关于流的概念，重点掌握标准 I/O 流和文件 I/O 流，熟练应用实现各种 I/O 操作的函数和运算符，并能够利用文件 I/O 实现类对象及相关数据的存取。

9.1　I/O 流库

9.1.1　流与 I/O 流库

流是 C++关于 I/O 操作的核心概念。C++以字节形式实现了不同类型数据的 I/O，因而流是字节序列。在 I/O 操作中，数据在 I/O 设备和内存之间流动。这些流动的字节序列，可以是以 ASCII 码形式存储的数据，也可以是二进制格式存储的原始数据。

作为一个抽象的概念，流充当着程序和 I/O 设备之间的联系。当需要从输入设备中读取数据时，程序首先建立一个输入流对象，然后通过该流对象从输入设备中获取数据，这种操作通常称为提取（extraction），其中用到的运算符称为流提取运算符（extractor）。当需要向输出设备写入数据时，程序首先建立一个输出流对象，然后通过该流对象向输出设备中写入数据，这种操作通常称为插入（insertion），其中用到的运算符称为流插入运算符（inserter）。

C++的流具有“高级”和“低级”I/O 的功能。低级 I/O 功能，即无格式化 I/O，是指以单个字节为单位在 I/O 设备与内存之间进行流传输，这种方式因为传输内容都是有效字节而具有较高的传输效率，它适于大容量文件的传输，但是使用较为不便。高级 I/O 功能，即格式化 I/O，得到更多的应用，因为它把要传输的字节按照各个类型组合成有意义的数据单元，这样就能够更方便地控制流的读写。

C++的 I/O 流以继承和模板类的方式组织成流库。流库中主要定义有 3 种流类 iostream、fstream、stringstream。类 iostream 提供了读写控制台窗口的功能，类 fstream 提供了读写文件的功能，类 stringstream 提供了读写存储于内存中的 string 对象的功能。如表 9-1 所示，这 3 种流类分别定义于 C++标准头文件<iostream>、<fstream>、<sstream>中。

表 9-1　C++的 I/O 流库

头文件	类名	作用	继承关系
<iostream>	iostream	读写控制台窗口	继承自 istream 和 ostream
	istream	从控制台窗口中提取	—
	ostream	向控制台窗口中写入	—
<fstream>	fstream	读写文件	继承自 iostream
	ifstream	从文件中提取	继承自 istream
	ofstream	向文件中写入	继承自 ostream
<sstream>	stringstream	读写 string 对象	继承自 iostream
	istringstream	从 string 对象中提取	继承自 istream
	ostringstream	向 string 对象中写入	继承自 ostream

头文件<iostream>声明了 8 个标准流对象完成 I/O 操作，常见的 cout、cin、cerr、clog 用于 char 型数据的流 I/O 操作，其余 wcout、wcin、wcerr、wclog 这 4 个则是面向 wchar_t 型数据的流 I/O。头文件<fstream>为文件 I/O 操作提供了支持。头文件<sstream>为字符串流对象的 I/O 操作提供了支持。此外，头文件<iomanip>为 I/O 流的格式控制提供了支持。

定义于上述 C++标准头文件中的各个流类具有近乎相同的接口，不管操作对象是标准 I/O、文件，还是 string 对象，都能够以一致的方式使用这些流类，从而使整个 I/O 流库具有较好的一致性和可扩展性。这些流类中的一些函数实现格式化读写，而另一些函数则以非格式化方式读写。

下面是 C++中标准头文件<iosfwd>（一些符合新标准的头文件）中的部分内容，可以看出，流类 iostream、fstream、stringstream 实际上是模板类。这些模板类主要处理以 char 型数据进行的流 I/O。在该头文件中，对在整个 I/O 流库中所用到的模板类进行了前向引用声明。

```
#01     using ios                = basic_ios<char>;
#02     using streambuf          = basic_streambuf<char>;
#03     using istream            = basic_istream<char>;
#04     using ostream            = basic_ostream<char>;
#05     using iostream           = basic_iostream<char>;
#06     using stringbuf          = basic_stringbuf<char>;
#07     using istringstream      = basic_istringstream<char>;
#08     using ostringstream      = basic_ostringstream<char>;
#09     using stringstream       = basic_stringstream<char>;
#10     using filebuf            = basic_filebuf<char>;
#11     using ifstream           = basic_ifstream<char>;
#12     using ofstream           = basic_ofstream<char>;
#13     using fstream            = basic_fstream<char>;
```

C++I/O 流库中这些流类之间的继承关系如图 9.1 所示。类 ios_base 是一个多用途的类，是所有 I/O 流类的虚基类，它描述了所有 I/O 操作中所共有的成员函数和标志位。常用的有：用于格式控制的标志位和函数；流状态检测及处理函数；常用格式控制的操纵算子（manipulator）；设置格式的参数化操纵算子等。

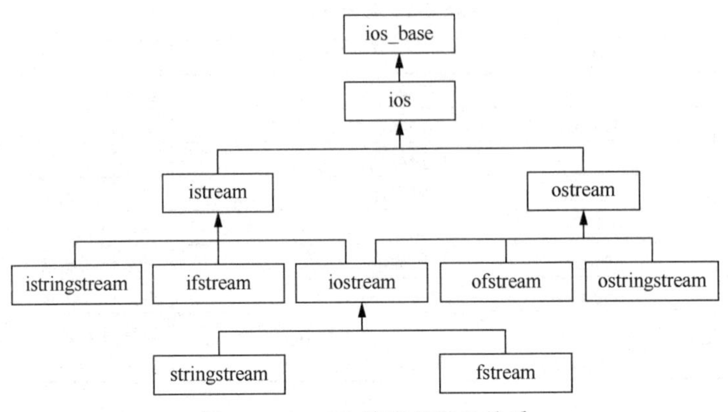

图 9.1　C++I/O 流库的继承关系

实际上，与虚基类 ios_base 平行定义的还有 streambuf 基类，streambuf 提供了缓冲或处理流的通用方法，通过其成员函数，可以实现对于缓冲区的底层操作。它是类 filebuf 和 stringbuf 的基类。每个 I/O 流对象都会管理一个流缓冲区，所有要输出输入的数据首先存放在该缓冲区中，然后对该数据按照不同格式（即不同数据类型）解释、处理，最后输入或输出。

从上述流类的继承层次可以看出，类 ofstream/ifstream、ostringstream/istringstream 分别继承自类 ostream/istream。因此，根据 LSP 原则，所有向 ostream 对象写入数据的程序，也可以用于向文件输出流 ofstream 对象和字符串输出流 ostringstream 对象写入数据；所有从 istream 对象读取数据的程序，也可以用于从文件输入流 ifstream 对象和字符串输入流 istringstream 对象中读取数据。具体说来，如果函数形参是基类 istream 或 ostream 的引用，则可以对应传入类型为 ifstream/ofstream 或 istringstream/ostringstream 的对象，如在调用类的流插入运算符函数和流提取运算符函数时。由于流输出的方向有至少 3 种，这就是本书在定义类的输出函数 Print( )时坚持采用如下函数原型的原因：

```
void Print(std::ostream& os = std::cout);
```

应用该函数可以向文件流和字符串流输出对象数据，其默认值表示默认向标准输出流输出。因此，采用继承机制实现的 I/O 流库，可以只定义一个函数，而适用于 3 种对象：标准 I/O、文件和字符串。

9.1.2　I/O 流对象

1. C++标准流对象

每当 C++系统启动时，它就会自动建立 4 个标准的流对象 cout、cin、cerr、clog，并把 cout 关联到标准输出设备（显示器），把 cin 关联到标准输入设备（键盘），把 cerr 和 clog 以不同缓冲方式关联到显示器，以处理所有的 I/O 操作。当程序结束后，它们会被系统析构。

标准流对象 cout（发音 see-out）是类 ostream 的实例，该对象关联于标准输出设备（显示器）。通过流插入运算符，该对象可以把任何定义了插入操作的数据类型（包括基本数据类型）的对象输出到显示器上。如下列语句所示，流插入运算符（实为左移位运算符）使数据 n 和 endl 先后流向标准流对象 cout，从而得以显示在与 cout 相关联的显示器上。

```
int n { 1 };
std::cout << n << std::endl;                    //向屏幕输出整数 n 和换行符
```

标准流对象 cin（发音 see-in）是类 istream 的实例，该对象关联于标准输入设备（键盘）。通过流提取运算符，该对象可以从输入设备中提取任意类型（包括基本数据类型）的数据，只要该数据类型定义了提取操作。如下列语句所示，流提取运算符（实为右移位运算符）使缓冲区中的数据依次流向变量 n 和 d。

```
int n; double d;
std::cin >> n >> d;                             //从键盘输入整数 n 和浮点数 d
```

标准流对象 cerr（发音 see-err）也是类 ostream 的实例，该对象关联于标准错误输出设备，一般也是显示器。该对象以非缓冲的方式显示缓冲区中的内容，即只要缓冲区非空，则及时把其中的内容显示到输出设备上，这种处理方式有利于及时把紧急的错误信息反馈给用户。如下列语句所示，通过流插入运算符，该对象可以把缓冲区中的内容显示在控制台窗口上。

```
std::cerr << "something urgent happen!" << std::endl;
```

标准流对象 clog（发音 see-log）也是类 ostream 的实例，该对象也关联于标准错误输出设备，一般也是显示器。该对象以缓冲的方式显示缓冲区中的内容，即只要缓冲区还不满，或者没有被强制刷新，则一直把数据存放在缓冲区中。这种处理方式适用于对错误的日志式处理。如下列语句所示，通过流插入运算符，该对象可以把缓冲区中的内容显示在控制台窗口上。

```
std::string s{"take it easy. I'll do it!"};
std::clog << s << std::endl;
```

在默认情况下，cerr 和 clog 与 cout 是相同的。cerr 与 clog 的区别在于 cerr 不带缓冲区，所有错误信息都会通过该对象立即输出到标准输出设备；而 clog 是完全缓冲的，只有当缓冲区满或被强制刷新后才输出缓冲区中的内容。用于输出缓冲区内容时，cout、cerr、clog 这 3 个输出流的用法完全相同。

【例 9.1】C++标准流对象的使用示例。

```
#01     #include <iostream>
#02
#03     int main( ) {
#04         int n;
#05         std::cout << "Enter an integer: ";      //向屏幕输出信息
#06         std::cin >> n;                          //从键盘输入数据
#07         std::cout << n << " just entered." << std::endl;//向屏幕输出数据
#08
#09         std::cerr << "information from cerr." << std::endl;//向屏幕输出
#10         std::clog << "information from clog." << std::endl;//向屏幕输出
#11     }
```

程序的输出结果如下：

```
Enter an integer: 10
```

```
10 just entered.
information from cerr.
information from clog.
```

2. I/O 流对象的特性

由于 istream、ostream、iostream 等流类的基类 ios_base 的默认构造函数具有 protected 权限，复制构造函数、复制赋值运算符函数声明为“=delete”，所以 I/O 流对象不能由用户程序构造，不支持复制语义，但是支持转移语义。因此在应用中要注意两点：①I/O 流对象不能用于对复制语义有着明显要求的场合。例如，STL 中的标准容器类 vector 和 list 都需要存储的元素具有可复制的能力，因此不能在这些容器中存储 I/O 流对象。②以 I/O 流对象作为函数参数或返回类型时，必须把形参类型及返回类型都设置成指向该对象的引用或指针。例如，重载流插入运算符和流提取运算符时，这两个运算符函数的第一个参数和返回类型分别都是 ostream 类的引用和 istream 类的引用。

```
std::ostream& operator << (std::ostream&, const T&);//应是 ostream 引用
std::istream& operator >> (std::istream&, T&);      //应是 istream 引用
```

而且，因为 I/O 操作一般会改变流的状态，因此作为函数参数的 ostream&和 istream&一般为非 const 引用类型。

9.2 标准 I/O 流

9.2.1 标准输出流

为了把数据显示在标准输出设备（显示器）上，需要用到标准输出流类 ostream，该类提供了输出操作所需要的服务。在完成输出操作时，一般需要借助于标准输出流对象 cout。实现输出操作有以下 3 种方式。

第一种方式：通过流插入运算符<<。

第二种方式：使用 ostream 类的成员函数 put( )。

第三种方式：使用 ostream 类的成员函数 write( )。

1. 流插入运算符<<

【例 9.2】使用流插入符输出基本类型数据。

```
#01     #include <iostream>
#02
#03     int main( ) {
#04         std::cout << 10 << '\t' << 20.5 << "\n";       //输出 20.5
#05         std::cout << (3 > 5 ? 3 : 5) << std::endl;     //输出
#06
#07         std::cout << "Hello" << std::ends << std::endl;//输出 Hello
#08
#09         int n{1}, *p{&n};                   //以下输出 0047F8D0   1
#10         std::cout << p << "\t" << *p << std::endl;
```

```
#11
#12         const char* s{"Hello"};          //以下输出 Hello  001D7804
#13         std::cout << s << "\t" << (void*)s << std::endl;
#14     }
```

程序的输出结果已经注释在程序中。下面详细分析每行的输出语句。

std::cout << 10 << '\t' << 20.5 << "\n"先后将不同类型的数据插入输出流中：常量 10 是 int 类型；常量'\t'是 char 类型；常量 20.5 是 double 类型；常量"\n"是 const char*类型。执行表达式 ((((std::cout << 10) << '\t') << 20.5) << "\n")的过程共有 4 步，分别如下。

（1）执行表达式 std::cout << 10：调用参数为 int 类型的流插入运算符函数。

```
std::ostream& operator << (int);
```

完整的调用表达式为 std::cout.operator << (10)。执行完该表达式后，函数返回当前对象 std::cout 继续参与下一次运算。

（2）执行表达式 std::cout << '\t'：调用参数为 char 类型的流插入运算符函数。

```
std::ostream& operator << (char);
```

完整的调用表达式为 std::cout.operator << ('\t')。执行完该表达式后，函数返回当前对象 std::cout 继续参与下一次运算。

（3）执行表达式 std::cout << 20.5：调用参数为 double 类型的流插入运算符函数。

```
std::ostream& operator << (double);
```

完整的调用表达式为 std::cout.operator << (20.5)。执行完该表达式后，函数返回当前对象 std::cout 继续参与下一次运算。

（4）执行表达式 std::cout << "\n"：调用参数为 const char*类型的流插入运算符函数。

```
std::ostream& operator << (const char *);
```

完整的调用表达式为 std::cout.operator << ("\n")。执行完该表达式后，函数返回当前对象 std::cout，结束运算。

因此，本行的输出结果是：先后在屏幕上显示 10、制表符、20.5，然后换行。

在计算 std::cout << (3 > 5 ? 3 : 5)<<std::endl 时需要注意两点：①流插入运算符具有优先级，若要输出的表达式 3 > 5 ? 3 : 5 过于复杂，如表达式中运算符>的优先级没有流插入运算符<<的优先级高，若不用圆括号把要输出的表达式括起来以显式表明运算顺序，则该表达式会被分解得支离破碎而违背原意，从而产生语法错误。②流算子 std::endl( ) 实际上是一个函数，其函数定义大致如下：

```
std::ostream& endl(std::ostream& os) { return os << '\n' << flush; }
```

其参数对应于实参 std::cout，从函数定义中可以看出，该函数有两点作用：换行（'\n'）；刷新缓冲区（flush）。

计算 std::cout << "Hello" << std::ends << std::endl 时要注意算子 std::ends( )的作用。与 std::endl( )类似，流算子 std::ends( )也是一个函数，其函数定义大致如下：

```
std::ostream&  ends(std::ostream& os) { return os << char('\0'); }
```

其参数对应于实参 std::cout，从函数定义中可以看出，该函数仅在流中插入字符串结束符（ASCII 值为 0）。

std::cout << p << "\t" << *p << std::endl 输出了指针值及其去引用后的值。默认输出地址值是以十六进制显示的。std::cout << s << "\t" << (void*)s << std::endl 输出了字符指

针的内容及其所指向的地址值。这两个语句对比了同样输出指针得到的不同输出内容。默认在输出字符指针时，会输出该指针所指向的字符串内容，若把该指针强制转换为void*类型，则会显示该指针所指向的地址值。

以下函数原型是从 Visual C++中的头文件<ostream>中节选的部分内容，它们是类 ostream 的成员函数声明。仔细分析其中的内容，就会明白为什么流插入运算符能够输出基本类型的数据及流操纵算子，且可以连续输出。从中可以看出两个要点：①第一个函数用于输出诸如 endl、ends 的流操纵算子，函数原型 ostream& (*f)(ostream&)实际上是 endl、ends 的类型。其余函数则分别声明了对常用基本类型数据如何用流插入运算符进行输出操作。②所有函数的返回类型都是 ostream 类的引用，返回引用就能够被连续调用。

```
#01     ostream&    operator    <<   (ostream& (*f)(ostream&));
#02     ostream&    operator    <<   (const char *);
#03     ostream&    operator    <<   (const unsigned char *);
#04     ostream&    operator    <<   (const signed char *);
#05     ostream&    operator    <<   (char);
#06     ostream&    operator    <<   (unsigned char);
#07     ostream&    operator    <<   (signed char);
#08     ostream&    operator    <<   (short);
#09     ostream&    operator    <<   (unsigned short);
#10     ostream&    operator    <<   (int);
#11     ostream&    operator    <<   (unsigned int);
#12     ostream&    operator    <<   (long);
#13     ostream&    operator    <<   (unsigned long);
#14     ostream&    operator    <<   (float);
#15     ostream&    operator    <<   (double);
#16     ostream&    operator    <<   (long double);
#17     ostream&    operator    <<   (const void *);
```

2. 成员函数 put( )

ostream 类的成员函数 put( )可以输出单个字符，其函数原型如下：

```
ostream& put(char ch);
```

其中，形参 ch 是要输出的字符。

成员函数 put( )只能够输出单个字符，它主要用于格式化的输出操作。由于返回类型是 ostream 类的引用，因此成员函数 put( )可以被连续调用。与通过流插入运算符输出数据相比，成员函数 put( )在输出字符时不会受到流的格式化参数影响，如字宽和填充字符等。

【例 9.3】成员函数 put( )的应用示例。

```
#01     #include <iostream>
#02
#03     int main( ) {
#04         std::cout.put('H').put('e');                    //输出字符 H 和 e
#05
#06         char s[]{"llo"};
```

```
#07         std::cout.put(s[0]).put(s[1]).put(s[2]);   //输出 3 个字符 l l o
#08         std::cout.put('\n');                        //输出换行符
#09
#10         int n{65};                                  //字符 A 的 ASCII 码值
#11         std::cout.put(n).put(n + 1).put(n + 2);     //输出 3 个字符 A B C
#12         std::cout.put('\n');                        //输出换行符
#13     }
```

上述程序使用成员函数 put( )以 3 种方式输出字符：①直接输出单个字符常量，如 std::cout.put('H').put('e')、std::cout.put('\n')所示。②输出单个字符变量，如 std::cout.put(s[0]).put(s[1]).put(s[2])所示。③输出字符的 ASCII 值，如 std::cout.put(n).put(n+1).put(n+2)所示。

3. 成员函数 write( )

std::ostream 类的成员函数 write( )可以输出指定个数的字符，其常用形式的函数原型如下：

```
std::ostream& write( const char* pch, int nCount );
```

其中，pch 是待输出的字符数组；nCount 是输出字符的个数。

成员函数 write( )可以向输出流中写入指定个数的字符。该函数适合于以二进制方式建立的流的输出操作，因为它是无格式化的输出，所有输出的数据都是没有格式化的原始数据。

成员函数 write( )的第一个参数的类型是 const char*，因此常用于输出字符串或字符数组。但是由于该函数可以用于无格式化输出，因此也可以用该函数输出其他任意类型 T 的对象 t，方法是，为第一个参数填入形如(const char*)&t 的实参（即把对象 t 的指针强制转换为 const char*类型），为第二个参数填入实参 sizeof(t)。与成员函数 put( )相同，成员函数 write( )在输出字符时不会受到流的格式化参数影响，如字宽和填充字符等。由于返回类型是 ostream 类的引用，因此成员函数 write( )可以被连续调用。

【例 9.4】成员函数 write( )的应用示例。

```
#01     #include <iostream>
#02
#03     int main( ) {
#04         const char* s{"Hello"};
#05
#06         std::cout.write(s, 5).put('\n');        //输出 s 并换行
#07         std::cout.write(s, 2).write("\n", 1);   //输出 s 的前两个字符并换行
#08
#09         int x{1};
#10         std::cout.write((const char*)&x, sizeof(x));    //输出变量 x
#11
#12         double d{2.5};
#13         std::cout.write((const char*)&d, sizeof(d));    //输出变量 d
#14     }
```

上述程序中，cout.write(s, 5).put('\n')调用成员函数 write( )在屏幕上显示字符串 s 的前 5 个字符，由于成员函数 put( )的返回类型与成员函数 write( )的一样，因此可以把它

们混用在一个表达式中，由标准流对象 cout 调用。cout.write(s, 2).write("\n", 1)输出字符串 s 的前 2 个字符。

由于成员函数 write( )可用于无格式化输出，因此虽然其第一个参数的类型要求是 const char*，但是也可以输出非 const char*类型的数据，方法如 cout.write((const char*)&x, sizeof(x))、cout.write((const char*)&d, sizeof(d))所示：首先取出变量的地址，然后把该地址强制转换为 const char*类型，再为第二个参数传入变量的大小。以此种方式输出非字符串类型的数据时，虽然输出过程可以正确进行，但是输出结果不太直观，需要用二进制格式查看。

4. 重载运算符<<

在自定义类中重载了流插入运算符后，就可以对其对象直接使用流插入运算符进行输出操作。

【例 9.5】Money 类：重载流插入运算符。

每种货币有其名称（name）、总数（amount）和符号（symbol），在屏幕上显示各种货币的信息。

```
#01     #include <iostream>
#02     #include <string>
#03
#04     class Money {                                    //定义货币类型
#05     private:
#06         std::string name;                            //货币的名称
#07         double amount;                               //货币的数量
#08         std::string symbol;                          //货币的符号
#09     public:
#10         Money(const char* pn, double d, const char* ps)
#11             :name(pn), amount(d), symbol(ps)
#12         {}
#13         //流插入运算符的函数原型
#14         friend std::ostream& operator<<(std::ostream&os,const Money& rhs);
#15     };
#16     //定义流插入运算符函数
#17     std::ostream& operator << (std::ostream& os, const Money& rhs) {
#18         os << rhs.name << "\t" << rhs.amount << rhs.symbol;
#19         return os;
#20     }
#21
#22     int main() {
#23         Money ma{"Chinese Yuan", 100, "CNY"};
#24         std::cout << ma << std::endl;  //输出: Chinese Yuan100CNY
#25         Money mb{"U.S. Dollar", 200, "USD"};
#26         std::cout << mb << std::endl;  //输出: U.S. Dollar 200USD
#27     }
```

上述程序中，类 Money 中以友元函数形式重载流插入运算符 ostream& operator<< (ostream& os, const Money& rhs)，它依次输出货币的名称、货币的数量和货币的符号。

5. 其他成员函数和流操纵算子

在 ostream 类中还定义了其他一些常用的流操纵算子和成员函数，如 flush( )、tellp( )和 seekp( )，其中成员函数 tellp( )和 seekp( )用于文件的随机访问。标识符 flush( )既可以用作成员函数，也可以用作算子，它们的功能都是强制刷新缓冲区，在这两种用法下，它们的函数原型分别如下：

```
ostream& flush();                          //用作成员函数的原型
ostream& flush(ostream& os);               //用作流操纵算子的函数原型
```

刷新缓冲区后，其中的内容会被写入输出设备或文件、内存字符串中。下列情况会使缓冲区被刷新：程序正常结束；缓冲区已满；使用操纵算子 endl、flush 或 unitbuf；应用 cin 读取数据。

【例 9.6】刷新流缓冲区的应用示例。

```
#01     #include <iostream>
#02
#03     int main( ) {
#04         std::cout<<"Hello, 2008!\n"<<std::flush;//流算子 flush 刷新缓冲区
#05         std::cout<<"Welcome to Beijing Olympic Games!\n";
#06         std::cout<<"One World, One Dream!\n"<<std::endl;//endl 刷新缓冲区
#07         std::cout.flush();                     //成员函数 flush 刷新缓冲区
#08     }
```

程序的输出结果如下：

```
Hello, 2008!
Welcome to Beijing Olympic Games!
One World, One Dream!
```

上述程序中，表达式 cout << "Hello, 2008!\n" << flush、cout.flush( )分别使用作为操纵算子、成员函数的 flush( )刷新流缓冲区。其实最常用的刷新缓冲区的方法就是使用 endl。

9.2.2　标准输入流

为了从输入设备（如键盘）中读取数据，需要用到标准输入流类 istream，该类提供了输入操作所需要的服务。在完成输入操作时，一般需要借助于标准输入流对象 cin。实现输入操作有以下 3 种方式。

第一种方式：通过流提取运算符>>。

第二种方式：使用 istream 类的成员函数 get( )。

第三种方式：使用 istream 类的成员函数 read( )。

从输入流中提取数据要比向输出流中写入数据考虑更多更复杂的情况，因为在提取数据的过程中很容易发生很多流错误，如数据格式发生错误，读取到文件尾，遇到空白字符（如空格、制表符和换行符等）。但是如何检测流的错误状态并妥善处理，这需要用到关于流的状态的知识，本章稍后会详细讨论这些问题。

1. 流提取运算符>>

【例 9.7】使用流提取运算符输入基本类型数据。

```
#01     #include <iostream>
#02     #include <iomanip>
#03
#04     int main() {
#05         int n; double d;
#06         std::cout << "Please enter one integer and one double: ";
#07         std::cin >> n >> d;                      //键盘输入 1 和 2
#08         std::cout << n << "\t" << d << std::endl;//输出 1  2,然后换行
#09
#10         char str[3];
#11         std::cout << "Please enter some chars: ";
#12         std::cin >> std::setw(3) >> str;         //键盘输入 Hello
#13         std::cout << str << std::endl;           //输出 He,然后换行
#14     }
```

上述程序使用流提取运算符读入不同类型的数据。下面分析每行输入语句的要点。

表达式 cin >> n >> d 依次从标准输入流中读取整型数 n 和浮点数 d：变量 n 是 int 类型；变量 d 是 double 类型。执行表达式((cin >> n) >> d)的过程共有两步，分别如下。

（1）执行表达式 cin >> n：调用参数为 int 类型的流提取运算符函数。

```
istream& operator >> (int &);
```

完整的调用表达式为 cin.operator >> (n)。执行完该表达式后，函数返回对象 cin 继续参与下一次运算。

（2）执行表达式 cin >> d：调用参数为 double 类型的流提取运算符函数。

```
istream& operator >> (double &);
```

完整的调用表达式为 cin.operator >> (d)。执行完该表达式后，函数返回当前对象 cin，结束运算。

表达式 cin >> setw(3) >> str 从键盘输入字符数组 str。由于目标字符数组 str 容量有限，为防止从输入流中提取字符的数量超过数组有效长度而致使程序出错，使用了操纵算子 setw( )确保只能从流中提取 2 个有效的字符。从程序运行结果可以看出，即使输入了 5 个字符，但是最终存入数组中的只有 2 个字符。该操纵算子也可以用于输出流设置输出宽度。接着执行表达式 cin >> str：调用参数为 char*类型的流提取运算符函数。

```
istream& operator >> (char *);
```

完整的调用表达式为 cin.operator >> (str)。执行完该表达式后，函数返回当前对象 cin，结束运算。

需要注意的是，在表达式 cin >> n >> d 中连续输入多个不同类型的数据时，一定要按照数据类型输入对应的数据。如果在输入数据时，先输入 2.5，然后输入空格（或制表符）和 3，再按 Enter 键，那么变量 n 和 d 将各自得到 2 和 0.5，而输入的数据 3 仍留在流中。从这个结果能够很清楚地看出“提取是按照数据类型对数据进行解释”的本质，以及流缓冲区对数据进行缓冲的作用。

如下函数原型是从 Visual C++中的头文件<istream>中节选的部分内容，它们是类 istream 的成员函数声明。仔细分析其中的内容，就会明白为什么流提取运算符能够提取基本类型的数据及流操纵算子，且可以连续提取。从中可以看出两个要点：①前两个函数用于提取诸如 ws、hex、oct、dec、setw 等流操纵算子，函数原型 istream& (*f) (istream&)

实际就是这些流算子（也是函数）的类型。其余函数则分别声明了对常用基本类型数据如何用流提取运算符进行输入操作。②所有函数的返回类型都是 istream 类的引用，返回引用就能够被连续调用。

```
#01    istream& operator  >>  (istream& (*f) (istream&));
#02    istream& operator  >>  (char *);
#03    istream& operator  >>  (unsigned char *);
#04    istream& operator  >>  (signed char *);
#05    istream& operator  >>  (char &);
#06    istream& operator  >>  (unsigned char &);
#07    istream& operator  >>  (signed char &);
#08    istream& operator  >>  (short &);
#09    istream& operator  >>  (unsigned short &);
#10    istream& operator  >>  (int &);
#11    istream& operator  >>  (unsigned int &);
#12    istream& operator  >>  (long &);
#13    istream& operator  >>  (unsigned long &);
#14    istream& operator  >>  (float &);
#15    istream& operator  >>  (double &);
#16    istream& operator  >>  (long double &);
```

2. 成员函数 get( )

istream 类的成员函数 get( )有多种用法，既可以从输入流中提取单个字符，也可以提取字符串，其常用形式的函数原型如下：

```
int get();
istream& get( char& rch );
istream& get( char* pch, int nCount, char delim = '\n' );
```

其中，rch 是字符存放的目标参数；pch 是字符数组；nCount 是字符个数；delim 是分隔符。这 3 个函数的应用形式分别如下。

（1）int n = cin.get( );，该函数从键盘提取字符并存放在变量 n 中。

（2）cin.get(rch);，该函数从键盘提取单个字符，并存放于参数 rch 中。

（3）cin.get(pch, nCount, delim);，该函数从键盘提取多个字符存放于字符数组 pch 中，并且自动在该字符数组后面追加字符串结束符'\0'。当遇到下列情况之一时，该函数的提取操作结束：遇到分隔符 delim，默认的分隔符是'\n'；读取字符达到个数 nCount-1；达到文件尾，即读到文件结束的标志 EOF，该标志的值实际为-1。

返回类型为 istream 类引用的成员函数 get( )可以被连续调用。成员函数 get( )并不从输入流中提取分隔符，不把分隔符存放到字符数组中，也不从函数返回分隔符。

【例 9.8】成员函数 get( )的应用示例。

```
#01    #include <iostream>
#02
#03    int main( ) {
#04        char ch;
#05        std::cout << "Please enter one char:\t";
#06        std::cin.get(ch);                      //键盘输入字符 a
#07        std::cout.put(ch).put('\n');           //输出 a，然后换行
```

```
#08
#09         int n;
#10         std::cout << "\nPlease enter one char:\t";
#11         std::cin >> std::ws;                       //提取流中的空白符
#12         n = std::cin.get();                        //键盘输入字符b
#13         std::cout << n << std::endl;               //输出其ASCII值98
#14
#15         char buffer[80];
#16         std::cout << "\nPlease enter one string (>> ):\t";
#17         std::cin >> buffer;                    //键盘输入Hello, World!
#18         std::cout << buffer << std::endl;      //只能输出Hello,
#19
#20         std::cin.ignore(80, '\n');             //丢弃流中多余的字符
#21         std::cout << "\nPlease enter one string (get):\t";
#22         std::cin.get(buffer, 80);              //键盘输入Hello, World!
#23         std::cout << buffer << std::endl;      //全部输出Hello, World!
#24     }
```

上述程序分别测试了成员函数 get( )的 3 种用法：cin.get(ch)读取一个字符 ch，n = cin.get( )把读取的字符以 int 类型数据返回，cin.get(buffer, 80)读取一个字符串到字符数组 buffer 中。

由于无参和只带一个参数的 get( )函数只能读取单个字符，而且不提取分隔符，因此在用它输入字符时要尤其小心。例如，使用 cin.get(ch)输入字符 a，并以键盘上的 Enter 键结束，则字符 a 被提取，但是换行符 LineFeed（'\n'，ASCII 值为 10）仍在流中，这样在用 n = cin.get( )再次从流中提取一个字符时，若不清除上次剩余的换行符，则在本行被提取并赋值给 n，因此表达式 cin >> ws 使用流操纵算子 ws 吃掉流中的空白字符，然后才能再输入一个字符。

本例中还用 cin >> buffer 读取一个字符串，并与用 cin.get(buffer, 80)读取字符串进行比较。两者的区别在于：流提取符默认字符串以空格为分隔符，因而只能读取第一个空格之前的字符串。但是成员函数 get( )默认以换行符为分隔符，因此可以读入含有空格的字符串。

由于刚才的流提取操作没能完整读入含有空格的字符串，因此可能还有部分字符串仍在流中，表达式 cin.ignore(80, '\n')调用成员函数 ignore( )，使流的读指针向前跳过 80 个字符而忽略掉前次输入剩余的字符串，并在最后用 cin.get(buffer, 80)重新读入。

3. 成员函数 getline( )

istream 类的成员函数 getline( )主要用于从输入流中提取字符串，在这点上与 get 用法基本相似，其常用形式的函数原型如下：

```
istream& getline( char* pch, int nCount, char delim = '\n' );
```

其中，pch 是字符数组；nCount 是字符个数；delim 是分隔符。

成员函数 getline( )常用于从输入流中提取字符串，其返回类型为 istream 类引用，故可以被连续调用。该函数从输入流中提取多个字符存放于字符数组 pch 中，并且自动在该字符数组后面追加字符串结束符'\0'。当遇到下列情况之一时，该函数的提取操作结

束：遇到分隔符 delim，默认的分隔符是'\n'；读取字符达到个数 nCount-1；达到文件尾，即读到文件结束的标志 EOF，该标志的值实际为-1。

与成员函数 get( )不同的是，成员函数 getline( )从输入流中提取分隔符，但是它不把分隔符存放到字符数组中，也不从函数返回分隔符。

【例 9.9】成员函数 getline( )的应用示例。

```
#01     #include <iostream>
#02     #include <string>
#03
#04     int main( ) {
#05         char buffer[80];
#06         std::cout << "Please enter one string: ";
#07         std::cin.getline(buffer, 80);      //键盘输入 Hello, 2008!
#08         std::cout << buffer << std::endl;  //全部输出 Hello, 2008!
#09
#10         std::cout << "Please enter one string: ";
#11         std::cin.get(buffer, 80);          //键盘输入 Hello, 2008!
#12         std::cout << buffer << std::endl;  //全部输出 Hello, 2008!
#13
#14         std::string s;
#15         std::cout << "Please enter one string: ";
#16         std::cin >> std::ws;               //提取流中的空白符
#17         std::getline(std::cin, s);         //键盘输入 Hello, 2008!
#18         std::cout << s << std::endl;       //全部输出 Hello, 2008!
#19     }
```

上述程序以 3 种不同的方式从流中提取字符串：表达式 cin.getline(buffer, 80)使用成员函数 getline( )；表达式 cin.get(buffer, 80)使用成员函数 get( )；表达式 getline(cin, s)使用全局函数 getline( )，本程序比较了它们的使用方式。

从调用形式和参数来看，cin.get(buffer, 80)中的成员函数 get( )和 cin.getline(buffer, 80)中的成员函数 getline 完全相同。但是两者的区别在于，成员函数 getline 提取分隔符，而成员函数 get( )不提取分隔符，因此在使用成员函数 get( )后，需要 cin >> ws 用流操纵算子 ws 吃掉流中的空白字符，但是在使用成员函数 getline( )后不需要。

与成员函数 getline( )同名的还有一个全局函数版本的 getline( )，它用于从任意的输入流对象读取字符串数据，并保存为 string 对象。该函数两个参数：第一个参数是输入流对象，第二个参数是字符串所存放的目标对象。常见应用形式有如 getline(cin, s)，s 是 string 对象，该表达式从标准输入设备键盘（与标准输入流对象 cin 关联）提取字符串 s。

4. 成员函数 read( )

istream 类的成员函数 read( )可以读入字符串，或者读入指定个数的字符，其函数原型如下：

```
istream& read( char* pch, int nCount );
```

其中，pch 是存放字符的目标字符数组；nCount 是读取字符的个数。

成员函数 read( )可以从输入流中读取指定个数的字符。该函数是无格式化输入，所有输入的数据都是没有格式化的原始数据。提取操作结束的条件是下列之一：达到指定个数 nCount；达到文件尾，即遇到文件结束符 EOF。如果读取的字符数少于指定个数，则会设置错误状态。

成员函数 read( )的第一个参数的类型是 char*，因此常用于输入字符数组。但是由于该函数可以用于无格式化输入，因此也可以用该函数输入其他任意类型 T 的对象 t，方法是：为第一个参数填入实参(char*)&t，为第二个参数填入实参 sizeof(t)。与成员函数 get( )相同，成员函数 read( )在输出字符时不会受到流的格式化参数影响，如字宽和填充字符等。由于返回类型是 istream 类的引用，因此成员函数 read( )可以被连续调用。

【例 9.10】成员函数 read( )的应用示例。

```
#01     #include <iostream>
#02
#03     int main( ) {
#04         char buffer[80];
#05         std::cout << "Please enter one string: ";
#06         std::cin.read(buffer, 11);          //键盘输入 How are you?
#07         std::cout << std::cin.gcount() << ":\t";   //字符个数为 11
#08         std::cout.write(buffer, std::cin.gcount());//输出 How are you
#09
#10         std::cin.clear();                   //清除流的错误状态
#11         std::cin.ignore(80, '\n');          //丢弃输入流中多余的数据
#12
#13         int n;
#14         std::cout << "\nPlease enter one integer: ";
#15         std::cin.read((char*)&n, sizeof(n));          //键盘输入 12345
#16         std::cout << std::cin.gcount() << ":\t";      //字符个数为 4
#17         std::cout.write((const char*)&n, sizeof(n));  //输出 1234
#18     }
```

上述程序中，cin.read(buffer, 11)调用成员函数 read( )从标准输入流中读取最多 11 个有效字符并存放到字符数组 buffer 中。cin.gcount( )调用成员函数 gcount( )显示所读取有效字符的个数。成员函数 read( )除了可以读取其参数类型（char*）的数据，还可以读取其他任意类型的数据，方法如 cin.read((char*)&n, sizeof(n))所示：把要读取变量的地址转换为 char*，然后作为第一个参数，第二个参数填入该变量的字节大小。

在 cin.read(buffer, 11)读取输入流中的数据时，如果指定读取的字符个数较多而没有读满，则会发生流的错误，因而在表达式 cin.clear( )中调用成员函数 clear( )清除流的错误状态。如果从键盘输入字符的个数超过所指定的字符个数，则缓冲区中会残留有多余的字符而影响下一次的提取，因此在 cin.ignore(80, '\n')中调用成员函数 ignore( )提取并丢掉上次提取后剩余的字符。

5. 重载运算符>>

在自定义类中重载了流提取运算符后，就可以对其对象直接使用流提取运算符进行输入操作。

【例 9.11】Money 类：重载流提取运算符。

每种货币有其名称（name）、总数（amount）和符号（symbol），从键盘输入货币信息并显示在屏幕上。

```
#01     #include <iostream>
#02     #include <string>
#03
#04     class Money {                                    //定义货币类型
#05     private:
#06         std::string name;                            //货币的名称
#07         double amount;                               //货币的数量
#08         std::string symbol;                          //货币的符号
#09     public:
#10         Money(const char* pn="", double d = 0, const char* ps = "") noexcept
#11             :name(pn), amount(d), symbol(ps)
#12         {}
#13         //流插入运算符和流提取运算符的函数原型
#14         friend std::ostream& operator<<(std::ostream& os, const Money& rhs);
#15         friend std::istream& operator>>(std::istream& is, Money& rhs);
#16     };
#17     //定义流插入运算符函数
#18     std::ostream& operator << (std::ostream& os, const Money& rhs) {
#19         os << rhs.name << "\t" << rhs.amount << rhs.symbol;
#20         return os;
#21     }
#22     //定义流提取运算符函数:提取的数据与输出的数据相对应
#23     std::istream& operator >> (std::istream& is, Money& rhs) {
#24         std::getline(is, rhs.name);                  //提取货币名称
#25         is >> rhs.amount >> std::ws;                 //提取货币数量及空白符'\t'
#26         std::getline(is, rhs.symbol);                //提取货币符号
#27         return is;                                   //返回输入流对象
#28     }
#29
#30     int main() {
#31         Money m;
#32
#33         std::cout << "Please enter infor for m:\t";
#34         std::cin  >> m;                              //测试流提取运算符函数
#35         std::cout << "Below is the infor of  m:\t";
#36         std::cout << m << std::endl;                 //测试流输入运算符函数
#37     }
```

程序的输出结果如下：

```
Please enter infor for m:   Chinese Yuan
1000
CNY
Below is the infor of  m:   Chinese Yuan        1000CNY
```

上述程序以友元函数的形式重载流提取运算符 istream& operator >> (istream& is, Money& rhs)，其中读取 string 类型的 name 和 symbol 是用函数 getline( )完成的，如

getline(is, rhs.name)、getline(is, rhs.symbol)所示；读取 double 型数据 amount 是用流提取符完成，并用 ws 吃掉输入流中的空白字符，防止对后续输入产生影响，如 is >> rhs.amount >> ws 所示。在 main( )函数中，cin >> m 调用所重载的流提取符，从键盘输入货币的所有信息。

分析本例程，需要掌握流提取运算符函数的定义方法。流插入运算符函数的定义是简单的，它是在定义流提取运算符函数时的参照，按照“怎样输出就怎样输入”的一致性原则，比照输出的数据定义输入的操作。流插入运算符函数首先用 os << rhs.name 输出货币名称 name，因此需要首先用 getline(is, rhs.name)读取该 string 类型的数据成员，同时输出的空白符'\t'也被该函数从流中提取并丢弃。接着输出货币数量 rhs.amount，因此用 is >> rhs.amount 读取。最后输出货币符号 rhs.symbol，用 getline(is, rhs.symbol)读取这个 string 类型的数据。总之，流插入运算与流提取运算的顺序和动作要一致。

6. 其他成员函数和流操纵算子

在 ios_base 基类中还定义有其他一些常用的流操纵算子和成员函数，如流操纵算子 ws、dec、oct、hex，成员函数 ignore( )、gcount( )、peek( )、putback( )、unget( )、tellg( )和 seekg( )等，其中成员函数 tellg( )和 seekg( )用于文件的随机访问，clear( )（定义于 ios_base 类中）用于清除/设置流的错误状态。表 9-2 和表 9-3 是关于这些操纵算子和成员函数的一些用法信息。

表 9-2 输入流常用的操纵算子

流操纵算子	用法示例	功能描述
ws	is >> ws;	吃掉输入流中的空白字符（' '、'\t'、'\n'）
dec	is >> dec >> n;	以十进制格式提取数据 n
oct	is >> oct >> n;	以八进制格式提取数据 n
hex	is >> hex >> n;	以十六进制格式提取数据 n

注：is 表示输入流对象；n 表示待提取的数据对象。

表 9-3 输入流的一些成员函数

成员函数	用法示例	功能描述
ignore( )	is.ignore(nCount, delim);	提取并丢弃字符
gcount( )	is.gcount( );	返回上次无格式化输入函数提取字符的个数
peek( )	is.peek( );	返回输入流中的下一个字符，不提取该字符
putback( )	is.putback(ch);	把字符 ch 放回到输入流中
unget( )	is.unget( );	把最近读取的字符放回到输入流中
clear( )	is.clear( );	清除流的错误状态标志

注：is 表示输入流对象。

在输入数据时，也可以通过流操纵算子 dec、oct、hex 分别输入十进制、八进制和十六进制的数据。下列程序段演示了它们的用法。

```
#01        int n;
#02        std::cout << "Please enter one decimal: ";
#03        std::cin >> std::dec >> n;                  //输入十进制数
#04        std::cout<<n<< "\t" << std::dec << n << std::endl;//以十进制输出
```

```
#05
#06         std::cout << "Please enter one octal: ";
#07         std::cin >> std::oct >> n;              //输入八进制数
#08         std::cout<<n<< "\t" << std::oct << n <<std::endl;//以八进制输出
#09
#10         std::cout << "Please enter one hexadecimal: ";
#11         std::cin >> std::hex >> n;              //输入十六进制数
#12         std::cout<<n<<"\t"<<std::hex << n << std::endl;//以十六进制输出
```

流操纵算子 dec、oct、hex 可以用于输入流，如 cin >> dec >> n、cin >> oct >> n、cin >> hex >> n 所示，从而可以识别并接受不同进制的数据：以前缀基数 0 表示的数据是八进制；以前缀基数 0x 或 0X 表示的数据是十六进制；没有任何前缀基数的数据是十进制。流操纵算子 dec、oct、hex 也可以用于输出流，如 cout << dec << n、cout << oct << n、cout << hex << n 所示，从而输出数据所对应不同进制的数。

成员函数 ignore( )提取并丢弃输入流中的字符（包括分隔符），它终止提取操作的条件是遇到下列情况之一：已丢弃了 nCount 个字符；已丢弃分隔符之前所有字符（包括分隔符）；刚提取了分隔符 delim（默认为 EOF）；到达文件尾。下列程序段演示它们的用法。

```
#01         char buffer[20];
#02
#03         std::cout << "enter string 'abcdef'  for test: ";
#04         std::cin.ignore( 3,  'f' ); //丢弃 3 个字符，或者丢弃'f'之前的所有字符
#05         std::cin >> buffer;         //从键盘输入 abcdef
#06         std::cout << buffer;        //只能提取得到 def
#07
#08         std::cout << "enter string 'abcdefg' for test: ";
#09         std::cin.ignore( 6,  'd' ); //丢弃 6 个字符，或者丢弃'd'之前所有字符
#10         std::cin >> buffer;         //从键盘输入 abcdefg
#11         std::cout << buffer;        //只能提取得到 efg
```

上述提取终止的条件中，哪个条件最先达到，就按照哪个条件终止。cin.ignore(3, 'f')表示丢弃 3 个字符，或者丢弃到字符'f'之后就可以结束读取，对于输入"abcdef"来说，丢弃 3 个字符最先达到，因此提取操作 cin >> buffer 能够读取的字符是"def"。cin.ignore(6, 'd')表示丢弃 6 个字符，或者丢弃到字符'd'之后就可以开始读取，对于输入"abcdefg"来说，丢弃到字符'd'这一操作最先实现，因此提取操作 cin >> buffer 能够读取的字符是"efg"。

成员函数 gcount( )返回最近一次无格式化输入函数提取字符的个数。如果在调用 gcount 之前，调用了函数 peek( )、putback( )和 unget( )，则调用函数 gcount( )的返回值为 0。下列程序段演示了它的用法。

```
#01         std::cout << "Please enter one string: ";
#02         std::ws( std::cin );                //提取并丢弃流中的空白符
#03
#04         char c[10];
#05         std::cin.getline(c, 10);            //从键盘输入 abcde
#06
#07         std::cout << c;                     //在屏幕上输出 abcde
#08         std::cout << std::cin.gcount();     //实际提取字符有 6 个
```

上述程序段中，表达式 ws(cin)表示用流操作算子 ws 提取并丢弃标准输入流中的空白字符，类似于 cin >> ws。当从键盘输入字符串"abcdef"时，cin.gcount( )返回的数量是 6。注意：由于成员函数 getline( )提取流中的间隔符（回车符），故提取字符有 6 个。

成员函数 peek( )具有“窥视”的功能，它返回输入流中下一个字符的副本，但是该函数不改变流缓冲区的内容，也就是说它不提取刚“窥视”到的字符。下列程序段演示了它的用法。

```
#01         char buffer[10], ch;
#02
#03         std::cout << "Please enter 'abcde': ";
#04         std::cin.get(ch);                        //输入 abcde,提取 a 到 ch 中
#05         ch = std::cin.peek();                    //此时流中第一个字符为 b
#06         std::cin.getline(buffer, 10);            //提取所有字符,得到 bcde
```

当从键盘输入字符串"abcde"时，cin.get(ch)从标准输入流中提取字符'a'存放在变量 ch 中，这样标准输入流中下一个字符就是'b'，因此 ch = cin.peek( )使变量 ch 的值为'b'。再用 cin.getline(buffer, 10)接着提取标准输入流中的数据时，字符数组 buffer 中存放的就是"bcde"。

成员函数 putback( )把刚从输入流中读取的字符再放回到输入流中，需要强调的是，该字符一定要是刚从流中提取的字符。下列程序段演示了它的用法。

```
#01         char buffer[10], c1, c2;
#02
#03         std::cout << "Please enter 'abcde': ";
#04         std::cin.get(c1);                        //输入 abcde,提取 a 到 c1 中
#05         std::cin.get(c2);                        //提取字符 b 到变量 c2 中
#06         std::cin.putback(c1);                    //把字符 a 放回到输入流中
#07         std::cin.getline(buffer, 10);            //提取所有字符,得到 acde
```

当从键盘输入字符串"abcde"时，cin.get(c1)从标准输入流中提取字符'a'存放到变量 c1 中。cin.get(c2)从标准输入流中提取字符'b'存放到变量 c2 中。cin.putback(c1)把刚从流中提取的字符'a'放回到输入流中。此时输入流缓冲区中的字符有"acde"，它们被 cin.getline(buffer, 10)提取出来存放到字符数组 buffer 中。

成员函数 unget( )与成员函数 putback( )的功能相似，只是它的用法更为简单。即使不清楚最近一次从输入流中获取了什么字符，也可以调用函数 unget( )把最近获取的字符退回到输入流中。下列程序段演示了它的用法。

```
#01         char buffer[10];
#02
#03         std::cout << "Please enter 'abcde': ";
#04         std::cin.get();                          //输入 abcde,提取字符 a
#05         std::cin.get();                          //提取字符 b
#06         std::cin.unget();                        //退回刚提取的字符 b
#07         std::cin.getline(buffer, 10);            //提取所有字符,得到 bcde
```

当从键盘输入字符串"abcde"时，两次 cin.get( )调用将先后从输入流中提取字符'a'和'b'，cin.unget( )则将最近提取的字符'b'退回到输入流中，此时输入流缓冲区中的字符内容为"bcde"，它们被 cin.getline(buffer, 10)提取出来存放到字符数组 buffer 中。

9.2.3　应用举例

【例 9.12】输出句子中的每个单词。

从键盘输入一个完整的长句，切分出每个单词，去掉可能存在于单词中的标点符号，并输出各个单词。

```
#01     #include <iostream>
#02     #include <algorithm>                        //for copy
#03     #include <vector>                           //for vector
#04     #include <cctype>                           //for ispunct
#05     #include <string>
#06     #include <iterator>
#07
#08     void removePunctuation(std::string& s) {    //去除字符串中的标点符号
#09         auto iter{s.begin()};                   //以下查找标点符号的位置
#10         while((iter = std::find_if(iter, s.end(), ispunct)) != s.end())
#11             s.erase(iter);                      //去除标点符号
#12     }
#13
#14     int main( ) {
#15         char buffer[80];
#16         std::vector<std::string> vs;        //定义存放字符串的容器
#17
#18         std::cout << "Please enter one sentence:\n";
#19         while (std::cin >> buffer) {        //输入长句,以 Ctrl+z 结束
#20             std::string s{buffer};          //以单词构造 string 对象
#21             removePunctuation(s);           //去除附着在单词中的标点
#22             vs.push_back(s);                //把"干净"的单词存放在容器中
#23         }
#24
#25         std::cout << "Words in this sentence:\n";
#26         std::ostream_iterator<std::string> screen{std::cout, "\t"};
#27         std::copy(vs.begin(), vs.end(), screen);//输出容器中的单词
#28         std::cout << std::endl;
#29     }
```

程序的输出结果如下：

```
Please enter one sentence: The Olympic motto says "Citius, Altius, Fortius
- Communis" in Latin, which means "Faster, Higher, Stronger - together".
(请在此按 Ctrl+z 键结束输入)
Words in this sentence:
The     Olympic motto   says    Citius      Altius      Fortius
    Communis    in  Latin   which   means   Faster      Higher
    Stronger    together
```

在 main( )函数中，while (cin >> buffer)连续读入一个句子中的各个单词，然后调用函数 removePunctuation( )去除位于每个单词之前或之后的标点符号，最后通过 vs.push_back(s)把“干净”的单词 s 存放在 vector 容器 vs 中。

函数 removePunctuation( )去除字符串 s 中可能含有的所有标点符号，该函数主要依

赖于 STL 算法 find_if( )在字符串 s 中查找标点符号的存在。算法 find_if( )的第三个参数 ispunct( )是字符类型判断函数，定义于 C++标准头文件<cctype>中。removePunctuation( )函数通过 while 循环去除所有的标点符号。

需要说明的是，在 main( )函数中，把流提取表达式 cin >> buffer 作为 while 循环的条件，该表达式的返回值是标准流对象 cin，因此 while 语句需要对该对象进行逻辑真假判断。为什么能够对标准流对象计算其逻辑值，其逻辑值又是如何确定的呢？原因在于，虚基类 ios_base 中提供了类型转换函数 operator bool ( )，或者重载了运算符 operator ! ( )，这两个函数对流对象的 fail 标志位进行逻辑判断从而得出流对象的逻辑值，如当读取到文件尾标志时流对象出错从而判断为假。此外，为了结束 main( )函数中 while (cin >> buffer)的输入，可以从键盘输入 Ctrl+z 组合键（Windows 操作系统）或 Ctrl+d（UNIX/Linux/Mac OS 操作系统）组合键作为输入流结束的标志，从而结束 while 循环。

9.3 格式化 I/O

9.3.1 格式控制

为了使输入流和输出流能够更好地实现程序的各种功能，如从输入流中提取十六进制数据，向输出流中写入占据一定宽度的内容，C++提供了多种方式，使人们得以方便地控制流格式，从而实现格式化输入和输出。

这些格式化的方式大致分为 3 种：格式标志位（format flag）；流对象的成员函数；流操纵算子（manipulator）。它们基本来自 3 个类或头文件，即基类 ios_base 提供了格式标志位和流操纵算子；类 istream 和类 ostream 提供了部分常用流操纵算子；头文件<iomanip>提供了部分流操纵算子。

为了实现格式化 I/O，一般须包含 C++标准头文件<iostream>和<iomanip>。

9.3.2 格式标志位

1. 格式标志位和格式域

下列格式标志位实际上是虚基类 ios_base 的 static const 数据成员，它们分别被初始化为不同的十六进制整型值。需要注意的是，不同编译环境下，如 VC++和 GCC，给每个格式标志位赋予的值不一样，表 9-4 中的值是 VC++中设置的值。这些标志位分别用于输入流和输出流，如表 9-4 中的最后一列所示。最后 3 个格式域实际上也是基类 ios_base 中的 static const 数据成员，其取值为相应格式标志位的组合。由于 ios 类继承自 ios_base 类，各标志位的访问方式也可以由“ios_base::×××”简化为“ios::×××”。详细信息请如表 9-4 所示。为了使用这些标志，只须包含 C++标准头文件<iostream>。

表 9-4 常用格式标志位

格式标志位	值	功能描述	I/O
ios::skipws	0x0001	跳过输入流中的空白字符	I/O
ios::noskipws	—	读入输入流中的空格	I/O
ios::unitbuf	0x0002	单元缓冲（缓冲区一有内容就输出）	I/O
ios::nounitbuf	—	当缓冲区满才显示被缓冲的内容	I/O
ios::uppercase	0x0004	大写显示十六进制数中的 A～F，以及科学计数法中的 E	I/O
ios::nouppercase	—	小写显示十六进制数中的 a～f，以及科学计数法中的 e	I/O
ios::showbase	0x0008	显示表示进制的前缀（八进制为 0，十六进制为 0x 或 0X）	I/O
ios::noshowbase	—	关闭显示表示进制的前缀	I/O
ios::showpoint	0x0010	显示浮点数的小数点并截断数字末尾的 0	I/O
ios::noshowpoint	—	当浮点数的小数部分为 0 时，只显示整数部分	I/O
ios::showpos	0x0020	强制显示正数的符号	I/O
ios::noshowpos	—	不显示正数的符号	I/O
ios::left	0x0040	左对齐输出，文本不够显示宽度时，在右边填充字符	I/O
ios::right	0x0080	右对齐输出，文本不够显示宽度时，在左边填充字符	I/O
ios::internal	0x0100	符号位左对齐，数字右对齐，在符号和数字之间填充字符	I/O
ios::dec	0x0200	以十进制显示整型变量	I/O
ios::oct	0x0400	以八进制显示整型变量	I/O
ios::hex	0x0800	以十六进制显示整型变量	I/O
ios::scientific	0x1000	以科学计数法显示浮点数	I/O
ios::fixed	0x2000	以定点数格式显示浮点数	I/O
ios::boolalpha	0x4000	把 bool 型变量显示为 true 或 false	I/O
ios::noboolalpha	—	把 bool 型变量显示为 1 或 0	I/O
格式域	值	标志位组合	I/O
ios::adjustfield	0x01C0	ios::left | ios::right | ios::internal	I/O
ios::basefield	0x0E00	ios::dec | ios::oct | ios::hex	I/O
ios::floatfield	0x3000	ios::scientific | ios::fixed	I/O

从表 9-4 中可以看出，格式标志位专门设置为字节中的不同数位，因此对它们的操作很容易通过位运算实现，如为了同时设置多个标志位，只需要将这些标志位以位或运算（运算符“|”）组合起来即可。为了判断某个标志位是否被设置，可用位与运算（运算符“&”）检测。这些标志位的类型为 fmtflags（即 long）。

所有这些标志位大致可以分为两种类型：开关型标志位；联合使用型标志位。在使用成员函数 setf( )设置这两类标志时，区别非常明显：设置第一类标志位只需带一个参数；设置第二类标志位一般要带两个参数。

开关型标志位有如设置大小写的标志位 ios::uppercase，设置成功后，就以大写字母显示十六进制数字中的 A～F，以及科学记数法中的 E。若取消该标志位的作用，即设置标志位 ios::nouppercase 后，则以小写字母显示 a～f，以及科学计数法中的 e。

联合使用型标志位是指具有互斥性质的一组标志位，某一时刻只能有一个标志起作用，设置了一个标志，则其他标志应该被取消，否则会引发不确定的行为。联合使用型标志位以位或运算合成一个格式域，并把它作为各个格式标志位的掩码，如表 9-4 中的格式域 ios::adjustfield、ios::basefield 和 ios::floatfield。例如，为以不同对齐方式输出数据，先前设置了左对齐的格式标志位 ios::left，接着打算重新设置为右对齐的格式标志位 ios::right，但是这次设置不会自动清除已经设置的标志位 ios::left，因此需要以 cout.setf(ios::right, ios::adjuestfield)方式调用，这个函数调用首先清除格式域的所有位，然后设置 ios::right。联合使用型格式标志位及其格式域一共有 3 组，如表 9-5 所示。

表 9-5 联合使用型格式标志位及其格式域

格式域	格式标志位	功能描述
ios::basefield	ios::dec	以十进制显示整型变量
	ios::oct	以八进制显示整型变量
	ios::hex	以十六进制显示整型变量
ios::floatfield	ios::scientific	以科学计数法显示浮点数
	ios::fixed	以定点数格式显示浮点数
ios::adjustfield	ios::left	文本不够显示宽度时，向右边填充字符
	ios::right	文本不够显示宽度时，向左边填充字符
	ios::internal	符号位左对齐，数字右对齐

2. 操作格式标志位的成员函数

在基类 ios_base 中同时提供一些读取、设置、取消设置格式标志位的成员函数 flags( )、setf( )、unsetf( )，它们的功能及常见用法如表 9-6 所示。由于这些成员函数是基类 ios_base 的成员函数，因此它们可以根据要设置的格式标志位分别适用于输入流和输出流。为了使用这些成员函数，需要包含 C++标准头文件<iostream>。

表 9-6 设置、读取格式标志位的函数

成员函数	用法示例	功能描述
flags( )	s.flags( );	返回流中当前设置的所有标志位
	s.flags(lFlags);	设置新标志位 lFlags；返回旧标志位
setf( )	s.setf(lFlags);	设置开关型标志位 lFlags；返回旧标志位
	s.setf(lFlags, lMask);	清除掩码 lMask 中的所有格式标志位，然后设置新格式位 lFlags；返回旧标志位
unsetf( )	s.unsetf(lFlags);	清除开关型格式标志位 lFlags；返回旧标志位

注：s 表示 ios_base 类对象；lFlags 表示标志位；lMask 表示标志位掩码。

一般使用不带参数的 flags( )函数返回所设置的格式标志位；用带一个参数的 setf( )函数设置开关型格式标志位，用函数 unsetf( )清除对某开关型标志位的设置；用带两个参数的 setf( )设置联合使用型格式标志位。

【例 9.13】flags( )、setf( )、unsetf( )的用法示例。

```
#01     #include <iostream>
#02     using namespace std;
#03     int main() {
#04         long fi{cin.flags()};                  //返回输入流默认设置的标志位
#05         long fo{cout.flags()};                 //返回输出流默认设置的标志位
#06
#07         cout.setf(ios::hex, ios::basefield);//十六进制输出
#08         cout << fi << "\t" << fo << endl;   //输出 201  201
#09
```

```
#10        int n{0x6e};           //以下设置大写输出，影响十六进制的 x 和 e
#11        cout.setf(ios::uppercase | ios::showbase);
#12        cout << n << endl;                        //输出 X6E
#13
#14        cout.setf(ios::dec, ios::basefield);       //恢复十进制输出
#15        cout.setf(ios::showpos | ios::boolalpha);  //设置标志位
#16        cout << 10 << "\t" << (2 < 3) << endl;     //输出+10 true
#17
#18        cout.unsetf(ios::showpos | ios::boolalpha);//清除标志位
#19        cout << 10 << "\t" << (2 < 3) << endl;     //输出 10 1
#20    }
```

上述程序中，表达式 long fi{cin.flags( )}和 long fo{cout.flags( )}分别返回在构造标准输入流对象 cin 和标准输出流对象 cout 时默认设置的格式状态标志位，cout.setf(ios::hex, ios::basefield)把输出流的进制格式域设为十六进制，从输出结果 201 可知，这对应于格式标志位 ios::skipws（0x0001）和 ios::dec（0x0200）的组合，因此标准输入流和输出流在建立后会默认设置标志位 ios::skipws 和 ios::dec。默认设置标志位 ios::skipws 意味着 operator >> 默认会跳过空白符。前已述及，该标志位的取值随着编译环境的不同而各异，201 是 VC++编译环境下的赋值。在 GCC 环境下，上述输出为 0x1002，刚好也对应于该环境下标志位 ios::skipws（0x1000）和 ios::dec（0x0002）的组合。

cout.setf(ios::uppercase | ios::showbase)设置输出流的标志位以便输出大写字母的十六进制数 6E 及其基数 0X。cout.setf(ios::dec, ios::basefield)把输入流的进制格式域恢复为十进制，同时用 cout.setf(ios::showpos | ios::boolalpha)设置输出流的标志位以显示正号+和逻辑值的名称 true。cout.unsetf(ios::showpos | ios::boolalpha)清除输出流的显示正号的标志位，同时清除显示逻辑值名称的标志位。

9.3.3　成员函数

为了方便地设置域宽、填充字符和精度等格式，ios_base 中提供了成员函数 width( )、fill( )、precision( )。它们的功能及常见用法如表 9-7 所示。为了使用这些成员函数，需要包含 C++标准头文件<iostream>。

表 9-7　设置域宽、填充字符、显示精度的成员函数

成员函数	用法示例	功能描述
width( )	os.width(nw);	设置域宽为 nw，然后返回先前域宽值
	os.width( );	返回当前的域宽值
fill( )	os.fill(cf);	设置填充字符为 cf，然后返回先前填充字符
	os.fill( );	返回当前的填充字符
precision( )	os.precision(np);	设置浮点数的显示精度为 np，然后返回先前精度
	os.precision( );	返回当前的精度值

注：os 表示输出流类对象。

对浮点数显示精度的设置是直观的。默认显示浮点数的精度是 6 个数字。如果浮点数显示格式为 ios::fixed 或 ios::scientific，则精度值是指小数点后面数字的位数。如果显示格式为自动的（既没设 fixed 格式，也没设 scientific 格式），则精度值是指整个数的有

效数字长度。

【例 9.14】数据的显示精度的应用示例。

```
#01     #include <iostream>
#02
#03     int main()
#04     {
#05         //按照默认格式(fixed)和默认精度(6位有效数字)显示浮点数
#06         std::cout << (22 / 7.0) << "\t"          //输出3.14286
#07                   << (220 / 7.0) << std::endl;  //输出31.4286
#08
#09         std::cout.precision(8);                 //按照位有效数字显示浮点数
#10         std::cout << (22 / 7.0) << "\t"          //输出3.1428571
#11                   << (220 / 7.0) << std::endl;  //输出31.428571
#12
#13         std::cout.setf(std::ios::fixed, std::ios::floatfield);
#14         std::cout << (22 / 7.0) << "\t"          //输出3.14285714
#15                   << (220 / 7.0) << std::endl;  //输出31.42857143
#16         std::cout.precision(6);                 //恢复默认精度
#17     }
```

在执行 cout << (22 / 7.0) << "\t" << (220/7.0) << endl 时，既没有设置浮点数的显示格式，也没有设置浮点数显示的精度，因此以默认精度的 6 位长度显示整个浮点数，并且只显示 6 位有效数字。在用 cout.precision(8)设置显示精度后，执行 cout << (22/7.0) << "\t" << (220/7.0) << endl 所输出浮点数的有效数字增加 2 位。在用 cout.setf(ios::fixed,ios::floatfield)设置浮点数的定点显示格式后，显示精度控制了浮点数小数点后有效数字长度的显示。最后用 cout.precision(6)恢复了默认精度 6。

对域宽的设置往往和填充字符是关联在一起的。当域宽取默认值 0 时，只输出“表示该数据所必需的字符”。若域宽不为 0，且要输出字符的长度大于域宽，则原样输出数据，如以 1 位域宽显示数据 100，显示结果仍是 100。但是如果域宽不为 0，且要输出数据的长度比域宽要小，则会用填充字符补满空余位置，如以 7 位宽度输出数据 100，则须以填充字符补充 4 位长度。至于这 4 位填充字符是补充在数据 100 的前面还是后面，这又与对齐方式有关。因此，域宽只能指定数据输出的最小长度，而不是对最大输出长度的限定。

当域宽大于要输出数据的长度时，会以填充字符补齐指定的域宽长度。若设置了左对齐的显示方式，则在数据的后面补充填充字符；若设置了右对齐的显示方式，则在数据的符号前面追加填充字符；若设置了 internal 显示方式，则在输出数据的符号后面、数字前面补充填充字符。

需要注意的是，默认的填充字符是空格，默认的对齐方式是右对齐，默认的域宽是 0。在每次执行提取操作和插入操作后，域宽自动重设为 0，也就是说，所设置的域宽只对下一次输出起作用。若想持续设置域宽，则必须在每次执行完提取操作或插入操作后，重新调用函数 width( )或算子 setw( )。除域宽设置外，其他格式控制都是持续有效的。

【例 9.15】域宽、填充字符与对齐方式的应用示例。

```
#01     #include <iostream>
```

```
#02
#03     int main() {
#04         int n{ 100 };
#05
#06         std::cout.fill('*');                    //设置填充字符
#07         std::cout.setf(std::ios::showpos);      //显示正负号
#08         std::cout.width(7);                     //设置域宽
#09         std::cout << n << std::endl;            //输出***+100
#10
#11         std::cout.setf(std::ios::left, std::ios::adjustfield);
#12         std::cout.width(7);                     //重新设置域宽
#13         std::cout << n << std::endl;            //输出+100***
#14
#15         std::cout.setf(std::ios::internal, std::ios::adjustfield);
#16         std::cout.width(7);                     //重新设置域宽
#17         std::cout << n << std::endl;            //输出+***100
#18     }
```

上述程序首先用 cout.fill('*')设置填充字符为'*'，用 cout.setf(ios::showpos)设置显示正负号，用 cout.width(7)设置字宽为 7，并且用默认的右对齐方式输出 100，显示结果为***+100。接着用 cout.setf(ios::left, ios::adjustfield)设置左对齐标志，用 cout.width(7)设置字宽为 7，故输出 100 时会显示+100***。最后用 cout.setf(ios::internal, ios::adjustfield)设置 internal 对齐方式，用 cout.width(7)设置字宽为 7，故输出 100 时会显示+***100。

9.3.4　流操纵算子

与前面两种控制格式的方式相比，流操作算子的用法则显得相对简洁。表 9-8 是常用不带参数的流操纵算子，直接把它们放在流插入运算符或流提取运算符后面即可。为了应用此表中的流操纵算子控制格式，需要包含 C++标准头文件<iostream>。

表 9-8　无参数操纵算子

流操纵算子	功能	I/O
skipws	跳过流中的空白字符	I/O
ws	跳过流中的空白字符	I
noskipws	提取输入流中的空格	I/O
unitbuf	单位缓冲，只要缓冲区非空，就输出	I/O
nounitbuf	当缓冲区满才显示被缓冲的内容	I/O
uppercase	大写显示十六进制数中的 A～F，以及科学计数法中的 E	I/O
nouppercase	小写显示十六进制数中的 a～f，以及科学计数法中的 e	I/O
showbase	显示表示进制的前缀（八进制为 0，十六进制为 0x 或 0X）	I/O
noshowbase	关闭显示表示进制的前缀	I/O
showpoint	显示浮点数的小数点并截断数字末尾的 0	I/O
noshowpoint	当浮点数的小数部分为 0 时，只显示整数部分	I/O
showpos	强制显示正数的符号	I/O
noshowpos	不显示正数的符号	I/O
left	左对齐输出，文本不够显示宽度时，在右边填充字符	I/O
right	右对齐输出，文本不够显示宽度时，在左边填充字符	I/O

续表

流操纵算子	功能	I/O
internal	符号位左对齐，数字右对齐，在符号和数字之间填充字符	I/O
dec	以十进制显示整型变量	I/O
oct	以八进制显示整型变量	I/O
hex	以十六进制显示整型变量	I/O
scientific	以科学计数法显示浮点数	I/O
fixed	以定点数格式显示浮点数	I/O
hexfloat(C++11)	同时设置 fixed 和 scientific 以便格式化十六进制浮点数	I/O
defaultfloat(C++11)	恢复默认的浮点数格式	I/O
boolalpha	把 bool 型变量显示为 true 或 false	I/O
noboolalpha	把 bool 型变量显示为 1 或 0	I/O
endl	输出换行（在流中插入'\n'）并刷新缓冲区	O
ends	在流中插入'\0'	O
flush	刷新输出流缓冲区	O

表 9-8 中的各个流操作算子的作用基本与表 9-4 中同名的标志位相同。不同的是，表 9-4 中的格式标志位必须通过成员函数 setf( )设置，通过成员函数 unsetf( )取消设置，而此表中的流操纵算子直接用于流插入符或流提取符后面。

对于表 9-4 中的 3 组格式域，可以非常简单地应用表 9-8 中相应的算子来实现相同的功能。以流操纵算子 hex 为例，它的作用类似函数调用 ios::setf(ios::hex, ios::basefield)。实际上，表 9-4 中的所有流操作算子（除 endl、ends、flush 外）就是通过成员函数 setf( )或 unsetf( )对格式标志位进行设置而得来的。

与表 9-8 不同的是，表 9-9 所示的流操纵算子需要带一个参数才能调用，它们一般用于控制输出流的格式。调用时需要给定一个合适的参数，然后在流插入符后面调用。为了应用此表中的流操纵算子控制格式，需要包含 C++标准头文件<iomanip>。

表 9-9 参数化的流操纵算子

流操纵算子及用法	功能描述	I/O
setiosflags(lFlags)	设置指定的格式标志位 lFlags	I/O
resetiosflags(lFlags)	清除指定的格式标志位 lFlags	I/O
setbase(nBase)	设置整型数的显示基数 nBase	I/O
setw(nWidth)	设置数据显示的域宽 nWidth	I/O
setfill(nFill)	设置填充字符 nFill	O
setprecision(nPrc)	设置浮点数的显示精度 nPrc	I/O
get_money(mon)	解析输入的货币值 mon，C++11	I
put_money(mon)	格式化输出货币值 mon，C++11	O
get_time(tmb,fmt)	按照指定格式 fmt 解析 date/time 值 tmb，C++11	I
put_time(tmb,fmt)	按照指定格式 fmt 输出 date/time 值 tmb，C++11	O

流操纵算子 setiosflags( )的作用类似成员函数调用 ios::setf(lFlags)。用流操纵算子 setiosflags( )设置的标志位会持续有效，一直到下一次被改变。流操纵算子 resetiosflags( )的作用类似成员函数调用 ios::unsetf(lFlags)。用流操纵算子 resetiosflags( )清除标志位后，所设置的标志位会持续有效，一直到下一次被改变。根据要设置的格式控制标志位，这

两个算子都可以分别用于流插入运算符和流提取运算符后面。

当参数为10、8、16时，流操纵算子setbase( )的作用类似dec、oct、hex。

流操纵算子setw(nWidth)的作用类似于成员函数调用os.width(nWidth)。注意：域宽设置只对下一次输出起作用。流操纵算子 setfill(nFill)的作用类似于成员函数调用os.fill(nFill)。流操纵算子setprecision(nPrc)的作用类似于成员函数调用os.precision(nPrc)。这里，os指输出流类的对象。

【例9.16】流操纵算子的应用示例。

```
#01     #include <iostream>
#02     #include <iomanip>
#03
#04     int main() {
#05         int n{ 0xac };
#06         std::cout << std::showbase          //显示表示进制的前缀
#07             << std::oct << n << "\t"        //八进制输出0254
#08             << std::hex << n << "\n"        //十六进制输出0xac
#09             << setiosflags(std::ios::basefield);    //恢复基数的默认值
#10
#11         std::cout << std::boolalpha << (2 > 3) << "\t" //输出false
#12             << std::noboolalpha             //关闭bool值字符显示
#13             << (2 != 3) << std::endl;       //输出1
#14
#15         std::cout<<std::fixed<<std::setprecision(8)//定点显示，精度为8
#16             << (220 / 7.0) << "\t"          //输出31.42857143
#17             << std::scientific              //科学记数法显示
#18             << (220 / 7.0) << std::endl;    //输出3.14285714e+001
#19
#20         std::cout << std::uppercase     //科学记数法的E大写显示
#21             << (220 / 7.0) << "\t"      //3.14285714E+001
#22             << std::nouppercase         //关闭大写显示E
#23             << std::setprecision(6)     //恢复精度的默认值
#24             << (220 / 7.0) << "\n"      //输出3.142857e+001
#25             << setiosflags(std::ios::floatfield);//恢复浮点数显示的默认值
#26
#27         std::cout << 2.0 << "\t"                    //输出2
#28             << std::showpoint << std::showpos   //显示小数点和正负号
#29             << (2.0) << "\t"                    //输出+2.00000
#30             << std::internal << std::setw(10)   //设置对齐方式,字宽为10
#31             << std::setfill('#')                //设置填充字符为'#'
#32             << (2.0) << "\n"                    //输出+##2.00000
#33             << std::noshowpoint << std::noshowpos //关闭显示小数点和正负号
#34             << std::setfill(' ')                //恢复填充字符的默认值
#35             << resetiosflags(std::ios::left);   //恢复对齐方式的默认值
#36     }
```

9.3.5 自定义流操纵算子

为了满足不同的应用需求，可以自定义流操纵算子，如把多个格式控制组合在一起成为一个操纵算子，以后只调用这一个算子就可以设置多种格式。

1. 定义无参数的流操纵算子

实际上，不带任何参数的流操纵算子本身是一个函数。例如，操纵算子 endl，它是一个全局函数，只带一个参数 ostream&，并且返回 ostream&，其函数定义如下：

```
#01    std::ostream& endl(std::ostream& os)    //换行符 endl 是一个函数
#02    {                                       //它执行两个操作
#03        os.put('\n');                       //第一:插入换行符 newline
#04        os.flush();                         //第二:刷新输出流缓冲区
#05        return os;                          //返回作为参数的流对象
#06    }
```

当执行表达式 cout << endl 时，匹配并调用下列 ostream 类的成员函数：

```
#01    ostream& operator << (ostream& (*f) (ostream&)) {
#02        (*f) (*this);
#03        return *this;
#04    }
```

该运算符函数的参数是函数指针类型，恰好与函数 endl( )的定义一致，因此以下列形式调用：

```
    cout.operator << (endl)
```

但实际执行为函数调用 endl(cout)，从而完成换行和刷新缓冲区。

【例 9.17】浮点数输出格式的流操纵算子 showfloat、noshowfloat 的应用示例。

在输出浮点数时，通常会设置多个格式，为了使设置这些繁杂格式的过程变得轻松，可以自定义一个流操纵算子 showfloat 集中设置浮点数显示格式。还要注意，在修改了流的默认设置后，一般应予以恢复，因此同时定义一个流操纵算子 noshowfloat 起恢复作用。

```
#01    #include <iostream>
#02    #include <iomanip>
#03
#04    std::ostream& showfloat(std::ostream& os) {//自定义流操纵算子
#05        os << std::setw(8) << std::setfill('0')//设置域宽和填充字符
#06            << std::fixed << std::internal //设置浮点数显示格式和对齐方式
#07            << std::showpoint << std::showpos; //强制显示小数点和正负号
#08        return os;
#09    }
#10
#11    std::ostream& noshowfloat(std::ostream& os) {//自定义流操纵算子
#12        os << std::setw(6) << std::setfill(' ')//设置域宽，恢复填充字符
#13            << std::noshowpoint << std::noshowpos;//取消显示小数点和正负号
#14        os.setf(std::ios::floatfield|std::ios::adjustfield);//恢复默认格式
#15        return os;
#16    }
#17
#18    int main() {
#19        double d{ 12 };
#20        //以下测试自定义流操纵算子 showfloat 和 noshowfloat
```

```
#21        std::cout << showfloat << d        //输出+12.000000
#22                    << noshowfloat << "\t" << d;    //输出 12
#23    }
```

上述程序首先定义流操纵算子 showfloat( )，分别对域宽、填充字符、浮点数表示方式、对齐方式、小数点显示、正号显示等进行设置。然后自定义算子 noshowfloat( )，分别取消或恢复对各种格式的设置。main( )函数对两个自定义算子进行了测试。

2. 定义带参数的流操纵算子

本书中的程序很多地方用到了宏 xr，其重要作用之一就是实现代码行的定位。在显示某个行号时，首先输出前导字符'#'，然后以 2 位字宽、填充字符为'0'的格式输出行号。在实现这个功能时，本书编者把这个过程实现为流操作算子，且该算子带有两个参数分别表示行号和字宽。

在定义带有参数的流操纵算子时，采用了 Jerry Schwarz（C++I/O 流的设计者）提出的效用算子（effector）的概念，利用该概念定义带参数的操纵算子则非常简洁且可读性好。所谓效用算子是指重载了流插入运算符的类。因此定义带参数的流操纵算子的过程也就是定义类并在其中重载流插入运算符的过程。

【例 9.18】流操纵算子 line_number 输出行号的应用示例。

```
#01    #include <iostream>
#02    #include <iomanip>
#03
#04    class line_number {                          //定义为参数化的流操纵算子
#05    private:
#06        int num;
#07        int width;
#08    public:
#09        line_number(int n, int w) :num(n), width(w) {} //带有两个参数
#10        //流插入运算符函数是实现参数化的流操纵算子的关键
#11        friend std::ostream& operator << (std::ostream& os,
#12            const line_number& rhs) {
#13            os <<"#"<<std::setw(rhs.width)<<std::setfill('0')<<rhs.num
#14                << std::setfill(' ');        //恢复填充字符为空格
#15            return os;
#16        }
#17    };
#18
#19    int main() {
#20        std::cout << line_number{ __LINE__, 2 } << ": Hello\n"
#21            << line_number{__LINE__, 5} << ": 1 + 2 = " << 1 + 2 << std::endl;
#22    }
```

程序的输出结果如下：

```
#20: Hello
#00021: 1 + 2 = 3
```

上述程序定义类 line_number 用作流操纵算子，为以指定字宽 width 输出行号 num，该类的构造函数带有两个参数分别设置这两个参数值，因此流操纵算子 line_number 是

带有两个参数的流操纵算子。在以友元函数形式重载流插入运算符 friend ostream& operator << (ostream& os, const line_number& rhs)时，按照需求先后设置了字宽、填充字符。

main( )函数测试了这个流操纵算子，宏__LINE__取出它所在的行号作为算子 line_number 的第一个参数，第二个参数控制了行号显示的宽度。

9.4 文件 I/O 流

9.4.1 基本概念

1. 文件流

为了长久保留内存中的数据，可以把它们以一定的格式存储在外部设备中。为了获取数据，可能需要读取存储于外部设备中的数据。这些关于数据在设备中存储及读写的操作，在 C++中都是以流和文件的方式实现的。内存数据和磁盘文件在不同方向上的传递，形象地称为“流”。流是字节序列，通过流类所提供的操作，可以实现数据在不同方向上的输出和输入操作。例如，通过标准 I/O 流，可以从标准输入设备中获取数据，也可以向标准输出设备中写入数据。

为了以一致的形式完成数据在不同输入、输出设备之间的交换，系统以文件的概念统称诸如键盘、显示器、打印机、磁盘、网络连接及通信端口等硬件设备，这些物理设备也被系统抽象为设备文件。实际在这些设备之间的数据传输都需要借助于系统的底层驱动程序完成。无论是对于磁盘文件还是设备文件，它们的操作方式都定义为相同的接口，因此程序能够用统一的接口操作实现不同的文件。这就需要用到文件流及其操作。

在 C++中，文件流也是字节序列。相互关联的数据顺序组织并记录在文件中，同时附加以特定标志作为文件结束的标识。在操作文件时，首先建立文件流对象，然后以不同的方式与文件相关联，所有关于文件的操作都通过流对象完成，实现操作的函数和运算符都是统一的。

2. 文件流的类型

C++根据文件数据的不同存储形式和处理方式，把文件分为文本文件和二进制文件两种类型，对应文件流也分为文本流和二进制流两种类型。在最开始时，文件流被设计为文本模式，因此关于文件的操作模式默认为 text 方式。在建立文件流时，都需要指明对文件的操作模式。对不同模式文件的操作过程、处理方式是不同的。

文本流中的每个字符都以其 ASCII 值存储，流中的字节内容可以以直观的形式观察并存取，这种格式便于对文件的分析和处理。文本流的操作一般采用格式化 I/O 方式完成，因此文本流适合于一般的输入、输出操作。以文本流格式存储文件时，所占用的存储空间较多。这种流格式在输入、输出数据时，需要在换行符 newline（'\n'）与回车（carriage-return，'\r'）-换行（linefeed，'\n'）字符对之间转换。

二进制流则直接以数据的原始二进制格式存储，这种流格式在数据的输入、输出过程中都保持同样的内容和格式，无须对任何字节内容进行转换，因而读写效率较高，存储空间也较少。二进制流主要用于无格式化 I/O。这种格式的数据不能给人以直观的印象。

3. 文件流类

C++在标准头文件<fstream>中定义了 3 个文件流类：ifstream、ofstream 和 fstream。文件输出流类 ofstream 主要用于向文件流中写入数据，文件输入流类 ifstream 主要用于从文件流中提取数据，文件流类 fstream 则既可以向文件流中写入数据，也可以从文件流中提取数据。在这 3 种流类中还提供有用于文件读写操作的成员函数。此外，虚基类 ios_base 中定义了文件打开模式的标志位。

由于文件 I/O 流类派生于标准 I/O 流类，因此标准 I/O 流类的函数和运算符也可以适用于文件 I/O 流类，如流插入运算符“<<”和流提取运算符“>>”、put( )/get( )/getline( )函数、write( )/read( )函数等，此外用于格式控制的标志位、成员函数和流操纵算子也可以对应用于文件 I/O。因此在学习本节内容之前，请熟练掌握标准 I/O 操作和格式化 I/O 的内容。

4. 文件 I/O 的方向

对磁盘文件进行 I/O 操作，就会在内存与磁盘文件之间发生不同方向的读写。对文件 I/O 操作方向的正确理解，有助于明白如何选择文件输入流类和文件输出流类，以及如何设置文件打开的方式。

下面以常用操作为例，分析 I/O 操作时数据流动的方向，注意下列讨论是以内存为基准点的。

（1）把内存中的数据（如变量的取值、对象数据成员的取值、数组的元素）保存到磁盘文件中，如选择“保存”选项以便把数据写到文件中，则数据从内存流出，因而是文件输出操作。

为了实现该操作，应该建立与文件输出流类 ofstream 相关联的文件，或者建立与文件流类 fstream 相关联、同时指定为 ios::out 打开模式的文件。这类文件称为输出流文件。

（2）把磁盘文件的内容读取到内存中，如选择“打开”选项以便从文件中读出内容，则数据向内存流入，因而是文件输入操作。

为了实现该操作，应该建立与文件输入流类 ifstream 相关联的文件，或者建立与文件流类 fstream 相关联、同时指定为 ios::in 打开模式的文件。这类文件称为输入流文件。

9.4.2 文件操作

文件操作通常有 3 个过程：打开文件、读写文件、关闭文件。每个过程都需要有相应函数的支持，除打开文件、关闭文件外，读写文件要用到的运算符和函数与标准 I/O 函数相同。下面先讨论文件打开、关闭的过程，然后重点讨论文件的读写操作。

1. 文件的打开

为了打开一个文件，需要顺次做如下工作：确定应该选用的文件流类；建立文件流对象，把文件流对象与磁盘文件关联起来；检测文件打开是否成功。

1）确定文件流类

当用于不同的读写目的时，所选择的文件流类也会不同，应该设置的文件打开方式也会有异。若只为向文件中写入数据，则应该选用文件输出流类 ofstream；若只为从文件中读取数据，则应该选用文件输入流类 ifstream；若希望既能从文件中读取数据也能向文件中写入数据，则应该选用文件流类 fstream。

此外，与文件流类 fstream 相关联、同时指定为 ios::out 打开模式的文件，也可以向其中写入数据；与文件流类 fstream 相关联、同时指定为 ios::in 打开模式的文件，也可以从其中提取数据。

2）建立文件流对象，并与磁盘文件相关联

为了方便程序应用，标准 I/O 流预先定义了 4 个标准流对象 cout、cin、cerr、clog。但与标准 I/O 流不同的是，文件流类并没有预先定义流对象，因此需要在程序中自行定义文件流对象。

文件流类中常用构造流对象的构造函数有两个：默认构造和带有 3 个参数的构造。“建立流对象，并与磁盘文件相关联”就有两种方法：①先默认构造对象，然后通过成员函数 open( )与磁盘文件关联。②通过带有 3 个参数的构造函数直接在建立流对象的同时就与磁盘文件关联起来。下面分别讨论这两种做法。

（1）“建立流对象，并与磁盘文件相关联”的第一种做法：默认构造流对象，调用 open( )函数打开文件。

文件流类 ofstream、ifstream、fstream 支持默认构造对象，如下程序分别建立了 3 个不同流类的对象。

```
fstream    fs;
ofstream   ofs;
ifstream   ifs;
```

为了把默认构造的对象与磁盘文件关联起来，需要调用文件流类的成员函数 open( )，其函数原型如下：

```
void open( const char*filename, int openmode, int prot =
(int)ios::openprot );
```

这 3 个参数的意义如表 9-10 所示。

表 9-10　open( )函数的 3 个参数

参数顺序	形参类型及默认值	表示意义
第一个参数	const char *filename	磁盘文件的名称
第二个参数	int openmode	文件打开的方式
第三个参数	int prot = (int)ios::openprot	文件保护的方式

第三个参数 prot 表示文件的保护方式，在应用中常取其默认值，在此不详细讨论。

第一个参数 filename 表示文件名称。常用提供文件名实参的方法有两种：第一种，以 C-string 类型提供，如下列字符指针 filename，可以直接把它填入作为第一个实参。

```
const char* filename { "c:\\work\\data.txt" };
```

第二种，以 STL 中的 string 类型提供，如下列对象 s 包含文件名信息，

```
string s{ "d:\\program\\main.cpp" };
```

则应该以 s.c_str( )作为第一个实参。

第二个参数 openmode 表示文件的打开模式。如表 9-11 所示，文件的打开模式与格式化 I/O 中的格式标志位一样，多是 ios_base 类的 static const 数据成员。若要同时设置多个打开模式，需要用位或运算（运算符为“|”）把它们组合起来。

表 9-11 文件的打开模式

打开模式	十六进制值	含义及功能
ios::in	0x01	打开文件，只为从文件中提取数据
ios::out	0x02	打开文件，只为向文件中写入数据
ios::ate	0x04	打开文件，并立即将文件指针定位于文件尾
ios::app	0x08	每次打开文件总是定位于文件尾，然后把文件内容追加到文件尾
ios::trunc	0x10	打开文件，同时清空已有内容
ios::binary	0x20	打开文件，并以二进制模式进行 I/O 操作
ios::nocreate	0x40	若文件不存在，则失败返回
ios::noreplace	0x80	若文件已存在，则失败返回

由 ifstream 对象打开文件的默认打开模式为 ios::in。由 ofstream 对象打开文件的默认打开模式为 ios::out。由 fstream 对象打开文件的默认打开模式为 ios::in | ios::out。打开模式只是磁盘文件的属性，而不是文件流类对象的属性，因为同一个文件流类对象可以关联到以不同模式打开的磁盘文件。

关于上述文件的打开模式，请注意：①适用于输入流文件的打开模式只有 ios::in。该模式打开文件只读，若文件已存在，则不会清除其现有内容。②适用于输出流文件的打开模式有 ios::out、ios::app、ios::trunc。ios::out 模式打开文件只写，若文件已存在，则清空文件内容。ios::app 模式定位于文件尾，每次只要有新字节写入文件中，这些字节内容总是被追加到文件尾。ios::trunc 模式清空文件中已有的内容。③既适用于输入流文件又适用于输出流文件的打开模式有 ios::ate、ios::binary。ios::ate 模式定位于文件尾，当第 1 个字节的新内容写入文件中时，它被追加到文件尾，而随后的字节则被写入文件的当前位置。ios::binary 模式只以原始字节序列的形式处理文件内容，而不对其字节格式进行解释。

如下是一些常用建立流对象并通过 open( )函数与磁盘文件相关联的例子。下列程序段把流对象 fs 与磁盘文件 c:\work\result.txt 相关联，并指定可以对该文件进行读写操作。

```
const char* filename {"c:\\work\\result.txt"}; //磁盘文件的名称
fstream fs;                                    //文件流对象
fs.open(filename, ios::out | ios::in);         //通过流对象可以进行读写操作
```

下列程序段把流对象 ifs 与磁盘文件 d:\program\main.cpp 相关联，并用默认打开模式指定只能够对该文件进行读操作，即只能从该文件中读取数据，同时指定以二进制方式进行读操作。

```
string s{ "d:\\program\\main.cpp" };          //磁盘文件的名称
ifstream ifs;                                  //文件输入流对象
ifs.open(s.c_str(), ios::binary);              //以二进制方式读文件
```

下列程序段把流对象 ofs 与磁盘文件 e:\hello\data.dat 相关联，并用默认打开模式指

定只能够对该文件进行写操作，即只能向该文件中写入数据，同时指定以追加方式、二进制方式进行写操作。

```
const char* filename { "e:\\hello\\data.dat" };     //磁盘文件的名称
ofstream ofs;                                        //文件输出流对象
ofs.open(filename, ios::app | ios::binary);          //以二进制方式写文件
```

(2)“建立流对象，并与磁盘文件相关联”的第二种做法：以 3 个参数构造流对象，通过参数指定要关联的文件。

文件流类 ofstream、ifstream、fstream 也可以带 3 个参数构造流对象。这 3 个参数与成员函数 open( )的参数完全相同。

如下是一些常用建立流对象并同时与磁盘文件相关联的例子。

```
fstream fs{ "c:\\work\\result.txt", ios::out | ios::in };
ifstream ifs{ "d:\\program\\main.cpp", ios::binary };
ofstream ofs{ "e:\\hello\\data.dat", ios::app | ios::binary };
```

3）检测文件是否打开

文件打开的过程中可能出现的情况是非常复杂的：所要求的磁盘驱动器不存在；所指定的文件路径不对；磁盘空间满而无法建立文件。因此需要对打开文件的结果进行检查，以确定是否成功打开了文件，否则后续文件的读写操作不能进行。

有很多方法可以检测文件是否成功打开：直接检测流对象的状态；调用文件流类 fstream、ifstream、ofstream 的成员函数 is_open( )；调用虚基类 ios_base 的成员函数 fail( )等，下面是常用的两种。

（1）直接对流对象进行逻辑非判断，如下列程序段所示：

```
#01        ifstream ifs{ "notexist.file" };
#02        if (!ifs) {                          //判断流对象与文件关联是否成功
#03            cout << "Error: failed to open file." << endl;
#04            exit(0);
#05        }
```

若当前目录下没有文件"notexist.file"，则该程序注定失败。在关联文件失败后，当前流对象 ifs 的状态位 failbit 会被设置为真。对于表达式!ifs 来说，在运算符函数 operator ! ( )的实现过程中，会直接检查状态位 failbit 的设置情况，因而 if (!ifs)判断结果为真。打开文件失败后，一般用函数 exit( )退出程序。关于运算符函数 operator ! ( )的讨论，请参考本章 9.6 节流错误状态及错误处理的相关内容。

（2）成员函数 is_open( )返回非零值或 true 表示流对象已经成功关联到磁盘文件，否则返回 0 或 false 表示该流对象没有关联到文件。如下程序段检测了流对象 file 是否打开文件，若无意外，该程序会输出"OK"。

```
#01        ofstream file;
#02        file.open( "result.txt");
#03        if (file.is_open())                  //判断流对象与文件关联是否成功
#04            cout << "OK" << endl;
#05        else
#06            cout << "Error" << endl;
```

为了方便对文件成功打开与否的检查，本书编者根据上述第一种方法在头文件"verify.hpp"中自定义了宏 verify。使用这个宏时，只需要把要检查的文件流对象作为宏

参数即可。如下为检查文件流对象 fs 是否成功关联到磁盘文件的语句：

```
verify(fs);
```

头文件"verify.hpp"中包含了 C++标准头文件<iostream>和<fstream>。

2. 文件的关闭

在文件读写操作结束后，一定要及时关闭文件，否则缓冲区中的数据不能及时更新到文件中。关闭文件的方法是对流对象调用成员函数 close( )，该函数首先刷新缓冲区，把所有等待输出的内容写到磁盘文件中，然后关闭磁盘文件，并断开磁盘文件与文件缓冲区的联系。

如下以文件输出流对象为例，列出打开文件、关闭文件的完整过程。

```
#01        ofstream ofs{ "result.txt" };       //建立流对象同时打开文件
#02        if (!ofs) {                         //判断是否成功
#03            cout << "Error: failed to open file." << endl;
#04            exit(0);                        //不成功则退出程序
#05        }
#06        ofs.close();                        //通过流对象关闭文件
```

需要注意的是，关闭磁盘文件后，文件流对象仍然存在，文件流对象所持有的文件缓冲区（filebuf 的对象）也仍然存在。例如，在执行 ofs.close( )后，关闭了文件但不一定析构了流对象 ofs。只有当出了文件流对象的作用域，该流对象被析构后，文件流对象及其文件缓冲区才会被撤销。

3. 文件的读写

由于 ifstream、ofstream、fstream 分别派生自 istream、ostream、iostream，因此定义于类 istream、ostream、iostream 中的大部分公有成员函数，如对基本数据类型所定义的运算符函数 operator >> ( )和 operator << ( )；成员函数 get( )/put( )、getline( )、read( )/write( )等，都能够对应作为 ifstream、ofstream、fstream 类的成员函数被调用。此外用于格式控制的标志位、成员函数和流操纵算子也可以对应用于文件 I/O，如域宽、精度、对齐方式、进制、空白字符清除等。

流插入运算符函数 operator << ( )/流提取运算符函数 operator >> ( )、put( )/get( )/getline( )函数主要用于格式化 I/O。write( )/read( )函数则常用于无格式化 I/O。

【例 9.19】使用流插入运算符/流提取运算符读写文件。

```
#01    #include "verify.hpp"
#02    #include "xr.hpp"
#03
#04    int main() {
#05        const char* filename{ "myfile.txt" };//文件名
#06
#07        std::ofstream ofs{ filename };      //建立流对象并关联到文件
#08        verify(ofs);                        //确保成功
#09
#10        ofs << "Hello" << '\t'              //写入字符串和字符
#11            << 2008 << '!'                  //写入整型数和字符
```

```
#12            << std::endl;                    //写入换行符
#13
#14        ofs.close();                         //通过流对象关闭文件
#15
#16        std::ifstream ifs{ filename };       //建立流对象并打开文件
#17        verify(ifs);                         //确保成功
#18
#19        char buffer[80]; int n; char ch;     //定义变量以保存数据
#20        ifs >> buffer                        //提取字符串"Hello"
#21            >> std::ws                       //提取空白符'\t'
#22            >> n                             //提取整型数 2008
#23            >> ch                            //提取字符'!'
#24            >> std::ws;                      //提取空白符 std::endl
#25        xr(buffer); xr(n); xr(ch);           //输出结果以比对正误
#26
#27        ifs.close();                         //通过流对象关闭文件
#28    }
```

程序运行后，会在当前目录下建立名为"myfile.txt"的文件，其中所写入的内容如下：

```
Hello   2008!
```

同时，程序的输出结果应该如下：

```
#25: buffer ==>Hello
#25: n      ==>2008
#25: ch     ==>!
```

上述程序首先用流插入运算符向文件中写入了不同类型的数据（字符串"Hello"，空白符'\t'，int 常量 2008，字符'!'，空白符 endl）。对应所写入的这些内容，程序用流提取运算符从文件中依次提取这些数据（ifs >> buffer 提取字符串"Hello"，ifs >> ws 提取字符空白符'\t'，ifs >> n 提取 int 常量 2008，ifs >> ch 提取字符'!'，ifs >> ws 提取空白符 endl）。最后把这些数据显示在屏幕上以便比对读写正误情况。

从上述例子可以看出，与用 cout/cin 向标准 I/O 设备输出内容相比，向文件中输出、输入数据所用运算符和格式完全相同，只是所用流对象不同，数据流向的目标也不同。

9.4.3 应用举例

【例 9.20】文件复制的应用示例。

使用成员函数 get( )/put( )可以实现文件之间的复制。为从文件 A 复制得到文件 B，可以使用函数 get( )逐个字符读出文件 A 的内容，再使用函数 put( )把读出的字符依次写到文件 B 中即可。

```
#01    #include "verify.hpp"
#02
#03    int main() {
#04        const char* srcfilename{ "main.cpp" }; //待复制的源文件
#05        const char* destfilename{ "copy.txt" };//待生成的目标文件
#06
#07        std::ifstream ifs{ srcfilename };      //打开源文件
#08        verify(ifs);
#09        std::ofstream ofs{ destfilename };     //打开目标文件
```

```
#10         verify(ofs);
#11
#12         char ch;
#13         while (ifs.get(ch))                    //从源文件中提取一个字符
#14             ofs.put(ch);                       //写入到目标文件中
#15
#16         ofs.close();                           //关闭目标文件
#17         ifs.close();                           //关闭源文件
#18     }
```

实现文件复制的主要过程在 while 循环中，ifs.get(ch)使用成员函数 get( )从源文件中读出 1 字节内容并保存在字符变量 ch 中，然后 while 对其返回值进行检查，如果为真则说明没有发生流错误，就用 ofs.put(ch)把所读出的 1 字节内容写入目标文件中。直到读取到文件尾，流对象 ifs 被设置为错误状态，while 循环的条件为假，结束读写操作。注意：为了使上述程序运行成功，在当前目录下应该存在名为"main.cpp"的文件。

利用上述文件复制的过程，还可以同时把文本文件的内容显示在屏幕上，也可以粗略计算文本文件的大小，感兴趣的读者可以自行实现这些过程。

上述文件复制的过程已然简洁，但它还可以通过算法 copy( )加以实现。如下自定义函数 copy_stream( )可以实现从任意输入流 is 到输出流 os 的复制，其主要代码如下：

```
#01     void copy_stream(std::istream& is, std::ostream& os) {
#02         is.unsetf(std::ios::skipws);          //清除输入流默认设置的标志
#03
#04         std::istream_iterator<char> inbeg{is};      //定义输入流的起点
#05         std::istream_iterator<char> inend;          //定义输入流的终点
#06         std::ostream_iterator<char> out{os, ""};    //定义输出流的起点
#07
#08         std::copy(inbeg, inend, out);          //复制输入流数据到输出流中
#09
#10         is.setf(std::ios::skipws);             //恢复输入流默认设置的标志
#11     }
```

函数 copy_stream( )通过算法 copy( )实现流缓冲区数据的复制。为此需要首先得到输入流数据的区间。输入流迭代器对象 inbeg 以输入流对象 is 为参数，它是输入流区间的起点。输入流迭代器对象 inend 默认构造，它作为输入流区间的终点。输出流迭代器对象 out 是输出流的区间起点，它以输出流对象 os 为第一个参数，第二个参数""表示在输出数据时无间隔输出。输出流迭代器没有终点。在得到源区间[inbeg, inend)和以 out 为起点的目标区间之后，算法调用 copy(inbeg, inend, out)实现了源区间到目标区间的复制。

输入流迭代器 istream_iterator<char>使用字符 char 类型处理流中的数据，且该迭代器以流提取运算符 operator >> 读取字符，而流提取运算符函数默认会忽略输入流中的空白符（如空格），这会造成数据复制的偏差。为此，先调用成员函数 is.unsetf(std::ios::skipws)取消标志位 ios::skipws 的设置，数据复制完毕则调用成员函数 is.setf(std::ios::skipws)恢复输入流中该标志位的设置。当然，若使用输入流缓冲区迭代器 istreambuf_iterator 和输出流缓冲区迭代器 ostreambuf_iterator，这些操作都可以避免，并且能够得到更快的字符复制速度。

若应用函数 copy_stream( )实现本例中的文件复制，则只需要进行函数调用 copy_stream(ifs, ofs)即可。注意：对象 ifs 和 ofs 所属类型 ifstream 和 ofstream 分别是函数参数类型 istream 和 ostream 的派生类。此外，函数调用 copy_stream(std::cin, std::cout)可以实现键盘输入到屏幕的连续输出，但要注意以 Ctrl+z 结束输入。

【例 9.21】读写类的对象。

能够把类的对象存储在文件中是一件令人高兴的事，因为这意味着可以把多个不同类型的数据作为一个整体而在文件与内存之间输入、输出。由于读写方式的不同，对类的对象进行读写操作可以采用两种方式实现。第一种方式是通过函数 read( )/write( )以二进制方式来实现对象的读写，这种方式的读写效率较高，不容易出错。第二种方式则通过流插入操作和流提取操作以文本方式实现对象的读写，这种方式让用户更具有参与感，亲手定制对象读写的具体过程，但是容易出错。限于篇幅，下面只讨论第一种方式。

```
#01     #include <string>
#02     #include "verify.hpp"
#03
#04     class Student {                                 //定义学生类型
#05     private:
#06         size_t id;                                  //学号
#07         std::string name;                           //姓名
#08         int age;                                    //年龄
#09         double score;                               //成绩
#10     public:
#11         Student(size_t i=0, const char* s="", int a=0, double d=0) noexcept
#12             :id(i), name(s), age(a), score(d)
#13         {}
#14         friend std::ostream& operator << (std::ostream& os,
#15                                       const Student& rhs) {
#16             os << rhs.id << "\t" << rhs.name << "\t"
#17                 << rhs.age << "\t" << rhs.score << std::endl;
#18             return os;
#19         }
#20     };
```

上述程序首先定义要读写对象所属的类型 Student 类，它有 4 个不同类型的数据成员，size_t id 表示学号，string name 表示姓名，int age 表示年龄，double score 表示成绩。在 32 位平台上，该类的每个对象所占内存字节大小为 48 字节。同时定义流插入运算符向输出流输出对象。

```
#21     int main() {
#22         Student s[]{ Student{2008001, "Tom", 18, 85},
#23                      Student{2008002, "Jerry", 22, 95},
#24                      Student{2008003, "Mike", 20, 88},
#25                      Student{2008004, "John", 19, 90} };
#26         auto n{ sizeof(s) / sizeof(*s) };
```

程序接着在 main( )函数中生成 4 个需要读写的对象，并把它们存放在数组中。

```
#27         const char* filename{ "Student.txt" };      //文件名
#28
```

```
#29         //以二进制方式建立文件输出流对象并与文件相关联
#30         std::ofstream ofs{ filename, std::ios::binary };
#31         verify(ofs);                                //确保文件成功打开
#32         ofs.write((const char*)&n, sizeof(n));      //写入元素个数
#33         size_t idx{ 0 };
#34         while (ofs && idx != n) {                   //循环条件
#35             ofs.write((const char*)&s[idx], sizeof(s[idx]));//写入对象
#36             ++idx;
#37         }
#38         ofs.close();                    //成功输出对象，关闭文件
```

在以二进制方式建立文件输出流对象 ofs 并将它与磁盘文件相关联之后，程序首先用 ofs.write((const char*)&n, sizeof(n))写入数组元素的个数 n，这是为了便于控制从文件中读取数据的过程。然后通过 while 循环把数组元素依次写入文件输出流中，写对象是通过 ofs.write((const char*)&s[idx], sizeof(s[idx]))实现的。只要文件输出流没有出错，并且对象元素还没有写完，都会驱使 while 循环继续写入元素，直到把所有对象元素全部写入文件，最后关闭流对象。

```
#39         //以二进制方式建立文件输入流对象并与文件相关联
#40         std::ifstream ifs{ filename, std::ios::binary };
#41         verify(ifs);                            //确保文件成功打开
#42         size_t num;                             //定义变量记录元素个数
#43         ifs.read((char*)&num, sizeof(num));     //首先读出元素个数
#44         Student tmp;                //定义临时对象保存每次读取的对象
#45         idx = 0;
#46         while (ifs && idx != num) {             //循环条件
#47             ifs.read((char*)&tmp, sizeof(tmp));//从文件中读取对象
#48             std::cout << tmp;                   //向屏幕输出对象
#49             ++idx;
#50         }
#51         ifs.close();
#52     }
```

在以二进制方式建立文件输入流对象 ifs 并将它与磁盘文件相关联之后，程序首先用 ifs.read((char*)&num, sizeof(num))读取对象元素个数 num，并通过该个数控制 while 循环读取对象的过程。然后在 while 循环中通过 ifs.read((char*)&tmp, sizeof(tmp))从文件输入流中读取对象元素并保存在临时对象 tmp 中，同时以函数调用 std::cout << tmp 把对象的内容显示在屏幕上，以比对读写操作的正确性。

从这个程序中可以看出，当调用读写操作的流对象不同时，可以从不同流方向读取数据，或向不同的流方向中写入数据，如表达式 ofs.write((const char*)&n, sizeof(n))向文件输出流中写入对象，而表达式 std::cout << tmp 向标准输出设备（屏幕）写入对象。

对于流插入运算符函数和流提取运算符函数来说，由于它们的参数分别是 ostream/istream 类型，因此当实参分别为 cout/cin 时，则分别向标准输出流设备（屏幕）写入数据、从标准输入流设备（键盘）提取数据。同时，若以派生类实参来调用它们也是合适的，如上述程序中，对于流插入运算符函数而言，当实参类型为 ofstream 时，则可以向文件输出流对象写入数据。这是因为 ofstream/ifstream 分别是 ostream/istream 的

派生类，符合赋值兼容规则。

关于文件的读写操作，还有一种更为简洁的实现方式，即通过 STL 算法 copy( )和流迭代器。

9.5 字符串 I/O 流

9.5.1 基本概念

标准 I/O 流使内存中的数据可以流向标准输出设备，也可以使数据从标准输入设备流向内存。文件 I/O 流使内存中的数据可以输出到磁盘文件中，也可以从磁盘文件中提取数据到内存。字符串 I/O 流则实现了内存中的数据流向内存中的字符串，即以字符串形式保存不同类型的数据；也可以实现内存中字符串内容流向其他对象或变量，即从内存中的字符串提取各种类型的数据。字符串 I/O 流用途较多，其中一个典型的应用就是实现不同类型数据与字符串之间的相互转换。

字符串输出流类 ostringstream 可以把其他类型的数据存储为内存中的字符串，字符串输入流类 istringstream 可以从内存中的字符串提取其他类型的数据。字符串流类 stringstream 既可以向字符串输出数据，也可以从字符串中提取数据。为应用字符串 I/O 流，需要包含 C++标准头文件<sstream>。

在字符串流类 ostringstream、istringstream 和 stringstream 中，都提供有成员函数 str( )访问每个字符串流类对象在内存中所持有的字符串。

【例 9.22】分解出浮点数的整数部分和小数部分。

标准库函数 modf( )可以把浮点数分解为整数部分和小数部分。利用字符串 I/O 流也可以实现类似功能。

```
#01     #include <iostream>
#02     #include <sstream>
#03     #include <iomanip>
#04     #include <tuple>
#05
#06     auto dedouble(double d) {
#07         char sign; int integral; double fraction;
#08
#09         std::ostringstream oss; //建立字符串输出流对象
#10         oss << std::showpos << std::fixed << std::setprecision(8) << d;
#11
#12         std::istringstream iss(oss.str());      //构造字符串输入流对象
#13         iss >> sign >> integral >> fraction;    //逐个提取数据
#14         return std::make_tuple(sign, integral, fraction);//返回结果
#15     }
#16
#17     int main() {
#18         double d{ 123400.567008 };
#19         auto [s, i, f] { dedouble(d) };                    //结构化绑定
```

```
#20
#21         //依次输出+ 123400 0.567008
#22         std::cout << s << "\t" << i << "\t" << f << std::endl;
#23     }
```

上述程序定义函数 dedouble( )，把 double 型数据 d 分解成符号位 sign、整数部分 integral 和小数部分 fraction。分解过程借用到字符串流，首先定义字符串输出流对象 oss，然后通过 oss << showpos << fixed << setprecision(8) << d 把要分解的 double 型数据 d 输出在字符串流对象 oss 中，该行在输出之前还通过流操纵算子显示符号、设置浮点数显示的定点格式及显示精度，这是为了方便提取符号位、整数部分及小数部分。然后用对象 oss 所持有的内存字符串 oss.str( )构造字符串输入流类的对象 iss，最后通过 iss >> sign >> integral >> fraction 分别提取得到符号位、整数部分、小数部分。

函数 dedouble( )为了把 3 个值都返回去，借助于工具函数 std::make_tuple( )把它们打包成一个 tuple 对象。在 main( )函数中通过结构化绑定 auto [s, i, f]获取函数 dedouble( )所返回的值，这样 s、i、f 分别保存了符号位、整数部分、小数部分的值。

从上例可以看出，对比 C 语言库函数 atof( )、atoi( )及 sprintf( )，以字符串 I/O 方式把字符串转换为 int 型或 double 型数据更为方便灵活、更具有优势。C++11 在头文件<string>中新增函数 to_string( )也能够非常方便地把整型数和浮点数转换为 string 对象。

9.5.2 应用举例

【例 9.23】Date 类与字符串之间的转换。

Date 类有 year、month、day 3 个数据成员，把每个 Date 对象转换为"yyyy-mm-dd"格式的字符串，并能从字符串复原为 Date 对象。

```
#01     #include <sstream>
#02     #include "xr.hpp"
#03
#04     class Date {
#05     private:
#06         int year, month, day;
#07     public:
#08         Date(int y = 0, int m = 0, int d = 0) noexcept
#09             :year(y), month(m), day(d)
#10         {}
#11         //以下声明流插入/提取运算符函数分别输入/提取数据
#12         friend std::ostream& operator << (std::ostream& os, const Date& rhs);
#13         friend std::istream& operator >> (std::istream& is, Date& rhs);
#14     };
#15     //定义流插入运算符函数向输出流 os 中插入数据 rhs
#16     std::ostream& operator << (std::ostream& os, const Date& rhs) {
#17         os << rhs.year << "-" << std::setfill('0')
#18             << std::setw(2) << rhs.month << "-"
#19             << std::setw(2) << rhs.day;
#20         return os;
#21     }
```

```
#22     //定义流提取运算符函数从输入流 is 中提取数据 rhs
#23     std::istream& operator >> (std::istream& is, Date& rhs) {
#24         char dump;
#25         is >> rhs.year >> dump >> rhs.month >> dump >> rhs.day;
#26         return is;
#27     }
#28
#29     int main() {
#30         Date d, temp;
#31
#32         std::cout << "Please enter one date (y-m-d): ";
#33         std::cin >> d;                         //键盘输入 2021-5-25
#34
#35         std::ostringstream oss;
#36         oss << d;              //测试 operator <<: 向内存字符串中写入对象
#37         xr(oss.str());         //屏幕输出 2021-05-25
#38
#39         std::istringstream iss(oss.str());
#40         iss >> temp;           //测试 operator >>: 从内存字符串中提取对象
#41         xr(temp);              //屏幕输出 2021-05-25
#42     }
```

上述程序定义了类 Date，并重载了流插入运算符 ostream& operator << (ostream& os, const Date& rhs)实现 Date 对象的输出，重载了流提取运算符 istream& operator >> (istream& is, Date& rhs)实现 Date 对象的输入。main( )函数首先用 cin >> d 从标准输入设备提取对象 d，然后通过字符串输出流对象 oss 输出对象 d（oss << d）。最后通过字符串输入流对象 iss 提取内存字符串中的数据到对象 temp 中(iss >> temp)，并通过 cout << temp 把该对象显示在标准输出设备上。

9.6 流错误状态及错误处理

9.6.1 流的错误状态位及状态函数

在进行 I/O 操作时，可能会发生各种错误，如从键盘为 int 型变量输入了字符串，文件输入流对象打开了一个并不存在的磁盘文件，从文件中提取数据到达了文件尾。在发生流错误时，流的状态会被设置成相应的状态位，这些状态位可以被检测，也可以用相应成员函数清除并恢复流的良好状态。

如同格式化 I/O 中的格式标志位、文件的打开模式，流错误状态标志位实际是虚基类 ios_base 中的 static const 数据成员。常用流错误状态标志位、状态函数及其含义如表 9-12 所示。

表 9-12　流错误状态标志位、状态函数及其含义

流错误状态标志位	值	状态函数	含义
ios::goodbit	0x0	s.good( )	状态良好，没有发生流错误
ios::eofbit	0x1	s.eof( )	越过流的文件结束符位置
ios::failbit	0x2	s.fail( )	I/O 操作失败，但该操作可恢复
ios::badbit	0x4	s.bad( )	流被破坏，不可以恢复的 I/O 操作

注：s 表示 ios_base 流类的对象。

当 I/O 操作发生较严重的错误，且该错误不可恢复时，则设置 ios::badbit，状态函数 bad( )返回 true，同时状态函数 fail( )也会返回 true。若发生流格式错误，但是缓冲区中的字节内容不会丢失，则会设置 ios::failbit，同时状态函数 fail( )返回 true，这种错误通常是可以恢复的。

如果错误状态标志位 ios::eof、ios::fail 和 ios::bad 都没有设置，则设置 ios::good。换言之，当状态函数 eof( )、fail( )和 bad( )都返回 false 时，函数 good( )才返回 true。

下面是一些应用流错误状态标志位的例子。

（1）为了检查文件流对象是否成功打开磁盘文件，通常使用运算符！对流对象的错误状态进行检测，如下所示。

```
fstream fs{ "result.txt" };
if (!fs) {                                      //判断对象的状态
    cout << "Error!" << endl;
    exit(0);
}
```

表达式!fs 判断流对象 fs 是否出错，该表达式之所以成立，是因为在虚基类 ios_base 中以成员函数形式重载了逻辑非运算符!。运算符函数 operator ! ( )的定义类似下列程序：

```
bool operator ! () const {                      //重载运算符测试对象的状态
    return state & (badbit | failbit);
}
```

该运算符函数会对流对象当前状态值 state 中的 ios::badbit 标志位和 ios::failbit 标志位同时进行检查。

基于这个原理，可以直接调用状态函数 fail( )判断流对象 fs 的 failbit 标志位，所以表达式 fs.fail( )也可以判断流对象是否出错。若状态函数 fail( )返回 true，则状态函数 good( )返回 false。因此也可以利用状态函数 good( )检查流对象的状态，表达式!fs.good( )判断流对象是否出错。

（2）检查是否到达文件结束符。在从文件提取数据时，为了防止到达文件尾，通常做如下判断。

```
double d, s{ 0 };
while (cin >> d)                                //判断输入流的状态
    s += d;
cout << s << endl;
```

循环 while (cin >> d)对表达式 cin >> d 的值（即函数调用 cin.operator(d)的返回值 cin）进行判断，该逻辑判断会调用 ios_base 基类的成员函数 operator void* ( )把对象 cin 转换为 void *类型，再进行非空判断，即实现类型转换运算(void *)cin。成员函数 operator void* ( )是一个转换运算符函数。其实现过程大致如下：

```
operator void *() const {            //定义类型转换运算符函数
    if (state & (badbit | failbit))//判断是否设置了这两个流错误标志位
        return 0;                    //若是，则返回 0 表示错误状态
    return (void *) this;            //否则，返回非 0 指针表示没有发生错误
}
```

在该函数中，state 是类 ios_base 的 int 类型的数据成员，用以保存流的当前状态值，badbit 是流的错误状态标志，表示不可恢复的较严重错误，failbit 是流的错误状态标志，表示可恢复的数据格式错误。因此当发生流的错误（数据格式有误、遇到文件尾）时，该转换运算符函数返回 0 表示错误，没有发生流错误时则返回当前输入流对象的指针值。可以看出，标志位 ios::badbit 和标志位 ios::failbit 的设置都会使成员函数 operator void * ( )返回 0，这与运算符函数 operator ! ( )的实现过程有相似之处。实际上，标志位 ios::eof 的设置也会使当前输入流对象被转换为零指针。

9.6.2 流错误处理

虚基类 ios_base 中提供两个成员函数 rdstate( )和 clear( )可以分别用于检测、清除流错误状态。

成员函数 rdstate( )可以返回当前流错误状态标志字，其函数原型如下：

```
int rdstate() const;
```

在实际应用中，一般用各个错误状态标志位作为掩码，与成员函数 rdstate( )的返回值进行位与（&）运算，以判断哪些错误状态标志位被设置。

虚基类 ios_base 的成员函数 clear( )可以清除、设置流错误状态标志位，其函数原型如下：

```
void clear( int nState = ios::goodbit);
```

不带实参时（参数取默认值时），该函数清除所有的错误状态位，并设置 ios::goodbit 标志位。若带实参，该函数设置以位或运算组合的错误状态标志位。

虚基类 ios_base 中另外提供成员函数 setstate( )专门用于设置流的错误状态标志位，该函数实际通过 clear( )函数实现。

【例 9.24】各种情况下流错误状态的检测。

```
#01     #include <iostream>
#02
#03     void testflags(std::ios& x) {              //检测流状态标志位
#04         std::cout<<"good: "<<(x.rdstate() & std::ios::goodbit)<< "\t"
#05             << "eof : " << (x.rdstate() & std::ios::eofbit) << "\t"
#06             << "fail: " << (x.rdstate() & std::ios::failbit)<< "\t"
#07             << "bad : " << (x.rdstate() & std::ios::badbit) << "\n";
#08     }
#09
#10     int main( )  {
#11         std::cout << "initially:\t";
#12         testflags(std::cin);                   //程序启动时的状态
#13
#14         int n;
```

```
#15        std::cin >> n;                          //输入"Hello"
#16        std::cout << "format error:\t";
#17        testflags(std::cin);                    //发生数据格式错误时的状态
#18
#19        std::cin.clear();                       //清除流错误,设置为 goodbit
#20        std::cin.ignore(10, '\n');              //丢弃流缓冲区中的内容
#21        std::cout << "after clear:\t";
#22        testflags(std::cin);                    //恢复流错误之后的状态
#23
#24        std::cin >> n;                          //输入 Ctrl + z
#25        std::cout << "end of file:\t";
#26        testflags(std::cin);                    //遇到文件结束符时的状态
#27
#28        int state = std::ios::badbit | std::ios::failbit | std::ios::eofbit;
#29        std::cin.clear(state);                  //设置当前状态为 state
#30        std::cout << "manually set: ";
#31        testflags(std::cin);                    //人为设置后的状态
#32    }
```

程序的输出结果如下：

```
initially:      good: 0     eof: 0  fail: 0     bad: 0
Hello（输入字符串"Hello"，然后回车）
format error:   good: 0     eof: 0  fail: 2     bad: 0
after clear:    good: 0     eof: 0  fail: 0     bad: 0
^Z（此处请按 Ctrl+z 组合键,然后回车）
end of file:    good: 0     eof: 1  fail: 2     bad: 0
manually set:   good: 0     eof: 1  fail: 2     bad: 4
```

函数 testflags( )对 I/O 流状态的 4 个标志位进行了检测，检测的方法是用函数 rdstate( )返回 ios_base 基类的当前状态，然后用该状态值与 4 个标志位依次进行位与运算。

上述程序测试了 5 种情况下标准输入流的错误状态标志位。第一种情况，程序启动时标准输入流对象的错误状态。第二种情况，流中发生数据格式错误之后的状态，该错误在第一次给 int 变量 n 输入字符串"Hello"后引发。第三种情况，在发生输入流格式错误之后，调用 cin.clear( )清除流错误之后的状态，实际上它是通过设置 goodbit 标志来清除的。第四种情况，遇到文件结束符之后的状态，该错误在第二次给 int 变量 n 输入文件结束符 Ctrl+z 后引发。第五种情况，人为设置错误状态标志之后的状态，首先通过位或运算设置一个状态 int state = ios::badbit | ios::failbit | ios::eofbit，然后用该状态值作为参数调用 cin.clear(state)，这实际上是把当前状态设置为 state，而不要被名称 clear 所迷惑。

在输入数据 n 发生流的数据格式错误后，cin.clear( )清除错误标志，但是错误格式的数据仍然在流缓冲区中，因此用 cin.ignore(10,'\n')提取并丢弃这些错误格式的数据。

本 章 小 结

本章围绕 C++I/O 流库的主题，讨论了标准 I/O 流、格式化 I/O、文件 I/O 流、字符串 I/O 流及流错误状态，其中标准 I/O 流的运算符及其成员函数、控制 I/O 格式的成员

函数及流操纵算子、文件 I/O 是重点。

1. C++I/O 流库

C++的 I/O 流以继承和模板类的方式组织成流库，流库的基类是 ios_base 和 streambuf。流库中主要定义有 3 种流类：iostream、fstream、stringstream，其中类 iostream 提供了读写控制台窗口的功能，类 fstream 提供了读写文件的功能，类 stringstream 提供了读写存储于内存中的 string 对象的功能。这 3 种流类分别定义于 C++标准头文件<iostream>、<fstream>和<sstream>中。

C++I/O 流库中还提供了控制 I/O 格式的标志位、成员函数和流操纵算子。为了使用格式化 I/O，一般需要包含 C++标准头文件<iostream>和<iomanip>。

2. 标准 I/O 流

由于标准 I/O 流是文件 I/O 流和字符串 I/O 流的基类，因此可以把标准 I/O 流的运算符和成员函数应用到文件 I/O 流和字符串 I/O 流。对标准 I/O 流运算符及其成员函数掌握的熟练程度将会影响对整个 C++I/O 流的应用和理解。

流提取运算符常被重载用于从键盘输入、文件输入或从字符串流输入，流插入运算符常被重载用于向显示器输出、向文件输出和向字符串流输出。这两个运算符常用于格式化 I/O。要熟练掌握在类中重载这两个运算符的方法。

成员函数 get( )/put( )常用于提取/输出单个字节内容。get( )可用于从键盘输入数据、从文件输入数据和从字符串流输入数据；put( )可用于向显示器输出数据、向文件输出数据和向字符串流输出数据。getline( )的用法与带同样参数的成员函数 get( )的用法类似。这 3 个函数常用于格式化 I/O。注意：在 STL 的头文件<string>中还定义有一个全局函数 getline( )用于从输入流中提取 string 对象。

成员函数 read( )/write( )常用于提取/输出指定大小的字节内容。read( )可用于从键盘输入数据、从文件输入数据和从字符串流输入数据，write( )可用于向显示器输出数据、向文件输出数据和向字符串流输出数据。由于这两个函数常用于无格式化 I/O，因此它们可以提取/输出任意类型的数据。

3. 格式化 I/O

控制 I/O 流的格式主要通过 3 种途径实现：格式标志位及设置、取消标志位的成员函数；对域宽、精度和填充字符进行设置的成员函数；与格式标志位对应的流操纵算子。

需要注意的是，格式化 I/O 虽然常用于控制标准 I/O 流，但是也可以用于文件 I/O 流和字符串 I/O 流。

4. 文件 I/O 流

熟练应用文件 I/O 流在文件之间输入/输出数据是一种重要的能力。进行文件 I/O 时，首先要建立文件流对象，然后通过该对象打开磁盘文件，成员函数 open( )常用于打开文件并与流对象相关联。其间读写文件的过程主要用到流插入运算符/流提取运算符、

put( )/get( )/getline( )和 write( )/read( )等函数。文件操作结束后一定要调用成员函数 close( )关闭文件。

5．字符串 I/O 流

字符串 I/O 流实现了内存中的字符串与其他类型数据之间的输入、输出。借助于字符串 I/O 流能够很方便地实现不同类型数据之间的相互转换。

6．流错误状态

为了检测并处理流的错误状态，可以通过流错误状态标志位及对应的状态函数及成员函数 rdstate( )、clear( )等实现。理解流错误状态能够帮助程序更好地进行 I/O 操作。

习　题

1．对于 ASCII 码值从 33 到 126 的字符，用文件流制作一张 ASCII 码值及其字符的对照表，要求同时列出该字符的八进制、十进制和十六进制的码值。

2．键盘输入一个字符串格式的身份证号、电话号码和邮箱地址，判断它们是否有效。

3．现有一个英文文本文件（ASCII 码格式存储），统计它的段落数、行数、单词数、字符数。

4．用字符串流实现浮点数与有理数 Rational 对象之间的相互转换，如 3.14 转化为 157/50。

5．实现文件读写操作：

（1）定义函数模板把任意容器或区间中的对象数据写入文件流中，写入的过程是首先写入元素对象的个数，然后逐个写入元素对象。写入操作使用函数 write( )完成。

（2）定义函数模板从文件流中读取元素对象并存放到容器或区间中，读取的过程是首先读取元素对象的个数，然后逐个读取元素对象。读取操作使用函数 read( )完成。

（3）以流提取运算符和流插入运算符完成读写操作，重新定义上述两个函数模板。

（4）定义 Student 类，以容器存放它的对象，测试上述函数模板。

6．以 STL 算法 copy( )和流迭代器实现文件的读写操作，并定义 Student 类及其对象作为测试数据。

7．重载流运算符<< 和 >>，实现 3 种流之间的数据转换：

（1）定义学生类 Student，实现该类对象在标准 I/O、文件 I/O 和字符串 I/O 之间的输入、输出。

（2）定义日期类 Date，实现该类对象在标准 I/O、文件 I/O 和字符串 I/O 之间的输入、输出。

参 考 文 献

侯捷，2002．STL 源码剖析[M]．武汉：华中科技大学出版社．

邵维忠，杨芙清，2003．面向对象的系统设计[M]．北京：清华大学出版社．

AUSTERN M H，2003．泛型编程与 STL[M]．侯捷，译．北京：中国电力出版社．

BJARNE STROUSTRUP，1997．The C++ Programming Language [M]. 3nd. New Jersey: Addison-Wesley Professional.

BJARNE STROUSTRUP，2010．C++程序设计原理与实践[M]．王刚，刘晓光，吴英，等译．北京：机械工业出版社．

BOOCH B，RUMBAUGH J，JACOBSON I，2001．UML 用户指南[M]．邵维忠，麻志毅，马浩海，等译．北京：人民邮电出版社．

BRIAN W K, DENNIS M R，2019．C 程序设计语言[M]．徐宝文，李志，译．2 版．北京：机械工业出版社．

ECKEL B，ALLISON C，2006．C++编程思想：第 2 卷 实用编程技术[M]．刁成嘉，等译．北京：机械工业出版社．

IVOR HORTON, PETER VAN WEERT，2019．C++17 入门经典[M]．卢旭红，张骏温，译．5 版．北京；清华大学出版社．

MARGARET A. ELLIS, BJARNE STROUSTRUP，1990. The Annotated C++ Reference Mannual [M]. New Jersey: Addison-Wesley Professional.

MARIUS BANCILA，2020．Modern C++ Programming Cookbook[M]. 2rd. Birmingham: Packet Publishing Ltd..

MEYERS C，2001．Effective C++中文版[M]．侯捷，译．2 版．武汉：华中科技大学出版社．

MICHAEL WONG，IBM XL 编译器中国开发团队，2013．深入理解 C++11: C++11 新特性解析与应用[M]．北京：机械工业出版社．

NICOLAI M. JOSUTTIS，2015．C++标准库[M]．侯捷，译．2 版．北京：电子工业出版社．

NICOLAI M. JOSUTTIS，2019．C++17: The Complete Guide[M]. Victoria: Leanpub.

O'DOCHERTY M，2006．面向对象分析与设计（UML 2.0 版）[M]．俞志翔，译．北京：清华大学出版社．

PAUL DEITEL, HARVEY DEITEL, 2014．C++ how to Programmer [M]. 10th. New York: Pearson Education Inc..

PLAUGER P J，STEPANOV A A，LEE M，MUSSER D R，2002．C++ STL 中文版[M]．王昕，译．北京：中国电力出版社．

PRESSMAN R S，2002．软件工程：实践者的研究方法[M]．5 版．梅宏，译．北京：机械工业出版社．

SCHACH S R，2006．面向对象与传统软件工程：统一过程的理论与实践[M]．6 版．韩松，邓迎春，译．北京：机械工业出版社．

STEPHAN ROTH，2021．Clean C++ 20: Sustainable Software Development Patterns and Best Practices[M]. 2rd. Berkeley: Apress.

STEPHEN PRATA，2020．C++ Primer Plus[M]．张海龙，袁国忠，译．6 版．北京：人民邮电出版社．

STEPHENS D R，2007．C++ Cookbook（中文版）[M]．金名，周成兴，等译．北京：清华大学出版社．